我们一起解决问题

Characteristics of Emotional and Behavioral Disorders of Children and Youth
Eleventh Edition

儿童和青少年 情绪与行为障碍

写给老师和家长的心理学指南

第11版

[美] 詹姆士·M. 考夫曼（James M. Kauffman）◎著
蒂莫西·J. 兰德勒姆（Timothy J. Landrum）
凌春秀◎译

人 民 邮 电 出 版 社
北 京

图书在版编目（CIP）数据

儿童和青少年情绪与行为障碍 ：写给老师和家长的心理学指南 /（美）詹姆士·M.考夫曼（James M. Kauffman），（美）蒂莫西·J.兰德勒姆（Timothy J. Landrum）著 ；凌春秀译. -- 北京 ：人民邮电出版社，2021.7（2024.6重印）
ISBN 978-7-115-56517-4

Ⅰ. ①儿… Ⅱ. ①詹… ②蒂… ③凌… Ⅲ. ①儿童心理学②青少年心理学 Ⅳ. ①B844

中国版本图书馆CIP数据核字(2021)第084818号

内 容 提 要

儿童和青少年的情绪与行为是否异常，取决于我们对特定文化中某个年龄阶段的儿童和青少年正常行为的预期。当儿童进入学校时，许多问题首次被发现，尽管这些问题可能早已存在，但在家里它们可能被容忍，不被视为"问题"，而且学业压力会导致出现新的问题。

本书概述了儿童和青少年为何会出现各种情绪与行为障碍，儿童和青少年情绪与行为障碍的主要分类，以及评估这些障碍的过程和可能出现的各种问题。在所有被归为需要接受特殊教育的儿童和青少年中，罹患情绪和行为障碍是一种很常见的现象，因此本书还介绍了如何对罹患情绪和行为障碍的儿童和青少年进行学校教育及管理。在本书的第 11 版中，不仅汇集了目前新的学术研究成果，还为教育工作者提供了合理化的建议。

本书适合各级学校教育工作者，青少年心理健康工作者，学校心理学、教育心理学或儿童心理学专业的学生及对儿童和青少年情绪与行为障碍感兴趣的读者阅读。

◆ 著 ［美］詹姆士·M.考夫曼（James M. Kauffman）
　　　［美］蒂莫西·J.兰德勒姆（Timothy J. Landrum）
　　译 凌春秀
　　责任编辑 黄海娜
　　责任印制 胡 南
◆ 人民邮电出版社出版发行 北京市丰台区成寿寺路11号
　　邮编 100164 电子邮件 315@ptpress.com.cn
　　网址 https://www.ptpress.com.cn
　　北京建宏印刷有限公司印刷
◆ 开本：787×1092 1/16
　　印张：25 2021 年 7 月第 1 版
　　字数：450 千字 2024 年 6 月北京第 10 次印刷
　　著作权合同登记号 图字：01-2020-7504号

定 价：118.00 元
读者服务热线：（010）81055656 印装质量热线：（010）81055316
反盗版热线：（010）81055315
广告经营许可证：京东市监广登字20170147号

前　言

　　和以往的版本一样，这是一本介绍如何对罹患情绪与行为障碍（Emotional and Behavioral Disorders，EBD）的儿童和青少年进行特殊教育的专业用书。我们将在本书中用 EBD 来指代"情绪与行为障碍"。

　　在所有被归为需要接受特殊教育的儿童和青少年中，罹患 EBD 是一种很常见的现象，所以本书适用的群体也包括罹患智力和发育障碍（以前称为"精神发育迟滞"）、学习障碍的儿童和青少年以及需要接受跨类别特殊教育的学生。对专业方向为学校心理学、教育心理学或儿童变态心理学的学生也很有帮助。

　　在此，有必要解释一下对本书做出此次修订的用意。首先，要想充分理解有关 EBD 的问题，就一定要对心理发展过程有所了解。关于儿童发展的文献可以用浩如烟海来形容，在本书中，我们试图将那些彼此相关但散见于各个文献的内容整合在一起，让读者看到它们的重要性并据此理解那些罹患上述障碍的儿童和青少年。在努力完成这项任务的过程中，我们不仅试图总结疾病发生的原因，还试图说明外来干预可以如何更好地影响情绪和行为的发展——尤其是来自教育者的干预。其次，本书重点讨论的是那些拥有可靠实证数据的研究和理论，这表明我们对社会学习原理有所偏好。我们认为，如果在研究文献时更看重实证，而非受意识形态左右，则偏好社会学习原理是可以理解的。最后，不管从哪方面来说，本书都谈不上对所涉主题的全面论述。一本具有导论性质的书必须留有余地——也就是说，有很多未尽之意和需要整理的零碎知识。毫无疑问，在撰写这本书的过程中，对我们来说，不求面面俱到也是最省力的做法。

本书致力于为广大教师和那些准备成为教师的学子排忧解难，所以，对现存的各种干预措施我们都进行了简要的描述（特别是在第三部分的各章节中）。不过我们必须强调的一点是，这些描述都非常粗略。对于教师在工作中必需的那些教育方法和行为干预策略，本书并没有加以详尽地阐释。提醒大家注意，这并不是一本手把手向你传授方法的工具书。

本版的变化

本版的主要目标仍和以往的版本一样，旨在描述当前以实证研究为基础的关于儿童和青少年的 EBD 问题的各种理论。我们在书中描述了 EBD 的各种表现形式，关于如何鉴定 EBD 及如何做出专业应对的问题，我们不但探讨了以往使用的种种方法，还列出了目前的一些最佳做法。我们再次强调，虽然这并不是一本以传授方法为主的工具书，但我们也会对一些相关研究和方法进行探讨，希望对那些与罹患 EBD 的儿童和青少年及其家庭打交道的专业人士有所帮助。在第 11 版中，我们做了一些重大的改变，其中包括以下方面。

- 此版本加入了一些全新的内容，对原有内容也有所更新，它们来自一些全新的研究发现，对本书各章节提出的观点和建议提供了进一步的支持。请注意，对那些涉及多个主题的引用文献和信息，我们在一定程度上进行了更新，但也保留了许多关于早期经典研究的引用文献，因为新的研究发现并没有推翻它们。

- 为了使整本书更具逻辑性和连贯性，本版对其中几个章节进行了新的组织和排序。例如，我们把与反社会行为相关的讨论（无论是以公开还是隐蔽的形式）整合到品行障碍中，使之独立成章（即第 9 章）。在以往的版本中，对那些我们认为有助于以 EBD 学生为工作对象的教师及其他专业人士的一些基本假设，我们是在最后章节集中进行探讨的，在本版中我们将这部分内容移到了第 1 章。这是因为我们希望读者在阅读其他内容前，就能对 EBD 有更多的了解。

- 把关于概念模型的讨论从第 5 章移到了第 1 章，因为我们认为，在读者阅读后续章节中关于 EBD 的性质、成因以及恰当的应对策略的讨论并思考自己对 EBD 的概念取向时，这部分内容可以提供重要的帮助。

- 在第一部分、第二部分和第四部分中，我们删除了一些不具有直接指导意义的个人反思内容。

* 将以往版本中关于评估的冗长章节分为两章，以强调评估的不同目的。

在篇幅上，本版比第 10 版要略微短了一些。我们尽力在主题覆盖上做到全面而简洁，并对章节排列和讨论内容进行了重新组织，从而完成了对整体篇幅的缩减。最重要的是，我们在书中仍然鼓励读者在阅读时进行自我反思。我们希望，这样的安排能使本书更具有吸引力，并在不限制读者思考空间的前提下，帮助他们专注于那些重要的信息。

本书的架构

本书的结构与大多数其他相关著作存在明显的不同。我们着重向读者清楚地描述何谓 EBD，并对那些在 EBD 发展中产生重大影响的因素详加解释。本书并非围绕理论模型或精神病学分类而架构起来的，而是以一些基本概念为组织原则：（1）关于如何教导 EBD 学生的个人见解和基础知识，以及 EBD 的性质、程度、历史和概念取向；（2）EBD 的主要成因；（3）不良情绪和行为的诸多特征；（4）EBD 的评估。我们希望，这样的组织架构不但可以鼓励阅读本书的学生努力成为优秀的教师，还能帮助他们成为批判性思考者和问题解决者。

在第一部分中，我们开门见山地提出了与 EBD 学生一起工作的教师们应该从何入手的问题，即他们在工作中所需的一些基本假设。我们还介绍了学者们在探讨 EBD 时通常用于指导的几种主要概念模型，其中一种是本书理论取向的基础，我们对此进行了详细的描述。在第 2 章中，我们介绍了与 EBD 的定义和患病率相关的主要概念，还介绍了目前美国为 EBD 儿童和青少年提供的特殊教育的历史沿革。在第 3 章中，我们追溯了该领域的发展，介绍了它是如何从心理学、精神病学和公共教育学科发展起来的，并对当前的主要发展趋势进行了总结。

在第二部分中，我们探讨了不良行为的根源，提醒特殊教育工作者们注意一些诱发因素的影响。其中，第 4 章讨论的是生物因素，第 5 章讨论的是文化因素，第 6 章讨论的是家庭的作用，第 7 章讨论的是学校的影响。每一章都整合了目前新的研究成果，可以帮助我们了解为什么儿童和青少年会罹患 EBD，以及我们应该采取什么样的预防措施。

在第三部分中，从第 8 章到第 13 章我们讨论了不同类型的情绪与障碍。这 6 章是围绕主要的行为维度组织的，它们大多来自对行为评定量表数据的因素分析，行为评定则是由教师和家长完成的。虽然目前并没有哪种分类方法能将所有障碍进行明确的分组，但我们在各章节中尽量探讨的是那些在实证研究中出现得最一致的行为维度。在每一章中，我们都强调那些与特殊教育有关的问题，包括问题的定义和干预措施。

在第四部分，我们更详细地介绍了对 EBD 进行评估的过程和可能出现的各种问题。在第 14 章中，我们总结了在学生中筛查 EBD 风险人群时会出现的各种问题，介绍了用于判断学生是否有资格接受特殊教育的评估程序。在第 15 章中，我们讨论了以教学为目的的评估方法，在本章的结尾部分，我们还探讨了一个关于评估的难题——如何对障碍进行分类，以便让家长、教育者和其他专业人士能够用共同的语言来谈论 EBD，并能让大家理解这一障碍的本质。

目　录

第 3 章　回顾与展望：EBD 领域的发展与当前议题

第二部分　可能的成因

第 6 章　家庭因素

第四部分　评估

第 14 章　测量、筛查和鉴定

第一部分

基础知识

CHARACTERISTICS OF
EMOTIONAL AND BEHAVIORAL
DISORDERS OF CHILDREN
AND YOUTH

导读

本书讨论的对象是那些不为大多数人喜爱的儿童和青少年。我们大部分人都会对他们的行为产生负面的感受，会忍不住也想以负面行为来回应，或避之唯恐不及。事实上，在面对这些儿童和青少年时，不管是哪个年龄段的人，大家的典型反应就是一肚子气、懒得搭理或退避三舍以避免不必要的冲突。人们在描述这样的儿童和青少年时通常没什么好话，相比其他的学生，人们在提到他们时更有可能满嘴嫌弃甚至骂骂咧咧。

这不禁让人好奇，这样的学生还会有人愿意去教导吗？谢天谢地，这样的人还是有的。他们非常关心这样的儿童和青少年，愿意与之一起努力。他们看到了这群学生身上的潜能，希望孩子们能学好。

如果得不到外界的帮助，这些儿童和青少年就无法学会被大众接受的行为。之所以如此，部分是因为其他人对他们的态度。这些孩子通常不仅会惹别人不高兴，还会把自己的处境搞得乱七八糟。他们并没有太多的机会去学习，也没有机会挽救自己在那些表现良好的同龄人、家长或教师眼中的形象，因为其他人根本就不愿意和他们打交道。

所有类型的情绪及行为问题都是相互关联的，在本书描述的所有儿童和青少年身上，极少只呈现单个问题，往往是多个问题同时出现。他们在如何激怒别人方面似乎天赋异禀，擅长以花样百出的行为让别人暴跳如雷。在本书讨论的儿童和青少年中，有一部分人在与他人交往时会有退缩、回避的行为，但大部分人有着较强的攻击性，有过咄咄逼人、好勇斗狠的经历。他们的典型特征就是不仅在社交上受到排斥和疏远，学习成绩也一塌糊涂。在同龄群体中，他们通常不受欢迎，也成不了领导者——除非在同样具有反社会特点的同龄人中，在后者这类群体中，他们会因其反社会行为而大受追捧。在这样的小群体中，有些人是欺压别人的"恶霸"，而有些人正因为是"恶霸"而拥趸者众。有些人看似经常呼朋唤友，实际上一个真心朋友也留不住。

大部分罹患情绪与行为障碍（接下来我们将以 EBD 替代）的儿童和青少年是男性，不过女性所占的比例也在持续增长中。

很多孩子可能在入学前或小学低年级就已经被确认罹患 EBD，但绝大多数并非如此。大部分儿童和青少年是在学校里表现出严重的行为问题和学习困难，并且通常持续数年之后才会被鉴定为有特殊教育需求的学生。而且，在被确定为罹患 EBD 之前，他们通常被诊断为其他障碍，如多动症或注意缺陷 / 多动障碍（Attention Deficit–Hyperactivity Disorder，ADHD）。

大部分成年人会选择尽可能避免与这些儿童和青少年接触，因为这些孩子的所作所为总是会激怒权威人士，就像在故意挑衅、自讨苦吃一样。即使在他们自己心目中，也常常觉得自己一无是处，因为他们很少从生活中得到过什么满足，好不容易产生的愿望也一再落空。似乎除了惹是生非、激怒别人之外，他们根本不知道还有什么方法能得到自己想要的。这些孩子在能力方面存在某种缺陷，这意味着他们在日常生活的很多重要方面都无能为力。正是因为他们表现出来的一些行为，使他们失去了许多令人满意的社会交往和自我实现的机会。

很多人似乎认为，应该让心理学家、精神科医生、社会工作者或受过精神卫生训练的专家来接手这样的孩子。或许这样的转介是有必要的，但这样的处理并非本书想要讨论的。对这些不幸罹患 EBD 的学生，身为教育工作者的我们应该先问问自己下面这些问题：

- 我们如何知道眼前的学生罹患 EBD？
- 教师要怎样做才能帮助他们？
- 在教导和管理这样的学生时，教师需要了解哪些基本假设？
- 哪些教学和管理策略最有可能取得成功？
- 对于最终的工作成果，从事特殊教育的教师应该怀着什么样的期许？

在考虑与 EBD 相关的问题时，我们应该先对人类的思考和行为方式提出各种疑问。这个过程离不开想象力。也就是说，你要向自己提问，并试着用不同的答案来回答，这类似一种幻想状态。在学习过程中，不管涉及的是什么主题，一种最有效的策略就是自问自答。一旦开始产生疑问，你就会发现，答案并非一开始看起来那样简单。

我们对某些专业内容的思考其实就是一种内在对话。在面对一些人们认为我们应该知道或希望我们了解的事情时，我们会想象自己被询问了一堆问题。我们可能会问

自己很多问题，但其中大部分问题并没有绝对的答案。有时候，我们不得不回答"不知道"。还有一些时候我们只能满足于教科书上提出的猜想或一些个人提出的观点。

在第 1 章中，我们首先总结了一些学者提出的主要理论，这些理论通常既可以用来解释某些异常行为，也可以用来解释普通人的日常行为。当我们不知道该如何教导那些表现出不良行为的学生，希望知道哪些基本概念最有用时，这些理论往往具有指导意义。在和这样的学生打交道时，我们在分析问题并尝试解决问题时所采用的思考方式会产生深刻的影响。在接下来的内容中，作为本书的作者，我们提出了自己的一些想法或理念。不过，我们希望大家明白，这些看法只是一家之言，只是我们从个人角度认为它们最有帮助而已。

第 1 章的目的是概括一些基本假设，并指出我们认为在教导 EBD 儿童和青少年时的一些必要的基本概念。我们简单地总结了四个概念模型，之后还提出了一个社会认知模型，该模型是我们在本书试图阐明的一些观点的基础所在，其中包括我们关于教学的观点，也包括我们对成因、行为类型、评估以及干预的看法（希望大家在阅读本书其他章节时将之牢记在心）。如果我们提出的建议在某种程度上确实是有用的，在阅读接下来的章节时，你就会对我们关于何为"良好教学"的观点有所了解。

我们建议大家，在开始思考如何教导 EBD 学生时，先检视一下你此时正怀着什么样的期望——不单是对学生的期望，也包括对身为教师的自己的期望。怀揣着这些期望，教师要试着去理解那些可能导致 EBD 的因素以及教师本身可能在其中扮演的角色。专业的教育工作者有义务完成下列工作：

- 对每个学生的行为做出准确的定义和评估，做到对学生的每一个进步都了如指掌，并能让其他人也清楚地了解这些进步；
- 为学生提供适当且正确的体验；
- 就学生的行为表现与他们进行有效的沟通；
- 通过示范和直接指导的方法让学生学会自我控制；
- 教导学生尊重文化差异并理解其价值；
- 把重点放在教学上，这是特殊教育中最重要的事；
- 记得学生在很多方面是和我们一样的普通人。

第 1 章简要概括了本书作者对教学所持的观点，因为我们认为，关于能做什么以及应该做什么以帮助 EBD 学生，每一位教育工作者都应该有自己清晰的看法，这一点非常重要。教育 EBD 学生并不是一份无须动脑或闭着眼睛就能完成的工作。当然，这样讲并不意味着，当你把所有事情都想清楚了，就对自己和他人再无质疑了。虽然我们在书中提出了关于教学的种种看法，但我们并不认为这是一成不变的。在对教学及有特殊问题的学生有了更多的了解后，我们还会对这些观点进行必要的修改。事实上，我们希望你在阅读本书的过程中，能够不断地、勇敢地进行自我质疑。我们还希望，你能够在自己的亲身体验和阅读收获（包括来自本书和其他渠道的信息）的基础上，对我们的观点提出质疑。最后，作为本书的作者，我们希望，就如何教导这些有特殊挑战性的学生（即 EBD 学生）的问题，你能够清楚地表达自己的看法，并且永不停止自我质疑的脚步。

正如你将在第 2 章中看到的，我们面临着一个需要立刻解决的难题。到底什么是 EBD 呢？这样一个看起来非常基本的问题，却让我们立刻陷入了一个找不到明确答案且争议不断的困局。这个迟迟没有明确答案的疑问还给我们带来了更多的问题：在大多数学校中，我们应该做好 EBD 学生占多少百分比的准备？为什么要注意这个问题？你可能也曾经问过自己，在无法对一个问题给出明确的定义之前，该如何合理估计该问题的严重程度？如果 EBD 学生真的和我们估计的一样多，该怎样做才能满足这些学生的需求？通过阅读第 2 章的内容，你可以形成一些与此相关的问题。

正如我们在第 3 章中提出的，准确地描述 EBD 领域的开始过程是困难的，部分是因为它和其他相关专业掺杂在一起难分彼此。如果找出该领域的源头都很难，想要预测它的前景就更难了。我们希望，当你在阅读第 3 章中那些当前"最新"进展时，能够多提出一些问题。例如，这一点我们以前听说过吗？这是谁的观点，讲得通吗？如果这个观点是"新瓶装旧酒"，那现在它有哪些不同？如果我们将这一观点付诸实践，按照最合理的逻辑和以事实为依据来推断，最后会得到什么样的结果？

在第一部分中，我们在每一章中提出的问题都很基本，但基本的问题通常也最难回答，它们表面上的简单其实具有欺骗性。我们希望，在阅读本书时，你能对研究者和教师对这些问题的处理方式始终保持好奇。我们还希望你能乐此不疲地向自己或他人提出各种问题。不管是在教育领域还是其他领域，能提出有水平的问题并对答案抱有合理的怀疑，本身就是科学的一部分。

第 1 章

基本假设：
对何谓"良好教学"的不同看法及本书的主张

对问题的看法

到底是什么导致了人类的异常行为呢？来自不同文化的人对此有不同的看法。学者们就这类行为的原因提出了各种假设，并尝试将之与他们认为可以消除、控制或预防该行为的方法联系起来。我们发现，数百年来人们提出了几种关于成因和治疗的概念性主题。这些主题持续了数千年，当代的看法不过是对过往理念的进一步加工和延伸而已。为了解释和控制人类的行为，我们被视为生物有机体、既理性又感性的个体和个人环境的产物。

我们无须接受专业训练就可以知道，在年幼者的生活中，几乎每一个方面都有可能导致他们出现各种心理问题。但接受社会科学方面的训练还是有好处的，它能够使人对各种可能导致问题出现的原因保持特别的警觉。教育工作者一直在试图对人类的各种行为做出解释——既包括不良行为，也包括良好行为。现在我们已经认识到了隐藏在行为背后的很多原因，困难的是如何对它们进行合理的分类。

例如，教师们现在已经认识到，儿童和青少年会对日常生活感到紧张，对学校里的各种经历感到有很大的压力。然而，即便认识到他们正面临压力，对我们理解异常情绪或行为的原因以及该采取何种治疗方法并无多大帮助。对大多数人而言，有一定的压力是件好事。但认识到压力是一回事，对压力如何影响人类发展、如何判断哪种压力最具破坏性等问题提出明确连贯的看法则又是另一回事。再举个例子，注意到自我概念是情绪和行为发展的一个重要层面是一回事，而理解自尊是如何同其他因素紧密结合在一起并对行为产生影响则是另一回事。

为了避免大家对 EBD 的理解仅停留在表面上，我们需要一个复杂的组织原则——一个理论模型或框架，将有关原因与治疗的种种观点和信息组织起来，使之变得合理易懂。在对人类的行为做出解释的时候，不管这种解释有多么简单直白，都有可能在某个特定时代在人群中颇受欢迎，但所有这类过度简化的说法都逃不过一个共同的命运：成为今天的陈词滥调和明天的荒诞笑话。也就是说，一开始它们似乎是人们耳熟能详、口口相传且广为接受的，但随着时间的推移逐渐被大家视为笑话。关于 EBD，近年来有一个广为流传的过度简化的说法，认为 EBD 是压力导致的，因此为了保证心理健康，当务之急就是寻找各种应对压力的方法。还有一个过度简化的说法认为，EBD 是低自尊的体现。

现在让我们以 21 世纪早期最热门的议题"青少年暴力"为例，来看看过度简化的说法和较为复杂的解释之间的区别。很多杂志、专业期刊及书籍告诉我们，暴力行为的形成不存在单一的成因，也没有单一的治疗方法，要了解暴力的成因并对之进行有效的处理，我们必须将已知的生物、心理、社会因素及其他会对行为产生影响的因素整合起来。这并不是一个过度简化的观点。但是，有些大众媒体上的文章把重点放在对暴力行为的特别解释上，而这些解释有时候很容易变得过度简化，或者某些读者对其做出的解读过度简化。持进化论观点的心理学家们研究的是行为、神经化学和个人环境的相互作用——即彼此之间的相互影响以及在人类进化史上行为是如何经由遗传进程而形成的。然而，一些与进化心理学有关的无稽之谈可能会造成严重的误导，并被扩展到用来解释几乎所有的人类情绪或行为问题。还有一种观点认为，暴力是源于缺乏机会，但这个见解本身就是过度简化。机会当然很重要，但暴力的成因远比这个复杂。

四个理论模型的简要说明

行为的不同理论模型（有时被称为"心理流派"）对人类的行为提出了不同的解释，并就如何改变行为给出了不同的建议。本书简单介绍了四个理论模型的基本假设，请大家在阅读时注意以下三点：

- 我们的描述难免简单粗疏，若想充分理解每个模型，需要你进行更多额外的阅读。
- 我们有意只选择了其中的某一个方面进行描述，所以书中的简介并没有真实反映出那些能干的工作者们在实践中通常采用的多元视角；
- 还有一些理论模型在本书中没有提及，我们之所以不做探讨，是因为它们缺乏可信的实证支持（如弗洛伊德的心理动力模型和认为严重行为问题是缘于魔鬼附身的宗教观点）。

为了突出各个理论模型之间的差异，我们在描述时有意做了简化。每个模型都有其支持者和反对者。随着科学证据的不断增加，有的模型逐渐脱颖而出。

针对某种特定的障碍，我们描述的某个特定模型也许比其他模型更适用。例如，生物模型可能更适于用来解释精神分裂症，但用它解释品行障碍就逊色多了。

生物模型

人类行为涉及神经生理机制。也就是说，一个人的感知、思考或行动过程离不开中枢神经系统。有一种理论模型就是以下列两个（或其中一个）假设为起点：

1. EBD 是由生理缺陷导致的；
2. 生理干预（如药物治疗）能够有效控制 EBD。

有一些研究者认为，多动、抑郁或过度攻击等问题都是遗传因素、脑功能障碍、大脑结构、食品添加剂、生物化学失衡等方面的原因造成的。还有一些人认为，大多数类型的 EBD 都会对药物产生反应，或者很容易通过药物、神经手术、运动或其他以身体为主的治疗得到改善。按照这样的说法，我们的当务之急就是要对潜在的生物学问题有清楚的认识。然而，成功的治疗不见得必须以解决生理缺陷为目标。在许多情况下，我们心里也清楚，并没有任何方法能修复或改善那些被认为导致障碍出现的大脑损伤、遗传过程或代谢紊乱。所以，我们只能满足于对这种障碍背后的生理原因有所了解，并尽力采取一些涉及改变社会环境的治疗方法。

有一些处理方法建立在与生理过程相关的假设之上，但并不能解决已知的生理障碍。例如，有些学生可能会被要求服用药物来控制多动症或精神分裂症的症状，即使对他们为何出现障碍的生理病因还无法确认。除药物治疗外，还有一些干预方法与生物性相关，包括饮食调理、运动、手术、生物反馈以及改变导致生理问题恶化的环境因素。

"医学模型"通常被当作贬义词来使用。在特殊教育中，它通常指那种将医学诊断和心理干预的重要性置于教育之上的模型。现在这个词有时仍被用来指责在特殊教育中以某种方式模仿医学的行为。然而，现代医疗是以科学为基础的，所以医学模型也可被简单地解读为一种科学探索和实践的模式。再者，在理解 EBD 的成因和治疗的过程中，包括基因研究在内的生物学具有重要的启示意义。虽然特殊教育有时遭人诟病对"医学模型"亦步亦趋，但实际上它更多的是在遵循规律，而不是在模仿医学。

斯蒂文·R. 福尼斯（Steven R.Forness）和肯尼斯·A. 卡威（Kenneth A.Kavale）提出了一种"新的"医学模型。该模型采用了科学的教育方法和更接近当代医疗实践的手段，尤其是在药物方面。这种模型并不是要取代行为模型，而是在对其进行适当的补充，目的是将都以科学原则为基础的行为管理和药物治疗结合起来。

这种新的医学模型值得进一步仔细探索。然而，对教师来说，生物实验对课堂教学没有什么意义。教师不可能为学生选择基因或改变他们的基因，不能做手术，不能开药，不能控制饮食，也不能做物理治疗。不过，在教室这个社会小环境中，教师确实有着举足轻重的力量，他们对学生的行为和情绪问题有属于自己的看法和处理方式。所有这些都可以在现代医学的最佳模型下科学地完成。此外，教师应该对用药（尤其是精神科药物）保持警惕，并熟悉精神病学相关用语。

心理教育模型

心理教育模型关注的是无意识动机和潜在心理冲突，但也强调了对学生在学校、家庭和社区的日常生活中的一些实际要求。心理教育模型的一个基本假设是，如果教师想要最有效地处理学生的学业失败和不良行为，就必须对学生的无意识动机有所了解。当然，这并不意味着他们必须把所有精力都花在解决无意识冲突上，而是指他们应该重点关注如何通过反思、规划等方法，并将社会情境、文化和其他环境条件考虑在内，来帮助学生获得自我控制的能力。

以心理教育模型为基础的干预措施有时包括治疗性讨论或生活空间访谈，后来改称"生活空间危机干预"，目的是帮助学生认识到他们的所作所为是有问题的，并对自己的内在动机有所觉察，观察自己的各种行为的后果，打算在将来遇到类似的情况时采用其他应对方式。干预的重点是让学生获得足以促使他们改变行为的领悟，而不是通过干预直接改变他们的行为。

生态模型

生态模型以生态心理学和社区心理学的相关概念为基础。早期的生态模型还借鉴了欧洲教育家们提出的理论模型，这些教育家们以家庭、社区及学校为阵地与青少年打交道。他们把需要帮助的学生视为复杂社会系统中的一员，他或她要在不同场合、以不同角色与其他学生和成年人进行社会交往，在这种交流中，他或她既是给予者，也是接受者。生态模型强调对儿童和青少年所处的整个社会系统进行研究，在理想情况下，应针对学生所处环境中的所有方面进行直接干预。该模型采用的干预措施强调的是行为理念和社会学习理念，以及其他以这两种理念影响整个社会系统的方法。

在 20 世纪 80 年代和 90 年代，生态理念与社会学习理论（或行为理论）的结合被称为"生态行为分析"。生态行为分析是一种尝试，试图以更巧妙、更可靠的方式，找出那些自然发生的功能性事件并加以利用，以改进对目标人群的指导和行为管理。如果那些自然出现的方法（如同龄人互助小组）确实有效，并且能持续稳定地得到应用，我们就可以建立或强化具有支持性的、有助于能力培养的社会系统，这能大大减少对人为干预的依赖。人为干预往往代价更大、更易造成困扰、作用更短暂且更不可靠。

行为模型

行为模型有两个主要假设：

1. 问题的本质在于行为本身——即某人做了什么；
2. 行为是环境事件的一种功能——在某人所做的事情之前（前因）或之后（后果）发生的事情。

几乎所有的不良行为都被视为对既定环境的一种不当的习得性反应，因此，在实施干预时应该将事情的前因后果进行重置，以此让孩子们学会更多的适应性行为。行为模型源于行为心理学家的研究，它强调准确的定义和可靠的测量，要仔细控制那些被认为可维持或改变行为的变量，并建立可复制的因果关系，这代表了一种自然科学的方法。如果采用以行为模型为基础的干预措施，我们首先要选择目标行为（即希望学生学会的适应性行为），然后衡量学生目前对该行为的接受程度，接下来要分析有哪些可能占主导地位的环境事件，并对这些事件的前因后果加以改变，直到学生真正习得该目标行为。

模型选择

如何选择或构建一个无懈可击的理论，并始终用它对多种概念模型进行评估，是摆在我们面前的一个挑战。简言之，挑战之处就在于，当利用这些模型理解人类的各种行为时，我们要判断什么可信、什么不可信，什么有用、什么没用。

我们在前面简要介绍的几种概念模型并不是昨天才形成的。它们都有着悠久的历史根源，经过多年的精雕细琢，直到今天也不乏支持者。在我们看来，人们口中的"社会认知理论"提供了最可靠、最有用的方法，来帮助我们研究人类的行为（包括我们所说的 EBD）。在对前面提到的四种理论模型进行比较之后，我们再来描述社会认知模型，从某种意义上说，它是对这四种模型的整合。我们相信，社会认知模型也符合我们关于良好教学和教育科学的观点。

表 1.1 是我们对上述四种理论模型的主要优缺点的评估。

表 1.1　四种概念模型的主要优点和缺点

模式	主要优点	主要缺点
生物模型	以有关生理过程的可靠信息为基础	教师不能直接参与生理改变过程
心理教育模型	探索常被忽视的行为的内部动机	得到的实证支持较少
生态模型	探索让行为适应社会环境的方式	需要对环境的多个方面加以控制
行为模型	以教学为本，以课堂为中心	只研究可观察的行为

就如何处理概念模型，我们有几种不同的选择。第一种选择是，我们可以始终坚持单独采用一种模型，以之为模板来评判所有的理论假设和研究结果。尽管这种方法具有稳定、清晰的优点，但会让很多心思缜密的思考者深感困惑，因为它的假定是，我们应以同一种特定的方式定义所有重要的事物。第二种选择是，我们可以采用不偏不倚的立场。也就是说，我们可以假设所有的概念都应该得到同样的关注和尊重。这个选项有一个直接的好处，因为它承认每种模型都各有优缺点，而且能让我们尽量做到不带任何偏见。但这种方法也有不少缺点。因为它假定，我们不能为了某个特殊的目的把这些观点分出三六九等，这是不合理的。在这种方法的影响下，有人提出，最好按照个人信仰进行行为管理和教育，无须采用科学审查的方式，就像对待宗教和政

治意识形态一样。这将不可避免地导致人们接受一些错误的想法并视之为合理，进而导致一些愚不可及的悖论。最后，它支持的是那些只对是非对错做出草率判断的流行言论。而这样的流行言论严重阻碍了教育的进步。

第三种选择，也就是本书所主张的方法是，重点关注那些有可重复的公开（如果可能）实证数据支持的、经得起认真严谨的批判性思维反驳的假设，即那些能够以科学方法来验证的观点。正是因为这一选择，我们在本书展开的绝大部分讨论都与社会认知模型一致，其他模型中与社会学习理论相关的一些有用概念也有所提及。

虽然我们在本书中选择了这一方法，但这并不意味着我们认为了解事物的途径是唯一的。不过，我们确实认为，针对某些特定的目的，某些方法确实比其他方法更好。我们认为，对于那些以问题学生为工作对象的教育者来说，自然科学传统为他们杰出的专业表现提供了最坚实的基础。最有用的知识来自那些可以重复进行并始终产生相似结果的实验，简而言之，就是按照成熟的科学探索规则展开的研究所产生的成果。

不是每个问题都可以通过科学实验来解决，这时候我们就必须依靠逻辑分析。但我们认为，只要有可靠的定量的实验证据可用或可设法获得，教育者就应该在实际工作中以此为依据。此外，对教师们最有用的科学信息来自一些在严格控制下进行的实验，这些实验告诉我们，如果想让个体的行为朝着更好的方向转变，我们该提供什么样的社会环境；如果想让个体学会自我控制，我们该采取哪种教育方式。

对科学的一个常见的误解就是认为它是绝对的。的确，科学研究可以让我们对某些发现有信心，并产生一些似乎很确定的发现，因为在科学证据的基础上，它们的出现是完全可预测的。然而，科学是试探性的，以科学方法获得的数据为基础形成的主张永远都存在着被放弃或修改的可能。科学的繁荣源于未知和不确定。在社会科学领域（包括特殊教育），科学发现可能比物理科学领域更短暂、更不确定。

社会认知模型

在针对 EBD 儿童和青少年的教育中，目前并没有哪种与教学方法相关的思想或概念模型成为主流。尽管盲从于某个概念模型的做法并不可取，而且不同的声音会让真理越辩越明，但如果有一个更整合、不那么杂乱随意的理论取向，必然会将这个领域往前推进一大步。

在实际工作中，很少有专业人士会死板地遵循一种概念模型。大多数人都意识到，为了让工作更出色，多元视角是必需的。但在采取折中方案时（指从各种不同的观点中挑选出一些概念和策略），每个人都会感受到某种程度的限制，要做到不陷入单一思维和自相矛盾的陷阱很难。有些概念模型彼此之间并不是互补的，相反，在针对某个问题的时候，它们提出的是截然不同且互不相容的方法。在有些情况下，当你接受了这一套关于人类行为的假设时，就意味着你否定了另一套。我们认为，社会认知模型将各种模型进行了必要的整合，它满足了我们的需求。

在本书中，"社会认知"一词考虑到了其他多种模型，并将行为的一些发展性特征囊括了进来。也就是说，我们认识到，对行为的评估必须是在正常发展的背景下进行的。不管是适应性的行为还是不适应的行为，它们在不同发展阶段都是延续的，不过，同样的行为在不同的年龄可能有不同的含义。例如，如果个体明显缺乏与年龄相符的社交技能，其行为在所有发展阶段可能都是不适应的，但有些表明个体存在社交缺陷的特定行为可能会因儿童的年龄和社会环境而大相径庭。

社会认知理论试图从自然科学的角度解释人类的行为，该理论综合了我们对行为心理学、生理学、环境影响以及认知作用（思维和感觉）的了解。科学研究无可辩驳地表明，行为的后果（环境对行为的反应）会影响我们未来的行为方式。但是，单靠行为研究并不足以解释人类行为的微妙性和复杂性。社会认知理论强调个人的能动性，即人类使用符号进行交流、预测未来、从观察或替代经验中学习、自我评价和自我调整、具有自我反思意识的能力。个人能动性或社会背景为行为分析增加了一个必要的维度，并对人类的行为提供了一种更完整的解释。

我们完全可以提供很多我们认为符合社会认知模型的研究实例，但出于谨慎我们还是放弃了，原因有以下几点：第一，许多已发表的研究报告并没有明确说明它们是以什么概念模型为基础的；第二，我们要提及的研究者可能并不认同自己的研究是合适的例子；第三，在众多的例子中，有些例子比其他例子更依赖于对行为的直接观察和测量，更清楚地例证了自然科学对 EBD 的应用。不过，在本书中，我们还是提到了一些研究，比如爱德华·G.费尔（Edward G.Feil）等人对学龄前儿童所做的家庭－学校干预，艾利森·布鲁恩（Allison Bruhn）、莎拉·C.麦克丹尼尔（Sara C.McDaniel）和克里斯蒂·克雷格（Christi Kreigh）关于自我监控的研究综述，以及托马斯·甘佩尔（Thomas Gumpel）、维尔·维森塔尔（Vered Wiesenthal）和帕特里克·索德伯格（Patrik Söderberg）对几种内在状态（自恋、对自我社会地位的认识及社会认知）与攻击行为之间的关系所做的研究。

良好教学

在教学中该如何对待 EBD 学生呢？接下来我们要描述的是关于这个问题的一些基本假设。对如何在课堂上与"问题学生"打交道，我们提出了一些建议，它们都是以这些基本假设为依据的。我们的主要考量依据就是现阶段所有关于良好教学实践的最佳证据，它们建立在科学证据以及对这些科学证据所做的逻辑思考的基础上。

关于"良好教学"这一主题，我们的主张建立在社会认知模型的基础上。也就是说，我们试图将"科学化"一词的意义发挥到极致——不仅让每一个观点都拥有我们能找到的最有力的研究数据的支持，还对各种问题的证据进行了仔细而理性的思考。虽然我们在书中并没有详细说明哪些教学方式的效果最好，但对教师该如何在教学工作中应对 EBD 学生的问题，我们提出了不少建议并尽力进行了解释。

在描述对良好教学的看法时，我们并没有使用理论化、抽象化的专业术语，而是用通俗易懂的语言直截了当地提出了我们认为很重要的东西。我们打算用这一节的内容为本书的其余部分定下基调。

期望

如果对期望持严肃的态度，你就会发现，要设定适当的期望不仅意义重大，而且还十分困难。在选择教育策略的时候，我们对学生、对自己怀有的期望是一个关键因素。在某种程度上，我们的期望决定了我们自己和学生能达到的高度。不仅如此，期望还在很大程度上影响我们如何评价自己和学生所取得的成就。

给每个学生设定合理的期望，让这些期望既有挑战性但又不至于高不可攀，这需要教育者具备非同寻常的技能。它有赖于对每个学生的准确评估——对过往考试结果和学习表现的了解固然重要，但更重要的是，教师要对学生有一种超越数字和百分比的敏感。我们对那些接受特殊教育的学生通常期望过低，但是，如果你仅仅为了证明对他们怀着很高的期望是真心的，就真的把对他们的期望值定得很高，这样做既不明智也无益处。不管怎样，对某个人或某个群体来说高不可攀的标准，对另一个人或群体而言则不见得如此。必须让那些被寄予厚望的学生相信自己能够实现这些期望，否则这些期望就会成为他们讨厌学校的另一个理由。

作为教师，在为自己或他人（无论是学生还是同事）设定适当的期望时，我们都应该深刻反思一下，自己对教学到底了解多少。当涉及学生时，我们需要考虑每个学生的问题性质，还要考虑我们自身的局限和偏见，更要考虑统计分布的真实情况，如平均值、四分位数等，这些情况任何人都无法忽略。那么，对自己和他人，我们应该怀有何等的期望呢？希望在未来的岁月里，我们对这个问题的态度能更认真严谨、更深思熟虑一些，不要好高骛远。

在设定对学生的期望时，教育工作者有时会过于草率，忽略一些在教学和评估中真正有帮助的问题。在制订任何一项行为管理计划之前，与 EBD 学生一起工作的特殊教育工作者必须与所有教师一样，问自己以下问题：

- 这个问题有可能是不当的课程安排或教学策略造成的吗？
- 对于学生，我平时要求和禁止的行为有哪些，我应该要求和禁止的行为又有哪些？
- 为什么某些行为会困扰我，我该怎么做？
- 我在意的行为是否对学生的发展有重大影响？
- 我重点关注的应该是学生的那些过度的行为还是那些有所不足的行为？
- 解决这个问题会有助于解决其他问题吗？
- 该如何让学生知道我对他们的期望？

教师在进行反思时，需要进行更多类似这样的"自问自答"，这样才能在学业与行为方面为学生设定合理的期望，这些期望既不会低估学生，也不会让学生注定失败，更不会强加给学生一些不可接受的、来自个人或文化的偏见。

有时候，教师在参加职业培训或与同事相处时，会受到一些同行的影响，对自己和其他从事特殊少儿教育的成年人怀着过高或过低的期望。一些教师对如何改善学生的表现和社会行为毫不关心，对自己的教学能力也不思进取。他们认为学生的失败与自己无关，作为教师他们只求"得过且过"，最后的结果也通常如他们所愿。但身为教师，他们在传道、授业、解惑上可以说毫无建树。

有的教师则视自己为殉道者或救世主，为了学生，他们几乎牺牲了所有其他的个人欲望。这样的教师会把学生的失败视为自己个人的失败，他们似乎在寻找一种"灵丹妙药"，能让自己的学生变得"正常"。但他们的希望通常都会落空，最后往往是怀着对失败的愤怒与苦涩，在没有深思熟虑的情况下，赌气离开教育行业。

可以预见的是，那些对自己期望过低的人往往会原谅其他成年人的渎职、疏忽和无能。而那些对自己期望过高的人心中往往有一套非同寻常的个人标准，他们对不能或不愿达到这套标准的人充满鄙视。要成为一个专门教导 EBD 学生的教育工作者，拥有充分的自我认识是一个先决条件。不管是为自己还是为他人，如果能设立一个合理的期望，让个体在这个期望的鞭策下不断成长，在失败时不绝望、不气馁，与家长和其他教师互相支持，这本身就是一个不小的成就。对于很多缺乏专业教学培训，不知道如何教导 EBD 学生的教师来说，这样的任务尤其艰巨。

教师们对自己和学生的期望往往深受其所在文化的影响，影响最大的是社会上其他人对教师和教学的看法。诺贝尔文学奖得主、小说家纳吉布·马哈富兹（Naguib Mahfouz）在其作品中描述了一个埃及家庭的生活状况。他描述的故事发生在很久以前（约 1930 年），但故事中那对父母的态度与今天的父母并无多大不同。在这个故事中，父亲对想要成为一名教师的儿子卡马尔说，没有人会尊重教师。这位父亲还认为，教书育人是一个毫无价值、浪费时间、不值得尊敬的职业，他甚至认为在卡马尔的所有老师中，没有一个配称为人。的确，有些教师毫无人性。不过，他的妻子，也就是卡马尔的母亲，对当教师这件事有不同的看法。她不理解人们对教师这个极具价值的职业表现出的轻蔑，部分原因是她大致理解一个有经验的教师对学生的生活会产生何等深远的影响。

面对一些家长和其他专业人士表现出来的轻视怠慢，很多教师都深感震惊。当教师们在预设对自己和学生的期望时，这样的轻视会动摇他们的信心。不过，还是有一些人能够理解教学的力量并尊重教师。所以，对卡马尔的母亲这样的人所表现出来的洞察力，我们一定要予以重视。

人们之所以会对教学颇有微词，部分原因是他们并不了解教学所需要的特殊技能。许多教育者都没有认识到，良好的教学是一门科学，是可以传授和学习的，它需要深思熟虑的实践，需要获取特定的实践技能，就像搞运动、玩乐器、当歌手、做医生等任何一项专业特长一样。当教学对象是罹患 EBD 的儿童和青少年时，一位好的教师必须不断地学习一些教学技巧并把它们应用在这些学生身上，在教师的岗位上待一天，就要尽职一天。

行为成因

造成 EBD 的原因通常难以确定。导致疾病的诱因可能有很多，并非某个单一因素所致。在所有影响因素中，有一些可能只是让人具有发病的倾向（倾向性因素），而有一些则可能直接导致人发病（促发性因素）。在特定的环境中，这两类因素都会增加疾病发生的可能性。在有一系列倾向性因素的条件下，那些促发性因素就很有可能触发某种适应不良的反应。

脆弱性和复原力也是两个需要了解的重要因素。如果个体具有脆弱性，在存在着一系列倾向性因素和促成性因素的条件下，该个体极有可能发展出 EBD。而拥有复原力则意味着，即使存在同样的倾向性因素和促成性因素，个体患病的可能性也很小，甚至完全没有。

教师需要找出那些有助于解释学生当前情绪或行为状态的影响因素。我们知道有多种生物因素在其中起着重要作用，但是经验——包括教师在学校里能提供给学生的经验——至少和生物因素一样重要，而且这是教师可以发挥主观能动性的一个因素。经过这些年科学研究的积累，大众已经普遍认识到，行为发展是先天因素和后天培养相互作用的结果，这一观点正在变得越来越有说服力。而教师的工作就着力于后天的培养。

特殊教育工作者的首要关注点应该放在那些教师能够改变的影响因素上。如果有些因素让教师感到无能为力，可能是因为他们以前没有接触过这样的儿童和青少年，但对从事特殊教育的教师来说，通常一开始就必须面对那些已经患有 EBD 的学生。特殊教育的教师有两个主要责任：第一，确保不再对学生造成进一步的伤害；第二，尽量对学生的当前环境施加影响。这意味着教师必须在课堂上、校园内帮助学生培养更适当的行为，不管这些学生有多少无法改变的过往，也不管他们在学校之外会有什么遭遇。

当然，教师有时也可以将他们的影响力延伸到课堂之外，比如与家长合作改善学生的家庭环境，或者利用社区资源帮助孩子。但是，在教师证明自己能够使课堂环境有利于改善学生的行为之前，提及任何课堂之外的影响，包括生态化管理、全方位服务等高大上的名词，都纯属无稽之谈。

我们并不是说教职人员与家庭和社区的合作不重要，但必须认识到，在许多教师的工作环境中，学校行政人员和学校心理咨询师的工作并没有促进家庭－学校或社区－学校的联系。教师们往往是孤军奋战，与他们在课堂上能做的事情相比，在校外以个人身份所做的贡献只能退而居其次。

身为特殊教育者，我们必须假定行为是可预测和可控制的。没有人能改变过去，单靠教师也无法改变那些当前正在产生影响的因素。因此，教师必须有信念感，要相信即使难以改变其他方面，只要提供合适的课堂环境，也足以让学生的人生有所转变。诚然，我们还必须心存希望，希望自己能改变的不只是教室的环境，并朝着这个目标努力。不过，尽量在课堂上采取最佳教学方法是教师的本职工作，这是我们不能逃避的责任，更不能将自己的失败归因于其他因素，如指责教育结构不当或者缺乏全面、综合、协作服务等。

有些人似乎认为，除非改变儿童生活中的一切，否则不足以对他们产生很大的影响。儿童的文化被认为是一个"涌现系统"，在这个系统中，任何特定干预都不会带来太大的改变，也不会产生经久不衰的影响。有人认为，问题行为的成因过于复杂，且彼此纠缠和相互影响，除非我们能同时做很多事情，否则就别指望能给儿童带来多大的帮助。这种假设是错误的。在这一错误的假设下，这些问题儿童似乎前途一片黑暗。在和那些浑身缺点的问题儿童打交道时，教师们一定不能因为能改变的太少就打退堂鼓。打个比方，即使我们知道星星点点的烛光并不足以驱散学生人生中所有的阴霾，但仍然应该尽力点亮每一根我们能点亮的蜡烛。

行为的定义、测量和评估

在判断学生是否符合接受特殊教育的条件，以及决定如何为他们提供服务时，教师应该发挥主要的作用。他们必须利用评估信息来决定教学内容。在决定一个学生是否需要特殊的帮助、应该学习什么内容以及应该在何处得到最适当教育的时候，应该询问教师对这名学生课堂表现的看法，是否有令人难以忍受的行为，教师提供的信息和意见应该成为最终的判断标准。

幸运的是，虽然对青少年障碍的定义和分类存在着种种问题，但并不妨碍我们对行为进行有效的测量。教师可以准确地定义和测量那些导致学生与他人发生冲突和自我挫败的行为。事实上，如果教师不能或不愿意精确地测量学生的相关行为，那其工作可能不会太有成效。

EBD 学生之所以需要帮助，主要是因为他们在行为上有过分或欠缺的地方。如果不能对这些过分或欠缺之处进行准确的定义和衡量，将是一个严重的错误。这就像一个护士不打算为病人测量生命体征（心率、呼吸频率、体温和血压）一样。对不为病人测量生命体征的行为，一个不称职的护士可能找的借口是，护理病人的其他方面已经够他们忙的了，对生命体征做一些主观估计就足够了，而且生命体征只是对病人健康状况的粗浅评估，并不能揭示潜在病理的本质。

特殊教育工作者应该努力让学生的学习表现和社会行为向更好的方向转变，而且一定要让世人看到这种努力的成效。测量不一定非要做得精巧繁复以彰显其地位有多重要，但它在评估学生的各项需求和取得的进步时，确实必不可少。如果教育工作者不能对行为改变进行尽可能准确的定义和衡量，那可以说他们难辞其咎。

测量行为、学习表现的技术已经发展了数十年，对教师们来说唾手可得。教师也可以向学生传授一些方法，让他们测量自己的一些行为，这相当于给了他们一个额外的对生活进行更好管理的机会。

我们并不是在建议对每个学生的每个行为都进行测量，也不是说教师应该全神贯注于测量而忽略其他重要的问题。教学可不只是做做测量那么简单。没有情感关注的机械教学方法与忽略认知和行为目标的教学方法一样，都是不合理的。但是，如果不对学生最重要的行为问题、学习问题以及取得的成绩加以测量和记录，那么，在谈到学生的进步时，教师就几乎不可能传达出任何真正重要的信息。

对教师而言，如果没有任何与学生行为改变相关的客观数据，是没有充分的证据做出诸如"她这周好多了"之类的主观评估的。不可否认，我们不太可能直接衡量学生行为中一些关乎性质或情感的方面及教师的一些具体措施，但这些东西又可能非常重要。我们并不是在暗示一切无法测量的东西都应该忽略不计，但对于以 EBD 学生为工作对象的教师来说，如果不对学生的问题行为进行准确的观察，并尽可能对他们的社会行为和学习表现做出客观、准确的测量，肯定是不合情理的。

如果不对学生的行为进行直接测量，教师就有可能被自己的主观印象误导。如果没有这样的测量，教师对自己的教学成果也做不到心中有数，因为不知道学生在学习表现和社交技能上到底有没有受到影响。我们有理由期望教师能够拿出客观、准确的证据，展示学生的行为改变及学习状态，同时以更主观、更有感情的语言来形容师生之间的关系。

无论是标准化测试还是非正式测试，或者直接的观察和测量，目的都是为了评估学生的表现和需求。良好的评估对教学是非常有帮助的。它可以告诉 EBD 学生的教师，这个学生知道些什么、能做什么以及需要学习什么。

对学生的学习表现和社会行为进行测量非常重要，关于这一点我们掌握的证据已经够多、够清楚了，但有些教师依然不愿对学生的行为进行测量，这不禁让我们深感疑惑。为什么测量会被忽略？原因至少有以下几个：

- 一些特殊教育工作者和教师培训人员仍然认为，对行为的测量无关紧要，因为行为不过是精神病理学的一种表面现象，真正的问题隐藏在内心深处，无法观察因而也无法直接进行测量；
- 家长有时会默认教师能力不足的事实；
- 有些教师不理解对行为进行直接测量的价值所在，也可能没有接受过如何做好直接测量的培训；
- 在没有任何测量的情况下，有时也能发生行为改变，这可能会导致一些人得出错误的结论，认为测量并不重要；
- 有些教师不称职或懒惰。

工作、游戏、爱和乐趣

患有 EBD 的儿童和青少年通常不知道如何有成效地工作，不知道如何玩耍，也不知道如何付出爱和接受爱，不知道如何享受乐趣。然而，如果要让生活令人满足并具有意义，工作、游戏、爱和乐趣是最基本的四种体验。在教育这些学生时，教师需要专门为他们开设一门课程，把重点放在这些基本体验上面。这并不是说我们需要以一门课程来直接传授这些体验，事实上，如果要开设一门课程教导儿童和青少年如何工作、游戏、爱或享受乐趣，课程内容必须包括一些有用的具体技能，但这些技能本身并不能构成基本的生活体验。我们经常看到许多"寻欢作乐者"的可笑行为，看到一些职业运动员只会不顾一切地玩命比赛，他们的表现说明，要通过"努力"来体验乐趣是件多么困难的事。在你做某件事或参加某个活动时，这些事件或活动之间的关系——包括体验结构和事件（或活动）本身——会让一个人学会如何工作、游戏、爱和享受乐趣。是的，享受工作——在工作中感受到乐趣——很重要，但同时我们也意识到，如果一个人只能在工作中或只能在游戏中才能感受到乐趣，那就有问题了。

教师必须为学生营造一个有结构、有秩序的环境，使学生和教师都能够完成各自的工作，有时间做游戏，从中感受到爱、享受到乐趣。如果教师让学生完全自由地为所欲为，是无法为学生提供结构和秩序的。罹患 EBD 的儿童和青少年之所以有困难，是因为他们做出了很多不利于自己的行为选择。就学生应该学什么这个问题，教师必须根据自己的判断提出宝贵的意见。很久以前，一位专门研究如何教育 EBD 儿童和青少年的著名学者就指出，对学生来说，学习阅读、写作、拼写和算术极其重要。这些学术技能固然是学生们必须具备的，但学习如何击球、接球、弹吉他、划船、搭乘公共汽车等也对他们大有好处。教师必须对自己的判断有信心，知道学什么东西对学生有好处，知道学生应该表现出哪些得体的行为。没有这样的信心，教师就无法提供必要的教学结构。

我们并不是说学生应该学习什么技能完全由教师说了算。最关键的不是让学生盲目地遵守行为标准，而是要求他们有一个合理的行为和学习标准，让他们处在一个自由的氛围中，拥有更多的个人选择和更大的成就感。

教师不但要做出相应的价值判断，还必须就教学内容做出艰难的抉择，处理与教学相关的一系列问题。要想使教学富有成效，教师在组织教学时必须遵循两个基本原则：（1）选择适合学生的任务（在任务水平适当的情况下，学生通常可以取得成功）；（2）为学生的表现安排适当的结果（奖励或惩罚）。我们并不是从失败的经历中学会如何工作、游戏、爱和享受乐趣的，而是从一切尽在掌握的成功体验中学会的；我们并不是通过让自己的愿望立即得到满足来习得骄傲、尊严、自我价值以及其他良好心理品质的，而是通过努力克服困难、满足要求并发现自己的努力会达到预期目标来习得的。

我们不能指望学生通过某种神乎其神的内部引导过程来学习，唯有在某个经验丰富且善解人意的成年人的帮助下，为学生的行为表现设定合理的期望，在他们达到期望时给予奖励，才能保证他们学有所成。尼古拉斯·霍布斯（Nichloas Hobbs）在许多年前就提出了一个合理的观点，他认为适当的期望水平要具有一定的挑战性，但又并非不可达成。好的教师会为每个学生选择他们能够胜任的任务，并在他们适应了自己的真实能力，知道了自己的真正需求后，逐渐允许他们自行设定目标。优秀的教师能够意识到，一件对某个学生而言极为艰巨的任务，对另一个学生（或教师自己）而言，可能不费吹灰之力。

有充分的证据表明，在为学生安排要做的事情或活动时，这些事情或活动的结构顺序对学生的学习有深远的影响。再说得具体点，如果将个体高度青睐的活动（游戏）与一些让他意兴阑珊的活动（工作）捆绑在一起，能否游戏取决于他是否完成了工作，那么将大大提高个体的工作表现。在游戏（或得到报酬）之前必须先工作，这是一个基本原则。如果在某个环境中，人们无须付出就能获得奖赏和特权（超越每个人应有的权利），那这个环境就毫无意义。另外，如果能靠自己的努力养活自己，会让一个人拥有自尊。早在 20 世纪，当埃斯特·罗斯曼（Esther Rothman）在纽约帮助那些精神失常和行差踏错的女孩时，就谈到了工作和报酬的意义。她指出，报酬并不一定指金钱。对于一些学生来说，得到特权、拥有金钱以外的物质享受，或者能做一些对他们而言有意义的事情，都可以算作报酬。对学生取得的成就给予有意义的奖励，这是一种历史悠久的教学方式，也是一种鼓励学生奋发图强的方法，尽管有人愚蠢地认为，奖励本质上是一种侮辱。只要奖励的方式恰当得体，根本不会削弱个体的内在动机，也从来没有这样的先例。代币经济的基本原则就是为个体付出的劳动支付合理的报酬。罗斯曼指出，在劳动给人带来的常见成果中，自豪感也是其中之一。

我们不会自以为是地试图定义什么是游戏、爱或乐趣。关于工作，"为实现预期目标而付出的目的明确且必要的努力"这一定义就足够了。不过我们确实注意到，对那些情绪健康的人来说，工作、游戏、爱和乐趣是交织在一起密不可分的，而对于患有EBD的人来说，它们似乎互不相干或不可企及。当青少年的情绪和行为出现混乱时，要恢复一些人所说的"重要平衡"，或者找回热情、快乐和深层次的满足感，最有效的策略就是为他们提供合适的工作，并保证让他们的努力产生稳定的结果。当我们通过自己的付出完成了一项有价值的工作并获得报酬后，游戏、爱和乐趣就极有可能接踵而至。工作的目的是让人有充分的理由形成自尊。这里所说的工作包括学习和其他类似的活动。最后，出色的表现本身就足以让人感到所有的付出都是值得的。

直接、坦诚的沟通

有人极力倡导结构化的方法，还有人热衷于行为矫正法，他们似乎在暗示我们，只需要保证让某种行为产生稳定、一致的结果，就足以给学生的行为带来必要的改变。但是，教学并不仅仅是把各种事件和活动组织起来那么简单。我们对学生的倾听及与他们谈话的方式足以改变他们对其他环境事件的看法和反应。例如，在描述行为产生的结果时，教师可以强调积极的一面，也可以强调消极的一面。一位教师可能会这样说："在完成数学题之前，你不许上网。"而另一位教师可能会这样说："只要做完数学题，你就马上可以上网了。"两位教师都描述了行为与其结果之间的关系，两种说法都没有问题，但第二种说法会让人把注意力放在恰当表现的积极结果上，而第一种说法让人关注的则是不当行为带来的消极结果。这两种说法可能会对学生产生截然不同的影响。此外，非言语交流也很重要，教师传递的非言语信息应该与其言语信息保持一致。为了达到治疗效果，教师们必须在倾听、交谈和行动中传递出对学生的尊重和关心，以及对自己和学生的信心。

这并非意味着教师必须永远对学生的行为表示赞同或积极的关注。事实上，教师必须非常明确地传达不赞成的态度。如果我们对青少年的所有行为都以赞同或漠然的态度来回应，就别想指望他们能学会恰当的行为。保持坦诚的态度，包括对不恰当行为的诚实评价，对教师的工作是有利的。不管学生的行为是否可取，教师都要让他们看到这种行为带来的积极（或消极）结果，同时清楚地向学生表明自己对他们的期望是什么，这将能成功处理很多（或绝大多数）行为问题。

沟通是双向的，如果教师没有学会如何理解地倾听，不仔细观察学生的行为并准确地解释学生的言语行为和非言语行为之间的关系，沟通就不会成功。为了寻求他人的理解，那些不相信有人会倾听自己心声的青少年会采取一些极端的方式，这往往会惹来更多的麻烦。

在谈话时保持直接坦率的态度有利于与儿童和青少年沟通。许多教师和家长在与儿童和青少年交谈时，往往言语试探、态度暧昧、含糊其辞，这通常是因为他们对这些孩子心存排斥，或者担心被这些孩子排斥，也有可能是因为受错误观念的影响，以为在帮助患有 EBD 的儿童和青少年时，绝不能直接告诉他们该做什么。让儿童和青少年猜测成年人的希望或意图，通常对他们没什么好处。事实上，只要教师清楚、直接、明确地提出希望学生们如何表现，大部分学生都会立即改善他们的行为。良好的教学在很大程度上取决于教师，而不是学生。良好的教学还包括把所有问题都清晰地摆在台面上，不管这些问题是学习上的还是行为上的。良好的教学就是绝不让问题含糊不清。

那些患有 EBD 的学生肯定会对教师的诚实提出考验。诚实不仅仅是坦率地表达观点和准确地报告事实。学生们想知道教师是否言行一致。如果教师虚言恫吓、言而无信或奖惩不明，肯定会惹得学生不满。

自我控制

大量证据表明，儿童可以通过观察他人的行为方式学到很多东西。如果教师自身行为不端，不管他们的教学方式有多高明，给学生带来的危害都远比帮助更大。坦率地说，如果有的人本身就与社会格格不入或心理不稳定，那对他们而言，教导 EBD 学生并不是一份适合的工作。学生对教师的模仿带来的应该是其行为上的改善，而不是习得一些不良行为。

我们的意思并不是说教师必须是完美的。期望完美的心态本身就是一种适应不良的表现。期望完美是 EBD 学生经常出现的问题，教师要做的是帮助他们克服这一心态。能够接受自己和他人的不完美，并能建设性地处理自己和他人的失败，是教师必须表现出来的情绪特征和行为特征。

在"自我控制"方面，教导 EBD 学生的教师应该起到榜样的作用。教师不仅要向学生示范如何自我控制，还应该通过直接的指导向学生传授自我控制的方法。毕竟，适当的自我指导也是一项个人权利，失去自我控制则是问题行为的特征。我们的意思并不是说学生可以不受外界干涉为所欲为，也不是说教师绝不应该要求学生守规矩。

学生有权选择自己的行为方式，除非他们选择的行为明显不符合自身的最佳利益或侵犯了他人的权利。教师应该营造适当的课堂环境，让学生意识到自己有哪些选择；尽量提供不同的行为领域，让学生练习如何做出选择；指导学生如何做出适当的选择，并酌情给予奖励。此外，教师还应该向学生们传授一些认知行为技巧，如自我指导、心理预演和引导性练习，培养他们控制自身行为的能力。在教化学生时，一开始可能需要来自外部的力量加以控制，但只有在这种控制被学生最大限度地内化后，真正的教化工作才算完成。

文化差异

在普通教育中，教师对文化差异的理解是学生能否取得成功的关键。我们认为在特殊教育中同样如此。一名优秀的教师要始终对文化差异保持敏感。

对文化差异的敏感性，也就是所谓的"多元文化敏感性"，常常被错误地理解为要根据学生的肤色、性别、血统、宗教等来调整教育方式。这种错误的观点认为，要让教育更得当或更有效，教师应该考虑的是某些群体特征，尤其是对一个被主流社会压迫或被边缘化的群体，而不是考虑某些更重要的个人文化特征。

亚文化群体被压迫和被边缘化，这是全世界各地的一个主要问题。这个问题不是任何大陆、国家、肤色、信仰或机构独有的。这是一个全人类的问题，是来自任何肤色、性别、地域的教师都无法回避的问题。

近年来，跨文化理解和多元文化教育在普通教育和特殊教育中都受到了极大的关注。但是，究竟什么样的教育才算做到了"文化敏感"或"文化响应"？对广大教师和课堂观察者来说，现有定义很难让人确定教师应该怎样对不同文化保持敏感或响应。此外，教学的文化敏感性和其他重要的多元文化特征通常是从建构主义角度来描述的，不但含糊不清，依据的还是学生的群体身份而非个人特征。

群体身份（无论构成此身份的是什么特征，残疾也算）是种族主义、性别歧视及其他歧视的基础。歧视的不公平之处在于，在做出关于机会、特权、教育、罪行、责任及其他形式的社会判断时，判断的依据是群体身份，而不是个人身份。事实上，歧视是将群体特征（无论是肤色、性别、宗教还是其他群体身份）视为个人特质，假定你属于 X 群体（如根据肤色、传统、宗教或性别定义的），那你就必然具备 Y 特质（能力、偏好、行为等）。这是一种刻板印象，刻板印象假定个体的某个特征会决定其另一个特征，但事实并非如此。要达到社会公正，我们就一定要将个人特征与群体特征区分开来，并理解为什么残疾人士必须得到区别于其他群体的对待。

为了避免刻板印象，尊重文化差异，教师必须在科学的框架内单独与每个学生及其家人交谈，了解他们的个人情况，这是其他任何方式都不能替代的。当然，有人可能会宣称科学本身就代表了一种文化偏见，但这不过是谬论而已，其原因已经有人详细解释过了。

在教育中，有些教师对个人特征不敏感，把注意力完全放在群体身份上。例如，教师在决定某个学生的课程安排、教学方式或行为管理时，可能视群体身份为可靠的依据。但在特殊教育中，这种做法既不符合规定，也违背了社会公正。在特殊教育领域，是不允许仅仅根据学生的群体特征来确定课程安排、教学方式和安置处所的，比如将学生划归为某个特定的问题群体或文化群体。按照相关规定，特殊教育必须以学生的个人需要为依据。

任何一种文化敏感性，无论涉及的是残疾还是群体特征（如肤色、性别或宗教），都需要关注个人。教育之耻往往就在于它对文化不敏感，正是因为这种不敏感，教育系统没有要求学校采用有效的教学方法和行为干预。以实证为基础的教学方法无人问津，错误的观念却大受追捧，即使那些有理、有据、有效的方法明明唾手可得。令人遗憾的是，可靠的证据时常会遭到摒弃，因为有人认为该证据被研究者的群体身份"污染"了（例如，因证据提供者的肤色、性别或其他群体身份而拒绝接受该证据）。然而，不管初衷有多好，如果在教学和行为管理中对那些有效的方法弃而不用，肯定是缺乏文化敏感性的表现。

教学：特殊教育的任务

作为专门以 EBD 学生为工作对象的教育者，在过去的几十年里，我们得到的重要的教训之一就是，绝对不能忽视学术教育，即使将其放在次要地位都不行。在针对这些学生的教育中，学术教育常常被放在次要地位，而把控制或遏制不良行为视为头等大事，这是一种严重错误的做法，绝不能让这种现象成为我们的工作特色。

我们必须重新把特殊教育的重点全部放在教学上。如果你的学生是罹患 EBD 的儿童和青少年，那对你而言，教学就是重中之重，原因有两个。第一，要帮助学生调节情绪、适应社会，学业成就是根本，所以，如果不将学业成就作为教育干预的终极目标，那就太愚蠢了。要想提高学生的自我评价和社会能力，提高学生的学业成就就是最可靠的途径。第二，教师最好把管理或纠正学生的行为视为一个教学问题来处理。这就意味着我们要更重视问题的前因——也就是行为问题一定会发生的那些场合或情境。也就是说，教师在思考学生遇到的社交问题或情绪问题时，要像思考学生在学习语文、数学或其他课程内容时所遇到的问题一样。当学生表现出教师期望的行为时，教师要准确地指出该行为；当学生表现出不当的行为时，教师要适时调整该行为发生的情境，帮助学生练习恰当的行为并鼓励他们以后都这样做。当期望的行为出现时，一定要大力给予强化，不过，只有在教学的其他组成部分顺利实施时，这样的方法才能发挥最大的作用。我们认识到，虽然有些指导方式对大多数学生是有效的，但有些学生却不会做出预期的反应。即使如此，要想对学生进行有效的行为管理，良好的教学指导是首要的条件。

对具体个案的思考

对 EBD 做抽象的理论思考是一回事，真实面对 EBD 学生则完全是另一回事；观察别人生活中的混乱是一回事，当它们成为我们生活的一部分时，则完全是另一回事。当 EBD 个案真真切切地出现在生活中时，我们常常会把前面提到的理论知识抛在脑后，在考虑的时候顾此失彼。例如，患者的父母和家人具体是怎么过的；教师和学生在生活中又是怎么面对的；罹患 EBD 的学生具体有什么感受；作为 EBD 学生的家长或教师，该怎样对他们负责，等等。最重要的是，我们会忘了我们是在和像我们一样需要爱、关注、理解、支持以及纠正和改进的真实的人打交道。吉尔·雅库尔斯基（Jill Jakulski）博士是一所特殊学校的校长，这所学校面向的是那些患有 EBD 的中学生，吉尔曾经说过，作为一名教师，你必须真正喜欢你的学生，不管昨天这些学生对你说过和做过什么，今天你都要做到真心实意地喜欢他们、教导他们。这并不容易，也不是每个人都能做到的。

成因、行为类型、评估和干预之间的关系

既然我们已经有了一个可将人类行为概念化的社会认知模型，那么，如果要就儿童和青少年 EBD 的特征形成一个整体连贯的讨论，最好的方法是什么？正如阿尔伯特·班杜拉（Albert Bandura）指出的，要想一次性研究所有的互动是不可能的。想同时探究所有的成因因素反而会让科学研究陷入停滞，因为这样做工作量太大、太复杂了。在研究行为、行为评估、行为原因及行为影响时，我们必须从那些较为简单、较易管理的部分着手。不管我们正在进行的是对行为的研究，还是在试图对行为进行总结和解释，这种策略都是正确的。

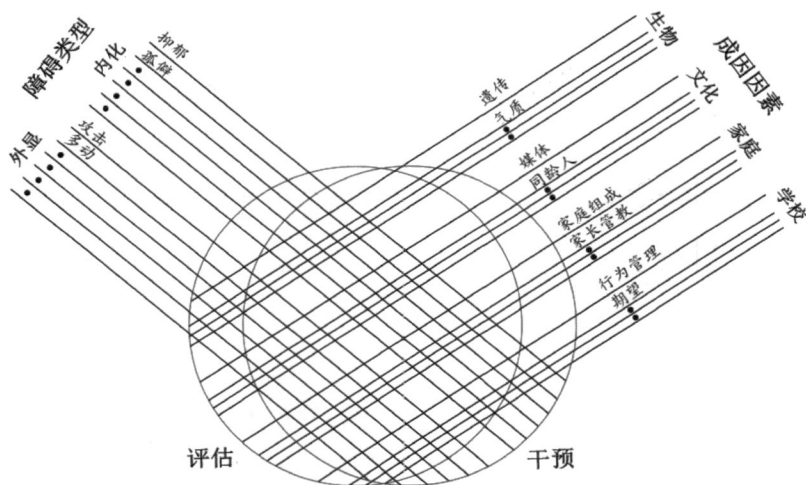

图 1.1　成因、行为类型、评估和干预之间的关系

我们从图 1.1 中可以看到行为的各方面是如何相互关联的。其中两个重叠的圆圈表明评估和干预是有所重叠的，在极少数情况下，你可能会发现某个活动或事件是完全独立的，但在大多数情况下，评估和干预是同时进行的。用集合论的语言讲，评估和干预之间有交集。在图 1.1 中，我们列出了几种障碍类型和四组主要成因，黑点表示还有一些内容我们没有列出来。在对某种情况做具体分析的时候，可以沿着图中的直线贯穿重叠的圆圈。举个例子，我们可以选择对图表的某一部分进行分析，比如评估抑郁的遗传因素。也就是说，你会看到代表遗传因素和抑郁的线相交了。但是，如果你沿着遗传这条线，就会发现它不仅与抑郁这条线相交，还与其他所有类型的障碍都相

交。如果你沿着攻击这条线查看，会发现它与所有代表成因的线都相交。这张图表想说明的是，我们永远无法将我们正在分析的某个特定问题与其他问题完全分开，而且这个特定问题通常都会同时涉及评估和干预。例如，如果我们正在研究如何对抑郁的遗传因素进行评估，那我们就不能完全忽略将气质作为一个促成因素来评估，也不能忽略涉及同龄人和父母的干预计划。虽然有时我们需要专注于一个特定的主题，但也必须了解这个主题与其他主题之间的联系。

在本书接下来的章节中，我们会集中探讨 EBD 的诱发因素（第二部分），然后是 EBD 的类型（第三部分），最后是评估（第四部分）。不过，即使是在对某个特定主题或因素做集中探讨时，我们也必须同时想到其他的主题或因素。

本章小结

人类的本质是什么？对这个问题的看法决定了我们对行为的解释以及对 EBD 的处理策略。纵观历史，人被概念化为生物有机体、兼具理性与感性的个体以及环境的产物。不论是生物模型、心理教育模型、生态模型还是行为模型，都有其独特的优点和缺点。从社会学习和自我控制的科学实验中得出的模型为专业实践提供了最可靠的基础，融思考、感受及行为于一体的社会认知方法与本书在理念上是一致的。

在教学中，帮助学生设立恰到好处的期望是一个重要的部分。期望既可用于学生也可用于教师，并且一定要既不过高也不过低。EBD 的成因有很多，教师必须记住的是那些他们可以有用武之地的部分，这意味着教师把关注焦点放在学校里发生的事情。其他的原因可能也很重要，但教师通常对它们无能为力。教师必须定义、衡量和评估学生的行为。事实上，合格的教学工作要求教师对学生的社会行为和学业表现进行直接的观察和测量。教师必须让学生明白，工作、游戏、爱和乐趣非常重要，而且是相互关联的。这就包括让学生明白，游戏要在工作之后，工作本身会带来高回报和快乐，给予爱和接受爱都能令人满足。与学生进行直接、真诚的交流至关重要。教师还应该提供自我控制的良好榜样。文化多样性为生活增添了价值，教师在教授必要的学术技能的同时，应该教导学生接受文化多样性。教师们必须记住，特殊教育最重要的是有效的教学，还要记住，作为特殊教育者，与我们一起工作的学生和家庭都是真实的人，他们需要关爱和帮助。

案例讨论

如此个案，该从何着手

——德里克·耶茨（Derrick Yates）

德里克今年12岁，被安排在五年级的一个班里，该班学生的平均水准和天赋都很高，虽然德里克的学习能力大约只有三年级水平。教过他的每一位教师都认为，他简直像个"恐怖分子"，非常难以管教。他有着与其年龄不相称的魁梧身材，长着一口歪歪扭扭的龅牙，脸上总是带着瘆人的冷笑，眼神怪异，被形容为一个"可怕的孩子"。由于他的捣乱行为，学校只允许他上半天课。学校的教师援助小组建议对他进行评估，以判断他是否需要接受特殊教育。

在家里，德里克的行为存在很多问题——脾气狂躁，总是威胁和恐吓家人。父母离异后，德里克与母亲及弟弟、妹妹住在一起。他对父母的离异感到愤怒，责怪母亲造成了家庭的破裂。学校社工报告说，德里克曾经用一把屠刀将家里的狗杀死，然后将狗斩首、肢解，还将残肢丢得满院子都是。德里克的母亲担心他会用刀或其他厨房用具伤害她或他的弟弟、妹妹，所以不得不把厨房的抽屉都锁了起来，还在卧室的门上装了双重门锁，让两个年幼的孩子和她睡在一起，以防德里克动手。她说，有一次，由于她没有让德里克和他的父亲通话（父亲打电话来询问抚养孩子的问题），他勃然大怒，当天晚上用一把屠刀猛砍她卧室的门。德里克的母亲已经对他束手无策，甚至打心底里害怕他，却无法从社会服务机构或心理健康机构那里得到帮助。

今年，负责德里克所在班级的教师是一位经验丰富的特殊教育工作者，但她要求把自己调到普通班级工作。虽然对德里克的过去了如指掌，她还是同意让他进入自己的班级，直到完成对他的特殊教育评估。德里克知道老师和其他学生都怕他，他说他喜欢做一些恶劣的事情，并以自己的坏名声为荣。然而，开学已经好几天了，他的老师依然淡定自若，似乎一点也不害怕他，对他的那些恶劣行径也视若无睹。于是，有一天他实在忍不住了，这样问老师："你没听说过我，是吗？"

与本案例相关的问题

1. 哪种概念模型能最好地解释德里克上述行为的原因？

2. 在这个案例中，如果使用社会认知模型，你会如何描述那些需要考虑的重要因素？你认为这些因素是如何相互关联的？

3. 如果让你设计一个对德里克的干预方案，你会从何着手，为什么？

4. 针对德里克对老师提出的问题，你认为利用哪些概念来回答最好？

该拿巴迪怎么办

——巴迪（Buddy）

我教的是六年级的一个普通班。在 10 年的教学生涯中，巴迪是我遇到的不讨人喜欢的学生之一。无论从生理角度还是心理角度，他都让人感到非常不适。他总是很脏，浑身臭气熏天，说话充满敌意、尖酸刻薄，完全不合礼仪。大多数时候，他的所作所为会让其他孩子和大人想要立刻离他越远越好，你可以把这种躲避理解为最直接的厌恶。但令人惊讶的是，他有时真的是个好孩子。不过，通常状况下，我实在想不出哪个 12 岁的孩子会比巴迪更令人反感了，所以，虽然他的名字"巴迪"的英文含义是"好朋友"，但他却连一个好朋友都没有。

你能想象他是一个什么样的人吗？他会挖自己的鼻孔直到流血，然后把血和黏液擦到答题纸上。这已经足以让大多数人感到恶心了。不但如此，他还会掏耳朵，把耳屎抹在答题纸上。他还会在课堂上挤他脸上的痘痘，把血和脓也抹在答题纸上。他把唾沫吐在答题纸上，用唾沫在答案上涂抹，想把答案擦掉。这种事情不仅让教师感到恶心，班上其他孩子也同样感到恶心。

这还不算，他还会做一些让我抓狂的事情，比如他对答题纸的处理。有时他也会用橡皮擦，但由于擦得太用力，总是会在纸上弄出洞来。他经常把答案写在非指定区域，然后把它圈起来，再画一个箭头指向另一个地方。他经常在纸上写一些脏话，画一些下流的图画。他会在答题纸上扎小洞，把它们撕碎，揉成一团，或者把它们粘在一起，再撕开，再重新粘上。这样做的时候他还不停地骂骂咧咧，说自己干不了这些该死的事情，因为这太幼稚、太辛苦、太愚蠢、太疯狂了。当然，班里的其他孩子经常听到更恶劣的话，这些言语是同学们完全接受不了的，也是我绝对不能接受的。

巴迪经常让自己成为别人生活中的祸害。他会无情地捉弄和霸凌那些弱小的孩子。他会故意激怒老师，威胁其他成年人。保持整洁和讨人喜欢这种事与他无缘。有一天他还把自己之前的老师称为"混蛋"。"我对他已经忍无可忍了。"

我也曾与其他老师和校长谈过巴迪的事,但大家好像都束手无策。他的问题似乎正在不断恶化,但冰冻三尺并非一日之寒。他现在和他6岁时的样子似乎没什么两样。在他的父母看来,他还只是一个孩子,并不是一个问题少年。而且,因为巴迪其实真的可以好好表现,所以,很明显他是有可能一直表现得很好的。这也是为什么当我向其他老师提起他的一些行为时,他们总是会说:"这样啊,但巴迪真的可以成为一个好孩子,你只需深呼吸一下,告诉自己'好吧,这就是他',就可以了。"

与本案例相关的问题

1. 从长远来看,像巴迪这样的学生在普通教育中会变成什么样子?从事普通教育的教师应该怎样对待像巴迪这样的学生?

2. 你觉得巴迪有心理障碍吗?如果你认为没有,为什么?如果你认为有,又是为什么?你认为他有情绪或行为障碍吗?

3. 你认为巴迪需要接受特殊教育吗?为什么?如果答案是肯定的,你认为他需要什么样的特殊教育,可以通过何种渠道获得?

4. 如果你是巴迪的老师(不管是普通教育还是特殊教育),你会采取什么方法来帮助他习得更具适应性的行为?

第 2 章

主要问题：
问题的大小、定义及发生率

　　说实话，对于罹患 EBD 的学生，我们当然希望能够尽力将他们教育好。在上一章中，我们对一些基本假设进行了阐述，接下来我们对它们做进一步详细的探讨。在本章中，我们首先要考虑的是如何称呼那些本书特指的学生——使用什么样的标签、如何定义他们的障碍。然后，我们会讨论这样的学生到底有多少，也就是说，在普通学生中有多少人罹患 EBD，所占的百分比是多少。

通用术语

　　EBD 领域的术语可说众说纷纭，莫衷一是，甚至称得上乱七八糟。当然，如果某个事物可以用很多不同的词汇来命名，要准确定义它确实有难度。所以，在讨论定义的问题之前，我们首先要考虑的是，针对本书讨论的学生群体，社会上都使用了哪些术语或标签。

　　在美国有关特殊教育的法律法规中，"情绪失常"（emotionally disturbed）是当前使用的一个标签。不过，一些专业人士更倾向于使用"行为障碍"（behaviorally disordered）一词，因为他们认为这是对本书所指的儿童和青少年更准确的描述。对许多人来说，"行为障碍"似乎是比"情绪失常"更少被污名化的一个标签。然而，在专业文献和美国各州的法律法规中，还有许多其他的术语指代这类群体遇到的问题。

在大多数情况下，这些术语是表 2.1 A 列中的一个术语和 B 列中的另一个术语的结合。因此，在某一个州这个标签可能是情绪缺陷（emotionally handicapped）或情绪受损（emotionally impaired），而在另一个州则被称为行为受损（behaviorally impaired）。偶尔还会出现 A 列的两个词和 B 列的一个词的组合：社交和情绪失调（socially and emotionally maladjusted），社交和情绪失常（socially and emotionally disturbed），个人和社会失调（ personally and socially maladjusted），等等。关键的问题是，该领域的术语实在是太混乱了，有时候其混乱程度就像我们要指代的儿童和青少年一样，问题五花八门、层出不穷。贴标签是一个很有争议性的话题，对此我们稍后再做讨论。

表 2.1　名词组合

A	B
情绪（emotionally）	失常（disturbed）
行为（behaviorally）	障碍（disordered）
社会（socially）	失调（maladjusted）
个人（personally）	缺陷（handicapped）
	冲突（conflicted）
	受损（impaired）
	缺乏（challenged）

这种术语大乱炖的情况终会结束，最后一定会有一个受到普遍认可的标签脱颖而出。"情绪或行为障碍"（emotional or behavioral disorders）一词是在 20 世纪 80 年代末被美国精神卫生和特殊教育联盟（National Mental Health and Special Education Coalition）采用的，该组织成立于 1987 年，旨在促进各种心理专业组织和倡导团体之间的合作。到 1991 年，已经有 30 多个专业组织和倡导团体成为该联盟的成员。"罹患情绪或行为障碍的儿童和青少年"这一说法已经越来越被人们接受。我们认为，是使用连词"和"或"与"（and）还是"或"〔or）是鸡毛蒜皮的小事。美国精神卫生和特殊教育联盟之所以选择"情绪或行为障碍"一词而不是其他可能的标签，只是为了表明其所指的儿童和青少年可能会表现出情绪或行为障碍中的一种，或两者兼而有之。这个词比其他很多术语包含的范围都要广泛，但遗憾的是，它还没有被美国联邦政府的法律和法规采纳。

定义

当你遇到罹患 EBD 的儿童或青少年时，他们肯定会在你的记忆中留下难以抹去的画面。但我们很难对他们罹患的障碍做一个明确的定义。我们可以直观地理解什么是 EBD，但是要给这种障碍下一个定义，并在此基础上形成一些指导方针，来有效并可靠地判断某个人是否患有 EBD，可不是一件简单的事。

一个好的定义非常重要，因为当儿童和青少年罹患某种障碍时，如果他们的问题没有被视为障碍，这些问题就得不到解决。回想一下，我们在第一部分的导读中曾提到，这些学生在日常生活的很多重要方面都没有什么选择的余地。与其他学生相比，他们的选择有限，因为他们的行为实在是个问题。由于行为不符合所处的社会 – 人际环境，他们失去了许多令人满意的社会关系和自我实现的机会。

做出一个可靠的定义之所以如此困难，原因之一就是 EBD 并不是一个存在于社会环境之外的东西。它是根据文化规则而赋予的一个标签。这样讲并不是说这些障碍不存在，也不是说它们只是我们想象出来的，或者是我们的文化所特有的，但它确实意味着，我们所处的社会背景非常重要。

在认识和定义 EBD 及其他一些与特殊教育有关的问题上，一个常见的反对意见是，这些类别之分只不过是社会结构而已。诚然，某些事物确实是一个社会结构，也就是说，它是由社会规则定义的，因而也可以被重新定义或赋予新的理解，但是，这并不意味着它没有实质性的意义，更不意味着它不重要或者站不住脚。我们不会忘记，以下这些东西也是社会结构：正义、贫困、道德、童年、青春期、爱情、文化和家庭。类似的例子不胜枚举。我们的观点很简单：EBD 是一种社会结构，但在一个仁慈的社会中，我们珍视的许多东西也是如此。即便 EBD 被认为是一种社会结构，我们也不应该认为它仅仅是一种想象的虚构物，是可有可无、不明智的或不文明的。

科学是我们解决问题的最佳工具。我们希望能够以科学为主要方式来研究行为和情绪，以便我们尽可能多地了解它们。然而，在判断行为偏差时，自然科学的客观方法有时只能起次要作用。EBD 指的是那些被权威人物断定为不可容忍的行为，而这些权威人物又代表着某种具体的文化。通常情况下，这些行为被认定会威胁正常社会的稳定、安全或价值观。这并不意味着这种对 EBD 的鉴定是站不住脚的，只不过我们必须把它视为人类社会发展中的一个过程。

在为 EBD 下定义时，主观性在所难免（至少有一部分主观成分）。在衡量个体的具体行为时，我们可以做到客观和精确，在说明社会规范、文化规则或社区对行为的期望时，我们可以费尽心思地做到清晰明了。但我们终究必须认识到，规范、规则和期望及对特定个体偏离这些规范程度的评估，都是需要主观判断的。下面列出的这些差异会使如何定义 EBD 的问题变得更加困难，我们将依次对它们展开详细讨论：

- 不同的概念模型；
- 不同的定义目的；
- 情绪和行为测量的复杂性；
- 正常和异常行为的范围及多样性；
- 发展规范和社会文化期望的对照使用——生态学；
- 与其他障碍之间的相关性；
- 人类发展过程中诸多问题的短暂性；
- 为异常行为贴标签的弊端。

不同的概念模型

我们在前文中已经对多种不同的概念模型做了非常详细的描述。对于儿童和青少年种种不良行为的原因以及如何加以矫正的问题，每个概念模型都给出了一组假设。显然，如果某个定义只以一个概念模型的原理为基础，除了让那些信奉不同模型假设的人感到困惑或失望外，基本上没什么用。而要想得出一个每个人都能接受的定义，不管这个人秉持何种理念，也不太可能。另一个问题是，许多关于 EBD 的概念仅仅是由成人精神病理概念模型改编的儿童版，并没有考虑到青少年在不同年龄阶段的发展差异。在这里我们还想补充一句，那些不同意 EBD 抽象概念的人，往往也不会同意一个更为现实具体的定义。同样值得一提的是，在关于如何预防 EBD 的讨论中（这是一个几乎每个人都认可的积极目标），那些不同意其定义的人很可能在其他问题上同样持有不同的意见，比如具体该预防什么、最好的预防方式是什么，等等。

不同定义的目的

EBD 的定义要服务于每个使用者不同的目的。法院、学校、诊所和家庭依赖不同的定义标准。对那些与自己的目的不相符的定义，他们不见得会否认其价值，但他们会倾向于特别相信那些切合自身工作目标的定义。例如，法官最关注的是违法行为，教师主要关注的是学生学业上的失败，治疗师关注的是那些可用来转介的理由，家人和社区人员关注的是那些违反他们的规则或使他们无法容忍的行为。要拟定一个让每个负责青少年行为的人都认为有用的定义，简直难于登天。

我们关心的是为教育目标服务的定义，重中之重是那些与学校有关的问题。通常情况下，我们将本书讨论的那些儿童和青少年称为学生，所以对我们而言，最有意义的是为 EBD 拟定一个可供学校参考的定义。

情绪和行为测量的复杂性

没有任何测验能够对人格、适应能力、焦虑或其他相关的心理结构进行准确到足以定义 EBD 的测量。也就是说，我们不能简单地通过测试分数来定义 EBD。一些测验可能有助于我们了解青少年的行为，但其信度和效度不足以定义 EBD。

尤其是那些针对无法直接观察的内部状态或人格结构的投射性测验，很难不让人心存疑虑。对行为的直接观察和测量减少了对间接测量的依赖，但这些较新的评估技术并没有解决关于定义的问题。对教师来说，了解学生殴打同学或辱骂大人的频率可能比了解他们在心理测验中的反应更有用。但某一特定行为要达到怎样的频率才会被鉴定为 EBD 呢？对此教师和心理学家并没有达成共识。

当我们为了分类而对学生进行比较时，必须在特定的环境条件下对他们的行为进行测量。之所以需要这个标准，是因为行为通常会随着社会环境的变化而变化。也就是说，我们知道学生的行为在不同的情况下会有所不同。但是，即使对环境条件做了特别的规定，并且在这些规定的条件下对学生的行为做了直接可靠的测量，我们仍然不可能据此得出一个让各方满意的定义。即使是在指定的单一环境条件下，也不能仅凭某一行为出现的频率来断定它是不良行为还是得体行为。

这里的测量问题类似于视觉和听觉领域的问题。中心视力和纯音听力阈值可以在严格控制的条件下得到精确测量，但这些测量并不能很好地表明一个人在日常环境中的视力或听力如何。例如，在测试中，两个听力水平相同的人可能会有完全不同的功能表现，一个人像听力正常的人（几乎完全能用言语交流），另一个人像聋哑人（几乎全靠手势交流）。要评估一个人的视力和听力是否出色，我们必须仔细观察这个人是否能适应视觉和听觉环境中不断变化的需要。同样，要判断一个人的行为是否得当，我们必须仔细观察这个人是否能满足生活中经常发生微妙变化的种种要求。这种判断需要经验丰富的"临床"评估，既需要我们对行为进行精确的测量，也需要我们了解文化和环境对行为的影响。

正常和异常行为的范围与多样性

被大众认可为"正常"的行为种类繁多，正常行为和异常行为之间的区别通常是程度上的，而不是种类上的，两者之间并没有明确的界限。EBD 学生会干的事情，大多数儿童和青少年几乎也都干过，但正常的儿童和青少年做这些事情的条件、年龄或频率是不同的。哭闹、乱发脾气、打架、抱怨、随地吐痰、随地小便、大喊大叫等行为在任何儿童和青少年身上都有可能出现。只有通过观察这些行为发生的场合、强度和频率，才能鉴别出罹患 EBD 的儿童和青少年。

针对儿童和青少年及其家长对问题行为的认知情况，研究人员进行了纵向研究和调查，结果清楚地表明，大量被视为正常的儿童和青少年会在某一阶段的发展过程中和在一定程度上表现出一些反常行为，如发脾气、搞破坏、恐惧及多动。大多数学生会在某些时候被他们的教师认为有行为问题。

同样，异常行为也是千差万别，可以表现为从攻击他人到极度孤僻、退缩等不同程度的异常。一个人的行为可能会在两个极端之间左右摇摆，且异常程度可能会随着时间或环境的变化而发生显著变化。对人类行为所做的大多数分类并不相互排斥——一个人可能存在不止一种问题。要拟定一个将障碍的不同类型和不同程度都囊括其中的定义，无疑难如登天。

发展规范与社会文化期望：生态学

当儿童和青少年罹患障碍时，他们会表现出一些在几乎所有文化群体和社会阶层中都被认为不正常的行为。在几乎所有文化和亚文化群体中，缄默不语、严重自残、吞食粪便和谋杀他人等都是典型的行为问题。这些行为与普遍存在的发展规范是不一致的。但是，有时候一些儿童和青少年的行为之所以被认为离经叛道，不过是因为违反了所在文化或社会机构（如学校）的特定标准。学业成就、各种类型的攻击行为、性行为、语言模式等都会根据一个民族、宗教、家庭、学校等的标准而被判定为正常或异常。

同样的行为或行为模式，在某种场合或情境中可能会被认为是异常的，但在另一场合或情境却被认为是正常的，之所以如此，只不过是因为人们的心理预期不同。也就是说，定义 EBD 的通常是社会或文化期望，而不是真正具有普遍意义的发展规范。例如，儿童七岁前不识字、打人、抢东西、说脏话等，这些行为是正常还是异常呢？这要根据儿童所在社区或群体的标准来评估。但是，极端的攻击性、隐蔽的反社会行为、和行为不端的同龄人拉帮结伙等表现不但违反了某一文化特有的社会期望，而且几乎在任何文化中都有可能造成足以危害儿童和青少年健康成长的风险。

在很多情况下，EBD 是由社会交往导致的或因社会交往而恶化的。许多障碍是通过模仿、强化、消退和惩罚等学习过程而习得的，这些学习过程塑造和维持了每个人的大部分行为 ——无论正常与否。在行为异常的儿童和青少年的生活中，成年人和其他同龄人可能在无意中制造了某种条件，导致这些不正常、不恰当的行为发生且持续发生。具有讽刺意味的是，那些积极主动地给有异常行为的儿童和青少年贴上 EBD 标签的成年人，也正是无意中促使这些儿童和青少年表现出不恰当行为的人。如果这些成年人改变了他们与儿童和青少年之间的互动方式，或者将这些儿童和青少年安排在一个不同的社会环境中，他们的行为可能会截然不同。在上述情况中，问题的一部分（有时是大部分）在于照顾者或同龄人的行为。

也许我们会忍不住想说，不应因他人的反应而怪罪罹患 EBD 的儿童和青少年。但儿童和青少年的行为必然会影响其父母、教师、同龄人以及其他与他们互动的人。研究人员很多年前就已经意识到，一个孩子会在潜移默化中引导父母、教师和同伴如何与自己互动，如同这些人也在影响着这个孩子如何与他们互动一样。因此，如果将过失完全归咎于患有 EBD 的儿童和青少年或环境中的其他人，显然都是不合适的。教与学是一个互动的过程，在这个过程中，指导者和学习者经常会巧妙地交换角色。如果一个孩子与教师、同伴或父母发生了矛盾，在评估孩子对其他人的反应时，也一定要评估其他人对这个孩子的反应，两者同等重要。

持生态学观点的人认为，应该将儿童和青少年与环境中各个方面之间的相互关系考虑在内。EBD 并非只是儿童和青少年表现出的不当行为，还包括他们与其他个体之间不良的互动。例如，如果一个孩子在学校乱发脾气，这确实是一个问题。按照生态学观点的要求，我们在处理这个问题的时候，应将教师、同伴和父母的行为（他们对这个孩子持有的期望、要求及对他发脾气这个行为的反应），以及这个孩子与人交往的目的和采取的策略，都一并考虑进去。

与其他问题的关系

想要给 EBD 下一个定义，让它彻底区别于其他障碍，是不现实的。早在数十年前，丹尼尔·P. 哈拉罕（Daniel P.Hallahan）和考夫曼就指出，在罹患轻度精神发育迟滞（现在通常称为智力障碍）、学习障碍和情绪障碍（现在通常称为 EBD）的学生之间，有许多相似之处。数量可观的文献显示，在罹患智力障碍（精神发育迟滞）或其他障碍的个体中，往往可以看到 EBD 的影子。不只是将 EBD 学生从罹患广泛性发展障碍（如严重的自闭症和智力障碍）的学生中区分出来很难，在某些情况下，要将罹患 EBD 的幼童从那些失聪、失明、脑瘫或创伤性脑损伤的孩子中区分出来也非易事。事实上，更常见的情况是 EBD 和其他障碍一起出现。

诸多情绪和行为问题的短暂性

EBD 通常不会持续很久，EBD 患者出现的问题可能时断时续。认为它们是持久的全天候现象是一种常见但后果严重的误解。一个孩子可能会在发展的某个阶段有 EBD，但在另一个阶段则没有，或时有时无。

许多幼儿表现出的行为问题可能会在几年之后消失，除非这些问题非常严重或包括带有高度敌意的攻击性和破坏性。话虽如此，如果不对幼儿严重的问题行为加以治疗，这些行为通常会持续下去，而且还会变本加厉。所以，EBD 的定义必须考虑到那些不会持久存在、只发生于特定年龄的问题，还要考虑到那些正常的发展性问题。

为异常行为贴标签的弊端

学生的问题一旦被贴上标签，再想改变这个标签就会非常困难，甚至完全不可能。无论与该标签相关的定义有什么样的概念基础，无论该标签在字面上是什么意思，情况似乎都是如此。给孩子贴上任何标签都是危险的，因为这样的标签很可能会让他们被污名化，还有可能极大地改变他们接受教育、就业和社交的机会。

但是，如果不使用标签（专门用语）来进行描述的话，有些事物我们就没法讨论了，包括像 EBD 这样的障碍。我们的定义应该用一种特别的语言来表述，当学生被认定为某个不正常群体的一员时，这种语言能够把对他们的伤害降到最低。不过，如果要最大限度地减少 EBD 被污名化的现象，关键在于改变社会对标签的态度，而不是改变指代不良特征的标签。

定义的重要性

乍一看大家可能觉得定义的问题不是什么大事。如果成人权威说某个学生患有EBD，那我们为什么不去关注那些与有效干预策略相关的更重要的问题，把定义的问题留给那些喜欢玩文字游戏的人呢？经过认真严肃的思考后，我们最终认为，定义太重要了，不能听天由命或随随便便。

我们接受什么样的定义，反映了我们如何概念化这个问题，因此也反映了我们认为适当的干预策略。定义简明扼要地传递了一个对从业者有着直接影响的概念框架。医学定义说明了医学治疗的需要，教育定义说明了教学方案的需要，以此类推。此外，定义明确了服务对象，从而对接受干预的人群以及向他们提供的服务产生了深远影响。因此，如果一个定义明确了某个人群，我们就可以在此基础上对患病率做出估计。最后，在资金分配、职业培训和人员聘用等方面，立法机构、政府行政人员和学校行政人员都要以操作性定义为指导。含糊不清和不恰当的定义会导致法律法规混乱不全、行政政策模棱两可、教师培训不到位以及干预措施无效。定义是一个关键问题，也是一个难题，特殊教育者有责任构建一个尽可能合理的定义，对学校里那些存在障碍的学生做出尽量准确的鉴定。

目前官方采用的定义

只有伊莱·鲍尔（Eli Bower）在很久以前编写的EBD定义对国家层面的公共政策产生了重大影响。目前的官方定义源于鲍尔在20世纪50年代对加利福尼亚数千名学生所做的研究。虽然鲍尔的定义是对他的研究结果合乎逻辑的解释，但美国教育部采用的版本却有所歪曲，长期被批评为不合逻辑。为了理解这里涉及的问题，我们必须首先理解鲍尔的定义，然后将这个定义与官方的定义逐字逐句地进行比较。

在一篇关于定义与鉴定的经典论文中，鲍尔将罹患情绪障碍（ED 或 EBD）的学生定义为"在一段时间内以显著的程度"表现出下列五种特征中的一种或多种的学生：

1. 缺乏学习能力且不能以智力、感觉或健康因素来加以解释；
2. 无法与同学和教师建立（或保持）令人满意的人际关系；
3. 在正常的条件下有不当的行为或感觉；

4. 普遍存在的不快乐或抑郁情绪；

5. 容易出现与个人或学校问题相关的身体症状、疼痛或恐惧。

按照鲍尔的说法，这些特征中的第一个，即学习方面的问题，可能是 ED（或 EBD）中与学校最相关的部分。他还解释说，在他的定义中还有一个重要特征，那就是明确提到了问题的严重程度。

鲍尔的定义有很多优点，特别是它明确指出了行为的五种特征。尽管如此，人们依然不能仅凭此定义就轻松判断出某个儿童或青少年是否患有 EBD。在诸如"在显著程度上""在一段时间内"这类说法上就有很大的自由度。对这五个特征中的每一个，我们都需要做出主观判断。请仔细思考并回答下列问题：

- 缺乏学习能力是什么意思？是学习水平落后同龄人一年、半年还是两年？它是否包括缺乏习得适当社会行为的能力，还是仅指缺乏文化学习技能？
- 你要如何证明明显缺乏学习能力的表现不是由智力或健康因素造成的？健康因素是否包括心理健康因素？
- 与同龄人之间令人满意的人际关系具体指的是什么？
- 何为不当行为，正常情况又是什么？
- 什么时候会出现普遍存在的不快乐感觉？

美国联邦政府对情绪障碍的定义如下（我们用斜体字来标注该定义与鲍尔的定义之间最大的区别）。

情绪障碍的定义如下：

（一）该术语是指在*很长*一段时间内表现出下列一种或多种特征，*并以显著的程度对儿童的教育成就产生不利影响*的情况。

1. 缺乏学习能力且不能用智力、感觉或健康因素来加以解释；

2. 无法与同学和教师建立（或保持）令人满意的人际关系；

3. 在正常条件下有不当的行为或感觉；

4. 普遍存在的不快乐或抑郁情绪；

5. 容易出现与个人或学校问题相关的身体症状、疼痛或恐惧。

（二）*本术语包括精神分裂症。本术语不适用于那些社会适应不良的儿童，除非确定他们有情绪障碍。*

关于"情绪障碍"一词，鲍尔用的 emotionally handicapped 被改成了 emotionally disturbed。这或许无关紧要。但正如斜体字部分所示，官方定义中有三句话是鲍尔原始定义中没有的。然而，这些新增的陈述并没有使定义更清楚，反而使其几乎变成了无稽之谈。"对教育成就产生不利影响"这句话尤其令人困惑。也许它的意思是该规定只涉及教育问题。但如果"教育成就"被认为只意味着学习成绩，那么它就是特征 1 "缺乏学习能力"的赘述。此外，任何学生都不太可能"以显著的程度"且"在很长一段时间内"表现出上述五个特征中的一个或多个而不会对学习产生不利影响。但是，假设一个学生表现出特征 4 中的"普遍的不快乐或抑郁情绪"，而其学习成绩在同龄人和同年级学生中处于平均水平或领先水平，那我们该下一个什么结论呢？如果"教育成就"仅仅被解释为学习成绩，那么上述学生似乎就被排除在外了。但是，如果将"教育成就"解释为在学校里的个人表现和社交关系都令人满意，那么这一条就显得多余了。

第二项中关于精神分裂症和社会适应不良的内容甚至比前一项还混乱。在鲍尔的原始定义中，显然已经包括了所有患有精神分裂症的儿童和青少年——这些孩子在很长一段时间内以显著的程度表现出了五个特征中的一个或多个（尤其是 2 或 3，或两者兼有）。所以增加这一陈述委实大可不必。最后关于社会适应不良的补充更是令人费解。如果个体没有表现出五个特征中的一个或多个（尤其是 2 或 3，或两者兼而有之），任何权威解释都不能将其断定为社会适应不良。无论是逻辑理论还是研究结果，都无法提供一个能将社会适应不良和情绪障碍明确区别开来的定义。正是因为目前使用的定义有上述诸多局限性，许多专业人士对它非常不满，希望尽快出台更好的定义取而代之。

对定义的看法

在 20 世纪早期，精神病学角度的定义往往被学校的工作人员全盘接受，很少受到质疑。20 世纪 50、60 年代，鲍尔在加利福尼亚州一所公立学校工作，当时针对 EBD 学生的特殊教育项目有所发展，这使得他的 EBD 定义与学生在课堂上的行为有较为密切的相关性。大多数专业人士都认识到，没有哪一个定义能满足所有的目标。简·尼兹尔（Jane Knitzer）很久以前就写道，当人们用通常的术语谈论那些需要心理健康服务的青少年时，经常会忽略他们是正在经历很多痛苦的独特个体。这句话现在看来仍是一针见血。

具有讽刺意味的是，目前的官方定义可能会导致那些有 EBD 的学生得不到应有的服务。由于官方定义对鲍尔的定义所做的补充，让相关机构有了诸多借口，可以轻松地将那些需要服务的学生拒之门外——要么因为他们在学业上并没有失败，要么因为他们虽被认为社会适应不良但没有情绪障碍，要么因为他们的障碍仅被视为由文化差异和误解导致的问题。法律上就种种问题的争论还在继续，比如 EBD 学生是否必须在学习上落后于他人，其违法行为是否涉及情绪障碍，等等。

尽管与学生行为相关的几个特征可以得到清楚的描述，但 EBD 的定义仍然具有部分主观性。定义并不是完全客观的，就像快乐和抑郁不是完全客观的一样。但这并不意味着我们应该放弃寻找一个更客观的定义，也不意味着不能对这个定义加以改进。不过，为了让这个定义对教育工作者最有用，鉴别学生是否罹患 EBD 的主观判断必须包括来自教师的主观判断。在由专业人士做出的决定中，教师，而不是心理学家、社会工作者或精神病学家，应该被视为确定一个学生是否需要特殊服务的最重要的"试金石"，尽管这块"试金石"并不完美。但采用教师的判断也让教师承担了很大的责任，因为他们必须要做出合乎道德的决定。身为教师，这是他们无法逃避的责任。

其他定义的出现

早在数十年前，就出现了另外一个定义。有时候，改变是一个非常漫长的过程，但我们认为，永远都不应该放弃对定义进行更改和修正的想法。

尽管专业人士已经就另外一个定义达成了一致，但一直（截至 2017 年）无法说服美国国会采纳这个新的定义。我们前面提到的美国精神卫生和特殊教育联盟成立了一个工作小组，负责拟订新的定义。该工作组由来自十多个不同专业协会和倡导团体的代表组成，确保新定义在一开始就有强大的支持基础。在 20 世纪 80 年代，EBD 的定义如下。

（一）情绪或行为障碍的特点是，患者在学校的各项活动中表现出来的情绪或行为反应与相应年龄、文化或种族群体的规范大相径庭，从而对包括学业、社交、职业或个人技能在内的教育成就产生了不利影响，并且：

1. 不属于由环境中各类压力事件引发的暂时性可预期反应；

2. 持续出现在两种不同的情境中，其中至少一种与学校有关；

3. 尽管在教育计划中进行了个别干预，但上述反应依然持续存在（除非经过专业团队的判断，认为该生的过往经历证明该干预无效）。

情绪或行为障碍可能与其他障碍并存。

（二）该类别可能包括那些患有精神分裂症、情感障碍、焦虑障碍或其他持续性品行障碍或适应障碍的儿童或青少年（如果这些障碍给他们的教育成就造成了符合第一项所指的不利影响）。

显然，这个定义并不能解决在鉴定和帮助 EBD 儿童和青少年时遇到的所有问题。尽管如此，美国精神卫生和特殊教育联盟及其众多会员组织仍然认为这是一个重大的进步，因为：

1. 它使用的术语反映了当今社会的专业偏好和对尽量减少污名化的重视；
2. 它同时包括了情绪障碍和行为障碍；
3. 它以学校为中心，但也承认在学校环境之外表现出来的障碍也很重要；
4. 它对种族差异和文化差异很敏感；
5. 它不包括那些轻微或暂时的问题，也不包括对压力的平常反应；
6. 它承认转介前干预的重要性，但并不要求在一些极端情况下也盲目执行；
7. 它承认儿童和青少年身上可能会同时存在多种障碍；
8. 它包括了精神卫生和特殊教育专业人员所关注的全部情绪或行为障碍，没有武断地将任何一种排除在外。

目前官方采用的定义的最大问题是，它排除了许多需要特殊教育和相关心理健康服务的反社会儿童和青少年。是的，他们让教师和其他人都很恼火。更重要的是，他们属于长期性预后最差的人群，是一群我们必须承认他们有致残性障碍的青少年。

在美国精神卫生和特殊教育联盟及其旗下三十多个专业组织和倡导团体中，已经有多个正式认可了这一定义，并正在努力将其纳入美国联邦法律和法规中。支持该定义的人希望它最终也能成为各州采用的标准。而与此同时，我们还在为美国联邦法律及相关法规中使用的定义所困。接下来我们看看一些 EBD 青少年的病例，这些案例会让你明白，要拟订一个能囊括所有病例的定义是多么困难。

案例

下面我们举几个例子，让大家看看我们定义的 EBD 究竟是什么样的。儿童和青少年可能会以很多不同的方式引发他人的负面情绪和反应。正如我们将在接下来的几章中看到的那样，异常情绪或行为可以根据两个主要维度来描述：外显性（攻击性、诉诸行动）和内化（社交退缩）。在本书中，我们在描述个案时都说明了 EBD 包括哪些种类，以及可导致儿童和青少年出现障碍的各种因素。将我们所描述的个案与你可能在媒体上看到的案例进行比较，你就会明白，我们在谈论的是人类的一种顽疾。也就是说，它们和人类社会一样古老，但也和今天发生的新闻一样新鲜。

当你在拟订定义时，请记住，前面讨论的那些问题不仅会出现在幼儿中，也会出现在青春期的少年中，所以对它们的一般性定义不能和年龄挂钩。它们会出现在那些拥有父母关爱的孩子身上，也会出现在那些被忽视、虐待的孩子身上，所以在拟定一般性定义时必须把所有背景都考虑在内。它们通常会出现在那些智力低于平均水平的孩子身上，但有时也会出现在那些智力超群的孩子身上，所以这个定义必须能容纳不同的个体，不管个体有多聪明。问题的特征可能是外显性（表现出来）或内化（孤僻）的行为，也有可能两者交替出现，有可能从观察者的角度来描述，也有可能源于自我视角，所以这个定义不能只包括行为的一个维度。下面请大家思考下面的案例，在思考时别忘了，情绪或行为障碍的一般性定义也涵盖了多种极端形式的问题。

罗杰

罗杰 12 岁，正上七年级，已经在学校、家庭和邻居中留下了大量的问题纪录。他似乎和任何人都无法相处，对所有事情都自以为是。例如，有时候一些同学和教师看到他好像在对别人"竖中指"，他却说自己只是在挠头或挠脸。他会想方设法为自己开脱，辩称自己没有做错任何事，是其他人的"思想肮脏"。他会把自己的书撕掉，然后坚称只是想把它重新拼凑起来，因为它已经散架了。他会辱骂同学，却狡辩说是对方先骂他，他只是"礼尚外来"。简而言之，罗杰从不为自己引发不良互动或做出不当行为承担责任。从一年级开始，他的所有教师就注意到了他的问题行为。尽管如此，他从未接受过特殊教育评估，因为他的父母没有提过这样的要求，而且，正如他的一位教师所言，教师和学校管理人员都只把他当作一个"讨厌鬼"。罗杰的父母在他 10 岁那年分道扬镳，显然这是多年龃龉后的无奈之举。他是独生子，与其父母有过接触的教师和其他专业人士（如学校心理学家、社会工作者）推测，他在行为方面的问题在很大程度上是由父母之间的冲突造成的。

贝琪

贝琪在学校的表现一直存在问题。从一年级开始，她就表现出教师所说的"怪异行为"，而且随着年龄的增长变本加厉。起初教师们只把她视为一个奇怪的小女孩，到四年级她真正"不对劲"的时候，他们才真正担心起来。她好像很容易分心，有多动症状，还在服用药物。起初，大家认为她患有 ADHD。后来她的学习成绩开始一落千丈，也就是说，在学习上她不但没有取得预期的进步，反而在不断倒退。她开始出现幻觉，听到一些不存在的声音，并开始自言自语。到了四年级，她的行为变得越发"怪异"起来，一位精神科医生诊断她患有儿童精神分裂症（一种罕见的疾病），并建议把她送到精神病院。这把大家都吓着了，连她自己也吓得不轻。让她害怕的不仅是那些显得极其真实的幻觉，还有可能被送往精神病院的事实。她也感觉到好像有什么不对劲，但她无法停止听到这些声音，也没法不把它们当回事。刚开始的时候，对她来说精神病院是一个可怕的地方，因为那是一个陌生的新环境，后来却变成了一个给她带来安慰的地方，因为在那里她的幻觉开始消失了，她受到了很多关注，生活也很有规律。

在精神病院，贝琪服用了医生开的抗精神病药物。在精神病院她也可以上学，并努力让自己跟上学校的教学进度。三年后，她的病情有了很大的改善，在学习方面也取得了巨大的进步，足以让她在离开精神病院后回到普通学校与同龄人一起学习。回到公立学校后，贝琪直接进入了七年级，这正与她的年龄相符。

贝琪现在看起来情况不错，但仍在服用药物来控制幻觉。当然，和所有人一样，她也不知道这样的改变是暂时的还是永久的。

汤姆

汤姆今年 11 岁，正在上五年级。他的智商属于正常范围内，没有任何身体残疾或语言问题。在升入四年级之前，他在学习上并没有什么特别的困难，但进入四年级之后，他的成绩突然开始下降。

进入四年级后，汤姆的成绩大多是 D 和 F，教师这才意识到他出现问题了。但在过去的 18 个月里，每一位和他打过交道的教师都对他频繁出现的不当行为发表了意见。对教师来说，他很难管教，因为他经常出言不逊，总是捉弄其他孩子，乱发脾气，还会离开座位在教室里走来走去。他通常是一副目中无人的样子，经常与同龄人和成年人争吵。在教师眼里他的表现每况愈下。他非常好斗，最近在校内、校外和他人打了好几架，其中一次还把一个孩子打伤了并因此进了医院。最近，汤姆在当地一家杂货店偷了一袋糖果，被当场抓获。教师在一份问题调查表上给他的评分表明，与90%的同学相比，他的行为更容易出问题。

汤姆没有什么真正亲密的朋友，但和他的行为差不多的其他男孩有时会容忍他，甚至喜欢他。他有两个哥哥，他们和母亲及继父住在一起，这些人对他几乎不闻不问。他的父母从来没有对他在学校的进步或不足表现出任何兴趣，也拒绝承认他有任何真正的问题。他们并不认为他打架或偷窃有什么大不了的。

汤姆的教师因种种原因非常担心他。他的大部分学业都没有完成，大部分科目都不及格。他经常扰乱课堂秩序，殴打或嘲弄其他学生，或者嘀嘀咕咕地抱怨教师或教师布置的作业。他在课堂上花大量时间用笔在手臂上画"文身"，其中大多以暴力为主题。没有一个教师能够和他建立亲密的关系，也没有办法让他的行为发生明显的改善。

贝琪患有某种EBD，对于这个结论大家应该没有什么异议。部分原因是她的行为异常，而且伴有幻觉；部分原因是她被一位精神科医生诊断为精神分裂症，这是一种众所周知的精神疾病。尽管罗杰和汤姆是EBD青少年中更典型的例子，但人们对他们的看法通常会产生分歧。他们的情况似乎不那么明确，有些人会认为，根据官方的定义，他们的问题应该被视为情绪障碍，而另一些人则认为不应该。他们的问题让我们心存疑虑、举棋不定，不知道应该将他们划到哪一边，又是以什么样的理由；不知道应该把哪些孩子视为只是单纯的惹人厌，又该把哪些孩子视为EBD患者。他们到底符不符合EBD的定义？我们到底应不应该把他们的问题算作情绪障碍？

鉴于在如何定义EBD这个问题上的重重困难和引发的持续争议，要想得出罹患该障碍的儿童和青少年的准确人数也是一个极大的挑战，对此大家应该不会感到意外。接下来，让我们把注意力转向如何确定EBD的患病率，并探讨这一具有挑战性的任务给学校带来了哪些困难。

患病率

不管我们对 EBD 的定义是什么，几乎所有的儿童和青少年都有可能在某个时候、某个社会情境中表现出可被视为 EBD 的行为。但如果因为这些孤立出现且转眼消失的小问题，就把几乎所有儿童和青少年都归为残障人员，这显然太荒谬了。事实上，不管在什么时候，只要有人提出"超过 20% 的儿童和青少年有严重心理问题"的说法，不但公众会嗤之以鼻，就连专业人士也会提出质疑。那么，对儿童和青少年偶尔表现出来的异常行为，我们该作何解释呢？比较典型的解释是，虽然说成长总是伴随着伤痛和煎熬，人生在世总会有艰难困苦，但因为儿童和青少年的心更容易受伤，所以他们会因那些在成年人的眼中不值一提的寻常遭遇而郁郁寡欢和自寻烦恼。

但我们还面临着一个更严重的问题。普通民众和管理人员往往对教师报告的问题不予重视，认为这些微不足道且不足为信。教师有时确实会错误地把自己在教学和行为管理方面的不称职归为学生的 EBD 行为，有时也会对相对微不足道的不良行为表现出过多的关注。然而，怀疑论者却利用这些事实贬低大多数或所有教师的意见。如果我们想以令人信服的方式来讨论特殊教育，就必须拿出最有力的证据，证明我们关注的那些情绪和行为问题是不寻常且具有破坏性的，它们并非由教师能力不足造成的。

在正常情况下，学生们会在童年和青春期遇到种种问题，但有时候他们会出现明显区别于常态的情绪或行为问题，并且严重限制了他们在社会交往和个人发展方面的选择，尽管他们并不缺少来自教师的帮助，这种情况出现的频率到底有多高？答案不可能是完全客观的。要回答这个问题，我们首先必须根据实际情况设定一个标准。设定的标准可能比较客观，但选择什么样的标准则需要主观判断。我们不妨思考一下与此类似的一个问题：某个特定年龄的人必须体重或身高达到多少，才符合医学上定义的异常？一个人的收入要多微薄才可以申请社会福利？一个学生要在智力和社会适应方面与平均水平有多大的差异，才足以被认定为有智力障碍（或天赋超群）从而获得特殊教育？在每一种情况下，我们只需简单地改变一下定义，就可以"制造"出更多异常人士——比如肥胖、贫穷、智力障碍或 EBD。针对某一个既定标准，医生、经济学家、社会工作者、心理学家或教育工作者都可以提出自己的理由，对那些立法者或其他制定公共政策、建立判断标准的人来说，这些理由可能很有说服力。但这些标准和政策只不过是各方达成的共识而已，完全可以随意更改。

因此，被认定患有 EBD 的儿童和青少年的数量或百分比是一个关乎选择的问题。异常的情绪或行为并不是什么"东西"，它不是可以脱离观察者和社会环境的客观实体。情绪或行为障碍就像贫穷、爱情或正义一样，是我们根据自己对社会的主观判断（什么可忍、什么可取）而构建的社会现实。作为专业人士，我们的任务是与那些普遍存在的问题做斗争，尽我们所能为儿童和青少年的生活做出最明智、最体贴的选择。被鉴定患有 EBD 对一些学生来说是利（得到有效干预）大于弊（如社会的污名化）的好事，我们必须设法识别出这样的学生，也只需识别出他们就够了。但这并不容易。虽然我们能够且必须对鉴别和诊断带来的风险和好处做出艰难的判断，但我们很少能够百分之百地肯定自己对个案的判断是正确的。

现在请大家尝试判断一下，我们前面描述的几位学生（罗杰、贝琪和汤姆）是否应该算患有 EBD。所有的描述都很简短，你可能会认为，在做出判断前还需要了解更多的信息。确实，你应该掌握更多的信息才能下定论。无论是谁，如果仅仅根据这些粗略的信息就做出判断，都是不专业的。但有时候，我们不得不在资料不足的情况下判断某人是否患有 EBD。

患病率与发病率的意义

患病率是指在某一特定人群中，患有某种疾病的总人数。某种疾病的患病率可以按某个给定的时间点或时间段（通常是一学年或一生）来计算，前者被称为"点患病率"，后者被称为"累积患病率"。患病率通常以人口的百分比来表示，即以总病例数除以目标群体的总人数。因此，如果在一个给定的时间点，发现在一个学校或学区的 2000 名学生中，有 40 名学生被鉴定为患有 EBD，那么点患病率就是 2%。

发病率指的是某一特定人群中出现的新病例数。病例可以指发病的个人，也可以指疾病的发作（也就是说，如果一个人患上某种疾病，接下来他好了或进入缓解期，但一段时间后该疾病再次发作，那在计算该疾病的发病率时，这个人可能会被多次计算）。和患病率一样，发病率也可以用人口的百分比来表示，但当计算的是发作次数而不是发病人数时，这可能会产生误导。发病率解决的问题是"这种疾病发生的频率是多少"，患病率解决的问题是"有多少人受到影响"。

就特殊教育而言，患病率通常比发病率更有意义。而教师和学校管理人员最关心的是，每一学年罹患 EBD 或其他障碍的学生的人数或百分比是多少。

为什么要关注患病率

对任课教师而言，对患病率和发病率的估计没有太大意义。如果你的责任就是教育一群问题儿童，那学校里罹患 EBD 的学生所占比例是 2%、5% 还是 10% 对你而言有何分别呢？那是别人的问题！

但是，对于那些在某一区域或全国范围内计划和管理特殊教育项目的人来说，患病率和发病率是极其重要的。他们在申请经费、雇用员工、规划服务方案的时候，都必须以对患病率和发病率的估计为依据。学校董事会或行政部门在决定削减预算或分配额外资金的时候，通常都是因为某个项目服务的孩子所占比例高于或低于邻近学区或全美的平均水平。因此，尽管患病率对授课教师来说似乎无关紧要或纯属理论，但最终仍会影响他们的工作条件。

对患病率的估计

对 EBD 患病率的估计从 0.5%（或以下）到 20%（或以上）不等。不管估算的是点患病率还是累积患病率，我们很容易就能看出为什么估计的结果差异如此之大且如此混乱。首先，对没有精确定义的东西进行统计是很难的，甚至有可能完全做不到。即使选择了某种定义，要统计病例依旧不好办。研究清楚地表明，鉴定率在一定程度上是由诊断标准决定的。即便使用的是标准的书面定义，人们的脑海里似乎也有一套属于自己的定义，对如何将书面定义与学生的行为匹配这个问题，个人的理解会有很大差异。其次，可以使用不同的方法来估计患有 EBD 的学生的人数。不同的方法会产生截然不同的结果。第三，社会政策和经济因素可能比方法更有力。

假阳性和假阴性

患病率和发病率通常是通过对相关人口的抽样来估计的，因为我们不可能对整个区域或全国的每个病例进行统计，即使是一个稍微大一点的学区也不可能。良好的估计是指用标准筛查程序对精心挑选出的样本所做的估算。其方法类似于在选举期间进行民意调查或民意预测，根据选取样本的方式和具体询问的问题，最后往往会得到不同的数字。

在估计或鉴定学生是否患有 EBD（或其他障碍）时，错误是不可避免的。这些错误有时候是假阴性（有障碍但没有被识别出来的学生），有时候是假阳性（被鉴定为有障碍但其实没有的学生）。换句话说，错误可能是：

假阴性——忽略或遗漏；

假阳性——错误鉴定。

人们往往偏爱假阴性而对假阳性心怀恐惧，这种好恶通常足以阻止我们采取预防措施，尽管假阴性比假阳性发生的频率高得多应该让我们更担心才是。而在现实中（至少在精神卫生领域），真正的问题似乎并不是鉴定过多，而是遗漏了太多真正的病例——即假阴性。在我们看来，没有把真正的 EBD 病例识别出来这一错误很可能是特殊教育中的一个大问题。从这些数据中我们可以看到，很明显只有一小部分被明确诊断为 EBD 的儿童和青少年接受了治疗。在缺乏有效干预措施的年代，这还不算什么大问题，但现在已经是大问题了。尤其令人遗憾的是，精神疾病通常在个体幼年就开始了，那些在早年经历过不幸或表现出 EBD 症状的孩子是罹患精神疾病的高危人群。所以早期干预真的很重要，但实际上大多数的早期问题都被忽视了。

经济现实

不管在哪个时期，2% 都是对学校中需要接受特殊教育的幼儿人数的一个非常保守的估计（很可能被低估了）。我们有充分的理由相信，需要心理健康服务的儿童所占的百分比要比这高得多，需要接受特殊教育的 EBD 患儿所占的百分比同样可能比这高出许多。但美国教育部的报告指出，只有不到 1% 的在校生接受了属于"情绪障碍"一类的特殊教育。简而言之，得到帮助的百分比远远低于估计需要帮助的百分比，对所有族裔或种族群体都是如此。

情绪障碍的定义非常模糊和主观，所以几乎所有学生都可以根据需要被包括在内或排除在外。学校和地方政府发现，只要否认学生患有 EBD，就可以帮助他们有效地控制财政预算。对许多学校的行政部门来说，不给学生做鉴定是一种很方便的方式，可以帮助学校当局避免因需要提供更多服务而带来的麻烦、风险和花费。此外，许多专业人士发现，对 EBD 学生不予鉴定的行为很容易被合理化，而且往往是以他们的性别、文化、年龄、家庭或社会经济地位为由。

合理估计与获助比例

关于那些一直有行为问题并需要特殊教育的学生，对其所占比例的合理估计是多少？这是一个关系最为重大的问题。根据美国近几十年的人口调查结果，最合理的估计是，他们至少占学生总数的 3% ~ 6%。

在一项具有全美代表性的调查中，发现近半数（约为 46%）的成年人在其一生中的某个阶段都出现过可被诊断为精神障碍的状况。此外，焦虑障碍（29% 的受访者经历过）和冲动控制障碍（25% 的受访者经历过）的平均发病年龄为 11 岁。21 世纪初，美国卫生局发布的一份报告指出，至少有 5% 的儿童和青少年心理健康严重受损，并且需要心理健康服务，但只有其中的五分之一得到了帮助。另一项针对美国儿童的调查发现，在任意一年中，预计有 13% ~ 20% 的儿童患有精神障碍，而且患病率一直在上升。这项研究和其他一些研究一起，受到了来自各界的批评，因为人们认为，严重障碍的患病率已经下降到了 10% ~ 13%。据此我们可以做出一个合理的假设，可能至少有半数（保守估计约 2.5%）迫切需要心理健康服务的儿童和青少年应该被鉴定为需要接受特殊教育。

在近半个世纪的数项研究中，有几个发现是一致的。首先，大多数儿童和青少年在成长过程中的某个时期都会表现出严重的问题行为。其次，有超过 2% 的学龄儿童被教师和其他成年人认为，他们在一段时间内持续表现出异常行为，这种表现符合美国联邦政府对情绪障碍的定义。那些正在接受 EBD 特殊项目的学生，以及那些没被鉴定为 EBD 但表现出类似特征的学生，都有严重的学业和社交困难，如果不进行干预，依靠他们自己很难克服这些困难。

影响患病率的因素

现在，姑且假设我们已经就哪些儿童和青少年应被鉴定为 EBD 达成了一致意见。那么，你认为还有哪些因素可以增加（或减少）EBD 的患病率呢？

对病因与患病率之间关系的猜想

现在已经有充分的资料让我们了解到，有多种生物、家庭、学校和文化因素都有可能使 EBD 的发生率增加，因此我们可预期 EBD 在某些社区、学校和学生群体中会比在其他社区、学校和学生群体中更普遍。但是，除了一些风险因素（如贫困、失业、营养不良、社区治安管理恶劣等）会让患病率发生变化外，可能还有其他一些因素也在起作用。

在不同的年龄组中，EBD 的确诊率并不相同，部分原因在于这些障碍的性质以及社会对它们的反应方式。在低年级中发现的相对较少，大多数是在 12 ~ 14 岁才确诊，从幼儿时期到青春期中期，确诊率稳步上升。我们可以推测，之所以会出现这样的年龄趋势，与青少年进入青春期后面临日益严重的社会困难有关，而青春期对所有青少年来说都是一个充满压力的时期。有学习障碍和智力障碍的学生在入学初期往往有较明显的学习困难。那些有智力障碍的学生在整个青春期都会表现出稳定而持久的学习困难，部分有学习障碍的学生在青春期初期就找到了解决困难的方法。然而，患有 EBD 的学生往往很晚才得到确诊，在此之前他们往往已经饱受困扰并曾被诊断为其他障碍。

不愿鉴定 EBD

对于 EBD 学生的问题，相关人员往往会选择性地忽略，直到这些问题变得让成年人再也无法忽视和忍受，才终于得到处理。尽管一些估计数据表明，大多数有心理问题的人最终都会寻求心理健康服务，但从开始发病到初始接触再到获得帮助之间有着惊人的时间差，情绪障碍通常会被延迟 6 到 8 年，焦虑障碍则会被延迟长达 20 年甚至更久。当这些患有 EBD 的孩子最终获得帮助时，可能他们已经长大成人了，而且他们的问题远比同时罹患其他障碍的儿童严重得多。成年人往往会以更苛刻的要求、更严厉的惩罚来回应这类儿童的异常表现，这在一定程度上可以解释为什么与其他障碍的学生相比，EBD 学生的离校率更高，被安置在更严格环境的情况也更常见。

比例失调

到底有多少学生被鉴定为 EBD 呢？其比例在各族裔群体中并不相同。根据原始百分比的比较（即将普通人口的百分比与接受特殊教育的学生的百分比进行比较），非裔美国学生被鉴定为 EBD 的可能性大约是白人学生的 1.5 倍。不过，使用同样的原始百分比来比较，西班牙裔或亚裔学生被鉴定为情绪障碍的可能性却比白人学生低得多。男性比女性更容易被鉴定为情绪障碍。这种比例失衡的模式已经存在数十年了，而且至今依然没有终止的迹象。

鉴定人数不成比例是一个严重的问题，造成该问题的因素可能有很多，评估时的偏见就是其中之一。此外，各族裔群体之间比例失衡的程度在各区域之间也存在着明显的差异。现在有研究表明，用原始百分比来比较具有误导性。当对学习成绩和行为方面具有相似特征的儿童进行比较时，研究人员发现，非裔和其他少数族裔儿童似乎有很多都没有得到鉴定。为什么会出现这种现象呢？原因尚未定论，但已被制度化的种族主义恐怕难辞其咎，因为在这些儿童的生活环境中，导致情绪和行为障碍的风险因素很高，而相关部门又不愿对来自这些族裔的儿童提供相关服务，导致得到心理健康服务的人数很低。

或许有人会注意到，被鉴定为情绪障碍的儿童和青少年在任何族裔或性别群体中所占的比例都没有超过人们所估计的 EBD 患病率。但是，如果我们把患病率和各族裔间比例失衡的情况结合起来看，就会清楚地发现，虽然所有族裔群体都没有得到充分的心理健康服务，但有些族裔群体得到的明显更少。更具体地说，在所有族裔群体中，假阴性现象比假阳性现象明显更是个问题。

特定障碍的患病率和发病率

到目前为止，我们讨论的都是 EBD 的一般情况。但由于障碍的种类繁多，所以对某些特定障碍的患病率做出大致估计是可能的。不幸的是，在考虑那些更具体的障碍时，同样会面临我们在前面讨论患病率估算时遇到的困难。尽管如此，还是有不少文章提供了一些 EBD 亚型的患病率或精神卫生服务数据。

EBD 的分类几乎和它的一般性定义一样，充满各种各样的问题。此外，在估计许多特定障碍的患病率时，使用的方法同样五花八门，所以最终得出的患病率和发病率的估计值也不尽相同，有时候甚至很混乱。在后面讨论特定障碍时，只要条件允许，我们就会提供患病率估计。

本章小结

关于情绪障碍，美国联邦法律中使用的仍然是 emotional disturbance，尽管许多人希望能改成 emotional or behavioral disorders。一些 EBD 儿童和青少年会因无法适应其所处的社会 – 人际关系环境而致残。如何定义这些障碍是个难题，再加上概念模型各有不同、各种社会机构目标不一、衡量社会 – 人际行为时困难重重、衡量正常行为的标准变化多端、EBD 与其他障碍之间关系混乱、很多发生于童年的障碍异常短暂、EBD 标签被污名化等造成的影响，使得定义的问题变得更为复杂。没有任何一个定义是完全客观的，也没有任何一个定义是所有人都接受的。美国教育领域中常用的是最初由鲍尔提出并被纳入《残疾人教育法案》（Individuals with Disabilities Education Act，

IDEA）美国联邦规则和条例的那个定义。该定义详细说明了与以下各项相关的显著而持久的特征：

1. 在学校的学习问题；
2. 不理想的人际关系；
3. 不恰当的行为和感觉；
4. 普遍性的不快乐或抑郁情绪；
5. 与学校或个人问题有关的身体症状或恐惧。

在官方的定义中，这些特征都被附上了含义可疑的包含条款和排除条款。虽然定义有可能得到改进，更客观的鉴定标准也正在发展中，但教师要对学生的行为做出判断这一责任是在任何时候都不能逃避的。

美国精神卫生和特殊教育联盟以"情绪或行为障碍"为专业术语，提出了另一种定义，并得到了该联盟众多成员组织的赞同，它们希望将这个定义纳入美国联邦法律和条例中。该定义的要点是：

1. 在学校的情绪或行为反应；
2. 年龄、文化或种族规范的差异；
3. 对教育成就（学业、社交、职业或个人）的不利影响；
4. 对压力的反应时间过长或超出预期；
5. 在两种不同的环境（包括学校）中出现一致的问题；
6. 尽管进行了个性化干预，障碍仍持续存在；
7. 与其他障碍并存的可能性；
8. 广泛的情绪或行为障碍。

几乎所儿童和青少年都会在某些时候表现出有问题的行为，因为情绪和行为问题原本就是正常发展进程的一部分。代表患病率的那个数字必须与有说服力的参数相结合，也就是说，要拿出证据证明被鉴定为EBD的儿童和青少年确实需要接受特殊教育，因为他们的问题非同寻常且有损健康，而且造成问题的原因并不是教师的工作有所欠缺。不过，为了建立鉴定标准，我们必须考虑社会对异常行为的容忍问题，并就哪种程度的异常超出容忍范围做出带有主观性的判断，同时还要判断对某个具体学生该不该做鉴定，以及做与不做各有什么风险。

患病率是指在某一特定时间或期间罹患某种疾病的人数或百分比。发病率指的是某种疾病在某一时间段内出现的新病例数。患病率是特殊教育工作者最感兴趣的问题。患病率与任课教师的日常工作似乎无甚关系，但对于那些做项目规划和管理的人来说，它是一个重要的问题，并最终会对教师的工作条件产生影响。

由于缺乏标准定义，并且在方法上又存在诸多问题，再加上社会政策和经济因素的影响，因此我们很难对患病率进行估计。如果没有公认的标准定义，我们也很难统计病例。

根据目前最可靠的研究，我们所能做的最合理的估计是，至少有 3% 至 6% 的学龄人口因为患有 EBD 而需要特殊教育和相关服务。尽管接受特殊教育的学生的比例不足 1%，但在可预见的未来，这一比例似乎仍旧不太可能出现大幅上升。经济因素和其他制约因素，比如"全包容运动"以及其他提倡不进行鉴定的压力，可能使我们将来在统计患病率时受到更多限制。

案例讨论

无所适从的艾伦·祖克

——艾伦·祖克（Allan Zook）

当艾伦的父母来参观我的班级时，我并没有意识到他们是在为儿子挑选一个理想的就读班级。在他们前来参观之前，艾伦已经被诊断患有多种障碍，被认为符合接受特殊教育的条件。但在什么地方才能让他获得到最好的服务呢？对此学校和家长都拿不定主意。在他们的参观结束一周后，我的上司给我带来了艾伦的相关资料，并指示我本周就与艾伦的家长见面，为他制订个性化的教育方案。"你中奖了！"她边说边拍拍我的肩膀。而我只想问："为什么？"

我的"奖品"就是 7 岁的艾伦。从 2 岁起，他就开始接受语言方面的治疗，服用了大量的抗惊厥药物。他不愿顺从大人的要求或命令，认为这样会显得他很无能。他有一系列让教师和同龄人恼火的行为。例如，他喜欢挖鼻孔，然后把挖出来的东西抹在教师或学生身上。在上课的时候，他经常出怪露丑。他的体型在同龄人中显得很魁梧，再加上很好斗，他毫无悬念地获得了"恶霸"的称号。看到他总是自己玩，不接近其他同学，我并不感到惊讶。其他人也不愿接近他。

学校的心理教师曾经试图给艾伦做心理测试，按照他们的说法，这是一项"非同寻常的挑战"。他的智商为73，但这个分数必须打个问号，因为他的回答"不同寻常"。艾伦的学习能力和他的社交能力一样落后。在阅读和数学这两项上，根据大多数常模参照数据和课程本位测量数据，他比同龄人落后两到三年。他几乎没有精细运动技能，任何需要书写、剪裁或描绘的活动都会让他感觉生不如死。在忍不住发作之前，他总是抱怨"太难了"。

对艾伦进行一对一教学或小组教学几乎是不可能的。即使在他想要努力集中注意力的时候（这种情况并不经常发生），他也会轻而易举地被任意一件事情分心——教室外有人路过，有同学在座位上换了个姿势，教室里新画的黑板报，别人身上的新衣服，奇怪的声音，等等。有几天早上他上学迟到了，因为癫痫发作。在那些日子里，他整个人显得闷闷不乐，也没有心情调皮捣蛋了，这似乎是好事，但他在癫痫发作前掌握的很多技能也被他忘记了。他的癫痫偶尔也会在学校里发作，这样一来，一整天他都没法学习了。

"所以，为什么是我呢？"我反复问自己。艾伦的父母和特殊教育管理人员曾考虑过让他进入为有学习障碍、身体残疾和情绪障碍的孩子特别设计的班级，但最后还是认为，我负责的这个由轻度智力障碍的学生组成的班级最适合他。他们喜欢我高度结构化的管理方式，很欣赏我让孩子在快乐中学会多种社交和学习技能的教学模式。他们认为把艾伦放在我的班上比在其他班更适合。

与本案例相关的问题

1. 艾伦是否符合《残疾人教育法案》中"情绪障碍"的定义？他是否符合美国精神卫生与特殊教育联盟提出的"情绪或行为障碍"的定义？

2. 在艾伦患有的多种障碍中，你认为哪一种对教育的影响最大？为什么？

3. 将艾伦安排在上文描述的班级中合适吗？这种安排符合《残疾人教育法案》的规定吗？（在阅读了更多章节之后，你可能会想要重新审视这个问题。）

4. 在考虑为艾伦选择最合适的分类和方案时，你认为患病率和发病率的问题在其中起了什么作用？

第 3 章

回顾与展望：
EBD 领域的发展与当前议题

我们总是一厢情愿地认为，过去的生活比现在的简单得多，涉及 EBD 的问题也比现在容易得多。也许很久以前的生活确实比现在简单一些，但许多历史文献表明，对异常行为做出鉴定并设法进行处理一直都是让人挠头的事情，现在的一些观念也有着悠久的历史渊源。

要正确看待当前的问题，就必须把它们视为长期存在的挑战。如果我们假设它们在过去是不存在的，只是刚刚冒出来的新问题，就不能很好地理解今天的困难。对历史的了解不一定能阻止我们再犯错误，但对历史的无知肯定会让我们一再犯同样的错误。

特殊教育的历史必须包括一些发生在其他领域的事件，尤其是心理学和精神病学领域。纵观历史，总有一些青少年的行为让他们的父母或其他成年人感到愤怒和失望，并且违反了既定的社会行为准则。对学生们的那些异常行为，教师们一直深感束手无策。不过，针对这一群体的特殊教育是一个相对较新的现象，现在已成为一个面临许多困难和问题且前景不明的领域，部分原因是它是更广泛的特殊教育领域不可分割的一部分。

EBD 的发展简史

19 世纪

在 18 世纪末美国和法国爆发大革命之后，对"疯子"和"白痴"（当时用来形容精神疾病和智力障碍患者的名词）友好而有效的治疗方式出现了。这段时期是属于政治和社会革命的时代，强调个人自由、人类尊严、慈善事业和公共教育，这为残疾人获得的人道待遇和教育奠定了基础。

在与 EBD 相关的文献中，19 世纪那微不足道的数量固然不能与今天相比。然而，在谈及儿童期 EBD 的历史时，一直都有不少错误和歪曲的说法，并且严重低估了 19 世纪文献对解决当今问题的价值。

19 世纪初的一些精神病学家发现了导致青少年罹患 EBD 的一些诱发因素，这些因素在今天受到了重视，比如儿童的先天气质与养育方式的相互作用、过度保护、过度放纵以及父母前后矛盾的管教方式等。尽管人们在 19 世纪上半叶已经对导致 EBD 的一些生物学原因有所认识，但关注的重点还是放在环境因素上，特别是个体幼年时期的管教训练。所以不难理解为何当时的干预策略集中在提供适当的感官刺激、管教和指导上。

19 世纪，许多儿童和青少年受到了忽视和虐待，包括那些患有 EBD 的儿童和青少年。他们所受的虐待包括残酷管教、强迫劳动以及属于那个年代的其他不人道的待遇。尽管许多 19 世纪的治疗方法在今天看来似乎很原始，但一些患有 EBD 的青少年实际上得到了比今天更好的治疗。然而，今天当我们读到在机构、学校、拘留所、社区和家庭中对儿童的忽视和虐待的新闻时，我们可能会得出这样的结论：儿童和青少年的困境自 19 世纪以来并没有多大的改善。

每一个世纪都充满了变革，19 世纪也不例外。在 1850 年到 1900 年之间，人们对重度和极重度的情绪和智力障碍的态度发生了重大变化。19 世纪上半叶那些优秀的干预方案中饱含的乐观主义、实用主义、创造性和人道关怀，在南北战争后被悲观主义、理论化、僵化和非人性化的制度所取代。私人慈善事业和政府计划未能迅速解决"白痴""疯子"和犯罪问题，也未能及时改善穷人的处境，导致民众出现愤世嫉俗的犬儒主义和幻灭感。那些大的收容所和避难所虽然收费少一点，但质量堪忧。当政府或私人企业有政策上的变动时，那些贫困交加的民众的处境不见得会有所改善，有时反而是雪上加霜。19 世纪后半叶社会政策之所以出现倒退，有许多复杂的原因，其中包括经济、政治、社会和专业因素。时至今日，这些因素依然在发挥作用。

到 19 世纪末，市面上已经出版了几本关于儿童和青少年精神疾病的教科书。这些书主要涉及病因学和分类，并倾向于宿命论——我们对这些疾病无能为力。精神疾病被认为是由各种原因造成的不可逆转的结果，如手淫、劳累过度、学习过度、偏执、遗传、退化或疾病。对那些不服管教的儿童和违法犯罪的青少年，当时的社会束手无策，不过人们一边抱怨一边在寻找答案，不断提出新的解决办法。

20 世纪早期：干预方案的形成

20 世纪初，人们对儿童身心健康的关注大大增加了。美国第一个特殊教育师资培训项目于 1914 年在密歇根州启动。到 1918 年，美国的每个州都颁布了义务教育法，1919 年，俄亥俄州通过了一项在全州范围内照顾残疾儿童（多年来一直被称为残废儿童）的法律。到 1930 年，已有 16 个州颁布了法律，允许当地学区就教育残疾儿童和青少年的额外花费申请补助。教育和心理测试得到了广泛的应用，学校心理学、指导和咨询也出现了。到 1930 年，精神卫生学和儿童辅导诊所变得相对普遍，儿童精神病学成为一门新的学科。20 世纪 20 年代还成立了两个对 EBD 学生的教育有着特殊意义的专业组织：特殊儿童委员会和美国精神矫正协会。

由于 20 世纪 30 年代的经济大萧条和 40 年代的第二次世界大战，社会对残疾学生教育的关注和资金投入不可避免地转移了。然而，1940 年接受特殊教育的残疾学生比 1930 年多了不少。到 1948 年，美国当时的 48 个州中有 41 个颁布了法律，授权或要求地方学区为至少一类残疾儿童提供特殊教育。绝大多数班级是为有轻度智力障碍（当时被称为智力缺陷或智力迟钝）的儿童开设的。针对 EBD 学生的项目很少，通常只在大城市才有，而且主要是为行为不当和作奸犯科的儿童和青少年设计的。

20 世纪 30 年代出现了其他一些对 EBD 儿童的教育很重要的事件。1931 年，美国第一家儿童精神病院——布拉德利之家（现为艾玛·彭德尔顿·布拉德利医院）在罗得岛州建立了。20 世纪 40 年代，约翰霍普金斯大学医学院的里奥·坎纳（Leo Kanner）发现了现在被称为自闭症的综合征或自闭症谱系障碍（他最初称之为早期婴儿自闭症）。在纽约市，洛蕾塔·本德（Lauretta Bender）开创了精神分裂症儿童教育的先河。

到 20 世纪 30 年代末，关于儿童情绪或行为障碍的文献的数量已经非常可观。此外，人们还尝试了各种特殊教育计划，如特殊教室、独立学校、教师咨询等。

20 世纪中后期：教育计划的详细制订

20 世纪中期兴起了一股对 EBD 儿童教育的兴趣浪潮。EBD 学生的教育成了一个专门的领域。在 20 世纪 50 年代末之前，第一本描述 EBD 儿童课堂教学的图书出版了，研究人员认识到，为了在公立学校中鉴别出那些 EBD 学生，就需要制定系统化的程序。

专业人士在 1964 年联合起来，在特殊儿童委员会中组成了一个新部门：行为障碍儿童委员会。1963 年，为治疗 EBD 儿童而进行的人员准备工作得到了美国联邦政府的支持。美国自闭症协会（最初称为美国自闭症儿童协会）成立于 1965 年。

在 20 世纪后半叶，各种各样的概念模型被开发了出来。一些具有里程碑意义的书籍描述了与 EBD 学生一起工作的各种概念性方法。这些模型的差异主要体现在两个方面，一是对所谓"潜在的心理困扰或行为的无意识动机"的态度及是否建议特殊教育者去解决这些问题；二是行为问题的判断标准，严重到什么程度才算问题。

在 20 世纪 60 年代和 70 年代，对于如何教育罹患严重残疾的儿童和青少年（包括 EBD 重症患者），人们投入的关注程度和努力程度显著增加。对 EBD 学生最常用的模式是"再教育计划"。当时广为接受并被证明对严重残疾学生最有效的干预方式是行为矫正，现在更广为人知的则是"应用行为分析"（Applied Behavior Analysis，ABA）。

到了 20 世纪 80 年代末，人们呼吁将所有针对残疾学生的特殊教育和普通教育更好地结合起来。事实上，一些人提议干脆将普通教育和特殊教育合并，还有人呼吁放弃"抽离式计划"，不要在常规课堂以外的任何教学环境中进行教学。这些想法在 20 世纪 90 年代发展成为全包容运动。虽然在许多情况下，纳入普通教育是可取的，但全包容运动还是招到了批评，因为它缺乏对个人需求的考虑，而且有些干预措施确实只能在非常规环境中才能实施。20 世纪 80 年代，还出现了为 EBD 幼儿提供特殊教育服务的问题。1986 年，美国国会通过了《99-457 公法》，其中包括鼓励各州为 36 个月龄内的残疾婴儿和高危婴儿制订早期干预计划的规定。

20 世纪 90 年代，美国联邦政府试图为 EBD（当时的术语是"严重情绪障碍"）儿童制定一项全国性议程。这类学生通常成绩较差，还有一些表明学业不理想的其他迹象。和其他学生群体相比，他们的退学率较高，毕业率较低，通常会被安置在与其他学生隔离的环境，而且他们大部分来自贫困群体和少数族裔，因为违法犯罪经常与司法系统打交道。尽管这项全国性议程定下了目标，但美国联邦政府从来没有分配足够的资源来实现该目标。一些人质疑这项议程不够具体，不足以引导必要的改变。

21 世纪的议题

21 世纪初，EBD 领域出现了新的议题和新的趋势，表明人们似乎更加重视特殊教育的实证经验和理论基础。这种情况让我们不由得认为，我们终于进入了启蒙时代，这个时代的进步将是连贯的、巨大的、持续的。也许我们确实进入了这样的时代，但如果从历史的角度仔细分析当前的趋势和问题，你就会清醒地认识到，今天的问题并不是新的，目前解决这些问题的建议也不可能完全成功。

特殊教育有一些长期存在的问题，包括应该向谁提供服务、如何服务、在哪里提供服务等。今天的很多（甚至大多数）问题已经存在了近一个世纪，这些问题体现在以下几个方面：早期鉴定、安置选择、普通教育和特殊教育的相似之处、早期鉴定和预防以及社交技能训练。

今天我们处理这些问题的方法可能比几十年前更成熟一些，但显然我们还是没有掌握能完全解决这些问题的智慧或技能。虽然我们现在总结的这些问题和趋势在 21 世纪初可能就很突出，但它们有着数十年的历史渊源，并很有可能在今后几十年仍然是令人烦恼的问题。这些问题和趋势并不是各不相干或独一无二的。我们发现，要解决其中一个问题就不可避免地需要同时考虑其他问题。

早期鉴定和预防

当儿童和青少年首次出现不良行为时，教育工作者和家长采用的总是同一种弄巧成拙的方式，即采取观望的态度，这通常意味着任由孩子的情绪或行为问题恶化，直到它们越来越严重，甚至达到危险的程度。在过去 50 多年里，关于早期鉴定和预防本身存在的问题，人们已经很清楚了，却几乎没有采取任何措施解决这些问题。我们已经知道，通过仔细观察或使用可靠的筛查工具，可以发现 EBD 的早期迹象；也知道应该对 EBD 的定义和鉴定方法加以改善；还知道许多（或大多数）后来被称为 EBD 的问题始于儿童期或青春期早期，而大多数 EBD 儿童即使得到了治疗，也是在被延误了多年之后。

对那些会导致更多长期性不良后果的风险因素，我们已经了解了很多，在接下来的章节中我们将对它们详加讨论，包括贫困、虐待和忽视、严苛和不一致的管教以及与家庭、社区、学校和社会条件有关的各种因素。虽然我们知道是什么导致了长期性的不良后果，但并不意味着我们会及早干预以改变孩子的发展轨迹。由于种种原因，真正的预防工作很难做，有些事就是这样，嘴上说得好听，却很少付诸行动。

和以往数十年一样，我们清楚地知道早期干预需要以两种方式进行：

1. 在孩子还小的时候就及时发现问题；

2. 无论患者年龄大小，都要在不良行为初见端倪时就及时干预。

这两种类型的早期干预是预防的精髓，然而如何做到早发现、早预防、早干预，仍是未解决的难题。

警示性的信号经常被忽视，轻微的异常行为也在纵容之下升级到有害甚至危险的程度。在儿童和青少年的问题行为上，"小心不出大错"这句话被无视了。因为害怕做出错误的鉴定，人们宁可对问题坐视不管。然而，最后的结果往往是悲剧性的。

早发现、早预防，这是许多特殊教育学家和心理学家都认可的观点，也是令人信服的理念。但要将这一理念转化为全面、一致和持续的行动，需要动用科学和政治措施，这是前人无法做到的。现实情况是，很多儿童只有在问题持续多年并越发严重之后，才可能被鉴定为需要接受特殊服务的人群。这与预防的理念完全背道而驰，但到今天这依然是常态。此外，我们之所以无法及时发现并帮助患病儿童，原因之一就是很多人对特殊教育持消极态度，但适当的特殊教育确实有助于孩子在学校取得成功。

学校是否会利用现有的知识和工具，在 EBD 学生的问题变得非常严重之前就及早发现他们呢？在发现了这些学生后，学校是否会采取预防性的措施？这些都是鲍尔在1960 年提出的问题，在此后的几十年里，也有许多人提出了同样的问题。答案是不确定的，原因显而易见，而且令人恼火。从图 3.1 我们可以看到，在关于早发现和早预防的讨论中天平是向哪一方倾斜的。图 3.1 并没有显示出双方可能提出的所有论点，但是人们更容易引用并相信那些反对"早发现、早预防"的论点。

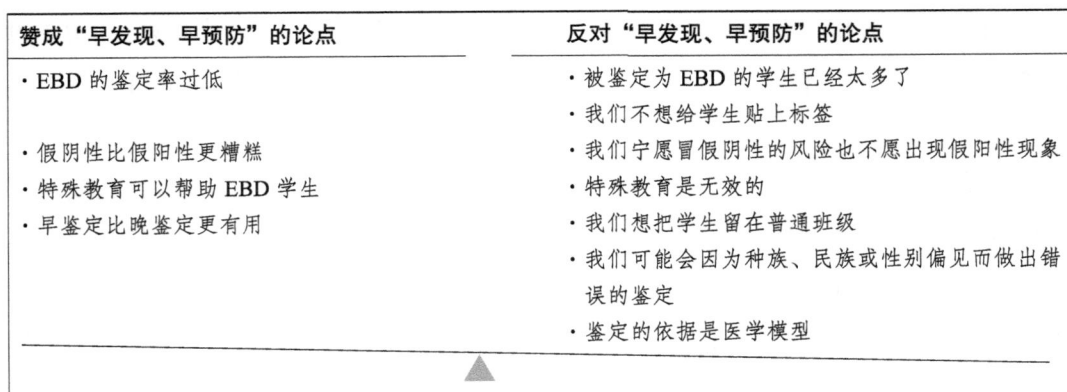

赞成"早发现、早预防"的论点	反对"早发现、早预防"的论点
·EBD 的鉴定率过低	·被鉴定为 EBD 的学生已经太多了
	·我们不想给学生贴上标签
·假阴性比假阳性更糟糕	·我们宁愿冒假阴性的风险也不愿出现假阳性现象
·特殊教育可以帮助 EBD 学生	·特殊教育是无效的
·早鉴定比晚鉴定更有用	·我们想把学生留在普通班级
	·我们可能会因为种族、民族或性别偏见而做出错误的鉴定
	·鉴定的依据是医学模型

图 3.1　赞成与反对"早发现、早预防"的论点

对反社会和暴力学生的教育

长期以来，在学校和社区中存在的反社会行为、犯罪行为和暴力行为一直让人焦头烂额。在 20 世纪后期的美国文化中，青少年暴力成为一个需要多方面干预的重大问题。事实上，在 20 世纪 90 年代，对反社会和暴力学生的教育成为普通教育和特殊教育的核心问题。

尽管暴力犯罪在 21 世纪初呈下降趋势，但青少年暴力仍然是一个需要重点关注的问题。在青少年出现暴力行为之前，通常会有一些警示信号，因此相关的研究和建议有时侧重于暴力行为的前兆。哪些是暴力行为的前兆呢？通常包括攻击性言论、暴力主题言论、威胁、恐吓以及各种形式的霸凌行为。研究表明，EBD 学生比普通学生更常威胁会使用暴力。从那些最有实效的方法中我们发现，为了防止学生出现这些代表更严重问题的前兆，我们应该及时进行干预。

暴力行为及其前兆都非常复杂，需要我们与以下这些问题做斗争。

- 在什么情况下做出反社会行为和暴力行为的学生应该被认定为罹患障碍，他们的犯罪或过失行为又该在什么情况下被视为其不适合接受特殊教育？关于哪些行为表明学生存在精神障碍，哪些行为只是违法犯罪或道德败坏，存在很大的争议。

- 在普通教学课堂上，可以容忍哪种程度的反社会行为和暴力行为？毫无疑问，今天在教室里被容忍的许多行为放在几十年前是不可能的。此外，学生的行为也因学校和班级的不同而大相径庭。对于在普通教学课堂中应该容忍或迁就何种行为，各方看法不一。因为行为与表现出这种行为的学生是分不开的，所以对于哪些学生（如果有的话）应该被带离普通教室存在很大争议。

- 如果学生的行为超过了学校或班级可容忍的限度，那他们应该在何处以何种方式继续接受教育？另类学校、特殊班级、家庭教学都是可选择的安置方案，但它们提供的各种教学方式引发了诸多的争议。

- 控制反社会行为和暴力行为的合法措施有哪些？在如何对待这类儿童和青少年的问题上，长期以来人们就各种惩罚方式及其合法使用的问题争论不休。

- 为了减少反社会行为和暴力行为，学校作为一个更大社区的一部分，要如何行动才能发挥其最佳作用？如今大多数人似乎都意识到，反社会行为和暴力行为的问题不是学校能单独处理的。然而，对于学校能够做什么、应该做什么以及如何更好地与其他社会机构合作来解决这一问题，各方存在很大分歧。

数十年的研究让我们知道了该如何解决及预防这些问题。然而，对那些携带武器到学校、威胁和恐吓同学或教师、扰乱班级秩序或被监禁的学生，我们该给予他们什么样的教育待遇呢？关于这个问题的争议可能在未来几十年都不会平息。如何管教那些有各种障碍，特别是有学习障碍的学生，是一个有争议性的关键问题。

全面协作的社区本位服务

21 世纪初出现了一个明显的趋势，就是将为儿童和家庭提供的各种服务整合到一起，以家庭和社区为单位，实行"全包裹"式服务，而不是把他们送到其他环境中参加一系列干预项目。研究人员在观察中发现，那些以个体为单位的项目很难满足孩子们的需求，将各方力量紧密结合起来共同提供服务势在必行，所以，把多种社会服务项目整合起来，如特殊教育、儿童保护服务、儿童福利、寄养服务，等等，让它们展开合作，将会大大提高整体服务的效率。

通过社区学校提供全面协作的社会服务，包括普通教育和特殊教育，这种想法很具说服力。对于那些因罹患 EBD 或被寄养而生活过得乱七八糟的儿童而言，它尤其具有吸引力。然而，要落实这些想法并证明这个服务系统是有效的，并不是那么容易的事。目前，对如何设计和评估这种复杂的服务系统，我们的研究还不够。这个问题可能会持续几十年，因为表 3.1 中列出的这些问题还没有现成的答案。

表 3.1　与建立全面协作的社区本位服务相关的问题

> 1. 如果个别机构资源严重不足，那将它们整合到一起的服务系统是否仍然会让许多儿童享受不到服务
> 2. 从长远来看，如果要提供足够的"包裹式"服务，是否需要高薪聘请一些接受过特别培训的专业人员，让他们配合大量经验丰富的一线服务人员的工作
> 3. 学校的真正使命是什么？也就是说，学校的职责范围是什么？有哪些支出应该由学校负担

依托社区打造一个全面协作的综合服务体系，这是一个令人向往的理想，但该理念并不新鲜。这样的服务能否在美国许多社区成为现实，取决于美国人对学校的看法和对孩子的重视程度。除非美国的政治理念发生巨大变化，否则在很长一段时间内，这个理想化的承诺都不可能实现。在 21 世纪初，"去机构化"运动似乎已经失败了，

而且失败得相当惨烈。街道和监狱已经成为对严重精神疾病患者的默认安置场所，至少对年龄较大的青少年和成年人来说是这样。这代表着一切又回到了 19 世纪的状况。

聚焦学业和社交技巧

有效的教学是有效的特殊教育和行为管理的核心。事实上，研究人员很久以前就设计出了一些程序，教师可以像处理教学中遇到的问题一样，处理学生表现出来的一些可预期的不当行为。不仅如此，还有一些程序可以帮助学生养成良好的行为，使用的方法也和教学方式相似。在特殊教育项目中，对教学的强调很可能会继续成为一种趋势，原因至少有两个。

- 研究人员现在已经知道，良好的教学是行为管理的第一道防线。也就是说，一个好的教学计划可以防止许多（但不是全部）行为问题的发生，而且强调教学也和学校最明确的使命是一致的。从 20 世纪 60 年代初开始的几十年里，特殊教育者们从行为模型出发，强调用"后果"来改变问题行为。最近，人们发现，行为的"前因"——行为发生前的事件以及行为发生时的情境或场合——是强大的教学工具，但在处理有问题行为的学生时却被忽视了。学者们正在帮助教师们了解，他们创造的课堂环境以及他们使用的教学程序如何有助于学生行为问题的解决。

- 越来越多的实证研究支持我们对行为问题采用教学方法，各方有望达成一个明确的共识，即我们应该直接向学生示范适当的行为，这是特殊教育计划的核心任务。既然学校的核心任务是教授文化知识和适当的社会行为，对于那些只以控制行为为目标的方案，学校可能就不那么乐意接受了。特殊教育的这种趋势可能前景可观，但也有争议和危险。如果有反社会行为、破坏性强、有暴力倾向的学生被取消特殊教育的资格和被视为"坏学生"，那么他们可能会被开除，或者被安排到其他惩罚性大于指导性的项目中。对于这种情况，争议之处在于，是否应该让这样的学生接受特殊教育；而危险之处在于，按照他们的行为表现，他们很有可能被普通教育拒之门外，就算继续让他们留在学校，其接受的教育也不会以学业和社交技能为重点。

然而，作为一个研究课题，文化课的教学经常遭到忽视。我们希望未来在关于 EBD 学生的方案中，能更多地关注文化课的教学。

功能性行为评估

通过功能性行为评估（Functional Behavioral Assessment，FBA），教师或研究人员能够确定学生的行为可以达到哪些具体的目标——既包括短期目标，也包括长期目标。教师可以根据评估结果来制订教学计划，教导学生以形式不同但更容易被社会接受的行为来达到本质上相同的目标。

我们强调功能性行为评估的重要性，这和我们对文化课程和社交技能课程的日益重视是一致的。功能性行为评估的关注重点很明确，针对的就是那些引发不良社会行为的环境事件和学生的某种行为的后果。例如，功能性评估可以让我们知道，一个学生的不良行为到底是出于沮丧、无聊还是过度刺激。它可能还会让我们知道，不良行为之所以一直存在，是因为学生用不良行为引起了人们的注意，或者因为它让学生逃避了困难的任务或讨厌的要求。虽然在教学中功能性行为评估是一个非常有用的工具，但在对学生实施功能性行为评估并按照评估结果选择教学方式之前，教师必须接受严格的训练，尤其是当评估对象是那些有严重行为问题或长期存在行为问题的学生时。功能性行为评估可能有以下限制。

- 功能性行为评估通常很复杂。要确定行为的功能——也就是它想表达什么，或者在学生的生活中起什么作用，可能需要训练有素的观察者从各个方面进行评估。如果没有专业的培训人员从旁辅助，教师可能无法执行必需的观察和其他评估程序。
- 如果没有额外的帮助，任课教师有时很难执行功能性行为评估建议的干预程序。
- 功能评估和功能分析程序主要是在非学校环境下对经常发生的行为进行频繁观察后发展出来的。对许多 EBD 学生在学校表现出来的问题（包括许多严重的行为，只不过不经常发生），这些程序可能并不适用。

虽然有上述限制，但通过对功能性行为评估的研究，我们可以得到更多有效的教学方法，功能性行为评估也成为特殊教育教师必备的重要工具。作为特殊教育工作者，必须理解功能性行为评估的含义是什么，知道该如何在充斥着问题行为的校园中对学生实施功能性行为评估。毫无疑问，在未来的许多年里，它仍然会是一个引发很多争议的话题。

各种安置方案

自 20 世纪 90 年代以来，是否应将残疾学生纳入普通教学课堂可能是教育界具有争议和分歧的问题之一。人们对如何安置 EBD 学生一直争论不休。争议的起因并不是有人建议将"一些"EBD 学生纳入常规班级，而是有人建议"所有"学生都应被纳入普通教育。

人们对"包含"一词赋予了很多不同的含义，而这个词及其含义也一直令人困惑。几乎没有人反对将大多数残疾学生部分（或全部）纳入尽可能正常的教育安排。事实上，将学生安置在限制性最小的环境是特殊教育的一个基本理念，至少已有数十年的历史了。21 世纪的一个核心问题是，我们是否应该像一些改革者建议的那样，将普通教室视为所有学生的"限制性最小的环境"。和 2017 年一样，《美国联邦特殊教育法》（即《残疾人教育法案》）仍然要求为学生提供完整的、具有连续性的安置选择，如表 3.2 所示。

表 3.2　EBD 学生的安置选项

- 有辅助人员或助手，可提供咨询、心理治疗或精神治疗的普通班
- 有能够做危机干预或专家型的教师，可与普通班师生展开咨询和合作的普通学校
- 在普通学校开设特殊班，但自成一体，EBD 学生有时可与普通班学生一起上课
- 可能同时服务于数个学区或一个地区的特殊走读学校
- 医院提供的部分时间留院项目或居民中心提供的日间托管项目，有时可以安置在社区的普通班
- 住院治疗中心和住院医院，可以安排部分学生周末回家并在中心所在社区学校的普通班上课
- 教师到学生家里进行指导的家庭教学
- 青少年拘留中心和监狱里的学校

在讨论特殊教育时，"全包容运动"的支持者们通常极少提及残疾的不同类型和程度，并假定被安置在普通教室对所有学生都是好事。有人认为，不管是从逻辑上和道德上看，这种论调都非常令人反感。

改革者建议放弃这种全面的安置服务，只选择一个（社区学校的常规课堂）或少数几种安置方案，许多特殊教育工作者认为这完全是头脑发热的产物，而且对许多残疾（尤其是 EBD）学生而言完全不可行且有害。此外，根据《残疾人教育法案》的规定，不保持替代安置的连续性，不根据每个学生的需要做出安置决定，是违反法律规定的。尽管如此，由于要求"全包容"的意识形态和政治压力的形成，如何维持各种

安置选项成为人们最关心的问题。

纵观历史，安置的目的始终如一，那就是为 EBD 儿童及其家庭创造合适的社会生态环境，帮助 EBD 儿童发展适当行为，保持心理健康。表 3.3 显示了安置工作中涉及的一些需要考虑的因素。如果没有一系列具有连续性的安置选项，要达到这些目的似乎不太可能。此外，元分析（即整合了许多研究证据的系统性统计总结）显示，被安置在独立教室的学生比被安置在常规课堂的学生更有可能提高成绩和减少破坏性行为。然而，面对取消或严格限制安置选项的改革建议，支持 EBD 学生的人士无疑将投入一场持久战。

表 3.3　安置工作中需要考虑的因素

- 对孩子进行学术、生活技能以及适当的情绪反应、态度和行为的教育
- 对孩子的家庭、教师和同龄人进行相关教育，以提供更有利于孩子成长的环境
- 帮助孩子维持一个能够接受心理治疗、药物治疗或行为治疗的生活环境
- 让孩子的行为及产生行为的情境有机会被近距离观察
- 保护患有 EBD 的儿童和青少年不受自己或他人的伤害
- 保护他人（家庭、社区、同学）免受孩子失控或无法容忍的行为的伤害

过渡安排：工作或继续教育

自 1990 年以来，《残疾人教育法案》要求为那些大龄残疾学生制订从高中过渡到高等教育或参加工作的个人计划。因此，《残疾人教育法案》与社会对劳动力教育的关注和改革公立学校教育的努力相结合，使"过渡"成为一个必然会继续存在的话题。

过渡阶段的主要争议问题与残疾学生在中学阶段应获得的课程学习和安置选择有关。尤金·埃德加（Eugene Edgar）指出，由于图 3.2 所示的困境，EBD（或其他残疾）学生的过渡计划可能会失败。

无职业教育	有职业教育
不适合学习以升入大学为目的的课程	安排不同课程有贴标签之嫌
不能为就业做好准备	按照能力分组会被认为是歧视
学不好或辍学	学生会被视为低人一等

图 3.2　为不读大学的学生提供职业教育的困境：两害相权，孰轻孰重

如果对学生实施不同的教育，肯定会引发争议。如果没有对所有学生一视同仁，就会有人认为一些学生受到了不公平对待。尽管我们致力于个性化教育，但既要协调

各种差异，又要极力做到平等，实在是太难了。该怎样帮助学生规划毕业之后的人生呢？学校也是进退两难，也许这个问题根本就无解，并且很可能成为让一代又一代专业人员最挠头的问题。

多元文化的特殊教育

20 世纪 90 年代，美国人口结构中年龄、社会阶层和种族发生的迅速变化使多元文化问题成为教育者思考的首要问题。在教导任何类型的特殊学生时，都需要理解多元文化问题。在教导 EBD 学生时，教师必须对学生的行为和行为改变背后的独特文化以及所有文化的共同原则时刻保持敏感。

当我们出于多元文化教育的目的，想对"文化"做一个确切的定义时，发现这并不容易。在涉及特殊教育时，不同文化之间存在各种差异，包括它们崇尚、接受或反对的管教方式，以及群体成员对这种教育方式的体验。此外，多元文化主义的一个基本概念是，任何一个文化群体，其成员之间都存在着巨大的个体差异。虽然无论如何定义，一种文化都具有可识别的群体特征，但任何个体成员都可能具有或不具有这些特征。

不管是哪种文化，在 EBD 学生的特殊教育问题上，在多元文化方面都存在着以下引发持久争议的问题。

- 如何在没有文化偏见的情况下评估行为？行为的评估离不开文化视角，所以最关键的是理解我们的文化参照框架以及它是如何影响我们的感知和判断的。
- 当服务不足成为主要问题时，为什么要关注特殊教育鉴定中的比例失调？
- 在学生所属的文化中，什么行为是规范的，什么行为是越轨的？显然，不同文化对儿童和青少年的行为有不同的标准和期望，比如什么是可以接受的、什么是不适当的或不可容忍的。了解孩子的家庭和社区的文化需求是至关重要的。
- 在学生所属的文化中，哪些干预是可以接受的？关于成年人怎样对待孩子才算得当的问题，不同文化存在着很大的差异。教育工作者在提出具体的干预措施时，必须了解学生家长和社区对这些措施的看法。
- 当一些行为被视为"异端"并被贴上标签和受到不当对待时，种族主义、性别歧视和其他形式的歧视在其中是否起到了推波助澜的作用？
- 在对行为做出判断并采取干预时，应该以哪种文化为标准？有没有一种文化只有可取的或积极的特征？某一文化特征是可取的还是不可取的，应该由谁来决定及如何决定？

多元文化教育面对的挑战并不新鲜。美国一直面临着处理文化多样性的艰巨任务。从历史上看，美国和世界上大多数（甚至所有）其他国家一样，没能提供一种共同的文化来吸引和支持我们想要的亚文化。如果一种欢迎差异的文化要蓬勃发展，就必须注重所有人的共同人性，不管他们的文化有何差异。

干预反应模式

21 世纪初的一种"新"观点认为，除非学生对普通教育提供的良好干预（包括教学和行为管理）没有反应，否则不应该对他们做特殊教育鉴定。有人指出，这并不是什么新想法，在这个被称为干预反应模式（Response to Intervention，RtI，指对干预的反应）的理论中，所有组成部分都是众所周知的方法。

事实上，RtI 最大的讽刺是，它要求教学要以实证为基础，但 RtI 本身几乎没有实证支持——至少在 EBD 方面没有。RtI 丝毫没有解决特殊教育鉴定中涉及的统计问题，虽然有人声称它可以防止失败，并解决特殊教育中各族裔不平等的问题，但这似乎只是一厢情愿的希望或推测。

的确，我们应该及早解决问题，应该在学生被转入特殊教育评估之前提供有效的教学和正向行为支持，不要把文化差异与 EBD 混为一谈，提供有 RtI 支持的良好普通教育，这些都是非常好的想法，而且我们还可以利用 RtI 帮助识别那些需要特殊教育的学生。但在目前的情况下，RtI 本身并没有实证基础，尽管确实有很多的研究证据支持它的一些常见组成部分（如课程本位测量、正向行为干预等）。RtI 的主要危险在于，它可以被用作一种拖延战术，使学生迟迟得不到所需的特殊教育。毕竟，那些被认定需接受特殊教育的学生已经在普通教育中失败了，而且对一些学生来说，不管普通教育的质量如何，他们都做不到同龄人能做到的事情，这是完全可以预见的。此外，在分层教育体系中，如何保持治疗的完整性（即忠实地执行干预程序）是一项重大的挑战。

关于 RtI 还有一点，它应该被放在特殊教育广受批评的背景下来看待。特殊教育之所以受到批评，是因为它需要根据儿童做某些事情的能力对他们进行分类，它需要使用标签来谈论学生的特殊需要，它通常需要不同或额外的课程，它需要对儿童是否表现合格做出带有主观性的决定。要在普通教育／特殊教育的两层教育体系中增加更多的层次，我们需要更多的东西，而这些东西正是特殊教育受到批评的地方。

法律的进展及议题

几百年来，教师、医生、心理学家和精神病学家向许多在情绪、行为或智力方面存在障碍的人提供了各种各样的治疗服务。但是，即使美国早在 19 世纪末就有了义务教育法，那些残疾儿童，尤其是我们今天认为患有 EBD 的儿童，仍然无法进入公立学校就读。有些孩子会在工读学校、医院或收容所里接受教育，但大多数只能被监禁起来或被赶出学校，他们待在家里或流落街头，无法接受正规的教育。

在 1975 年以前，美国联邦法律对这些孩子的教育一直没有明确的规定，只在各州的地方法规中稍作提及。特殊教育发展史上的一个重要标志就是 1975 年通过的《残障儿童普及教育法案》（Education for All Handicapped Children Act，也被称为《94-142 公法》）。这个法案要求，必须让所有残疾学生接受免费和适当的公共教育，包括患有 EBD（该法案使用的是 emotional disturbance 一词）的儿童。

这项具有里程碑意义的立法对残疾学生及其家庭的重要性可能被低估或严重误解了。现在让我们来看看该法刚出台时产生的影响，以及该法自 1975 年第一次颁布以来的后续修正和修改。

《残障儿童普及教育法案》

《残障儿童普及教育法案》带来了两方面的直接影响。首先，它影响了 1975 年以前因残疾而被完全排除在公共教育之外的约 175 万儿童。此外，它还适用于大约 300 万名虽然接受了公共教育但教育服务不适合其需要的残疾儿童。

尽管自 1975 年以来几经修订和更新，但《残障儿童普及教育法案》的标志性组成部分基本保持不变。这些标志性组成部分如表 3.4 所示。

表 3.4 《残障儿童普及教育法案》的关键组成部分及其修订

鉴定（发现患儿）	各州必须努力甄别和确定残疾儿童和青少年
免费适当的公立教育	所有残疾学生均可接受无需由家长或监护人付费的适当公共教育
限制最少的环境	残疾学生应在最少限制（最正常）的环境中得到他们所需的服务
个性化的教育计划	为每一个被确诊为残疾的学生制订书面的个性化教育计划
一视同仁的评估	在对所有疑似残疾的学生进行评估时，应尽量避免与语言、文化和残疾有关的偏见

《残障儿童普及教育法案》对于 EBD 学生非常重要，原因有以下几个。首先，它提供了 EBD 的官方定义（在《残障儿童普及教育法案》中使用了"严重情绪障碍"一词，在 1997 年的《残疾人教育法修正案》中，该词被缩短为"情绪障碍"）。1975 年美国联邦政府对 EBD 所下的定义至今未变，尽管围绕着它的争议不绝于耳，正如我们在第 2 章中讨论的那样。

其次，根据该法案的估计，有 2% 的学龄人口可能需要 EBD 服务。这一估计之所以重要，主要是因为它与专业人士的估计相矛盾，后者要高得多。《残障儿童普及教育法案》颁布后不久，EBD 鉴定率大幅上升，从大约 0.4% 上升到接近 1%。然而，美国的实际鉴定率多年来一直低于 1%。尽管《残障儿童普及教育法案》有许多好处，之后所做的修订也有很多好处，但没有任何一部美国联邦法律解决了定义的问题，也没有使鉴定率与患病率数据相一致。事实上，美国联邦政府关于实际服务的数据从未接近过 2% 这一最低估计值。

《残疾人教育法案》

1990 年，相关人员对《残障儿童普及教育法案》进行了重大修订，并通过了《残疾人教育法案》（Individuals with Disabilities Education Act，也被称为《101-476 公法》），重新命名了该法案，并采用了更恰当、更人性化的术语（即使用"残疾"而不是"残障"）。《残疾人教育法案》有几处重大改变，包括对"过渡期"（即学生离开学校踏入社会）的再三强调。之所以将此列为新的关注重点，是因为有越来越多的调查结果表明，许多残疾学生毕业后处境堪忧。对 EBD 学生来说，过渡期一直是一个特别的问题。这些学生在日后的生活中会遇到一系列适应问题，包括社交困难、违法犯罪、缺乏工作技能、无家可归，等等。而且，这类学生中途辍学的概率极高，这也是导致他们无法完成顺利过渡的另一个障碍。

为了解决这些问题，1990 年版的《残疾人教育法案》要求，在为 16 岁或以上的残疾学生制订个性化教育计划时，必须说明该生具体需要哪些过渡性服务。过渡性服务被定义为：

为帮助学生毕业后顺利踏入社会而设计的一系列互相配合的行动，包括中专教育、职业培训、综合就业（包括辅助就业）、继续教育和成人教育、成人服务、独立或在社区监管下生活，等等。

《残疾人教育法修正案》

1997 年的《残疾人教育法修正案》（Individuals with Disabilities Education Act Amendments，也被称为《105-17 公约》）做出了重大修改，直接影响了 EBD 学生的教育。其中最值得注意的是与纪律有关的变化。对许多学校管理人员来说，如何处分那些违反校规的残疾学生已经成为一个问题。对普通学生可以使用的惩罚措施，比如停课或开除，在用于残疾学生的时候就要三思而后行。一些教育工作者认为，停课，即使只是暂时的，也会侵犯学生享有免费、适当公共教育的权利。另一方面，学校管理人员越来越关心如何保持学校的安全和有序。1997 年的《残疾人教育法修正案》以两种方式解决了这些问题。

首先，1997 年的修正案责成美国各学区积极为有行为问题的残疾学生制订行为干预计划。显然，这不但适用于大多数（或所有）被鉴定为 EBD 的学生，也适用于患有其他残疾的学生，如有智力障碍或学习障碍的学生，他们通常也需要行为干预计划。行为干预计划通常包括两个方面的内容，一是帮助学生养成适当的行为，二是向学生提供适当的支持。其次，教师在制订干预计划时，要以功能性行为评估（即对那些引发了问题行为或使问题行为一直持续的条件所做的系统分析）的结果为依据。虽然各学区应积极主动地为每一个有需要的学生制订行为干预计划，但修正案还是做了硬性规定，如果学生因出现严重不当行为而必须改变对该生的安置，学校应在 10 个工作日内制订并实施该计划。

尽管 1997 年的修正案提到了"功能性行为评估"这一名词，但无论是修正案还是美国教育部提供的后续规定，都没有明确规定教师在执行功能性行为评估时，必须具备哪些条件。原则上，教育人员在工作中应以与此主题相关的专业文献为指导。简而言之，专业文献表明，在实施功能性行为评估时，首先教师必须用具体的语言描述学生表现出来的问题行为。例如，"捣乱"一词并不能明确定义一个行为，"在被纠正时骂骂咧咧"就具体得多了。其次，要系统性地收集数据，包括在多种情境下对学生进行直接观察，这样教育工作者就可以对导致或维持某种行为的原因以及该行为的作用提出假设。教师团队应仔细分析环境变量（如教室布置、同龄人）、问题行为的前因（如教师指示学生拿出数学课本）以及行为的后果（如同伴的嘲笑，学生被送到办公室）。如果能从学生的行为模式中发现一个具体的假设（例如，这个学生似乎经常在数学课上捣乱并被赶出教室），教师就可以根据功能性行为评估来制订行为干预计划了。行为干预计划通常包括一系列行动，例如，教师可以改变那些可能导致学生出现问题行为的前因后果，还可以用更适当的方式培养学生更适当的行为，让他们学会用另一种方式达到自己的目的（例如，在学生因不会做题而烦躁时，教他举手并安静地等待帮助），还可以改变一些环境变量，如为学生调整座位。

那么在什么情况下需要行为干预计划呢？在 1997 年的修正案中有一些相关条款，规定了在什么情况下学校行政人员可以对残疾学生采用和普通学生一样的纪律处罚。其核心内容是"表现测定"的概念，通过表现测定，我们可以判断学生的不当行为是否因其残疾所致。根据 1997 年修正案的措辞，如果因为学生的某个不当行为，学校行政人员想要改变对该生的安置，而且时间超过 10 个工作日，就必须对该生进行表现测定，以确定其不当行为是否"由儿童的残疾引起或与之有直接和实质性的关系"。表现测定听证会的目的还包括审查学生的个性化教育计划，以确定它是否合适和已经实施。学校要根据听证会的结果来选择处理方式，如果确定其不当行为与残疾无关，学校就可以像处分普通学生那样处分当事人了。当然，如果这样的惩戒涉及退学或变更安置环境，学校仍然必须根据《残疾人教育法案》中的要求，向学生提供个性化教育计划中规定的服务。

表现测定的要求适用于所有违反校规的残疾（不论什么类型）学生。事实上，法院认为，此类裁决必须独立于学生的具体残疾。也就是说，学校不能认为"情绪障碍"这个标签意味着学生的任何违规行为都与其残疾有关，正如另一个分类标签（比如"学习障碍"）并不应该意味着学生的行为问题与其残疾无关一样。

尽管如此，对于 EBD 学生的教育者来说，这些程序是特别重要的，因为这些学生很可能会做出一些足以导致他们被停学或开除的违规行为。事实上，我们有理由认为学生的问题行为本身就是一种残疾。如果行为本身就是一种残疾，那么很难想象不当行为如何能被理解为不是残疾的表现。所以，在对 EBD 学生实施表现测定时，我们最关心的是那些"新的"（以前没有观察到的）问题行为，并判断该行为是否也是由其残疾引起的。

《残疾人教育促进法案》

2004 年，适用于残疾人的美国联邦法律再次被修订为《残疾人教育促进法案》（Individuals with Disabilities Education Improrement Act，也被称为《IDEA 2004》）。这次修订带来了很多变化，包括对个性化教育计划的相关规定。根据修订后的条款，只要有个性化教育计划团队和家长的书面批准，就可以对该计划进行修改，无须重新召开个性化教育计划团队会议。此外，对个性化教育计划文件本身的要求也进行了修改，使个性化教育计划不必再包括基础指标或短期目标。不过，对 EBD 学生来说，最重要的变化还是与纪律有关。

按照米切尔·L.耶鲁（Mitchell L.Yell）的说法，在《残疾人教育促进法案》中包含的表现测定条款"简化和强化"了判断学生行为是否与其残疾直接相关的标准。这一改变让学校有了更大的操作空间，它们很有可能一口咬定学生的不良行为与残疾无关，这样就能像惩戒普通学生一样惩戒残疾学生了。

《残疾人教育促进法案》让学校有了更多的底气，可以以纪律为由采用"临时替代教育环境"。临时替代教育环境可以是一所独立特殊学校，专为有行为问题的学生提供服务；也可以是公立学校内部的一种特殊安排，类似于校内停课；在极少数情况下，它还可以是教师上门辅导，尽管这种安排因无法满足《残疾人教育促进法案》的要求而受到质疑。事实上，法律并没有规定临时替代教育环境必须是什么形式，只规定了它们必须提供什么。简而言之，临时替代教育环境必须为学生提供个性化教育计划中规定的服务和调整，使他们能够继续学习一般课程。临时替代教育环境还必须包括具体的计划，解决那些导致学生被处置的问题行为，并防止再犯。这种设置可用于那些有严重行为问题的学生，帮助教职人员维持课堂和学校的正常秩序和管理。

显然，通过将破坏性最强的学生赶出学校，学校的秩序和安全至少可以暂时得到改善。但特殊教育工作者和其他为 EBD 学生发声的人更担心的是，这种安置让 EBD 学生脱离了普通教育环境，可能会给他们带来极其不利的影响。除了与毒品和武器相关的违法行为，《残疾人教育促进法案》还将"对他人造成严重身体伤害"的犯罪行为列入了转入替代性安置的范围。新规定还将这种安置的持续时间从 45 天改为 45 个工作日。

从特殊教育相关法律的变化中，我们似乎看到了一种日益明显的趋势，即赋予学校更大的权力来管教学生，包括让他们退学，无论他们是否有残疾，即使已经确定学生的不当行为与他们的残疾有关。在此应该重申，在残疾学生被学校开除或改变安置方式的情况下，要求校方继续提供教育服务的保护条款仍然成立，甚至对那些被监禁的学生也同样适用，只要他们在被监禁前就已被鉴定为残疾。但让许多教育工作者担心的是，这些 EBD 学生可能最终被安排在受到最大限制的环境中，他们在这种环境中接受的教育在性质、质量、适配度上可能都让人不放心。

除了特殊教育立法随着时间的推移而发生的变化外，更广泛的教育立法可能也会对 EBD 学生的教育产生实质性的影响。其中最重要的是 2001 年的《不让一个孩子落后法案》(No Child Left Behind Act，NCBL，也被称为《107-110 公法》)。

《不让一个孩子落后法案》及随后的标准化政策

这项教育法在 21 世纪早期被称为《不让一个孩子落后法案》，虽然该法的主要目的是为了改变普通教育，但也对特殊教育产生了非常重要的影响。该法的重点是学校必须对所有学生的学习表现负责。所有学生群体（无论种族、贫穷、语言和残疾）都要达到同样的学习标准，学校应尽力缩小群体之间的表现差距。

可惜的是，教育方面的相关律法大多很少关注其规定会给特殊教育造成什么影响。此外，许多法律似乎忽视了残疾的本质、统计分布以及其他一些现实情况。可以预见的是，想让很多残疾学生达到原本为普通学生制定的标准，是一项极其艰巨的任务。

除了对学生的表现，一些法律还规定了对所有教师的要求，即所有教师都应是高素质的，但这一假设是有疑问的。高素质是很难定义的，它为特殊教育教师的培训和认证出了一个难题。

立法与诉讼的趋势

在 21 世纪的头几年，美国政府开始推行问责制，并设法逐渐缩小特殊教育和普通教育之间的差距，这一趋势目前仍在继续。或许我们可以轻松指出过去几十年的立法趋势，但要预测未来几年会发生什么，就困难得多了。关于立法和诉讼，如果有一种相对可靠的说法，那就是情况将会发生改变，但如何改变就说不准了。

自 1975 年《残障儿童普及教育法案》颁布以来，主导特殊教育的美国联邦法律似乎正日益走向自由放任的道路。也就是说，最近的法律趋势似乎是在淡化特殊教育和普通教育之间的差别，并给予各州更多的解释空间。至少在某种程度上，这是试图"结合"特殊教育和普通教育的结果。教育法似乎在努力让特殊教育尽量向普通教育靠拢，方法之一就是让大多数残疾学生达到与普通学生相同的学术标准。对所有学生的行为标准和期望似乎也渐趋一致。

对 EBD 学生来说，这种对所有学生（无论有无残疾）都执行同一套学习和行为标准的做法是否有利还有待商榷。此外，立法和诉讼的具体走向也令人费解。一种可能是，特殊教育和普通教育之间的区别将变得越来越模糊。另一种可能是，这种差别将维持（或接近）目前的水平。还有一种可能是，两者之间的区别在美国联邦法律中将变得名存实亡，让几十年后的人们再次认识到那些促成 1975 年首次立法的问题，并再次对特殊教育和普通教育做出明确的区分。

立法与诉讼的含义

对所有人而言（尤其是从业人员），要跟上法律和法院判决的所有变化不是一件容易的事。事实上，要让教师理解相关法律和法庭的判决，只能靠律师、学者和行政人员来进行解释，至于每个地方的具体做法是否符合法律规定，也需要专业人士来加以总结。在制订个性化教育计划、管教学生、处理其他法律规定的事务时，教师必须以学校和地区的政策为准。

有人认为法律是道德行为的最佳指南，这是一种常见的错误观念。事实上，有一些事情可能是合法的，却是不明智甚至不道德的。无论涉及哪些方面，是做出鉴定、制订计划、设置课程、安置学生、纪律惩戒，还是与 EBD 学生相关的其他工作，都会经常出现一些与道德相关的难题，到底怎么做才对学生最好呢？如果按照一些管理者或当局所做的解释，法律也不尽然是为相关学生的最大利益服务。有时候，从业者必须权衡对这个学生而言最好的是什么，对那个学生而言最好的又是什么。

还有一种常见的错误观念认为，法律是根据我们现存最有力的证据制定的。但研究并不能可靠地指导实践工作，法律也不一定完全建立在证据或逻辑的基础上。这很可能让从业者的处境变得更加艰难，特别是当法律假设（或要求）我们忽略自己的常识，或人们拒绝接受科学证据的时候。

过去

如果查看 EBD 儿童和青少年的治疗史，你可能会感到灰心失望。在这个领域内，似乎没有任何一个关键问题真正得到了解决，看看目前存在的这些问题和发展趋势，和一百年前似乎没什么区别。尽管那些奋战在 EBD 教育第一线的人确实用心良苦，但几乎每一个貌似有效的新方法最后都徒劳无功、令人失望，即使有一些证据支持，最终也会被摒弃或暂时叫停。而我们之所以会失望，可能部分是因为我们心存不切实际的期望，部分是由于我们没有意识到，光有良好的意图并不足以保证成功。

在教导 EBD 学生时，把他们教成什么样才算成功呢？这个很难界定。如果特殊教育真的有效，我们期望它能带来的结果是什么样的呢？对很多（或大多数）有严重行为障碍的学生来说，期望完全治愈他们是不现实的，特别是如果没有及早进行干预的话。要在什么样的条件下，取得什么样的进步才算成功？这些都是非常重要的问题，但在特殊教育工作者中，它们很少得到直接、明确的答案。也许我们的期望很多时候是不合理的，而且还用一些不切实际、太过理想化的标准来断定我们自己或我们的计划是失败的。

按照更合理的标准，特殊教育工作者们付出的许多努力至少取得了一定程度的成功，但很少有人取得了惊人的成功，也没有人在每个案例中都完全成功。在某些情况下，之所以有那么多人指责特殊教育的失败并呼吁进行彻底改革，是因为对特殊教育的效果缺乏客观的认识，因为他们认为，既然分配了那么多资源，就应该产生显著的效果。我们必须不断努力去平衡人们的看法，一方面要承认特殊教育需要改进，应该为儿童带来比现在更好的结果，同时也要承认特殊教育在过往确实改善了不少学生的生活。在某种意义上，我们的处境和 EBD 学生的处境是一样的，我们必须认识到自己的失败、局限和需要改进的地方，同时不要对改变、成功或完美抱有不切实际的期望。

近百年来，美国的特殊教育走过了一段漫长的道路，从将那些残疾孩子视为不符合优生学的嫌弃，到使用委婉的措辞来描述他们的包容，这是一条由善意铺就的道路。回顾历史，我们可能会认为，那些把残疾儿童和青少年污名化、非人化并剥夺其权利的人都是妖怪，而后来那些才是真正的人，这些人为残疾孩子选择合适的标签来定义他们，建立机构来安置他们，设立特殊班级来教育他们，后来又把他们从机构里带出来，修改了原来的标签，将他们纳入主流教育并呼吁全包容运动，制定了我们现在认为烦琐、片面或适得其反的法律法规。他们的意图是良好的，但仅凭良好的意图绝对不足以让我们所有的希望成真。

如果取得了计划中的成功，特殊教育的历史将是一个成功的故事，这个故事中有关爱和治愈，有得到充分实现的潜能，有摆脱污名化和歧视的自由，有高效的管理，有社会的和谐。经过精心设计、带着良好初衷的计划可能会因多种原因而落空，比如制订计划的人没有充分考虑社会历史背景、没有严格遵守那个时代关于行为干预的知识。如果我们没看明白自己的设计与当前的社会政治趋势有什么关系，没有意识到自己关于行为干预的主张是错误的，就可能会给后代留下棘手的难题。我们要想避免过去的许多错误，就必须加强对历史的认识，不要以为任何变化都能带来真正的进步，尤其要注意的是，一定要把我们的工作始终建立在科学的基础上。

现在与未来

教科书通常以展望未来结束，但我们选择在本书的第一部分评论过去，因为我们相信，要更好地预测未来，就要对过往有更深刻的了解。从过往历史中我们看到，对 EBD 学生的悲惨处境，社会给予的关注总是时多时少，在干预方面也是时而进步时而倒退。每当有新的方法出现时，专业人士总是充满热情，而当这种解决方案最终被证明无果时，他们总是感到幻灭。从前我们的社会在履行对残疾学生的义务时，利用的是法律和官僚手段，但这种方法在过去已告失败，未来也看不到什么特别的希望。《残疾人教育法案》《不让一个孩子落后法案》等法律以及后续立法可能会制定一些法律标准和承诺，虽然这些标准和承诺具有重要意义，但它们完全可以被规避或改变，因为法律似乎总是会被人找到"漏洞"或对策。但是，为了向残疾学生提供有效的、人性化的教育，过去我们一直仰仗的是那些有能力、有爱心的教师和其他相关人士，将来也同样如此，不管法律有哪些规定，又有哪些禁令。

前事不忘，后事之师，了解今天的问题与过去的关系是明智之举。现在美国的社会正面临着巨大的压力，要求减少对 EBD 群体的人道服务和支持，并美其名曰是为了尊重 EBD 儿童及其家庭，不让他们的痛苦暴露于人前。EBD 儿童和青少年正处于危机四伏的处境中，这些口号、否认、自相矛盾、故作姿态以及非理性的、反科学的或难以理解的言论对他们毫无意义，但这些言论在关于教育改革的谈话和写作中已经变得很流行。

今天，诋毁特殊教育已成为普遍现象。诚然，特殊教育不尽如人意，也确实需要加以改进，让它在各方面都变得更加可靠。但特殊教育绝不像某些人所描述的那样恐怖，也不是某些人形容的那种自私自利的机构，一些批评人士提出的改变也不可能让它得到显著的改善。请记住，特殊教育和相关学科解决的问题比它们制造的问题多，带来的是希望而不是绝望，是愈合伤口而不是制造伤口。

我们生活在被内奥米·西格蒙德（Naomi Zigmond）、阿曼达·克洛（Amanda Kloo）和维多利亚·沃洛尼诺（Victoria Volonino）称为的全包容氛围中，该氛围强调将残疾学生安置在普通教育中。支持者认为，普通教育和特殊教育其实并没有太大的区别，也不应该有太大的区别，对残疾学生的解决方案就是改善普通教育，使之更好地服务于所有的孩子。人们一直认为特殊教育有失体统，但正如西格蒙德和克洛所言，如果说有什么地方不合体统，那就是许多人认为特殊教育并不特殊，认为普通教育工作者在教导班里其他学生的同时，也可以很好地教导残疾学生。

今天的问题与 20 世纪类似，但我们现在有了更大的潜力来帮助 EBD 学生，因为有了更全面的科学知识和实证基础。对特殊教育，我们有理由保持谨慎的乐观态度。大部分问题都没有快速简单的解决方法。人们肯定会关心 EBD 学生的问题，但这种关心应该包括努力寻找可靠的答案，找到青少年患上 EBD 的原因。更重要的是，我们要找到合适的方法帮助 EBD 学生习得适当的行为。只要人们致力于寻找这些答案，并将这些答案付诸实践，我们相信，进步最终将超过倒退。

本章小结

纵观历史，人类对 EBD 儿童和青少年的认识和理解从来没有停止过。对这些学生的教育工作始于 19 世纪，20 世纪下半叶是对这些学生的教育干预措施迅速发展的时期。人们提出了各种不同的理论概念和实操方法。当前的许多问题都是从未解决也可能永远无法彻底解决的问题的循环。

要充分了解这一领域的历史，只浏览事件年表当然是不够的，但年表可以帮助我们把握相关理念的发展和趋势。表 3.5 列出了该领域的一些重要历史事件。

表 3.5　与 EBD 学生有关的重要事件年表（1799—2004）

年代	事件
1799	让－马克·加斯帕德·伊塔德（Jean–Marc Gaspard Itard）发表了关于"阿韦龙野孩"的报告
1825	美国第一个收容少年犯的机构"庇护之家"（House of Refuge）在纽约建立，波士顿（1826 年）和费城（1828 年）随后也相继建立了类似的机构
1841	多萝西·迪克斯（Dorothea Dix）开始为让精神病患者得到更好的照顾而奔走呼号
1847	马萨诸塞州的韦斯特伯勒建立了美国第一个收容少年犯的州立机构——州立男孩矫正学校
1850	在塞缪尔·格里德利·豪（Samuel Gridley Howe）的教促下，马萨诸塞州为低能青少年成立专门的学校；同年爱德华·塞吉恩（Edward Seguin）移居美国
1866	爱德华·塞吉恩出版了《智力缺陷及其生理学疗法》（*Idiocy and Its Treatment by the Physiological Method*）一书
1871	康涅狄格州纽黑文市为逃学、违规和不听话的孩子开设了一个不分级的班级
1898	纽约市教育局要求两所学校为儿童逃学负责
1899	美国第一个少年法庭在芝加哥成立
1908	克利福德·比尔斯（Clifford Beers）出版了《自觉之心》（*A Mind That Found Itself*）一书

（续表）

年代	事件
1909	美国精神卫生委员会成立；爱伦·凯（Ellen Key）出版了《儿童的世纪》（*The Century of the Child*）一书；威廉·希利（William Healy）在芝加哥创立了青少年精神病研究所
1911	阿诺德·格塞尔（Arnold Gesell）在耶鲁大学创立了儿童发展诊所
1912	美国国会成立了儿童局
1919	俄亥俄州通过了全州残疾人教育法
1922	美国特殊儿童委员会成立
1924	美国精神矫正协会成立
1931	美国罗德岛第一所儿童精神病院成立
1935	列昂·卡那（Leo Kanner）出版了《儿童精神病学》（*Child Psychiatry*）一书；劳雷塔·本德（Lauretta Bender）等人在纽约市贝尔维尤精神病院为精神病儿童开设学校
1943	列昂·卡那描述了早期婴儿自闭症
1944	布鲁诺·贝特尔海姆（Bruno Bettelheim）在芝加哥大学开办了一所系统培训发展学校
1946	纽约市教育委员会指定 600 所学校收容精神失常和适应不良的学生；弗里茨·雷德尔（Fritz Redl）和戴维·温曼（David Wineman）在底特律成立"先锋之家"（Pioneer House）
1947	阿尔弗雷德·施特劳斯（Alfred Strauss ）和劳拉·莱赫蒂宁（ Laura Lehtinen）根据在密歇根州诺斯维尔市韦恩县培训学校的工作成果，出版了《脑损伤儿童的精神病理学与教育》（*Psychopathology and Education of the BrainInjured Child*）一书
1950	布鲁诺·贝特尔海姆出版了《爱得不够》（*Love Is Not Enough*）一书
1953	卡尔·菲尼切尔（Carl Fenichel）在布鲁克林为重度情绪障碍儿童创办了第一所私立日间学校——联盟学校
1955	伦纳德·科恩伯格（Leonard Kornberg）出版了《失常儿童的课堂》（*A Class for Disturbed Children*）一书，这是第一本描述心理失常儿童课堂教学的书
1960	珀尔·伯科维茨（Pearl Berkowitz）和埃丝特·罗斯曼（Esther Rothman）出版了《失常儿童》（*The Disturbed Child*）一书，描述了宽容模式下的精神分析教育方法
1961	威廉·克鲁克香克（William Cruickshank）等人发表了一种针对脑损伤和多动症儿童的教学方法，报告了马里兰州蒙哥马利县的结构化教育项目的成果；尼古拉斯·霍布斯（Nicholas Hobbs）及其同事在田纳西州和北卡罗来纳州开始了"再教育工程"
1962	1962 年，诺里斯·哈林（Norris Haring）和拉金·菲利普斯（Lakin Phillips）发表了《对情绪障碍儿童的教育》（Educating Emotionally Disturbed Children）一文，报道了弗吉尼亚州阿灵顿市一项结构化计划的结果；伊莱·鲍尔（Eli Bower）和纳丁·兰伯特（Nadine Lambert）根据加利福尼亚州的一项研究，发表了《筛查情绪障碍儿童的校内程序》（An In-School Process for Screening Emotionally Handicapped Children）一文
1963	《88-164 公法》规定由美国联邦政府提供资金，支持情绪障碍治疗领域的人员培训工作
1964	威廉·莫尔斯（William Morse）、理查德·卡特勒（Richard Cutler）和艾伯特·芬克（Albert Fink）出版了《情感障碍者的公立学校课程：研究分析》（*Public School Classes for the Emotionally Handicapped: A Research Analysis*）一书；作为特殊儿童委员会分支之一的行为障碍儿童委员会正式成立

（续表）

年代	事件
1965	尼古拉斯·朗（Nicholas Long），威廉·莫尔斯（William Morse）和露丝·纽曼（Ruth Newman）出版了《教室里的冲突》（*Conflict in the Classroom*）；美国自闭症协会成立；第一届情感障碍儿童教育年会在雪城大学举行
1968	弗兰克·休威特（Frank Hewett）出版了《教室里的情绪障碍儿童》（*The Emotionally Disturbed Child in the Classroom*）一书，报告了在加利福尼亚州圣莫尼卡一个"改造教室"（engineered classroom）的使用情况
1970	威廉·罗兹（William Rhodes）开始了情绪障碍的概念项目，对理论、研究和干预措施进行了总结
1974	美国严重残疾人士协会成立
1975	尼古拉斯·霍布斯出版了《儿童的分类和儿童的未来》（*Issues in the Classification of Children and the Futures of Children*）一书，报告了"特殊儿童分类计划"的工作情况
1978	《残障儿童普及教育法案》（1975年颁布）要求所有残疾儿童，包括严重情绪障碍的儿童接受免费、适当的教育；要求联邦政府资助由密苏里大学开展的"国家需求分析研究"
1986	颁布了《99-457公法》，将《残障儿童普及教育法案》的规定扩大到1990—1991学年所有3至5岁的残障儿童；统计数字显示，在美国公立学校就读的学生中，约有1%因严重的情绪障碍而接受特殊教育服务，这一比例仅为保守估计的一半左右
1987	美国精神卫生和特殊教育联盟成立；迈克尔·尼尔森（C. Michael Nelson）、罗伯特·卢瑟福（Robert B. Rutherford）和布鲁斯·沃尔福德（Bruce I. Wolford）出版了《刑事司法系统中的特殊教育》（*Special Education in the Criminal Justice System*）一书
1989	儿童心理健康家庭联合会成立，美国青少年司法联盟成立
1990	《残障儿童普及教育法案》修正案《残疾人教育法案》通过；美国精神卫生和特殊教育联盟提出了新的定义和专业用语
1997	有关方面提出了《严重情绪障碍学生国家议程》（National Agenda for Students with Serious Emotional Disturbance）；修订了《残疾人教育法案》；在美国联邦政府使用的专业用语中，"严重情绪障碍"改为"情绪障碍"
2004	《残疾人教育法案》被重新修订为《残疾人教育促进法案》

对于特殊教育工作者来说，定义、患病率和专用术语仍然是当前非常重要的问题。我们应该在什么样的环境下对 EBD 学生进行教育呢？围绕这一核心的各种问题变得日益重要。但合并或从根本上整合普通教育和特殊教育的建议受到了相当大的怀疑，尤其是在中学阶段。目前的一种新趋势是让特殊教育惠及那些被监禁的青少年，并向 EBD 幼儿提供特别服务。各种概念模型正在不断地发展，成长为更复杂的综合性理论，在解决学生的行为和认知问题上发挥了很大的作用。家长、专业人员和倡导者组成了新的联盟，还成立了新的组织专为 EBD 学生的父母及其家人服务，这些新的组织为这个领域带来了新的希望。

在 21 世纪初，EBD 领域的主要问题和发展趋势包括：早识别、早预防，对反社会和暴力学生的教育，以社区为基础的综合协作服务，强调文化知识和社交技能的教学模式，对行为的功能性评估，提供全面的安置选项，帮助学生顺利过渡（找工作或继续教育），多元文化教育，对干预的反应，各种法律问题。

案例讨论

她是你的了

——辛迪·罗（Cindy Lou）

　　我的教学生涯是在美国南方小镇上一个封闭式特殊教育班开始的。当时我并没有教师资格证，但学区迫切需要一个从事特殊教育工作的人。在我的第一批学生到来的前两天，校长递给我一份厚厚的档案，并说："琼斯夫人和我认为，把这个孩子放在你的班上会更好。"他没有提供任何口头或书面的解释，说明为什么这个孩子会在由轻度智力障碍学生组成的班里更好。随着时间的推移，我逐渐明白，什么样的人该到我的班里来。如果校长和普通班的教师达成了共识，他们就会把某个学生的档案从贴着普通教师名字的抽屉里取出来，放到贴着我名字的抽屉里。这样一来，这名学生就属于"弱智"了。就是这么简单，教师们和校长都认为，这个程序没必要搞得太复杂。

　　那年我们班最有趣的学生就是辛迪·罗，她是少数几个在智商测试中有成绩的学生之一。她的智商是 92 分，是她在 4 年前取得的。

　　辛迪·罗总是坐在教室后排，尽管我竭力想把她安排到别的位置。但很快我就意识到，我应该感谢她的这种自我放逐。每当她完成作业后，就会不停地自言自语。有时除了自言自语之外，还会对任何一个被她注意到的"倒霉蛋"大喊大叫并出言威胁。刚开始的时候，一些学生会嘲笑她这个人，或者嘲笑她自言自语的行为。但他们很快就学会了与辛迪·罗保持安全的距离。她是一个体格健壮的姑娘，谁得罪了她，她就会把谁打一顿。很快大家发现，她有时候会无缘无故地就把人痛打一顿。对她来说，只要感觉被冒犯了，无论是真实的还是想象的，都让她有足够的理由对别人发难。

　　尽管辛迪·罗总是控住不住发脾气，但在我班上的那段时间，她是全班最好的学生。她总是第一个掌握概念，第一个完成作业，并能正确地回答教师的口头提问和书面问题。但是，即便在我和她的母亲、校长以及学校社工的一起努力下，她还是会每周至少缺课一天。

那时候辛迪·罗还是一名七年级的学生，留了两次级。她身材高大，胸部丰满，性欲旺盛。没过多久，镇上的一位夫人给我打电话，"你给我听着，把那个辛迪·罗管好一点！"据她说，辛迪·罗在她的店外等着拉客。

就在圣诞节前，辛迪·罗给我带来了一个形状像星星的玻璃烛台。由于我们每天都有一部分时间在愤怒地对峙，所以我很感动她居然会给我一份礼物。一个小时后，校长让我去他的办公室，一家商店的经理也在那里，说他看到辛迪把烛台拿走了。当这名经理和辛迪对峙时，她变得非常暴躁，经理一下子就怂了。因为当时还有其他证人，所以他打算提出指控，除非有人为烛台付钱。我当时很年轻，没有经验，而且还有点笨。所以这个烛台的钱最后是我付的。

与本案例相关的问题

1. 你认为该个案可能发生在本章所提到的哪个历史时期？为什么？

2. 你认为该个案确切的发生时间是在哪个历史时期？该领域的哪些发展使你得出了这个结论？

3. 从历史上看，为了防止对有特殊需要的学生做出错误的鉴定和安置，我们做了哪些努力？你能提出比目前更好的保障措施吗？

PART 02

第二部分

可能的成因

CHARACTERISTICS OF
EMOTIONAL AND BEHAVIORAL
DISORDERS OF CHILDREN
AND YOUTH

导读

那些令人不安的行为是一个难解的谜题。每当看到这样的行为，我们就纳闷为什么有人会这样做。

"为什么，为什么，为什么？"我们反复追问。

我们的典型反应是寻找一个合适的概念模型，帮助我们理解到底哪里出了问题。之所以这样做，原因之一或许就是我们想知道这个问题该归咎于何人何事。我们相信，如果能找出问题的原因，就会知道该如何纠正这个问题，或许还能防患于未然。所以在这一部分的几个章节中，我们要讨论的问题是人们"为什么"会罹患 EBD，该问题的四个最常见答案是生物、文化、家庭和学校。在阅读这些章节时，请你把以下三个问题时刻铭记在心：

- 各种成因之间是如何相互关联的？
- 了解成因与采取干预之间有什么关系？
- 在寻找导致 EBD 的罪魁祸首时，我们采取的评估方式有什么影响？

在介绍生物、文化、家庭和学校方面的诱发因素时，虽然我们把它们放在不同章节进行讨论，但这并不意味着它们是各不相干的问题。事实上，生物、文化、家庭和学校的因素是相互关联的。几乎没有哪个因素能单独引发 EBD。针对个体为什么会罹患 EBD 这个问题，多数时间我们都无法给出肯定的回答，只有在极其罕见的情况下，才可以锁定某一个单独的原因。在大多数情况下，我们应该考虑的是这些诱发因素是如何共同作用的——每个因素会给个体带来什么样的风险或伤害，哪个因素又可能有助于个体的复原。在考虑那些会增加个体罹患 EBD 风险的因素时，我们也应该考虑那些可以抵消风险的因素——可以增强人的复原力并帮助预防疾病的条件。我们不仅要了解这些因素创造了哪些可能导致 EBD 的事件和条件，还要了解哪些事件和条件有助于抵消风险因素。

人们通常认为，知道了问题行为的原因，就能帮助我们找到更好的处理方法。如果我们认为一个人的行为是"疾病"或"异常"的迹象，就希望通过探究其原因来寻求治愈的方法。但找到致病原因并不一定能引导直接干预，因为我们可能并没有可行的办法来改变因果条件。例如，如果让本身就极具攻击性的孩子观看宣扬暴力的电视节目，可能会导致他们的攻击行为增加，但就算我们知道了这个因果关系，也很可能找不到有效的方法控制孩子看电视的时间。此外，找到有效的治疗方法或干预措施并不意味着我们必然知道病因。也许我们发现儿童的多种症状因药物治疗而减轻了，但我们并不能从这一发现中得出儿童多动症有生物化学原因的结论。有些药物是有效的，即使医生不明白它们与疾病的起因有什么关系。从有效的治疗向后推断病因是一种常见的逻辑错误：在此之后，因此之故（意思是在某件事之后发生的情况必然是因此事而起）。我们在课堂实践中观察到，在学生完成作业后给予表扬会让学生增加对作业的关注，但如果据此得出结论认为学生的注意力不集中就是因为教师表扬得不够，显然是没有说服力的。在考虑我们已知的这些诱发因素后，你可能会问自己以下问题：

- 如果我们知道或怀疑是这个原因，意味着我应该怎么做？
- 即使不知道原因，我们是否也有一些有效的方法处理这个问题？

了解这些问题对教师来说非常重要，此外，在这一部分的每一章的结尾，我们都总结了已知诱发因素对教育工作者的影响。教师应该清楚不良行为该归咎于什么，责任在于什么，在为 EBD 学生选择干预方法时，对这些问题的看法起着决定性的作用。

在假定的诱因和应该谴责的对象之间存在着什么关系呢？这种关系不仅对我们选择干预措施有重要的影响，对一个人性化社会的存在也有重要的意义。我们的社会有一条经久不衰的道德戒律，认为人们不应为自己无法控制的不幸负责。罹患生理疾病的人通常不会因为他们的疾病而受到指责。如果我们认为儿童或青少年患有他们无法控制的精神疾病或被他们所处的社会环境伤害了，就不会责怪他们的不当行为。在大多数情况下，我们会将责任转移到个人以外的其他方面，如生理机能紊乱、父母管教无方或虐待、家庭破裂、同辈压力、教师失职、学校管理不善或社会的堕落。

我们应该在什么情况下免去对个人的追责，把不当行为归咎于外部因素？我们应该在什么情况下把那些表现出不当行为的青少年视为环境因素或生物因素的受害者，而不是他们咎由自取？根据社会异常行为的性质、严重性和严重程度，以及表现出异常行为者的年龄，个人免责的含义可能具有本质上的不同。指责患有精神分裂症的儿童和青少年——认为是他们选择了自己的行为方式，并认为他们对自己的不当行为负有道德上的责任——无论从什么角度来看似乎都是不合理的，部分原因是有明确的证据将精神分裂症与生物因素联系起来。但是，在儿童和青少年的一些障碍中，生物因素并不那么明显，更明显的是个人意志的参与，如品行障碍和青少年犯罪，这时社会就会要求他们对自己的行为承担一定程度的道德责任。如果一个十几岁的孩子攻击路人，一个年轻人持刀到学校行凶，我们绝不会认为他们无可指责。但是，如果有一个罹患精神分裂症的年轻人，他幻想自己需要做外科手术，为了筹钱做手术而抢劫了一家银行，这种情况又该怎么办呢？

在 EBD 领域，归因和问责是最普遍也最关键的问题，在关于品行障碍或社会适应不良学生是否应被视为残疾、社会是否应对其行为进行起诉和惩罚的争论中，它们是争议的焦点。不仅如此，它们还是表现测定理念的核心，所谓表现测定，就是要求学校想办法确定学生的不良行为是否为残疾症状的表现。说得更通俗一点，当学生表现出不良行为时，学校必须进行评估，并最终得出结论——究竟是因残疾之故，还是咎由自取。

几乎可以肯定的是，很多人习惯将不当行为归咎于个人，这解释了为什么学校会对大多数行为不当的学生采取惩罚性的措施，也解释了为什么会有那么多罹患 EBD 的学生得不到鉴定。但是，对个人完全免责的做法也可能会产生不良后果，包括对行为不端的青少年给予的社会关注和权益不成比例地增加，以及对个人诚信的贬低。在一个关注个人责任和自我实现的时代，特殊教育者必须仔细权衡每个学生能够自我控制的证据，以及他们是环境的受害者，对自己的行为几乎没有或根本没有个人道德责任的证据。或许我们可以对责任进行评估，但如果要这样做，在判断时必须非常小心谨慎。

第 4 章

生物因素

以生物因素为解释的优点

EBD 的生物学观点之所以特别具有吸引力，一方面因为心理模型不能解释儿童所有的行为变化；另一方面，由于遗传学、生理学和医学技术（如成像和药物）的进步，让人觉得 EBD 有生物基础的观点似乎很有道理。此外，研究表明，在患有严重 EBD 的学生中，有很高比例的人有神经心理问题。

人类基因组计划（Human Genome Project）于 2003 年 4 月宣布完成。也就是说，人类 DNA 中所有基因的"图谱"已经完成。这一成就很可能使预防医学取得巨大的进展，甚至对某些精神障碍的预测和早期治疗也有好处。该计划的负责人宣称，它具有彻底改变医学的巨大潜力。然而，在人们对遗传密码的研究进展充满热情的同时，我们还必须认识到，仅凭基因本身并不能决定人们的行为方式。话虽如此，这种"单靠基因不能决定行为"的认识，不应掩盖基因编辑和基因操控的进步带来了严重的医学伦理问题这一事实。

最近几十年我们已经了解到，中枢神经系统参与了所有的行为，所有的行为都涉及神经化学活动。此外，科学家很久以前就已经确定，仅凭遗传因素可能就足以解释人类行为的所有变异。因此，我们似乎有理由相信，异常的情绪或行为往往意味着遗传意外、细菌性或病毒性疾病、脑损伤、脑功能障碍、过敏或其他一些生物化学失衡。我们还可以从一些案例中发现，严重的反社会行为是由脑瘤等神经问题引起的，生物因素使人容易产生反社会行为。

尽管生物学解释从表面上看起来很有吸引力，但是，如果认为失调仅仅是生物因素引起的不幸结果，这样的假设是具有误导性的，就像认为失调仅仅是社会或文化条件作用的结果一样。虽然生物过程影响行为是一种普遍现象，但它们只有在与环境因素相互作用的情况下才会影响行为。

就算我们知道一种疾病有生物学上的原因，也不一定就能据此得出治疗良方。当然，这并不意味着以生物学为基础的疾病是不可治疗的，而是意味着科学家可能无法设计出一种旨在扭转病因的生物治疗方法，只能针对其影响（即生物过程的一些症状）做文章。此外，由于生物过程和环境过程是相互作用的，有时生物性疾病的最佳治疗方法是改变环境——即安排一种社会环境来改善这种以生物性为基础的疾病所造成的影响。例如，抽动症（Tourette's Disorder）是一种神经系统疾病，其症状包括抽搐，通常伴有强迫、多动、注意力分散和冲动，可以将药物治疗和涉及改变社会环境的认知行为疗法结合起来使用。社会环境可能会对抽动症的症状产生显著影响，尽管该病的基本病因是神经性的。对于大多数患有 ADHD 和相关学习障碍的儿童来说，药物治疗可能是最有效的方法，但对于许多儿童，尤其是那些除了 ADHD 外还表现出违抗性和破坏性行为的儿童，药物治疗和心理社会干预（行为疗法）结合起来使用的效果更好。

行为异常所涉及的生物学过程是极其复杂的，而且该领域正不断有新的发现。此外，在为每一种精神疾病寻找可能的原因时，几乎每一种生物因素都会被提及。据此我们可以得出结论，生物因素对行为发展有很大的影响，但这种影响往往既不明显也不直接。而且，虽然生物因素会影响行为，但环境条件也会改变生物过程。关于生物因素的知识可能对预防或医疗有重大意义，但对教育工作者来说，这些知识在工作中并没有什么直接意义。教育工作者的工作几乎完全与环境影响有关，至于 EBD 生理方面的诊断和治疗，那完全是生物科学家和医疗人员的事。所以，虽然教育工作者应该掌握生物因素的基本知识，但主要关注的还是他们能够控制的环境条件对学生行为的影响。

在了解了这些要点后，接下来我们要讨论几个可能会导致情绪或行为异常的生物因素：遗传、脑损伤或脑功能障碍、营养和过敏、气质。我们不可能对每一种生物因素在每一种障碍中的作用都详加讨论。比如，如果母亲在怀孕期间滥用药物，显然会导致孩子在情绪或行为方面出问题。我们只进行简单的讨论，讨论的重点是已知（或假定）的生物原因和疾病的代表性案例，以及这些因素可能在其中扮演的角色。

遗传

孩子从父母那里继承的不仅仅是身体特征，还遗传了某些行为特征的倾向性。所以，基因毫无意外地被认为是导致各种情绪或行为问题（包括犯罪、注意力缺陷、多动、精神分裂症、抑郁症、抽动症、自闭症和焦虑障碍的原因）。研究表明，在人类形成的所有行为背后，都有来自基因的巨大影响，无论该行为是否为他们所乐见。事实上，早在 21 世纪之前，基因对行为有重大影响的证据就已经数不胜数了，人们所关心的问题也已经从"基因是否会影响行为"变成了"基因如何影响行为"。

研究人员已经发现了与某些特定疾病或弱点有关的基因，但操纵基因的基因疗法显然被一些科学家和新闻媒体夸大了。尽管如此，科学家们确实不仅在研究中，而且在日常生活中都观察到了由基因决定的儿童行为差异。

我们在 21 世纪初了解到，两个克隆动物（或克隆人）虽然具有完全相同的基因，却不一定产生完全相同的行为。同卵双胞胎（自然发生的克隆）也是如此。科学家们有非常充分的理由认为，行为特征并不完全由基因决定。环境因素，特别是社会学习，在改变遗传的情绪或行为倾向方面起着重要的作用。

此外，在具体行为层面，社会学习肯定比遗传重要得多。很少有（或完全没有）证据支持特定行为是通过基因传递的说法，然而，某些类型的遗传影响显然是造成困扰儿童和青少年的一些主要精神疾病及多种其他疾病的罪魁祸首。个体遗传下来的往往是一种对某种行为方式的易感性，一种可能会因环境条件而变得更强或更弱的对某类行为的倾向性。易感性是由一个涉及多种基因的复杂过程产生的。EBD 很少涉及某个单一基因或可识别的染色体异常。此外，合并症（涉及复杂基因相互作用的多种疾病）也很常见。

人们怀疑很多疾病都与遗传因素有关，众所周知，精神分裂症就是遗传性疾病。精神分裂症在幼儿中很少发病，多在青春期中后期发病。在大多数案例中，精神分裂症的首发症状出现在 15～45 岁。精神分裂症的特征在儿童和成人中是相似的，但如果是在儿童期发病，表现出来的症状可能会非常严重。该病的主要特征是妄想、幻觉、言语混乱和思维障碍。

导致个体对精神分裂症及其他疾病，如抑郁、双相障碍（以前称为躁郁症）产生易感性的确切遗传机制尚不可知，但数十年前的研究明确显示，在精神分裂症患者的亲属中，患精神分裂症和出现精神分裂症样行为（通常称为"精神分裂症或精神分裂症谱系行为"）的风险显著增加。最近的研究并没有推翻该病具有遗传性这一基本发现。儿童与精神分裂症亲属之间的遗传关系越密切，患精神分裂症的风险就越高。患病风险的增加不能仅仅归咎于社会环境或人际关系因素。个体与精神分裂症患者的遗传亲缘关系越近，患精神分裂症的风险就越高。例如，如果某男士有一个患有精神分裂症的兄弟姐妹，这个人的患病风险肯定会有所增加；而如果他有一个患精神分裂症的同卵双胞胎，那他的患病风险会成倍增加。

许多人误解了"精神分裂症或其他疾病风险增加"这一说法的含义。患精神分裂症的遗传风险增加是否意味着一个人必然会患上这种疾病？答案是否定的。那精神分裂症的遗传因素是否意味着无法预防？答案同样是否定的。有些有精神分裂症遗传易感性的人并没有患病。虽然有血缘亲属患有精神分裂症可能会显著增加某人患精神分裂症的风险，但即使对于那些遗传风险最高的人（同卵双胞胎或父母患有精神分裂症）而言，本人患精神分裂症的概率也不到 50%。此外，还可以通过改变社会环境、回避可能引发该病的情境来降低患病风险。

精神分裂症的病因可能多重而复杂，遗传因素只是其中一个诱发因素。但是，药物滥用和环境压力显然可以触发一些精神分裂样行为和全面爆发精神分裂症。那些患病风险最高的人（即有近亲患病的人）最好不要尝试毒品。

遗传因素的意义

一种常见的错误认知是，源自遗传因素的疾病是无法治疗的——一旦遗传密码被设定，相关的异常行为就无法改变。但事实并非如此。与精神分裂症一样，一旦出现异常行为，环境因素和生物因素都逃不了干系。当隐藏在基因传递背后的生物化学机制被发现时，我们就有希望找到有效的干预方法来阻止或改变不良行为的发展进程。然而，预防的效果是看不见的，也就是说，没有人知道被扼杀在萌芽状态的不良行为到底是什么。

众所周知，遗传因素是导致多种行为问题和生理问题的原因，甚至可能是大多数问题的原因。在一些严重的疾病（如精神分裂症）中，遗传因素的作用显而易见，但对于基因系统的工作模式我们还没完全搞清楚。对大多数类型的 EBD 来说，遗传因素的影响也还有待探索，而在教育工作者眼中，环境因素可能要重要得多。

正如艾伦·E. 卡兹丁（Alan E. Kazdin）所言，家长和教师往往会仓促地得出结论，认为即使他们改变对学生不当行为的态度，也不会有多大的作用。的确，在某些情况下，改变环境没有任何效果。卡兹丁曾就一个极端的案例指出，孩子们可能会控制不住地发脾气，而通常所用的行为管理方法对此无可奈何。但在绝大多数情况下，即使是那些遗传因素在其中起作用的不良行为，只要我们巧妙地利用环境因素改变行为的前因和后果，其对不良行为的作用也是有效的。

进化生物学坚定地认为，许多行为受基因组成和基因混合（指来自彼此无血缘关系的个体的基因混合在一起）的影响。基因混合通常有助于物种的延续。然而，基因突变——指基因中的随机变化或错误——也时有发生。基因突变有时候是破坏性的，对一个物种的生存和延续毫无益处。但我们并不知道 EBD 是否是基因突变导致的，是否有助于"智人"种族的延续。

脑损伤或脑功能障碍

人的大脑在产前、产中或产后可能会以多种不同的方式受到损伤，这些损伤有可能导致反社会行为的出现。意外事故或在分娩过程中受到的身体伤害可能会破坏脑组织。长时间高热、传染病和有毒化学物质（如幼儿或孕期女性摄入的药物或毒药）也可能损害大脑。不过，儿童脑损伤的原因（有时是可确认，有时是高度疑似）通常是缺氧，即氧气供应严重不足。缺氧通常发生在出生时，但也可能发生在意外事故中，或者由于出生后罹患其他疾病或呼吸系统障碍。

大脑可能会因各种原因而无法正常工作。外伤引起的脑组织损伤可能会导致功能障碍。如果是脑外伤，我们可以知道大脑是因为在某个或某些特定的位置受到了确凿的损害而导致功能受损。但大脑也有可能是因为结构异常（即大脑某些部位的畸形）而出现功能障碍，这种结构异常可能在出生时就存在，也有可能是疾病过程的一部分，或者由于疾病或药物导致的神经化学失衡。在某些情况下，尽管明显显示大脑运转异常，科学家们却找不到确切的原因。例如，虽然精神分裂症已经被明确诊断为一种大脑疾病，但我们依然不知道精神分裂症患者的大脑究竟出了什么问题。研究人员也在努力寻找强迫症背后的大脑机制。

大部分 EBD 的原因可归结为已知或疑似的脑损伤或脑功能障碍。学习障碍以及与 ADHD、冲动和注意力不集中有关的问题历来被认为是由脑损伤或脑功能障碍引起的，尽管脑损伤或脑功能障碍的确切性质尚未得到证实。一些研究人员称，在产前、产中或产后不久的轻微脑损伤是导致严重青少年犯罪和成人犯罪的重要原因。其他研究人员也发现，在患有严重 EBD 的学生中，大部分人存在涉及语言和注意力的神经心理问题。

在某种程度上，几乎每一种严重的情绪或行为问题都可以被假设为大脑的结构或化学问题。为了说明问题，我们看看 1990 年被美国联邦法律规定为独立特殊教育类别的后天残疾：脑外伤（Traumatic Brain Injury，TBI）。

如果不对脑部受到的创伤进行诊断和了解，TBI 造成的影响可能会被错误地归为其他原因。在很多情况下，暴力和其他令人不安的行为与脑损伤没有联系，千万不要在没有医学证据的情况下，就将这类行为归咎于脑损伤。但我们也知道，TBI 可能导致暴力攻击、多动、冲动、注意力不集中以及其他一系列情绪或行为问题，这取决于大脑受损的具体部位。TBI 可能造成的影响还包括其他一系列社会心理问题，我们在这里只列出其中的一部分：

- 不恰当的行为或举止；
- 不懂幽默或对社交场合感到困惑；
- 容易感到疲倦、沮丧或愤怒；
- 不合理的恐惧或焦虑；
- 烦躁不安；
- 突然而夸张的情绪波动；
- 抑郁；
- 偏执（执着于某个想法或行为）。

TBI 对情绪和行为的影响不仅由大脑的物理损伤决定，还取决于学生受伤时的年龄以及受伤前后的社会环境。任何助长儿童和青少年不良行为的家庭、社区或学校环境，如组织混乱、缺乏成人监督、处境危险或缺乏安全防范措施，都被认为与 TBI 的高风险有关。这样的环境也极有可能使每一个由 TBI 引起的情绪或行为问题变得更糟。

为了有效处理脑损伤后遗症，最大的挑战就是如何创造一个有利的环境帮助患者形成适当的行为。药物治疗通常无法消除 TBI 造成的影响。大家都知道情绪或行为问题可能是由脑损伤引起的，但这些问题必须主要通过改变环境来解决——改变其他人的要求、期望和对不良行为的反应。

TBI 往往会破坏个体的自我意识。要恢复个体的自我认同感，可能需要经历很长一段时间的康复期，这是一个需要多个专业共同努力的艰苦过程。有效的教育和治疗往往不仅需要课堂行为管理，还需要家庭治疗、药物治疗、认知训练和沟通训练。

　　脑损伤或脑功能障碍可以导致各种各样的情绪和行为障碍。然而，脑损伤或脑功能障碍并不是造成这类障碍的唯一原因，一定要记住，环境因素可以使脑损伤对行为的影响产生显著差异。

营养、过敏和其他健康问题

　　几十年前我们就知道，严重营养不良会对儿童的认知和身体发育造成灾难性的影响。营养不良对幼儿的发育尤其具有破坏性。它降低了孩子对刺激的反应能力，形成冷漠麻木的反应模式。严重营养不良（特别是严重缺乏蛋白质）的最终结果是大脑生长迟缓、大脑受到不可逆的损伤、智力下降。如果儿童严重营养不良，长期后果是变得冷漠、孤僻和学业失败。此外，人们普遍认为饥饿和营养不良会影响个体专注于学术和社会学习的能力。因此，社会对贫困儿童是否获得充分营养的关注是很有道理的。

　　营养不良（如维生素或矿物质不足）或过量（如糖或咖啡因过多）都会导致儿童出现不良行为，多年来这一观点已得到普遍认同。有研究人员将青少年罹患的多种障碍归咎为他们的饮食习惯，这些障碍包括多动症、抑郁、自闭症以及青少年犯罪。的确，低血糖、维生素或矿物质缺乏以及过敏都会影响行为，教师应该意识到这些潜在的问题。不过，特定食物和过敏在导致认知、情感或行为问题上的作用往往被夸大了。

　　虽然我们知道有些孩子对某些食物和多种物质（如药物、花粉、灰尘、昆虫叮咬）过敏，但很少有证据证明这些过敏会经常导致情绪或行为问题。但教师和家长一样，可能更愿意相信饮食是导致不良行为的主要因素。所以，食物和过敏会导致行为或情绪问题这一迷信说法之所以经久不衰，不仅因为人们的偏见，更因为人们希望如此。充足的营养至关重要，完全不吃或严格限制某些食物成分则大可不必。

　　在儿童群体中，我们还发现了多种与健康相关的问题，包括肥胖、睡眠障碍、损伤和疾病。许多健康问题都与贫穷有关。在某些情况下，这些问题不仅涉及身体健康，还涉及心理健康。但更重要的是，千万不要认为所有与健康相关的问题都是由贫穷或EBD造成的。

气质

　　从 20 世纪 60 年代开始，研究人员开始探索一个已有数百年历史的古老概念——气质。如何定义气质，如何测量气质，气质在不同时期的稳定性或连续性如何，这些问题仍然具有很大的争议。迄今人们对气质的定义可谓五花八门，有人认为它指的是"行为风格"；有人认为它指的是"如何表现"，而不是"什么表现"或"多好的表现"；有人认为它是婴儿行为的"主动性和反应性品质"；还有人认为它是婴儿时期的"可测量行为"。在测量气质的时候，通常是向家长或教师发放问卷，也可以直接观察孩子的行为表现。尽管研究者对它的定义和测量方式不同，但我们可以用比较通用的语言来描述气质的概念，即个体倾向于对某些类型的环境或事件做出一致的、可预测的反应，其典型的回应方式就是其独特的气质，气质部分取决于基本生物过程和环境因素。

　　最关键的是，婴儿一出生就有一种天生的行为倾向。新生儿的行为风格主要由生物因素决定，婴儿在出生及出生后的头几周和几个月里的行为方式会影响其他人的反应。但是，孩子成长的环境可以改变他们的气质，他们所经历的事情、被照管的方式也可能会让他们的气质发生改变，这种改变可能是朝着好的方向，也可能是坏的方向。难应付的气质可能会增加孩子罹患情绪或行为障碍的风险。然而，气质只是人最初的一种行为风格，可能会在与环境影响的相互作用中发生变化。托马斯（Thomas）、切斯（Chess）和伯奇（Birch）根据他们所做的经典纵向研究，描述了气质的九个特征。

1. 活动水平：儿童在进食、洗澡、睡觉和玩耍等活动中的活动量。

2. 节律性：儿童吃饭、睡觉、排泄等方面的规律性或可预测性。

3. 趋近或退缩：儿童对人物、地点、玩具和食物等新鲜事物的第一反应。

4. 适应能力：出现新情况或新刺激时，儿童适应的速度或改变第一反应的速度。

5. 反应强度：对情况或刺激做出反应（积极或消极）所消耗的能量。

6. 反应阈值：激发儿童反应所需的刺激量或强度。

7. 情绪质量：与儿童表现出的不愉快、哭闹、不友好行为相比，其愉快、快乐、友好行为的数量。

8. 注意力分散：在特定情况下，不相干或不相关的刺激干扰儿童当前行为的频率。

9. 注意广度和持续性：儿童在某项活动上所花费时间的长度以及在遇到阻碍时保持某项活动的倾向。

托马斯及其同事发现，任何一种气质的儿童都可能罹患 EBD，这取决于他们的父母和其他成年人的养育方式。除了上面列出的这些特征外，研究人员还描述了其他一些更具概括性或一般性的气质特点。正如巴巴拉·K. 科夫（Barbara K.Keogh）指出的，有些孩子可以被描述为容易型。容易型气质的特点是有节律性、适应力强、对新刺激反应积极、反应强度中等或适度，情绪积极。与之相对的是困难型气质的孩子，这类孩子更有可能形成一些麻烦的行为。困难型气质的特点是生物功能不规律，对新刺激的反应多为消极（退缩），对环境变化适应缓慢，经常表现出消极情绪，反应强度多为激烈。有些孩子在气质上可以说是缓慢发动型。其他气质类型还包括自控力差型、拘谨型、自信型、迟钝型和适应力强型等。

科夫指出，儿童的"困难"取决于其行为表现的社会背景——特定的情境、环境以及文化期望。最关键的是，当孩子被认为是困难气质时可能会引发照顾者的负性回应，照顾具有困难型气质的婴儿可不轻松，可能很容易让父母感到烦躁、产生负面情绪，甚至忽视或惩罚孩子。如果婴儿和父母形成了一种互相激怒的模式，他们的消极互动可能会增加孩子在未来几年表现出不当或不良行为的可能性。其他研究人员所做的纵向研究也指出，气质可以部分解释或预测以后的行为。例如，婴儿时期的气质是否拘谨已被证明与儿童在幼儿园表现出来的行为差异有关，幼年的困难气质已被证明可预测青春期的行为问题，随和或积极的性格与儿童应对压力的韧性有关。孩子的气质与父母的行为相互作用，可能会增加孩子生活中的风险，也可能会使他们变得更坚韧。

"困难气质"这一概念一直不乏批评者。有人认为，那些被研究人员认定为婴儿先天生物学特征的表现，不过是对母亲报告内容的主观解读。也就是说，困难气质反映了社会对婴儿行为的看法，未必是个体内部的特征。断定一个婴儿"困难"的根据是来自母亲的报告，而不是更客观的评价。因此，被评估的是母亲（和研究者）的感知，而不是婴儿的生物学特征。但科夫等人宣称，他们的研究证实了先天行为特征或气质可被环境条件改变这一事实。关于环境因素和先天因素在塑造儿童行为方面的相互作用，似乎已经达成了如下共识。

1. 环境影响，如家庭不和、邻里暴力、学校环境不佳及其他不良状况是造成大部分儿童行为障碍的原因。

2. 内在因素解释了一些以前被认为是由社会环境造成的疾病。例如，我们现在了解到，自闭症、学习障碍及其他一些问题（如肥胖症）主要是由生物过程引起的。这些疾病可能存在于各种各样的环境条件下。

3. 如果儿童的正常气质与照顾者的价值观和期望不相符，就会对儿童造成压力，导致儿童患上 EBD。

环境因素、内在因素和生物因素都有可能导致 EBD。环境因素和内在因素共同塑造气质。此外，社会环境与孩子的典型行为不匹配会加重其困难的气质。性情乖戾可能会增加孩子患 EBD 的风险，但家长和教师管理孩子行为的方式可能会使该风险进一步提高或有所降低。

一些研究人员调查了教师在课堂上对儿童气质所做的评价。他们的总体发现是，儿童在课堂上确实会表现出与平时一致的行为风格或气质，教师在教学和管理时也往往会考虑儿童的气质。而且，教师也有属于自己的气质，这种气质可能与儿童的气质契合，也可能不契合。

气质在 EBD 的发展中可能起着重要的作用，但只有在与环境条件的相互作用下才会如此。如果个体持续表现出某种行为倾向或气质，如易怒或冲动，其罹患 EBD 的风险可能会增加。研究并没有表明气质是生物因素的直接结果或唯一结果，但它确实表明，如果学生表现出了一致的行为风格，教师就应对此有所认识，在教学中要考虑到这一点并尽力适应学生表现出来的各种行为。

对教育工作者的意义

可能会对学生的行为产生重大负面影响的生物因素很多，也很复杂。对教育者来说，一定要对遗传、父母忽视或虐待、营养不良、神经系统损伤与学业失败、冲动或反社会行为之间的联系有所了解，这一点非常重要。生物和社会风险因素共同为反社会行为的原因提供了最好的解释，这种解释同样也适用于其他形式的 EBD。当儿童在家里和学校伴有不一致或不适合的行为管理时，遗传倾向、忽视、虐待、营养不良和脑损伤可能是导致不良行为的重要因素。

但如果认为 EBD 始终源于生物因素，因而所有此类障碍都最好通过医学干预来解决，绝对是错误的观点。很多上述障碍与特定生物学原因无甚关系，生物学原因对教育方法的改变也没有什么直接的影响。教育工作者应该与其他专业人员合作，为学生争取最好的医疗、营养和物理环境。但教育工作者本身并不能提供医疗干预，他们对学生的生理健康产生的影响非常有限。虽然教师应该对可能的生物因素有所认识，并在适当的时候将学生转介给其他专业人员进行评估，但他们不能以学生的问题有生物原因这个猜测为借口，在应该向学生传授适当的行为时偷懒，这里的适当行为包括学习技能和社交技能，它们的作用是帮助学生在日常生活中获得快乐和成功。

用药物治疗 EBD 的方法正变得越来越普遍，越来越系统化，效果也越来越好。药物治疗有时对控制 EBD 非常有效。可惜，许多教育工作者似乎对药物治疗存在着强烈的偏见。这种偏见的部分原因可能是教师对药物的目的和潜在好处缺乏认识，也不理解为什么药物治疗需要教师的配合。事实上，为了确定药物是否有效、是否应该停药、是否应该调整剂量以达到最大的药效和最小的副作用，要求教师在课堂上密切监测学生的行为很有必要。

虽然教师不能开药或调整剂量，但他们的观察为医生提供了关键的信息。教师应该了解医生可能给学生开的主要药物种类，以及这些药物可能对课堂行为和表现产生的影响及副作用。

我们建议，在条件允许的情况下（例如，当家长或医生主动与教师接触，询问学生在学校表现出哪些药物效果或副作用时），教师应该首先向学生家长或直接向医生问清楚，学生吃的是什么药，剂量是多少。教师还应该向校医院的工作人员询问关于某种特定药物及其潜在影响的具体问题。互联网（在谨慎使用的前提下）是一个很好的信息来源，它可以提供治疗用药（可能被滥用或用于非法目的）和非法药物（从未成为处方药，但仍可能被一些 EBD 学生使用和滥用）的相关信息。

对一些特殊的案例，教师当然应该想办法寻求更多的资料。精神药物有许多类别和子类别，如抗抑郁药、兴奋剂、抗精神病药和情绪稳定剂。新的药物不断问世，某种药物的效果和副作用可能会因剂量的大小和个体差异而有很大的不同。教师应该向护士、医生咨询，也可以自行阅读专业书籍，寻求更多关于药物类别以及特定药物和剂量的详细信息。学生家长或医生应该告知教师该生正在服用哪种药物，并要求教师监测该药对学生的课堂行为和学业表现的影响。如果教师没有收到通知，也没有被要求参与评估药物的课堂效果，但察觉到学生正在服用精神类药物，也应该主动与家长或校医接触，讨论如何监控学生的服药方式和服药反应。

本章小结

生物因素之所以具有特殊的吸引力，是因为我们所有的行为都涉及生物化学、神经活动。很多生物因素都有可能导致 EBD，包括遗传、脑损伤或脑功能障碍、营养或过敏、气质等。

几乎每种障碍的成因中都少不了遗传因素。众所周知，遗传因素与精神分裂症的发病有关，但人们对导致精神分裂症的基因系统是如何工作的知之甚少。环境因素似乎会诱发那些基因脆弱的个体患上精神分裂症。事实上，一种疾病有遗传原因并不意味着这种疾病是不可治愈的。

脑损伤或脑功能障碍被认为是几乎每一种 EBD 的病因。脑损伤（TBI）包括所有已知的脑部损伤，可能会引起各种各样的情绪和行为问题。精神分裂症现在被认为是一种生物性障碍，尽管我们对它的确切性质和导致大脑功能失调的原因尚不清楚。不论是 TBI 还是精神分裂症，要想有效控制病情，环境条件都具有重要的意义。

严重营养不良对幼儿的发育具有破坏性的影响。有一个比较流行的观点认为，EBD 通常是由饮食或过敏引起的，但这一说法并没有得到一致的研究支持。教师应该意识到学生可能出现的饮食问题和过敏情况，但对这些潜在原因的关注不应该分散教师对教学过程的注意。

气质是指一个人对环境做出某些反应的一贯行为风格或倾向。虽然气质可能有生物性基础，但它也受到环境因素的影响。家长和教师的巧妙管理可以降低与困难气质相关的 EBD 风险。

当诱发 EBD 的罪魁祸首是生物因素时，它们不是孤军作战或独立于环境（心理）的。目前最站得住脚的观点是，生物因素和环境因素相互作用导致了 EBD。我们有理由相信，是问题大小程度不一的生物学原因导致了严重程度不一的 EBD。在某些情况下，生物因素对教师日常工作的影响可能为零，但教师应了解可能的生物学原因，并适时将学生转介给其他专业人员。教师应了解精神类药物可能产生的影响和副作用，并参与监测学生服用药物后的效果。

她停不下来

——洛娜（Lorna）

洛娜 15 岁了，有时候她一说起话来就没完没了，即便别人听得一头雾水她也不会停止。她的家人有时会告诉她："洛娜，你说了很久了。"试图以此暗示她闭嘴。弟弟有时会直截了当地表示没人愿意听她说话，但洛娜认为这是弟兄对姐妹们一贯没好气的说话方式。洛娜的母亲曾说过，听众必须在和洛娜有过共同经历后才能听懂她在说什么。尽管如此，这位母亲也承认，所有人都很难理解洛娜。

说话过多有时被称为"多语症"，即过度使用言辞。无论是专业术语还是精神病学用词，喋喋不休或说话过多都可能是出现严重情绪问题或行为问题的迹象。

洛娜有一说话就停不下来的倾向，这是一位精神科医生在为她做诊断时首先注意到的事情。他认为洛娜有严重的问题，建议对她做进一步的评估，结果又发现了另一个问题。

说话的时候，洛娜喜欢滔滔不绝地讲下去，在写作上她也喜欢滔滔不绝地写一些口水话，常常因为漏字或没有把单词写完整而使整个句子毫无意义。她的句子往往很长，但通常是文不对题。对于任何一个主题，她都写不出超过一段或两段紧扣主题的内容。

与本案例相关的问题

1. 假设你是教高中一年级的教师，而洛娜是你班上的学生。当知道她患有精神分裂症并正在服药时，是否会影响你对她的态度？如果没有影响，原因是什么？如果有影响，那是什么样的影响？

2. 作为洛娜的教师，你会采取什么策略帮助她进行更正常的交谈（也就是说，不要一直说下去）？

3. 如果洛娜是高中一年级普通班的学生，当她滔滔不绝地讲话的时候，你会如何帮助她的同学友好地回应她？

第 5 章

文化因素

以文化因素为解释的优点

　　各种社会影响在一定程度上决定了青少年的行为方式。接下来我们将用两章的篇幅讨论家庭（第 6 章）和学校（第 7 章）对儿童行为的影响，但这并不足以囊括所有对儿童和青少年具有重要意义的社会影响。儿童的行为是由他们所处的大文化背景塑造的，儿童自己、家庭和教师都是其中的一部分。家长和教师持有的价值观、设定的行为标准和对儿童的期望往往与他们生活和工作的文化相一致，儿童的态度和行为也会倾向于符合家庭、同龄人和社区所推崇的文化规范。因此，我们必须在文化差异和变化的大背景下评估儿童的行为。家庭关系会随着时间的推移而变化，在不同的文化中也大相径庭。尽管我们发现，某些成功的育儿模式或特点在不同时间和不同文化中都是相同的，但同时我们也会看到，同样的特定行为在某一环境中可能是适应性的，但在另一环境中就不适应了（例如，市区和富裕的郊区；和平年代和战争时期；经济稳定增长和经济大萧条；父母养育和祖父母养育；单亲家庭和双亲家庭）。因此，如果我们想了解 2030 年以后的家庭是什么样的，2015 年、2020 年或 2025 年的研究结果并没有多少参考意义，因为 5 年时间足以让相关条件和人口结构发生巨大的变化。

　　文化包括行为期望，但又不止于此。文化可能包括价值观、典型或可接受的行为、语言和方言、非语言交流模式，以及对文化认同感、世界观或主流观点的意识。国家和其他大的社会实体有共同的群体文化或民族文化。在较大的社会中还有很多较小的社群，它们有着各自的价值观、风格、语言、方言、非语言交流模式、意识、参考框架和认同感（通常称为亚文化，不是因为它们不占主导地位或不重要，而是因为它们只是整体的一部分）。我们该如何在维护整体文化的同时也尊重那些组成这个整体的亚文化呢？这个问题没有现成的答案，回答起来也不容易。

当儿童、家庭、学校或教师的价值观或期望与其他文化规范冲突时，可能会给儿童的情绪或行为发展带来不利的影响，儿童在学校的行为也可能出现问题。在某种程度上，不同的文化力量会把青少年的行为引向不同的方向，这就产生了相互冲突的行为期望，增加了他们违反文化规范并被贴上"异常"标签的可能性。文学作品中对"种族"给予了很多关注，但"种族"并不是一个在科学上站得住脚的生物学事实，尽管许多人认为它是。这并不是说种族的文化构造不重要，只是说它没有生物学基础。这同样不代表学生的种族特性和社区不重要。

相互冲突的文化价值观和标准

不同的文化价值观和标准相互冲突，会给儿童和青少年带来巨大的压力，现实中这样的例子比比皆是。对那些社会地位显赫的人物，电视节目、电影和杂志总是对他们的行为和价值观极尽吹捧，但这些行为和价值观与许多家庭的标准不一致，青少年对这些榜样的模仿遭到了父母的反对。一些宗教团体会禁止成员沾染一些在社会上属于正常的行为。遵守这些宗教教义的青少年可能会被同龄人排斥、被污名化或被社会孤立，而违反这些禁令的青少年则可能会感到极度内疚。如果某些事物或行为受到同龄人或教师的高度重视（比如特别的穿着打扮、在学校里的表现），孩子们就会赋予其特别的价值，可能让他们的父母感到无法理解。父母和孩子在价值观上的差异可能成为父母唠叨不休的焦点。

在我们的社会，打人和侵犯行为通常被认为是不可接受的。但在历史上，体罚一直是父母对孩子的管教方式中重要的组成部分。数据显示，多达95%的美国父母会打年幼孩子的屁股。虽然世界上有不少国家已经明令禁止体罚儿童，但美国目前还没有。我们应该对体罚持什么态度，打屁股会给孩子带来什么样的影响，这些问题在不同的文化群体中仍然存在较大争议。

跨种族联姻所生的子女，也就是所谓的"混血儿"，可能难以形成身份认同感，特别是在青春期。首先他们要形成对两个种族的认同感，然后对这两种认同感进行调和，整合成一个属于个人的身份认同感；这种身份认同感要对每个文化传统中那些正向的特质予以肯定，还必须承认并面对社会对混血儿的矛盾态度。这非常不容易，在此过程中他们可能会遇到极大的困难。与此同时，美国的人口结构变化正趋向于各国、各民族和各种族的大融合，谁也不知道自己会在什么时候以什么方式形成属于个人的特定文化认同。

文化可能会让某种行为显得特别具有诱惑力，而一旦有人经受不住诱惑做出了这种行为，文化又会对其施以严厉的惩罚。这种一手诱惑（或施压）另一手惩罚的现象在暴力行为和性行为方面尤为明显。大众媒体大肆吹捧那些地位显赫的暴力人士，社会以这种方式在青少年心中埋下暴力的种子，却又对那些模仿侵犯行为的青少年重拳出击。

多元文化观

除了不同文化标准造成的冲突外，儿童和成人自身的文化价值观也可能会使他们对他人的看法产生偏见。如果要对教育中的文化偏见做全面讨论的话，就远远超出本章的范围了，但值得一提的是，在评估青少年的行为时，偏见和歧视会产生严重的影响。

几乎所有的行为标准、期望以及关于行为偏差的判断最终都逃不开文化的制约。也就是说，价值判断不可能完全不受文化的影响。在我们这个重视多元文化差异的多元社会中，教育工作者的核心问题是，在评判学生的行为时，他们是否充分考虑到了特定文化传统对孩子的影响。我们应该接受社会中那些不会危及青少年的文化差异，只有当一些价值观和行为阻碍了青少年去实现更大的教育目标（自我实现、独立和责任）时，才需要进行必要的调整。

但由谁来决定更远大的社会目标呢？我们都倾向于以自己的文化取向作为评判他人的标准。

要制定适用于多元文化观的规则并不容易。教师和学校管理者每天都必须问自己，哪些行为标准代表了他们的个人价值体系，哪些行为标准代表了适应更大社会的合理要求。例如，学生在教室里摘掉帽子真的有必要吗？什么是"敬语"，学生有必要在学校里对成年人使用"敬语"吗？什么样的价值观和行为有助于青少年在社会上获得成功和幸福？在什么情况下特定文化的价值观会让学生在学校有失败之虞？在什么情况下，学生的学业失败是源于学校自身的失误（指其组织方式和对学生的要求）？

这些问题及很多类似的问题都没有现成的答案。它们将继续成为我们在多元文化社会中争取公平和正义的一部分。与此同时，我们必须指出，向学生提供有实证基础的教学就是对学生最大的公平。

评价文化因素时面临的问题

在所有的文化因素中，除了家庭、学校这两个因素我们将用单独的章节来讨论外，最常被研究的还有大众媒体、同龄群体、居住环境、种族、社会阶层、宗教机构、城市化以及卫生和福利服务等。要评估这些因素在 EBD 中的作用非常困难，主要原因有三个。

第一，众多文化影响之间有着千丝万缕的联系，要把它们理清并从中找出个别因素的影响几乎是不可能的。哈罗德·L.霍奇金森（Harold L.Hodgkinson）很久以前就注意到，我们过于关注种族和民族之间的差异，却没有给予贫穷应有的注意，事实上贫穷造成的影响更具普遍性。虽然贫穷可能与种族或族裔身份有关，但若要改善少数种族（或族裔）儿童和残疾儿童的生活，最好的办法可能还是关注贫穷本身。

第二，对其中几个因素，我们的研究非常有限，甚至毫无研究。例如，宗教信仰和制度可能对家庭生活和儿童行为有很大的影响，但关于宗教对儿童行为和家庭生活影响的研究却很少。

第三，文化和气质是相互关联的，这使得我们在鉴别问题行为时特别困难。问题到底是出在孩子的行为上，还是出在教师的期望上，还是因为两者之间缺乏契合？

尽管在理解文化因素方面存在着上述困难，但现有的研究表明，某些文化特征和异常行为的发展之间确实有关系。例如，当代美国文化的两个显著特征，即媒体充满暴力和枪支唾手可得，一直与儿童和青少年的攻击性行为联系在一起。要理解和维持那些能改善人类状况的文化多样性，同时改变那些破坏人类精神的文化行为模式，对美国的社会来说是一个巨大的挑战。

大众媒体

大众媒体包括印刷品、广播、电视、电影、音乐和互联网上的电子网络信息。随着书籍和杂志的普及，社会开始关注大众媒体对儿童和青少年的行为产生的影响。在此之前，人们经常会担心广播节目和漫画书带来的影响。爵士乐一度被认为是腐朽和堕落的。目前，关于教科书、色情杂志、小说、电影、电子游戏、嘻哈音乐以及互联网上的信息和色情制品对年轻人的思想与行为的影响，存在着激烈的争议。

人们的所读、所见、所听会影响他们的行为，这一点几乎毋庸置疑，但除了广告素材外，很少有可靠的研究能够解释为何如此。为了证明赞助商投放的广告达到了效果，出版商和广播公司会做一些市场调查。他们非常了解哪些产品畅销，哪些产品会影响特定受众群体（包括儿童和青少年）的购买习惯。但媒体对青少年的社会行为到底有什么影响呢？这个问题往往会引发质疑或激烈的争议。

目前，电视节目对儿童行为发展的影响是迄今为止与媒体相关的最大问题。长时间看电视可能会对幼儿的认知能力产生不利影响，也和青少年在注意力、学习和学校教育方面出现的问题有关。此外，让研究人员和政策制定者感兴趣的是，看电视会以什么方式增加儿童的攻击性和他们的亲社会行为（如帮助、分享和合作）。一些研究清楚地把"看电视"和"攻击性增加"联系起来，但这只是统计学上的概率，而不是必然联系。有一些攻击性极强的孩子很少看电视，而一些几乎不间断看电视的孩子则毫无攻击性。但看电视显然是导致一些儿童出现反社会行为的一个因素，理解看电视与行为之间可能的因果关系十分重要。暴力节目会怂恿儿童出现攻击性行为，其中一个非常明显的方式就是通过观察学习，青少年会模仿他们看到的东西。然而，这种解释可能过于简单化了，现在的研究表明，其中涉及的过程比这复杂得多。

关于看电视的影响，最有可能的解释符合之前描述的社会认知模型。也就是说，这些影响涉及三个因素之间的相互影响：个人（思想和感受）、社会环境和行为。我们可以用班杜拉的三元交互决定论解释暴力节目与儿童攻击性之间的关系，其中的个人因素包括儿童对暴力的想法、感受以及想模仿的电视中的人物，社会环境因素包括学校、家庭和社区，行为因素包括儿童对暴力节目的选择、在问题情境中表现出的攻击性。但一般的社会情况，比如会让人产生攻击行为的社会氛围、人们的交往模式、大部分人在学校里的表现，也是我们必须考虑的。

观看大量的暴力镜头显然会极大地增加孩子长大后在人际交往中表现出暴力行为的风险。媒体中的暴力镜头有时会助长反社会行为，使儿童慢慢习惯侵犯行为并变得麻木（逐渐无动于衷，帮助他人的可能性降低），并觉得自己周围充满攻击性和危险。尤其是一些暴力类电子游戏，玩一场游戏犹如接受了一次高效的暴力行为训练，让儿童一方面在情绪上做好了攻击准备，一方面在行为上得到了逼真的演习。虽然研究不一定能明确证实观看暴力镜头会持续地导致儿童（包括患有 EBD 的儿童）出现暴力倾向，但我们有充分的理由限制儿童看电视，争取将他们的注意力转向更有建设性的活动。如果减少电视和电影中的暴力镜头，很可能有助于降低儿童和青少年的暴力行为水平。

大众媒体（不只是电视，还包括所有平面、电影、音乐、录像、广播媒体）在 EBD 的发展中扮演着什么样的角色呢？这是那些希望建立一个更亲和、更人道社会的人最关注的问题。例如，随着媒体对青少年自杀的报道，青少年的自杀行为似乎逐渐增加了。恐怕没人敢说，以暴力和色情为特征的印刷品或电子媒体对儿童的行为发展或品行有什么积极作用吧？

一些人担心嘻哈（饶舌）歌词的影响。虽然有些说唱歌词使用了一些让人感到被冒犯的词或短语，但并非所有说唱都是如此。此外，几乎所有的声乐流派都是如此。

减少对不良行为的渲染，增加有利于社会的节目和对亲社会行为的报道，这样会使我们的文化多一些人情味，避免人类走向自我毁灭之路。

最后要指出的是，如果社会上一个知名度高、有权有势的人使用攻击、威胁、侮辱、贬损或轻视他人的语言，嘲笑他人、撒谎、抵赖，特别是如果其他同样有权势、有名气的个人没有明确谴责、排斥或惩罚这种行为时，就会有很多人开始推崇这种行为。在本书探讨的"品行障碍"（见第 9 章）中，反社会行为的榜样、对这些榜样的关注和模仿这些榜样得到的奖励扮演着重要的角色。再加上一些作品对心理障碍的浪漫描述，以及对反社会行为是一种障碍的否认，媒体（尤其是电视）可能会怂恿人们欣然接受某些形式的 EBD，并对那些表现出 EBD 行为特征的人表示钦佩。

同龄群体

同龄群体可能是导致 EBD 的因素之一，对此我们可以从以下两个方面来解释。首先，建立积极、互惠的同伴关系对正常的社会发展至关重要。不能与同伴建立积极关系的孩子处于高危状态，因为同龄群体是社会学习的重要环节。其次，一些儿童和青少年有出色的社交能力和较高的社会地位，却扛不住同辈的压力，进而形成了一些不良行为模式。

缺乏积极的同伴关系

同伴关系对行为发展极其重要，特别是在童年中期和青春期早期。我们现在甚至能够在 5 岁的儿童中发现他们与同龄人的关系问题，而这些问题往往会长期存在。在与同龄群体相处时，儿童的行为特点会表现得越来越明显，这些行为特征与他们如何在群体中建立并维持自己的地位、如何建立和维持同伴之间的关系以及后来会出现哪些行为问题都有密切的关系。

一般来说，如果孩子在同龄群体中有较高的地位、人缘好或受欢迎，这代表着他们有乐于助人、对人友好、遵守规则等特点，也就是说对同伴友好亲切，对他人态度积极。如果孩子在同龄群体中地位不高、人缘差或受排斥，可能代表他们在同龄群体中对他人不友好，喜欢搞破坏甚至攻击他人。更复杂的是，与不具有攻击性的青少年相比，具有攻击性的青少年似乎更有可能将自己的敌对意图归因于同龄人的行为，而且，即使在他们认为同龄人没有敌对意图时，也有可能做出攻击性反应。青少年在同龄人中的社会地位较低也与其学业失败和长大后生活中的各种问题有关，包括自杀和犯罪。事实上，在根据实证研究建立的模型中，不良同伴关系、学习能力不足以及低自尊是导致儿童形成反社会行为的主要因素。

有大量证据表明，反社会的儿童和青少年通常会与同龄人及成人权威发生冲突，同时也有证据表明，反社会的青少年往往会被那些离经叛道的同龄人吸引。那些没能从同龄人那里学会合作、共情和礼尚往来的年轻人，很可能在以后的生活中无法构建必要的人际关系。在发展亲密持久的友谊方面他们可能会遇到问题，而在每个人的一生中，都需要友谊来帮助自己更好地适应生活。所以，如果儿童出现异常的社会行为，同龄群体是关键因素之一。

儿童在同龄人中的社会地位与其行为特征之间到底有什么联系呢？关于这方面的研究实在太复杂了，上述说法太过于笼统。要知道一个孩子的社会地位如何，可以通过同伴提名、教师评定或直接行为观察等方式进行衡量。根据数据的来源，我们就可以清楚地看到孩子是受欢迎还是被排斥。在同龄群体中，哪些行为会被视为正常或符合预期呢？其标准会因年龄、性别的不同而不同，因此，即使是同一类行为，也会因为年龄和性别不同而对同伴关系产生不同的影响。导致某个孩子被排斥的社会过程可能与导致其被孤立或忽视的社会过程大不相同。同样的课堂环境，可能会对来自不同种族的学生在同龄人中的社会地位和交友模式产生不同的影响。如果学生在社会认知方面对其同龄人存有偏见，就会对表现出相似行为的两个人产生不同的社会接受度。

关于儿童是否受同龄人欢迎，所有信息来源都表明，那些体贴、乐于助人、能够与同龄人亲近并迎合群体规范或规则的孩子显然人缘更好。遭同龄人排斥的儿童则表现出完全相反的特点，如违反规则、多动、搞破坏、攻击他人，虽然这些惹人厌烦的反社会行为会随着年龄的增长而改变。而随着年龄的增长，他们跟人动手动脚的倾向会减少，但可能会以更为复杂、微妙、耍嘴皮子的方式来激怒他人，招来周围人的排斥和孤立。和女孩相比，男孩因对他人进行身体攻击而遭到排斥的情况更常见。

如果儿童表现出孤僻、不和同龄人交往的行为，通常与同龄人的排斥有关，但其中的因果关系有时并不那么明显。显然，儿童在考虑与同龄人的关系时，与孤僻退缩相比，逞强好斗更吸引他们的注意。然而，随着儿童年龄的增长，孤僻退缩与遭到排斥之间的相关性越来越明显了，这可能是因为被排斥就意味着有了一段尝试加入社会团体却惨遭失败的黑暗历史。这种相关性表明，退缩是被拒绝的结果，是在交往中被反复排斥后形成的一种应对方式。因反复被排斥而变得孤僻退缩的青少年可能会成为被嘲笑和虐待的对象，从而形成一个"被拒绝 – 退缩 – 再被拒绝"的恶性循环。

与遭同龄人嫌弃、排斥的儿童相比，我们对那些被同龄人忽视的儿童的行为了解得更少，部分是因为他们的一些特点研究起来十分困难。在同龄人眼里，这样的儿童害羞孤僻，比大多数孩子更常独自玩耍。他们不好斗，学习成绩比那些受欢迎的孩子还好。这些被忽视的孩子有时会表现出更多的亲社会行为，更符合教师的期望，但他们普遍缺乏自信和魄力，给同龄人留下不善社交的印象。

既然我们已经确定那些遭到排斥、孤僻退缩、被忽视的青少年所缺乏的就是社交技能，那设计一些方案向他们传授这些技能就是合理的干预措施。现在，帮助学生培养社交技能的项目几乎唾手可得。但社交技能训练产生的结果往往良莠不齐，部分原因可能是执行不力或很难坚持下去。

此外，我们常常为到底该向学生传授哪些技能而发愁。如果有人认为我们无须仔细评估就能轻松判断出学生缺乏哪种关键的社交技能，那完全是一种具有欺骗性的过度简化。社交能力比人们以往想象的要复杂得多。所谓社交能力，与个体在特定情境中展示特定技能的能力有关，但是，要准确指出在某个特定情境中需要哪种社交技能，并对个体在这种情境中的表现做出精准的描述，是极其困难的。此外，在很多情况下，我们根本无法确定导致青少年与同龄人关系出问题的社交技能缺陷是什么。被同龄人排斥或忽视的原因通常来自很多方面且极其复杂。

在分析儿童和青少年与同龄人的关系和社交技能训练时，有一个非常重要但很多研究都没有考虑到的地方，就是他们可能会对同龄人的行为形成一些心理预期，这种预期会导致他们对同龄人的行为产生带有个人偏见的想法。例如，如果一个少年在同龄人中有好争斗或受欢迎的名声，其他人就会根据这样的名声来选择对待这个少年的态度。他们会认为这个少年被风传的名声是真实的，于是在心中为他的所作所为设定一个动机，并预期他会在这个动机的驱使下做出某些行为，然后据此对他的行为做出自以为合理的解释。如果一个孩子扔出一个球，打中了另一个孩子的头，同伴们首先会揣测扔球的那个孩子会有什么动机，然后根据自己的揣测解释这件事。如果扔球的孩子很受欢迎，没有好斗的名声，他们很可能会把这一事件理解为意外；如果这个孩子有好斗之名，他们很可能会把这个行为理解为攻击。在试图理解为什么一些孩子会被排斥而其他有相似行为的孩子却不会时，我们必须考虑那些带有偏见的看法和实际行为之间的相互作用。

因此，要想让那些旨在改善社交技能的干预措施达到理想的效果，一方面必须处理同龄群体对 EBD 学生的态度，另一方面还要向 EBD 学生传授有助于他们被同龄人接纳的社交技能。只有改变了同龄群体中的社会生态，使其有助于 EBD 学生改变不良行为并形成适当行为时，他们学到的社交技能才有用武之地，才有可能提高他们在同龄群体中的社会地位。如果一个青少年被同龄群体排斥，我们应该先了解他到底缺乏哪方面的社交技能，并设法让他学会这些技能。但这还远远不够，我们还必须想办法帮助改变他的名声——即同龄人对他本人的看法和对他的行为所做的归因。

同龄人之间的不良交往

在某些 EBD 中，尤其在涉及反社会行为和违法犯罪时，同辈压力和交友不慎是重要的诱因。有人认为，那些有反社会倾向的学生会观察和模仿同班同学的良好行为，但这不过是与"观察学习"有关的一厢情愿的想象，并没有事实依据。事实上，反社会学生往往排斥亲社会模式，更容易被那些离经叛道的同龄人群体吸引。

在许多社区，来自同龄人的压力，如不写作业和反社会行为，似乎是一个严重的问题。一些学生会从不好好学习、在课堂上捣乱的同龄人那里感受到压力，因为他们不愿意同流合污。这种同辈压力并不是哪一个民族所独有的。在任何民族、种族群体和社会阶层中，我们都会发现，有些学生会对那些勤奋好学、成绩优异、循规蹈矩的同龄人表示不屑一顾。此外，有时一个学生会在同龄人中广受追捧，即使他或她表现出了严重的问题行为，比如霸凌。在一些学校，大部分学生表现出严重且持续的适应不良行为和不好好学习的行为。当这些学生体验到的压力或风险因素结合在一起时，就可以创造出一种校园文化，这种文化崇尚的就是不守规则。在同龄人的互相强化下，破坏性行为成为学生们期望看到并乐于接受的常态。

因此，教师们必须意识到，他们引导和维持学生适当行为的努力可能会被消极的同辈压力所破坏。同时，教师应该了解为什么街头对学生具有那么大的吸引力，还要了解一些学生是如何抗住压力才得以独善其身的。更重要的是，教师要想办法营造出一种崇尚善良和成就的同龄人文化，可以成立互助小组，也可以采用其他方式。对大多数学生来说，只要让他们定期参加学习、给予适当的训练和监督、帮助培养和教导更年幼的孩子，就很有可能实现这一点。此外，为了最有效地教导 EBD 青少年养成理想的社会行为，教师还应打造一个特殊的课堂环境。

居住环境与城市化

居住环境不仅指居民的社会阶层和物理环境的质量，还包括居民可利用的心理支持系统。事实证明，如果要将居住环境与导致社会异常行为的其他诱因（尤其是社会阶层）分开，不能说完全不行，但非常困难。在预防某些非常明显的异常行为时，如品行障碍和青少年犯罪，居住环境和社区可能扮演着重要的角色。例如，在一个犯罪率很高的社区，要让居民形成道德秩序、社会控制、安定团结等社区意识可能极难实现。由于缺乏邻里监督和相互支持，针对个人的干预可能徒劳无功。对于那些犯罪率居高不下的社区，我们可以采用以群体为导向的社区干预措施，唤起居民的共同意识，联手应对青少年的不良行为。这样做可以有效预防青少年犯罪和社区违法行为。强调社区凝聚力还有助于减少某些精神疾病的发生。确实，一个视暴力为"常态"的社区很可能会助长儿童和青少年的暴力倾向。有些人着迷于乡村远离尘嚣的静谧和农耕文明的种种好处，认为它们具有治愈人心的力量，但并没有多少证据表明，在培养心理健康和成绩优异的儿童方面，乡村生活优于城市环境。在与行为异常相关的所有因素中，最主要的应该是较低的社会经济地位以及家庭和社区关系的破裂。

种族

在理解文化差异、建立多元文化教育方面，种族一直是当代人关注的焦点。然而，对许多美国人来说，种族身份越来越难定义了，我们必须小心翼翼地将种族对行为的影响与经济贫困、社会阶层、同龄群体等其他因素分开。

针对儿童和青少年行为问题的发生率，托马斯·M.阿肯巴克（Thomas M.Achenbach）和克雷格·S.埃德尔布罗克（Craig S.Edelbrock）进行了一系列规模最大、最严谨的对照研究，该研究现在已被奉为经典。在其中一项研究中，阿肯巴克和埃德尔布罗克发现其中种族差异的元素很少。不过，他们确实发现，来自不同社会阶层的儿童在行为评分上存在着显著差异。与上层儿童相比，底层儿童在"行为问题"这一项上得分更高，而在"社会能力"这一项上则得分偏低。道格拉斯·卡利兰（Douglas Cullinan）和考夫曼发现，教师对情绪或行为问题的判断并没有因学生的种族而产生偏见，转介中也不存在可以解释特殊教育中非裔美国学生比例过高的种族偏见。罗伯特·E. 罗伯茨（Robert E.Roberts）、凯瑟琳·拉姆齐·罗伯茨（Catherine Ramsay Roberts）和邢云（Yun Xing）还发现，非洲、欧洲和墨西哥裔美国青少年罹患精神障碍的比例没有什么差异。但哈罗德·W. 内博尔斯（Harold W.Neighbors）及其同事发现，非裔美国人确实对心理健康服务的利用率不够。

在控制了社会阶层和学习成绩的影响之后，种族与EBD之间的关系明显微乎其微，甚至可以说毫无瓜葛。有些因素表面上看起来和种族相关，其实是许多少数族裔家境贫寒和学习落后的结果。

人们通常认为，种族是影响青少年犯罪的一个因素，因为有研究表明黑人青少年的犯罪率要高于白人青少年，但我们必须对这种差异代表的意义提出质疑，原因至少有两个。首先，审理过程中可能存在着歧视现象，导致在官方统计数字中非裔美国青少年犯罪率较高；其次，要把种族与家庭、居住环境、社会阶层等其他因素分开非常困难，甚至毫无可能。因此，在剔除其他影响因素的前提下，种族是否与犯罪行为之间有着一对一的关系呢？对此我们还不清楚。

我们总是倾向于对种族群体做出一概而论的判断，而不考虑个人的背景和经历。这导致了仅以种族身份为依据的刻板印象。种族身份影响了社会对待青少年的方式，而很多看起来与种族有关的东西更有可能是其他因素造成的。

围绕着种族产生的问题都极其复杂，因为一个种族群体的价值观、标准和期望不仅由群体成员在内部形成，还受到来自他们所属的更大文化的外部压力。因此，在分析种族的影响时，我们必须谨慎地将两种不同来源的影响分开：一种是来自种族背景的影响，一种是主流文化群体对待少数族群的方式产生的影响。

在美国，那些相对弱势的族群长期遭受来自占据统治地位的族群的不公平对待。鉴于此，当看到来自一个政治权力或社会权力相对弱小的少数族群的个体被人为设置障碍，阻止他或她在学习技能、经济安全、心理健康方面获得更多权利时，我们完全不应该感到意外。此外，我们必须着重指出，虽然少数族裔个体在生活中有很大的概率会碰到种种风险因素，但大多数来自少数族裔的青少年并没有随波逐流、破罐子破摔。

还要着重指出的是，虽然在接受特殊教育或被指控违法犯罪的青少年中呈现出不同族群之间比例失衡的现象，但这并不意味着来自某个族群的青少年接受特殊教育或违法犯罪的比例很高。例如，如果在因情绪障碍而接受特殊教育的学生中有一半是非裔美国人，就因此得出"一半非裔美国学生有情绪障碍"的结论，绝对是一个极其严重的错误。不管从逻辑角度还是数学角度，这个结论都是荒谬的，极有可能助长刻板印象的产生。

社会阶层与贫困

人们通常会以父母的职业来衡量其子女的社会阶层。虽然我们确实发现，较低的社会阶层通常与精神疾病有一些关系，但对这一发现的意义存在着很大的争议。

社会阶层与一般的 EBD 确实有关，但与特定类型的异常行为之间的关系就不好说了。此外，家庭不和乃至破裂、父母智力低下、父母犯罪、生活条件恶化等因素似乎比父母的职业更能影响孩子的行为。有一些从事着被认为是"贱业"的父母确实有上面提到的一些特征，但社会地位低下本身是否会导致儿童的异常行为呢？针对这一问题目前仍然难下定论。可能只有在上述与父母和家庭相关的所有特点都存在的情况下，社会阶层才算是导致异常行为的一个因素。

经济地位低下（包括贫困及贫困带来的种种剥夺和压力）显然是导致行为障碍的一个因素，但社会阶层也是因素之一吗？至少若以父母的职业贵贱来衡量可能不是。如果仅仅是家境贫寒，并不会使人低人一等，也不会破坏家庭，更不会导致孩子学业失败或罹患 EBD。但我们确实知道，有很多通常因贫困（尤其是极端贫困）导致的状况对儿童与学习相关的神经发育、认知发展和社交能力发展有严重的负面影响。贫穷会让儿童居无定所、衣不蔽体、食不果腹，日常生活中充满混乱与暴力，也让他们没有机会接触那些温文儒雅的成年人并向其学习。人们有时候对贫穷过于美化了，或者至少否认了其严重的破坏性，而且，在有些人眼里，贫穷似乎成了一种需要捍卫的权利，但那些捍卫者通常是自己没有经历过贫穷或没有近距离目睹过贫穷的人。

性别

在许多文化中，女性的角色一直是屈从于男性的。事实上，构成美国文化的大多数亚文化都是严格的父权制文化。女性常常受到不公平的对待，是否能主宰女性往往是对男子气概的考验。贫穷和不平等助长了社会对女性的暴力行为。两性平等在所有文化中都很重要，在解决两性不平等问题时，必须同时包括男性和女性。在是否有机会接受教育这个问题上，男女之间确实存在着不平等现象。而学校要做的，就是不要让这种不平等导致学生出现问题行为。

对教育工作者的意义

教育工作者应留意文化因素可能给学生的学习带来的影响，也要警惕在评估学生的行为问题时可能产生的文化偏见。与异常行为相关的情形和条件有很多，像乱麻一样缠绕在一起，要想从中理出某个因素单独产生的影响，几乎是不可能完成的任务。如果不参考文化和社区规范，就无法理解家长对学生的行为及行为矫正的态度，特别是一些存有争议的问题，比如体罚学生、与学生进行身体接触等。

有时候，教师和学生在文化或种族上存在的差异会大到让教师震惊的程度。例如，在日本一所高中任教的中村老师（Nakamura）就描述了在发现学生对他态度轻蔑时的极度惊讶。他还发现，和美国一样，日本也有很多学生受到了不公正的对待。

有很多特定因素可以导致儿童和青少年出现障碍，了解它们对预防具有重要意义，尤其有助于制定旨在帮助儿童改善个人环境的干预措施。例如，减少电视节目的暴力镜头、提供更多亲社会的电视节目，可能会有助于减少社会的暴力程度。更简单的做法是直接减少孩子看电视的时间，也能达到同样的效果。

如果一个孩子的成长环境中有诸多不利条件，他的健康和安全必然会受到威胁，更无法获得足够的智力刺激和情感发展。要满足这类孩子的需求，我们有很多工作可以做。然而社会变革需要大家一起努力，光靠教育工作者独自完成是不现实的。必须有更多的人站出来，为儿童面临的身心健康风险大声疾呼。为帮助贫困儿童和青少年而开展的项目将对一个国家的未来产生巨大的影响。

在本章讨论的引发异常行为的各种诱因中，教师们在日常工作中首先要考虑的是，那些遭同龄人排斥和忽视的学生与同龄人的关系问题。我们现在已经认识到，如果学生与同龄人的关系不好，如果他们和那些行为不端的同龄人走得太近，会对他们产生巨大的影响。然而，一旦学生的不良行为模式已经形成，我们可能会束手无策，因为对于如何改善他们在同龄群体中的地位或改变他们的社会关系，目前还不清楚哪些干预方式最有效。研究人员和教师们的首要目标，应该是为目标儿童及其同龄人制定以校园为基础的早期干预措施。这些干预措施在预防学生出现社会适应问题方面可以发挥重要的作用。

本章小结

无论是儿童、家长还是教师，都生活和工作在一个较大的文化背景里，并深受该文化的标准和价值观的影响。当不同文化之间产生冲突时，就会给青少年带来压力并使他们产生问题行为。但能对行为产生负面影响的不只是文化之间的冲突，还有来自同一文化内部的混乱信息。文化有时会鼓励某些行为，但同时又会施加惩戒。

在这个多元化、多种文化的社会中，我们必须防止偏见和歧视。至于那些行为上的文化差异，只要它们不会将儿童和青少年置于更大的社会风险之中，我们就必须予以接纳。教育工作者只需努力改变那些与实现更大教育目标不相容的行为即可。

除了家庭和学校，影响行为的文化因素还包括大众媒体、同龄人、居住环境、城市化、种族和社会阶层。在对它们及其他文化因素进行评估时，最大的困难就是它们之间错综复杂、密不可分的关系。例如，我们很难将社会阶层、种族、居住环境、城市化、性别不平等和同龄群体等因素中的每一个单独理出来。在探讨情绪和行为障碍的诱因时，并没有明确的证据证明社会阶层、种族、社区和城市化本身是引发该障碍的重要因素。它们显然只有在同时存在着经济贫困和家庭冲突的情况下才有意义。

而其他文化因素与异常行为之间的因果关系就明显多了。以看电视为例，暴力镜头会使本来就具有攻击性的孩子变得更好斗。如果遭到同龄人的排斥，也会让那些不喜欢配合、不喜欢帮助他人、捣蛋好斗的青少年更具攻击性。结交行为叛逆的同龄人也是导致青少年反社会行为的一个重要因素。不管是电视里的暴力镜头、来自同龄人的排斥还是与不良分子交往，青少年的行为、所处的环境（包括他人的态度）以及认知都是导致他们发展出异常行为的原因。

以同伴关系和社交技能训练为主题的文献对教育者的影响最为明确和直接。教师固然必须关注那些行为异常的学生所需的社交技能，但也需关注同龄群体的反应和看法，还要留意与那些行为障碍学生有交集的不良群体。

案例讨论

如何赢得他们的心

——詹姆斯·温特斯（James Winters）

詹姆斯出身于中产阶级，在周围全是白人的环境中长大。在他家住的那条街的尽头有一个公园，童年时他经常在下午约朋友们一起去公园里踢足球或打棒球。他在离家仅两个街区的小学上了 6 年学，后来就读于郊区的一所大型高中，因表现不错而被一所四年制州立大学录取，该大学坐落在他家向南两小时车程处。在他的高中同学中，至少有 20 人也进入了这所大学。他很早就选定了特殊教育专业，并发现预备教师的课程大多都很有趣、很有意思。和他的大多数同学一样，詹姆斯在毕业时有点忐忑不安，但他告诉自己，他很聪明，在学校又表现良好，完全能够胜任特殊教育老师一职。

在这种乐观态度的鼓励下，詹姆斯决定接受一个他认为颇有挑战性，甚至有可能是巨大挑战的工作——去一个中等城市当中学教师，该城市离他成长和上学的地方大约 80 千米。他期待着与那些迫切需要帮助的孩子一起工作，去迎接挑战，而且他知道，这所学校里的大部分孩子来自贫困家庭，那种贫苦是他从未经历过的。他知道在他负责的这个为 EBD 学生特别开设的独立班级里，所有学生都可以获得免费午餐。但对于这个学校有超过一半的学生（包括他班上的所有学生）都是黑人这一问题，他并没有考虑太多。第一天，当他的学生们陆续走进教室时，他穿着一件皱巴巴的牛津衬衫，系着领带，站在门口迎接他们，带着孩子气的笑容对他们说："嘿，伙计们，进来吧。你喜欢坐哪儿就坐哪儿。"他对后面这句话感到很自豪，因为他巧妙地安排了座位，让所有学生都面对教室的正中，但每张桌子之间又有足够的空间，这样学生们就不会那么容易聊天和干扰彼此了。他认为，有了这样的预案，甚至都没有必要安排座位了，甚至还可以凭着这种"自己选座"赢得一些孩子的好感。

随着每个学生都一言不发地从他身边经过、径直走进教室，他对这份新工作的乐观情绪开始一点点消退。没有学生看他一眼，没人和他有过眼神接触。但他真的不止一次地注意到，学生在他的问候声中经过他身边时，在翻白眼和摇头。他的座位安排方案也使他受到了打击。在第一个学生选了一张椅子坐下后，下一个学生也选了一张椅子，然后把它拖到教室中央，"扑通"一声放在他朋友的旁边。没过多久，几乎所有的座位都被挪动了，大约有 7 名学生坐在后排的角落里，有的学生坐在桌子上，有的学生坐在桌子上面朝自己的朋友，甚至有的学生坐在窗台上，大家都在说话，完全不理睬他们的新老师。詹姆斯开始感到压力在迅速增加，他开始产生动摇：接受这份工作的决定究竟是对是错？他紧张地瞥了一眼桌子上整整齐齐摆放着的那一叠教案。在这些教案中，有一项是字母组合，一项是单词查找，一项是词汇填字游戏。这些都是他当天早上特地复印出来的，就是为他的第一节课"科学方法一览"做准备。第一节课的上课铃响了，但学生们似乎根本没有注意到，他们继续大声交谈。他不大明白学生们在说些什么，虽然他明显听到了一些脏话。他确实听到了只言片语，给他印象最深的是一句小声到几乎听不见的话："……乳臭未干的白佬走进来，以为自己可以指手画脚了……"

与本案例相关的问题

1. 詹姆斯在开学第一天见到学生时，就变得不那么乐观，甚至紧张了。是什么原因造成了这种情况？他的哪些观念可能与新岗位的实际情况不符？

2. 詹姆斯对自己的教学计划能否成功似乎没有信心。他是否需要改变他的方法或调整教学安排？如果需要做出改变和调整的话，该怎么做？为什么？

3. 在詹姆斯为第一天的教学做准备时，他可以做出哪些改变和调整？如果可以的话，他应该怎么调整第一天见到学生时的表现？

4. 这个案例在哪些方面说明了先入为主、刻板印象、文化误解、不匹配或本章讨论的其他文化问题？

5. 假设身为教师的詹姆斯是一名非裔美国男性，而学生们都是白种人，你对这个案例或前面提到的问题会有不同的回答吗？

第 6 章

家庭因素

以家庭因素为解释的优点

当青少年行为不端时，我们往往会很自然地责怪其父母管教无方，或者怪罪于其家庭不和睦。鉴于家庭关系在儿童社会性发展中的重要性，我们要从家庭单位的结构、组成和相互作用中寻找 EBD 的源头就很好理解了。然而，仅凭家庭关系本身并不足以直接预测 EBD 是否会出现。与 EBD 的其他诱发因素一样，那些与家庭相关的因素错综复杂，并受到遗传因素及各种环境事件和条件的影响。所以我们必须保持警惕，不要对 EBD 采取过于简单的解释，一定要依赖研究人员对儿童精神病理所做的更复杂但更可靠的预测。

如果我们要想根据家庭特征预测儿童和青少年的情绪与行为发展，就必须考虑家庭特征与其他因素之间复杂的相互影响，这些因素包括社会经济地位、来自家庭以外的支持以及孩子的年龄、性别、气质等。"风险"的概念在这里很重要，它与我们说的概率有关，也就是说，特定的事件或条件可能会增加或减少特定结果（比如 EBD）出现的概率。当风险因素同时出现，例如，父母之一有反社会行为、社区存在暴力现象、儿童具有困难气质等，此时孩子罹患 EBD 的概率可能比只有一个风险因素时更高。多个风险因素同时出现时，可能会使儿童罹患障碍的概率成倍增加。例如，如果加入第二个风险因素，发生 EBD 的风险可能会增加两倍以上；如果加入第三个因素，发生 EBD 的风险可能会增加好几倍。

然而，在权衡风险的时候，我们还必须考虑其他一些可以为青少年提供保护或复原力的因素。所以，当我们只基于一个风险因素去考虑时，可能会觉得事情糟透了，但实际可能并没有看起来那么糟，因为肯定还有其他有利的因素混于其中。

我们不妨举个例子。一般来说，家庭破裂会将孩子置于风险之中。然而，孩子与父母一方或双方的分离并不一定会损害孩子的心理和行为发展。在一个父母双全的家庭中，父母不和对孩子造成的伤害可能比父母分居更大。即使在父母不和或分离的状态下，能与父母中的一方保持良好关系就足以维持孩子的正常成长。与父母分居或不和比起来，孩子的素质或气质特征与家长行为的相互作用可能更重要。此外，家庭以外的因素（如学校）也可能有助于减少或增加家庭因素的负面影响。

由于某些原因，即使家庭分崩离析了，有些孩子也不会受到影响。我们并不清楚为什么有些孩子易受来自家庭的负面影响，而有些孩子则不会。如果儿童拥有积极、容易的气质（回想一下我们在第 4 章中关于气质的讨论），有来自母亲的温暖，似乎就有助于他们提高复原力，但这些因素可能不足以抵消儿童在暴力家庭中受到的足以导致精神疾病的影响。研究还表明，高认知能力、好奇心、热情、为自己设定目标的能力以及高自尊都与复原力有关。现在，许多干预方案都把重点放在降低风险因素、培养高危儿童的适应性行为上。

与上述情况相反的是，我们知道家庭关系中的某些特征会增加孩子罹患 EBD 的风险，特别是在父母行事乖张、夫妻意见不合、对子女管教严苛且喜怒无常以及对子女缺乏情感支持的情况下。但是，高风险的家庭环境并不意味着孩子一定会出现障碍。环境与障碍之间的因果关系要复杂得多。

"高风险"的概念与简单的因果关系正好相反，是行为障碍中的一个重要概念。在那些 EBD 风险高的家庭中会发生什么？我们可以对这个问题做一个笼统的回答，却没有信心能够准确预测这个家庭中每个孩子会出现的结果，原因有两个。首先，每个孩子都以自己独有的方式受到家庭环境的影响。一个年幼、听话的女孩与她那不听话的哥哥相比，所感受到的家庭生活可能是完全不同的。其次，某些生活状态或环境条件对孩子来说是积极的还是消极的，是增加还是减少了罹患 EBD 的风险，要取决于所涉及的具体过程。这里说的过程（或机制）不仅仅指生活中存在的各种风险因素，还包括当儿童暴露在不同程度、不同模式的风险中时他们的应对方式，这个过程决定了儿童会变得多么脆弱或多么坚韧。生活在同一个家庭环境并不意味着会给每个孩子带来同样的体验。

　　什么样的过程会让孩子变得脆弱，什么样的过程又会让孩子变得坚韧呢？对此我们知之甚少，但对每个人来说，关键的因素是压力袭来时的模式、顺序和强度。我们已经确切地知道，生活中积累的压力是决定儿童如何应对的重要因素。压力事件可能发生在家庭内部，但与家庭本身所处的社会大环境有关。因此，我们必须既考虑孩子与其他家庭成员之间的互动，也要考虑可能影响这些互动的外部压力。

　　30 年前，我们把研究的重点放在那些一般过程上，人们认为是这些过程导致了儿童的精神疾患；而最近的研究则着眼于那些更为具体、突出的相互作用，因为它们可能会导致或加剧 EBD。越来越多的实证研究显示，社会学习是很多 EBD 的根源所在。研究还表明，父母对特定行为的示范、强化和惩罚是家庭影响孩子行为发展的关键。例如，研究人员已经证实，一个表现出高度焦虑的儿童通常会有一个谨小慎微的家庭环境，家庭成员通过模仿和强化的方式养成了谨慎和回避的习惯。在这样的家庭中，父母可能会对孩子规避风险和脱离社会的行为予以奖励，逐渐让孩子形成了以恐惧和焦虑为主的表达方式。

　　越来越多来自纵向研究的证据指出，在反社会行为和犯罪行为的发展中，家庭是关键因素，但不是唯一因素。在一份由大约 1500 名男孩构成的样本中，罗尔夫·洛伯（Rolf Loeber）、大卫·P. 法林顿（David P.Farrington）、玛格达·斯托哈默 – 洛伯（Magola Stouthmer-Loeber）、韦尔莫特·B. 范·卡门（Welmoet B.Van Kammen）等人发现了儿童的早发型行为问题与其父母不当行为之间的相关性。不过，这些研究人员还认为，这样的发现表明，我们很有必要采取一些干预措施，为这些高危青少年的生活引入保护性因素。因此，家庭因素可能很关键，但仅凭家庭因素还不足以决定一个孩子的命运。

　　家庭的结构和互动模式显然会影响孩子的学业成败，并最终影响其整个人生。反过来，家庭互动也会受到来自外部的影响，我们必须特别注意家境贫困与父母职业等因素潜在的强大影响力。我们也会讨论一些与家庭相关的因素对教育者的影响，特别是那些有 EBD 儿童的家庭。但是，与家庭相关的研究范围实在太广泛了，并且太复杂了，所以我们必须在此重申，我们所做的概述仅仅突出了该复杂主题的区区几个方面，只是稍微触及该领域庞大文献的表层而已。

家庭的定义和结构

完整的母亲－父亲－子女的家庭结构仍然是许多人的理想，但还有多种不同的家庭形式符合现代生活。家庭的基本职能是：

- 为子女提供照顾和保护；
- 规范和控制子女的行为；
- 向子女传递一些在理解和应对物理世界和社交世界时很重要的知识与技能；
- 对互动和关系赋予情感意义；
- 促进孩子的自我理解。

无论家庭如何定义自己，关键是参与其中的个人将彼此视为家庭成员，并同意互相保护和照顾。他们是一群相互依存的人，不管有无血缘关系。鉴于这些考虑，我们有必要研究一下家庭结构是否会影响孩子的行为，如果有影响，影响的程度如何。

家庭规模和出生顺序对行为发展的影响已经得到了广泛的研究，但它们远不及离婚和其他导致单亲家庭或其他非传统家庭结构的情形产生的影响。家庭组成或结构可能会对孩子的行为产生影响，但家庭成员之间的相互作用、他们生活的社会环境等其他因素似乎比家庭结构本身对孩子行为问题的影响更大。

研究清楚地表明，家庭形式本身对儿童的情绪和行为发展的影响相对较小。虽然在单亲家庭中长大的儿童可能面临更高的风险，但风险因素似乎是与单亲家庭结构相关的条件（如经济困难），而不是单亲家庭本身。如果儿童不是由亲生父母抚养，其罹患 EBD 的风险可能会增加，但只有在儿童离开亲生父母之前或者进入寄养家庭之后，受到了虐待、忽视或存在其他创伤性情境的情况下，才会对儿童产生影响。简而言之，家庭结构远没有家庭中发生的事情，即家庭成员之间的相互作用重要，无论家庭是如何组成的。尽管如此，我们还是简单地探讨一下单亲家庭和替代性照顾（如寄养、领养或由父母以外的亲属照料）对儿童行为的影响。

在我们的社会中，婚姻和家庭不断地发生着变化。人们对传统婚姻、同性婚姻和单亲家庭的态度发生了很多改变，特别是在不同的人口学群体中。

单亲家庭

现在有一部分儿童是在单亲家庭中长大的，造成这种现象的原因通常是父母离异，但也有很多是由于非婚生育或军人家庭。根据皮尤研究中心的数据，2013 年，美国有超过 1/3（34%）的儿童生活在单亲家庭中。在 1960 年，只有 9% 的孩子生活在单亲家庭中，而到了 1980 年，这一比例已经增长到了 19%。鉴于有如此多的儿童是由单亲抚养的，人们不禁要问，如果一个家庭中只有父母一方的存在，孩子是否有患 EBD 的风险？这样的疑问是完全可以理解的。下面我们先讨论一下离婚对儿童行为的影响。

离婚是一个创伤性事件，不仅对父母和孩子如此，对其他亲朋好友同样如此。我们很久以前就知道，父母离异会让很多儿童感受到持久的心理痛苦和恐惧。然而，绝大多数证据表明，大多数儿童最后适应了父母离异的现实，继续自己的人生，并没有发展出慢性的情绪或行为问题。

儿童具体如何适应父母离异的现实，起决定性作用的是家庭破裂之外的因素。这样的因素数不胜数，诸如离婚时孩子的年龄、履行监护职责的家长的特点以及孩子自身与应对压力有关的认知和情绪特征。并没有一个通用的公式来预测父母离婚后孩子会患上什么精神疾病。

父亲在家庭中的缺席是现代生活的一个共同特征。父亲或母亲的缺席对孩子的影响在很大程度上取决于孩子与监护人的关系，正如我们将在下文"家庭互动"中讨论的那样。

寄养家庭

寄养儿童、由亲戚抚养的儿童似乎是罹患 EBD 以及成为问题学生的高危人群。研究人员想知道的是，当学生因照顾者不是亲生父母而罹患 EBD 时，他们所感受到的压力和紧张的具体性质是什么？关于这方面的研究目前还处于起步阶段。

有些儿童之所以被托付给父母之外的人照顾，是因为父母死亡或没有抚养能力，但绝大多数儿童（而且比例越来越高）被托付给儿童福利院的原因是受到父母的虐待和忽视。例如，美国卫生与公众服务部报告称，在 2013 年有 679 000 名儿童成为忽视或虐待的受害者，这相当于美国每 110 名儿童中就有 1 名受害者。我们注意到，这些数字是根据官方报告的忽视或虐待案件得出的。实际上，除非遭受创伤，而且是极有可能导致至少短期情绪或行为问题的创伤，否则儿童很少被托付给外人照顾，无论是以哪种形式（被收养的婴儿除外）。众所周知，受虐待的儿童比未受虐待的儿童有更多的行为问题。

关于替代性照料，一个主要问题是寻找或培训对儿童有爱心、有育儿技能的照顾者。很多寄养父母没有接受过育儿培训，至于如何应对那些有问题的儿童，则几乎无人受过良好的培训。虽然长期寄养的结果看起来还不错，但很多儿童被安排了短期寄养——他们在不同的寄养家庭来来去去，待过的寄养家庭越多，儿童出现负面行为和情绪的风险就越高。这种被多次寄养、寄养父母缺乏经验的生活状况缺少稳定性、连续性，儿童无法对任何人形成依恋，也得不到情感上的滋养，这很可能会导致 EBD。

领养家庭与原生家庭一样，有各种各样的结构。大家可想而知，领养家庭对儿童情绪和行为发展的影响与原生家庭的影响相似。就单亲家庭、性取向不同的家庭、肤色或种族不同的家庭（如白人父母收养有色人种的孩子）收养孩子是否妥当的问题，有时会引发争议。在领养家庭中，起决定性作用的因素与其他家庭结构没什么不同。简而言之，父母的肤色、种族、性别和性取向并非儿童是否罹患 EBD 的决定性因素。

家庭互动

在考虑家庭因素时，我们往往会问："什么样的家庭会导致孩子罹患 EBD？"但我们也有理由问："患 EBD 的孩子会导致家庭变成什么样，也就是说，EBD 儿童对他们的家庭有什么影响？"

研究儿童发展的专家现在已经意识到，孩子对父母行为的影响是决定家庭互动的重要因素。一个来自破碎家庭的孩子很可能表现出足以摧毁任何一个家庭的行为特征。那种认为父母对孩子影响很大，而孩子对父母影响不大的观点是非常过时的。研究者在几十年前就发现，如果父母的教养方式不当，家庭互动模式不良，往往代表了这个家庭对问题儿童的态度。父母与子女之间的影响力是相互的，这种相互作用在最早的亲子互动中就可以观察到，并在以后的互动中得到强化，在父母对子女的管教和虐待中表现得尤其明显。

管教孩子

在每次关于儿童 EBD 的讨论中，父母的管教都是一个无法回避的话题。在本书第三部分中，我们会在每一章中都回顾家庭互动的内容，将其列为潜在的诱发因素。现在就让我们先来回顾一下与父母管教有关的总体研究结果，不过重点是家庭互动在品行障碍中扮演的角色，因为人们在讨论家庭因素的影响时，首先想到的就是品行障碍的种种表现：冲动性、攻击性、不良行为等。父母管教不当会导致孩子出现破坏性、对立性、攻击性的行为，对此我们已经有所了解。那父母的行为对孩子的焦虑、恐惧和抑郁又有什么影响呢？我们对这方面的了解相对较少。

如果不考虑父母和儿童的一般行为特征以及家庭中持续存在的压力，父母的管教方式所造成的影响会显得极其复杂且难以预测。话虽如此，但我们还是可以提出一些关于管教的一般准则，帮助父母避免一些被研究人员极力反对的错误互动模式。这些原则可能对所有文化群体都是适用的。下面就让我们来看看一些经典的研究。

许多年前，苏珊·G.奥利里（Susan G.O' Leary）就指出，家有两到四岁孩子的母亲通常会犯三类错误，这三种分类目前仍然适用，即散漫、过激和唠叨。散漫是指在孩子面前总是妥协让步，不严格执行规则，对孩子的一些不当行为不进行正强化，如不能给予孩子想要的关注。过激指控制不住自己的愤怒情绪，对孩子态度恶劣刻薄，动辄发脾气。唠叨指在孩子做错事情的时候没完没了地批评，即使这样做完全于事无补，甚至可能适得其反。父母有时候可能对孩子很"慈爱"，却管教不力，因为他们不能或不愿设定一致、坚定、明确的规则。这些父母可能会没完没了地对孩子进行说教，他们苦口婆心、语重心长，虽然这种态度看起来很温和，但言辞并不得当的责备实际上会使孩子的不良行为变本加厉。还有一些父母当孩子行为不端时严加训斥，当孩子表现良好时却视若无睹。

研究人员描述了管教孩子的两个主要维度：（1）回应，包括温暖、互惠和依恋；（2）要求，包括监督、严格控制和行为的正负向结果。父母对孩子的最佳管教方式是高回应和高要求。也就是说，他们对自己的孩子是高度投入的（无论是时间、精力还是情感）。说得更具体点，管教有方的父母对孩子的需求很敏感，有共情，而且很细心。他们与孩子建立了一种积极、互惠的双向互动模式，父母温情和双向互动构成了情感依恋和亲子关系的基础。这样的父母对孩子的要求也很高。他们会时刻关注孩子的行为，根据孩子的年龄提供适当的贴身照看。当孩子出现不良行为时，他们会直接而坚定地向孩子指出来，而不是试图操纵或强迫孩子。他们以坚定但不含敌意的方式向孩子提出明确的指示和要求，始终坚持让孩子为自己的不当行为承担后果（不含虐待性质）。对于子女的良好行为，他们会以表扬、肯定、鼓励以及其他奖励形式给予正强化。

父母对孩子既有要求又有回应的管教方式有时被称为权威型管教，与之相反的是只有要求而没有回应的专制型管教，人们通常认为前者对孩子的行为发展有最好的影响。研究人员甚至发现，权威型的养育方式与儿童和青少年吸烟和酗酒的减少、青少年暴力事件的减少、中学生愤怒和疏远程度的减少有关系。权威型管教平衡了对孩子的要求和对孩子的付出，这种平衡可能是父母管教之所以得力的关键特征，并且在任何文化中皆是如此。事实上，这可能也是所有照顾者对儿童进行有效管教的关键，但在那些表现出反社会行为的儿童的家庭中，我们通常看不到这样的互动模式。

从已故的杰拉尔德·帕特森（Gerald Patterson）和他在俄勒冈大学的同事们数十年的研究工作中，我们得以深入了解那些反社会青少年的家庭互动的特征。研究小组采用了直接观察父母和孩子在家中的行为的方法，揭示了一种具有一致性的家庭互动模式。他们发现，在好斗成性的儿童的家中，亲子互动的特征是负向、互相不满，而在非攻击性的儿童的家中，亲子互动的特征是正向、互相满意。在好斗成性的儿童的家中，不仅孩子有让父母愤怒和反感的行为，父母对孩子的主要管教方式也令孩子感到愤怒和反感（打骂、威胁等）。因此，当儿童在家中表现出攻击性时，不但会因惹怒家人而受到惩罚，还会因受到惩罚而变得更有攻击性。

几十年前，帕特森研究了母亲与孩子之间相互厌恶的互动模式，这项研究结果迄今还没有被新的数据推翻。帕特森的研究小组重点关注的是那些有好斗儿童的家庭，他们发现儿童的很多不良行为是由负强化维持的。负强化包括逃离或避免一个令人不愉快的条件，而这对儿童而言是带有奖励性质的，因为它让儿童从心理或生理上的痛苦或焦虑中解脱出来。

帕特森称这种互动模式为"负强化陷阱"，因为它们为更大的冲突和强势对抗创造了条件。陷阱中的双方都想对另一方讨厌的行为以牙还牙，并逐步升级到试图采用强硬手段——通过负强化来控制某人。长此以往，父母就会落入被迫放弃的陷阱。帕特森及其同事发现，与正常儿童不同的是，有行为问题的儿童往往会因父母的要求或惩罚而更努力地调皮捣蛋，更致力于惹父母生气。因此，可以预见的是，在那些有攻击性的儿童的家中，父母表现得就好像在刻意培养儿童的不良行为一样，鼓励甚至示范他们认为有问题的行为。

在儿童的学习问题上，负强化陷阱又扮演着什么样的角色呢？下面我们看一个例子，如表6.1所示，我们可以用帕特森提出的理论对其做出完美的解释。假设孩子没有完成家庭作业，这是一个让母亲感到厌恶的条件。首先，母亲会要求孩子完成家庭作业，于是孩子就开始抱怨，也许会说作业太难了，或者作业太多了，可能还会哭哭啼啼（这也是让母亲反感的条件）。孩子的抱怨和哭闹实在让母亲感到受不了了，于是过了一段时间后，她就不再要求孩子做作业了，在孩子看来，这是母亲不再对自己提要求或唠叨了。母亲的要求是让孩子感到极度厌恶的条件，但孩子发现，只要自己抱怨就可以成功地让母亲停止要求或唠叨。换句话说，孩子学会了"只要我一直抱怨家庭作业太难或太多，妈妈就不会再催我写作业了"。从即时的情况看，母亲和孩子都摆脱了烦躁和痛苦——孩子不再抱怨，母亲也不再要求。然而，孩子的家庭作业却没有完成。长此以往，母亲会避免要求孩子做作业，孩子也学会了用抱怨来阻止母亲提要求。母亲和孩子都因避免或逃避令人厌恶的后果而得到了负强化。然而，问题条件（未完成的作业）仍然存在，随时都可能引发母亲与孩子之间的又一轮不良互动，而且很有可能会反复上演，因为母亲最终还是无法忍受孩子不做家庭作业，因为不做作业很可能导致孩子的考试成绩不及格，使她在这个问题中陷得更深。

表 6.1　家庭中与学习有关的负强化陷阱

家庭作业中的负强化陷阱		
第一	第二	第三
母亲注意到孩子没有完成家庭作业，于是命令孩子"马上去做作业"	孩子抱怨	母亲放弃要求孩子完成作业
	即时	长期（陷阱）
母亲得到了	不再因孩子的抱怨而烦躁	当孩子埋怨母亲的要求时，母亲可能会放弃提要求
孩子得到了	不再因母亲的要求而烦躁	即使孩子没完成家庭作业母亲也懒得管
最终结果	孩子未完成家庭作业	孩子可能会用抱怨来堵住母亲的嘴，让母亲不再提做作业

虽然表 6.1 中举的例子是母亲如何落入负强化陷阱，但我们要提醒大家的是，教师同样有可能掉进这样的陷阱。在第 7 章中，我们将讨论学校中常见的负强化，让大家知道，这种负强化陷阱除了会"捕获"家长，也可以发生在教室里，让教师们也落入其中。

在那些具有攻击性的儿童的家中，家庭成员实际上会互相"训练"，使对方变得具有攻击性，并不断互相使用负强化。虽然这种"训练"主要发生在好斗的孩子和父母之间，但也会蔓延到兄弟姐妹之间。帕特森报告说，好斗儿童的兄弟姐妹对父母的攻击性并不比那些家中没有好斗儿童的子女更甚。然而，如果家中有一个有反社会倾向的孩子，兄弟姐妹之间的互动就会比那些没有好斗儿童的家庭更具攻击性。看起来，好斗儿童和父母之间的强势互动也让兄弟姐妹学会了互相斗狠。不出意外的话，这些孩子在其他社会环境中，比如学校，也会变得充满攻击性。事实上，如果儿童在学校经常与他人发生冲突且成绩不好，这通常与家庭中的反社会行为有关。

那些外显性的行为障碍是如何发展出来的呢？这是一个很难描述的过程，不过，从帕特森研究小组提出的模型中我们可以看到，问题的根源就在于，当孩子出现一些最常见、看似无害的蛮横行为时，父母没有及时采取有效的惩罚措施。孩子在与父母的较量中逐渐占据上风，而面对孩子越来越离谱的蛮横，父母的回应就是逐渐加大惩罚力度，但孩子的行为毫无收敛。这种强势对抗在数量和强度上不断升级，有时会增加到每天上百次，并从抱怨、叫喊、发脾气发展到殴打和其他形式的身体攻击。在与父母的争吵中，孩子依然在大部分时间处于上风，而父母会继续使用无效的惩罚方式，为新一轮的冲突埋下伏笔。家庭中的这种强势对抗过程可能会与其他会引发精神疾病的高风险条件同时发生，如社会地位低下、经济状况窘迫、物质滥用，还有其他各种压力因素，如父母不和、分居或离婚。在此过程中，孩子很少或根本没有得到父母的爱，经常遭到同龄人的排斥。学业失败是另一个典型的伴随现象。由此我们可以理解为什么处于这种状态的孩子通常会形成一个很糟糕的自我形象了。

虽然帕特森认为好斗儿童的父母不会有效地惩罚孩子，但这并不意味着他认为惩罚应该是父母管教孩子的重点。相反，他的研究表明，父母需要为孩子的行为设定明确的规则，提供一个温暖友爱的家庭环境，对恰当、适度的行为给予积极的关注和肯定，对蛮横无理的行为进行非敌对式、非体罚式的惩戒。

帕特森及其他研究人员已经指出，强势对抗模式是那些反社会儿童的家庭的特征，而且很早就能看出端倪。不但如此，从帕特森等人以及其他人的研究结果中我们看到，有品行障碍的儿童在很小的时候就是高危群体，部分原因是他们都是困难型气质的婴儿，父母可能对此缺乏应对技巧。对那些表现出行为异常的儿童而言，朝令夕改的父母管教方式和鸡飞狗跳的家庭冲突在生活中是常态。喜欢动用"家法"的父母是否真的会导致孩子变得具有攻击性呢？虽然没有数据一边倒地支持这样的结论（而且两者之间的关系并没有表现得那么直接），但研究人员观察到，在某些情况下，父母的教育可以改变孩子的攻击性。不过，打屁股和其他形式的体罚可能会增加孩子产生攻击性的风险。

虐待儿童

现在我们已经大致了解了，在一个具有攻击性的儿童的家庭中，亲子之间的强势对抗是如何开始又如何持续的，父母的管教方式又是如何收效甚微甚至适得其反的。不过，大家最好记住一个被时间反复证明的古老智慧：世无恒法。要做好父母可能有很多方法，但没有哪种方法是一成不变的，必须根据父母和孩子的个人特点以及环境的影响而有所变化。

在什么情况下父母对子女的管教构成了虐待或忽视呢？这个问题不好回答，它在很大程度上取决于儿童的发展水平、具体情况、专业和法律的判断以及文化规范。如果一定要就如何定义儿童虐待达成共识，很可能集中在那些严重危害或阻碍儿童正常发展的父母的行为上。

考虑到我们很难对"虐待"做一个明确的界定，难以为虐待儿童和家庭暴力行为设定一个可靠的评估标准也就不足为奇了。尽管如此，在不赘述这个问题的前提下，我们可以得出这样的结论：家庭暴力和儿童虐待（包括躯体虐待、精神虐待、性虐待）是非常严重的问题。在美国，每年有超过 100 万儿童受到虐待。虽然所有类型的虐待都很严重，并会产生严重后果，但我们在这里把讨论重点放在躯体虐待上。

很少有人考虑到，在那些虐待事件中，儿童和父母之间的相互作用会产生什么样的影响。人们通常把虐待儿童的行为归结为父母单方面的问题，干预措施也往往针对的是如何改变父母对孩子的回应方式。互动－交流模式就考虑到了受虐儿童对父母的影响，认为干预不仅要直接针对父母对儿童的虐待态度，还要直接针对受虐儿童的不良行为。这种观点很有价值，即使照顾者的虐待行为在一开始并非由孩子的挑衅行为引发，但孩子在陷入一种带有虐待性质的关系后，也会逐渐表现出一些不恰当的行为来回应照顾者。我们在进行干预的时候，通常要针对整个家庭及其社会环境选择最合适的措施。

关于虐童行为的亲子互动，有一种假设认为，儿童对惩罚的反应会在无意中"引导"家长变得越来越倾向于采用惩罚的方式（回顾一下我们之前关于家庭成员如何"训练"彼此变得强势的讨论）。例如，如果孩子表现出令家长反感的行为（可能是哭闹或抱怨），家长可能会惩罚孩子（可能是扇耳光）。如果惩罚成功，孩子停止了令家长讨厌的行为，家长就从这个结果中得到了负强化。实际上，家长因为扇耳光而得到的奖励是孩子停止了令人厌恶的行为。下次孩子再哭闹时，为了得到解脱，家长有可能再次尝试扇孩子耳光。如果扇一两下不奏效，家长就会扇得更用力或更频繁，直到孩子安静下来。这样一来，家长的惩罚会变得越来越严厉，以此来对付孩子越来越令人讨厌的行为。尽管施虐父母的惩罚方式通常不会收到什么成效，但他们仍会继续将惩罚升级，就好像他们不懂或不能使用另外一种更积极或不那么严厉的控制方式。尽管受虐儿童会在这种拉锯战中吃尽苦头，但他们往往能够在与父母的斗争中坚持己见，倔强无比地拒绝向父母的施压屈服。就这样，家长和孩子陷入了针锋相对、相互伤害的恶性循环，在这个循环中，双方都承受着生理或心理上的痛苦煎熬（请回顾表 6.1 的内容及相关讨论）。

负强化陷阱可能会将家长的惩罚行为升级到虐待的程度。与父母强势对峙是患有品行障碍的儿童的特征之一，会给儿童的发展带来严重的后果。此外，虐待行为很可能通过这样的过程代代相传，因为有品行障碍的孩子将来很可能成为有反社会行为和教子无方的家长。例如，丽莎·A. 瑟宾（Lisa A.Serbin）及其同事进行了一项长达 25 年的纵向研究，发现母亲在其孩提时代的攻击性越强，成年后生下的孩子具有攻击性的可能性也越强。当然，这样的观察结果也证明攻击性具有遗传倾向。

但是，如果我们据此就得出结论，认为家长的虐待和孩子的行为永远都是互为因果，那显然是不合理的。无论是具体的虐待形式还是受虐者与施虐者的关系都有很多种类型。

关于施虐父母的特点，已经有很多以此为主题的文章，与此有关的刻板印象也比比皆是。刻板印象之一是，这类父母受到了社会的孤立；刻板印象之二是，他们自己在孩童时期就受到过虐待；刻板印象之三是，他们有精神疾病。虽然这三种刻板印象在某些情况下都成立，但目前并没有研究支持这些就是施虐父母的原型。不过，我们可以指出一些经常伴随施虐父母的心理特征。例如，他们往往缺乏同情心、不负责任、无法控制冲动、自尊水平低、凡事都进行外归因，等等。

研究表明，被父母虐待的儿童有可能出现各种情绪和行为障碍，包括抑郁等内化问题和品行障碍等外显问题。与没有受到虐待的孩子相比，教师、家长和同龄人都可能在受到躯体虐待的孩子身上发现更严重的行为问题。

在为受虐儿童和青少年设计干预方案时，我们一定要认识到，他们的行为可能与家庭暴力直接相关，仅仅试图改变他们在学校的行为是不够的。教师以及其他负责儿童福利的人必须报告可疑的虐待行为，并努力提供更全面的服务，以满足学生的所有需求。在培养受虐儿童的复原力方面，他们发挥着关键的作用。

家庭对学业的影响

由于孩子的学习任务通常被委托给了学校，家庭对学业的贡献往往处于次要地位。但家长可以从以下几个方面对孩子的学习产生影响（可能是助力，也可能是拖后腿）：对教育的态度，本身的文化程度，对按时上学、完成作业、阅读和学习这类学习要求的态度。如果一个家庭完全不把教育当回事，子女在学校出现学习或行为问题的可能性就很大。儿童在家庭中接受的社会训练可能是决定其学业成功与否的一个重要因素。此外，如果一个儿童在学校里与同龄人关系不好，尤其是被同龄人排斥，我们就可以据此准确地判断出他的学习成绩堪忧。

家长的管教、家 - 校关系以及亲子关系对孩子的学业成败起着重要的作用。我们很早就知道，前文所描述的权威型管教方式（既有回应也有要求）更有可能帮助学生在学业上取得成功。积极参与子女教育的父母通常可以帮助孩子达到更高的学术水平。相反，在亲子双方强势对抗的家庭中，孩子很可能在没有做好遵守教师指示、完成家庭作业或与同龄人友好相处的准备的情况下，就被送到了学校。我们几乎可以肯定，由于对学校的要求没有做好准备，这些学生在学习表现和社会交往方面达不到学校的合理期望。

影响家庭的外部压力

家庭互动受到很多外部条件的影响，这些外部条件通常会给亲子双方都带来压力。贫穷、失业、没有全职工作、无家可归、社区暴力——这些条件将毫无意外地影响一个家庭应对日常生活的能力，影响家长养育孩子的能力，也影响孩子在家和学校好好表现的能力。居无定所不仅会影响整个家庭，在某些情况下还会导致青少年与家人疏远，因为外在影响破坏了亲子关系。

在所有破坏家庭的影响因素中，贫穷可能是最严重的。贫困通常意味着一家人生活在拥挤、逼仄或危险的房子里（如果他们不是无家可归的话），居住在充斥着药物滥用和暴力的社区。这样的居住环境可能会使父母和孩子成为受害者，并让他们感到自己低人一等，陷入抑郁和绝望的情绪中。

可想而知，贫穷与患病风险和学习落后之间存在着实质性的联系。在以家庭收入低、失业率高、人口流动大、单亲家庭儿童高度集中、暴力和药物滥用率高为特点的社区，家庭功能失调、家庭破裂的风险更高，儿童出现精神疾病和学业失败的风险也更高。如果遭到暴力侵害，无论施暴者是家庭成员还是其他人，都有可能导致儿童和青少年罹患 EBD 并在学校出现诸多问题。此外，如果儿童或青少年所在社区有暴力侵害的危险，家长的家教严格一点可能更合适。

人们通常以为造成家庭贫困的原因是父母失业或不想工作，但这是一种误解。虽然失业和缺乏工作技能是其中一部分贫困父母的问题，但大多数贫困父母都是打工者。虽然父母没有工作是一个巨大的压力源，但如果父母虽然有工作但收入微薄，压力也会很大。父母双方都就业的中产阶级家庭也有压力，因为他们需要付出极大的努力才能为孩子提供充分的监管和养育，如果双职工家庭不能使家庭摆脱贫困，压力更会成倍增加。如果我们希望减轻家庭压力和儿童精神疾病，社会必须更有效地解决贫困以及由此产生的社会问题和个人问题。

对教育者的意义

首先，我们想郑重提醒大家，虽然研究发现，当有家人正在接受心理治疗时，儿童在行为问题量表上的评分较高，但这不应该被解释为所有有行为问题的儿童的父母都有精神疾病，也不应该被解释为所有有精神疾病的父母养育的孩子都会出现行为问题。导致行为问题的家庭因素多重而复杂，并且相互影响，不可能这么简单而直接。

既然家庭在儿童 EBD 中扮演着如此重要的角色，如果教育工作者忽视家庭条件对学生在校行为表现的影响，那简直就是愚不可及。不过，因此就责备学生的家长是没有道理的。非常优秀的家长也可能会养出罹患严重 EBD 的孩子。教师必须意识到，EBD 学生的家长经历了极大的失望和挫折，他们也希望看到孩子的行为得到改善，无论在家还是在学校。我们发现，预测反社会行为的最有效指标就是家庭因素。但即使对品行障碍和青少年犯罪，我们也不应该一口咬定家长是主因。

教育工作者必须小心，那些具有反社会倾向的学生在家庭中与父母的互动方式往往是强势对抗，千万不要陷入同样的陷阱。如果学校对这样的学生严加惩处，不管惩罚方式是训斥还是体罚，在这些学生看来都是一种新的挑战，他们很可能在家长的训练（尽管是无意的）下，已经条件反射式地采用令他人讨厌的行为来回应惩罚。为了赢得与这类学生的斗争，学校工作人员必须采用我们向家长推荐的相同策略：明确说明希望学生怎么做，积极关注学生的适当行为，并以冷静、坚定、非敌意和理性的方式惩罚学生的不当行为。教师既要有回应，也要有要求。他们不应该拿学生糟糕的家庭状况为借口，为自己的教学不力开脱。

长期以来，教育工作者和很多其他社会人士不仅把学生的 EBD 归咎于家长，还把家长视为解决学生问题的绊脚石，而不是学生的潜在支持来源。现在人们对家长及其对子女的帮助作用有了更积极的看法，这在很大程度上是因为专业人士一直在努力宣传家长的重要作用。1989 年，在儿童心理健康家庭联合会（Federation of Families for Children's Mental Health）的组织下，很多家长聚集在一起，呼吁为他们的子女提供更有效的心理健康服务和特殊教育方案。汉森（Hanson）和卡尔塔（Carta）还建议，教师应该寻求其他专业人士的帮助和支持，争取做到以下几点：

- 向家长示范如何与学生进行良性互动；
- 帮助每个家庭发现已有的资源；
- 帮助每个家庭发现能从朋友、邻居、同事或左邻右舍处得到的支持并加以利用；
- 理解并重视每个家庭的文化差异；
- 从各个方面向学生家庭提供配合，帮助家庭获得全面、灵活和有用的服务，满足他们的需求。

本章小结

尽管许多人认为家庭可能是导致儿童异常行为的原因之一，但导致儿童行为不当的因素是多方面的，也是复杂的。我们已知一些家庭因素（特别是冲突和对抗）确实会增加青少年罹患 EBD 的风险。我们还不能完全理解为什么有些孩子比其他孩子更容易受到危险因素的伤害，为什么有些孩子比其他孩子更有韧性。

对家庭，我们最好以其功能来定义。家庭为儿童提供保护，还给他们设定规则，向他们传授知识，让他们体会到情感，帮助他们建立自我认识。针对家庭结构本身的影响，我们完全可以忽略不计。父母离婚通常不会导致孩子罹患慢性疾病，尽管我们可以预期会有暂时的负面影响。生活在单亲家庭中的孩子可能有出现行为问题的风险，但对此我们还不知道确切的原因。当儿童由不是亲生父母的照顾者养育时，负面影响主要来自离开原生家庭之前经历的创伤，或者寄养家庭中依然不当的养育方式。

家庭影响的互动－交流模式表明，子女和父母会产生相互影响。正如家长会影响孩子的行为一样，孩子也会影响家长的行为。在儿童的行为发展过程中，家长管教是一个重要因素。权威型管教——以高回应和高要求为特征——通常会产生最好的结果。无效的管教通常包括监督不严、过于严苛和前后矛盾。

我们可以从亲子互动的角度看待品行障碍和虐待儿童的行为。在这两种情况下，父母和孩子都被卷入了负强化的恶性循环中，导致恶性行为升级，并在双方的强势对抗中获得强化。孩子的困难气质和家长缺乏应对技巧可能是造成问题的最初原因，然后，强势对抗过程从唠叨、抱怨和吼叫变成更严重的攻击性行为，比如拳打脚踢。

家长的行为会影响孩子在学校的行为表现。贫穷和就业情况等外部因素可能对家庭功能产生重大影响。许多儿童在贫困的环境中长大——即使他们的父母都有工作，这样的生活条件也会使他们面临罹患 EBD 的风险。

教育工作者应该关注家庭对儿童在校行为的影响，但不能将儿童的不良行为归咎于家长。学校工作人员必须小心，不要陷入反社会学生家庭常见的强势对抗过程，要使用我们向家长推荐的相同的干预策略。教育工作者还应该与其他专业人员合作，共同为家庭提供全面的服务。

案例讨论

他毕竟是我们的儿子

——怪物尼克（Nick）

那天一大早，我就把尼克带到校长办公室，因为他拒绝恢复教室里那台电脑的密码。他是计算机方面的天才，不费吹灰之力就破解了学校设置的密码，还换成了一个只有他自己知道的密码。他对这一行为沾沾自喜，因为他知道我会因此被激怒，似乎从我的愤怒中感受到了自己的力量。他喜欢看到别人落入他的圈套，就像我一样，不管是以炸弹威胁的形式，还是在对方身上画一道极其逼真的伤口。

尼克一直安静地坐在校长办公室里。他穿着黑色牛仔裤、黑衬衫和黑鞋。他的黑色卷发一缕缕地挂在苍白的脸上。他的手指正忙着画一个五角星。他是在塑造一个饱受自我怀疑困扰的中学生形象，还是真的在表达他的神秘信仰？

　　我记得当尼克离开学校大楼时似乎特别兴奋，这使得学校后勤人员不得不拿着对讲机远远地追踪他。他知道一旦他离开学校，我们就有理由报警，所以他会在学校周围走动，如果有成年人靠近他，他就会拔腿跑开。其他的孩子都害怕他，称他是"怪物尼克"。他们和这个高大、强壮、孤独的人保持着距离。他与自己的家人、同学和教师疏远了，无法与任何人建立联结。学校所有教职人员都担心有一天我们会在晚间新闻中听到尼克的消息。

　　而现在，学生们已经放学了，尼克的母亲、校长和我正一起坐在教室里。他的母亲紧张地搓着手套，就像是在拧干一块抹布一样，眼睛盯着窗外冰冷的雨和越来越黑暗的夜色。

　　"我真不知道该拿他怎么办。我一有机会就带他去教堂。你们知道我每天都去教堂。他为什么要这样对我？他真的忍心伤害我们吗？可他毕竟是我们的儿子呀。我们到底该怎么办呢？"

与本案例相关的问题

1. 如果你是尼克的教师，面对这位悲痛欲绝的母亲，你会如何回应？

2. 考虑到尼克的行为模式，你认为学校应该为他制订什么样的学习计划？也就是说，你最关心的教学或管理策略是什么？

3. 你会建议尼克的教师和校长特别努力地与尼克的父母合作吗？如果会，为什么？具体如何合作？如果不会，又是为什么？

第 7 章

学校因素

以学校因素为解释的优点

除了家庭，学校可能是对儿童和青少年最重要的社会影响。在我们的文化中，学业成败就等同于个人成败。因为上学是所有儿童和青少年的"职业"，而且对一些学生来说，学习就是生活的全部。

学业成功太重要了，成功意味着被社会认可，意味着走出校门后有更多机会。几乎所有学生、教师或家长都会告诉你，在学校里这个不能做，那个不能干。但很多人（包括许多教育工作者）似乎没有意识到，当学生出现一些让教师、家长和同学都讨厌的行为时，其实是由学校在无意中造成的！

在引发 EBD 的各种诱因中，校园环境是教师和校长唯一能够直接掌控的因素。的确，有些青少年的行为问题在上学之前就出现了，还有一些青少年的行为问题是与学校无关的因素所致。即便如此，教育工作者也应该考虑学校在这些行为问题中可能起到的作用，是使问题好转了还是更糟了。由于很多青少年是在入学后才表现出 EBD 的，所以教育工作者必须认识到，学生在学校的经历有可能是引发 EBD 的一个重要诱因，当然也有可能在预防方面发挥着重要作用。

如果以生态学方法来理解行为，我们可以这样假设：青少年所处环境的所有方面都是相互关联的，生态中任何一个元素的变化都会影响其他元素。所以，校外发生的事情固然会影响学生在学校的行为，但学生在学校的经历也会影响校外发生的事情。

简而言之，学生在学校的成功或失败会影响其在家庭和社区的行为，在学校的表现无论好坏，产生的影响都会像涟漪一样向外扩散。因此，如果一个青少年所处的家庭和社区环境是灾难性的，在学校里的成功就显得格外重要。不仅如此，如果一个学生的问题严重到了需要评估是否应接受特殊教育的地步，就意味着要考虑当前课堂环境对学生的影响，这些影响可能会使问题好转，也可能让问题变得更糟。大多数特殊教育工作者都已经认识到，在认定一个学生有问题之前，一定要消除学校本身可能导致学生出现不当行为的那些负面影响。

在讨论社会 – 人际行为以及该行为发生的校园环境和课堂环境之前，我们必须考虑 EBD 学生的特点，这些特点与学校的核心使命——学习——有关。学校对每一个学生都有不少期望和要求，怎么判断学生是否满足了这些期望和要求呢？智力和成绩就是两个最具相关性的指标。

智力

智力测试被认为是对一般学习能力最合理的测试，一般学习能力是取得学术成功的关键。智商仅指个体在智力测试中的表现。智商可以较好地预测学生的学习成绩和日常表现。标准化测试是我们衡量一般智力的最佳方式，虽然个体在测试中的表现并不是衡量其智力的唯一指标，而且一些对日常生活很重要的特殊领域的能力是标准化测试无法触及的。

对智力的定义和测量是一个颇有争议的话题，包括对天赋、智力缺陷和其他需要特殊教育的异常情况的定义。心理学家一致认为，智力由多种能力构成，既包括言语能力，也包括非语言能力。例如，引导和维持注意的能力、处理信息的能力、逻辑思维能力、准确感知社会环境的能力和理解抽象概念的能力，它们都是判断一个人是否"聪明"的标准。但学者们仍在争论一般智力概念和多元智力概念到底孰优孰劣。有人认为，多元智能理论"在科学上站不住脚"，并对基于多元智能理论的实践方式提出质疑，但辩论这些问题超出了本书的范围。

EBD 学生的智力

EBD 专家们一直认为，就智力而言，EBD 学生属于正常范围，也就是说，在智力测试的平均水平之上或之下几个标准差之内。如果一名学生的智商低于 70 分，则该生可能会被诊断为有智力障碍，即使行为问题是其当前的主要问题。但有时候，一些学生的得分虽然在智力障碍范围内，但其主要问题仍被认定为 EBD 或学习障碍，而不是智力障碍，因为评估者认为是情绪或感知障碍妨碍了他们在智力测试中发挥真正的能力。

大多数 EBD 学生的平均智商处于正常偏低范围，分数从严重智力障碍到高天赋水平不等。几十年来，无数研究得出的普遍结论是，EBD 学生的平均测试智商在 90 分以下。在对这些学生的智力进行了大量研究后，我们的发现足以得出以下结论：虽然大多数 EBD 学生的智商仅略低于平均水平，但与正态分布相比，有大部分学生的智商处于正常偏低范围和轻度智力障碍范围，而处于正常偏高范围的学生则相对较少。研究结果显示的分布如图 7.1 所示。大多数 EBD 学生的假设曲线显示，其平均智商为 90 ~ 95 分，与正态分布相比，落在较低智商水平的学生较多，落在较高水平的学生较少。如果这个假设的智力分布是正确的，那么我们可以预测这些学生出现学业失败和社会化困难的概率会比一般学生高。

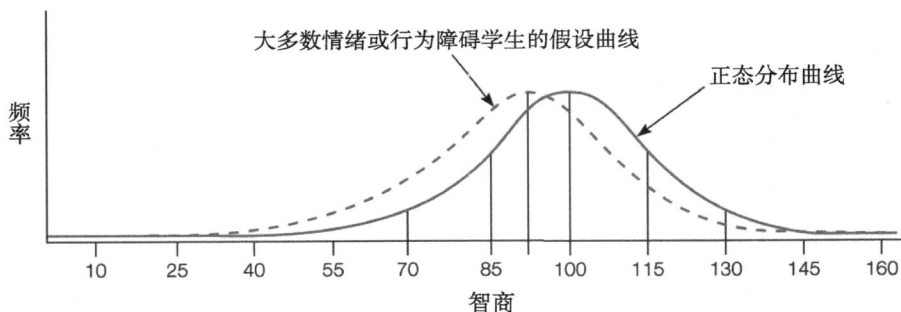

图 7.1　情绪或行为障碍学生智商的假设性分布与正态分布的比较

低智商的影响

研究清楚地表明，EBD 学生的智商往往低于平均水平，而问题最严重的学生也往往是（当然也不一定）那些智商最低的学生。虽然智力与问题的严重程度之间存在着相关性，但并不意味着它们之间有因果关系。用智商预测 EBD 学生未来的成就和社会适应能力，和用智商预测一般学生未来的成就和社会适应能力一样，虽然有一定的准确性，但远远谈不上完美。

学习成绩

虽然我们通常用标准化的成就测试来评估学生的学习水平，但过于迷信分数是危险的，因为它们并不是对学术能力高度精确的衡量，也不是对学生个人学术成就高度精确的衡量。但我们确实可以通过测试分数比较正常群体和非正常群体的学习表现，这有助于评估和预测学生能否在学业上取得成功。

EBD 学生的成绩

关于 EBD 学生与犯罪青少年的学习表现，我们已经进行了多年的研究。总体而言，研究得出的结论是，即使按照他们的心理年龄（通常比他们的实际年龄稍低）来评估，大多数这样的学生在学习上都有问题。虽然有些 EBD 学生的学习成绩能达到年级平均水平，也有极少数在学业上有进步，但大多数 EBD 学生在多项学术领域的表现要比年级水平低一年或更多。

学业不佳的影响

成绩差和行为问题是密切相关的，它们是高度相关的风险因素。在大多数情况下，我们尚不清楚到底是异常行为导致了成绩不佳，还是成绩不佳导致了异常行为。有时候支持前者的证据似乎更有力，有时候支持后者的证据似乎更胜一筹，但在大多数情况下两者间的关系扑朔迷离。我们有理由相信，成绩不佳和行为异常是相互影响的。行为异常明显降低了取得学业成功的可能性，而成绩不佳产生的社会后果很可能会助长不当行为。无论如何，我们很早就知道，教育失败会影响学生未来的发展机会，这足以唤起人们对 EBD 学生所处困境的警惕。

社交技能

一个人要拥有什么样的社交技能，才能让自己在别人眼里具有吸引力，并能游刃有余地应对社交场合的种种难题呢？人们对这个主题的兴趣至少已有数十年之久（或许说数百年也不为过）。我们知道 EBD 学生缺乏某些关键的社交技能，却不清楚缺乏的到底是哪些社交技能，更别提如何传授这些技能了。

与上学相关的社交技能可以帮助学生建立并维持积极的人际关系、被同龄人接受并在更大的社会环境中与人融洽相处。EBD 学生通常不知道如何结交朋友和保持友谊，尤其是与那些没有行为问题的朋友。他们的行为方式经常让教师和同学感到愤怒和失望。当从一个社会环境转移到另一个社会环境时，他们很难甚至不能适应那些不断变化的期望和要求。

EBD 学生要想在学业和社交方面取得成功，哪些社交技能是他们必须掌握的呢？这就需要列一个清单了，其中包括：（1）如何倾听他人讲话；（2）如何在交谈中轮流讲话；（3）如何向他人表达问候；（4）如何参与正在进行的活动；（5）如何向他人表达赞扬；（6）如何以得体的方式表达愤怒；（7）如何向他人提供帮助；（8）懂得遵守规则；（9）能服从安排，专心做事；（10）完成高质量的工作。教师不但要了解这些技能，还要评估每个学生对这些技能的掌握程度，这是有效处理反社会行为的关键。

社交能力的核心是言语交流和非言语交流的能力——即是否能够熟练地使用语言。事实上，很多 EBD 学生都有语言障碍。虽然问题可能出在语言能力的任何方面（例如，他们可能在发音、语法等方面有困难），但他们往往在语用学（语言的实际用途和社会用途）方面特别欠缺。有行为问题的青少年可能知道如何有效使用语言来激怒、恐吓和强迫他人，但没有能力有效使用语言来达到积极、有益的社会目的。如果对他们的语言技能做一个功能分析，你可能会发现，他们需要学习的是如何得体地运用语言来获得自己期望的结果。孤僻的学生往往缺乏正常同龄人拥有的复杂语言储备，无法吸引他人来参与自己的谈话。据此我们可以得出结论：缺乏社交技能，尤其是实用语言技能，可能是儿童和青少年许多行为问题的潜在原因，而这些行为问题往往预示着学业失败。EBD 学生可能需要一些以语言为基础的特定社交技能指导，如以下这些方面：

- 确定自己的需要、欲望和感受是什么，并准确地将它们表达出来；
- 描述并解释自己和他人的情绪；
- 意识到自己突然出现的情绪并加以控制，然后用适当的社会行为来表达；

语用学方面的指导可以提高 EBD 学生的语言使用技巧。

预示学业成败的行为

教育研究者感兴趣的是哪些行为有助于提高学生的学习成绩，并希望教师能够向学生传授这些行为。例如，如果注意力与成绩呈正相关，那么让学生学会保持专注可能会提高其学习成绩。同样，如果成绩与某种依赖行为呈负相关，那么减少依赖行为就有助于学生取得成功。言下之意是，这些行为与成绩之间不只是相关关系，某些外显行为和成绩之间也存在因果关系。

课堂行为与学习好坏之间的因果关系并不是很明确。尽管教师和教育研究人员经常采用的策略是调整行为（如专注于手头的任务），以期提高学生的学习表现，但事实证明，直接提高学习技巧对防止失败或弥补不足最为有效。我们已经知道，在某些情况下，对学生出色的表现给予直接强化可以消除课堂行为问题。提高学生回答问题的正确率通常也能有效减少课堂行为问题。然而，课堂表现的好与坏并不是单由学习能力决定，学习好的确很关键，但并不是全部。

学生在学校的表现是好是坏，与其在学习和社交领域的特点有关。成绩落后、人缘差的学生往往表现出以下特点：

- 有一些需要教师干预或控制的行为，如戏弄、骚扰或妨碍他人；
- 做什么事都需要教师的指示；
- 难以集中注意力；
- 一有压力就心浮气躁；
- 学习时粗心马虎，三分钟热度；
- 缺乏自信。

而成绩优异、受欢迎的学生往往表现出以下特点：

- 与教师关系融洽，包括课下相谈甚欢，课上积极响应；
- 言语交流适度得体，主动提问，积极充当志愿者，踊跃参与课堂讨论；
- 乐于完成教师没有要求的学习任务，认真执行教师的指示并精益求精；
- 有创意和推理能力，能快速掌握新概念并加以应用；
- 能敏锐地觉察到他人的感受。

但还有一点我们也必须考虑到，即教师希望学生有哪些行为，对学生的行为又有什么样的反应。有时候，正如我们将进一步讨论的那样，学生和教师的气质不匹配可能是导致学生成绩落后的主要原因。

学业失败及成年后的适应问题

智商低、学习差往往预示着一个学生的未来不容乐观。成年后，那些智商低、学习差的学生出现适应困难的比例要远远高于那些智商高、成绩好的学生。在犯罪人群中，低智商人群所占的比例也很高。据了解，有很高比例的精神分裂症患者和反社会者在儿童时期的表现之一就是学习差。

然而，仅仅是智商低、学习差并不意味着这个人肯定有可怕的行为问题。大多数有轻度智力障碍的青少年在学习上远远达不到他们的心理年龄应该达到的标准，但他们成年后并不会变成社会不适应者、罪犯或收容所常住人口。只有在上学期间，他们才会被认为有严重的问题。这同样适用于大多数有学习障碍的青少年，由于学习落后，他们在学校通常被视为失败者。即使是患有 EBD 的儿童和青少年，也不会仅仅因为智商低或学习差就在成年后出现种种问题。

然而，当学业失败伴随着严重而持久的反社会行为（如品行障碍）时，个体成年后出现心理健康问题的可能性才最大。个体发病越早，反社会行为越多，出现心理健康问题的风险就越高。但即使一个学生智商低、成绩差，还有品行障碍，我们在做出因果推论时也必须谨慎。不过，如果成绩好坏与反社会行为之间确实存在因果关系，对教育而言就颇有意义。

重申一下，如果一个学生只是智商低、学习差，我们不能据此就预测他成年后会出现精神疾患；但若是伴有品行障碍，他成年后出现精神疾患的可能性就会大大增加。如果一个青少年既不聪明，成绩又不好，还非常好斗或非常孤僻，其未来恐怕不太妙。如果品行障碍是由学业失败造成的，那么防止学业失败的计划可能也有助于防止反社会行为。

智力、成绩与反社会行为

考虑到反社会行为（如恶意攻击他人、盗窃、屡教不改、离家出走、逃学、破坏公物、滥性）、智力低和成绩差以一种复杂的方式相互关联，在此我们有必要将它们之间的关系阐释清楚。从图 7.2 中我们可以看到这三个因素之间的假设关系。图中不同的阴影区域代表了这三个因素的不同组合形式大致所占的比例。该图说明了这样一个假设：在表现出反社会行为的青少年中，智商和成绩高于平均水平的相对较少（A 区），大多数人的智商和成绩低于平均水平（D 区），少数人仅智商（B 区）或仅成绩（C 区）低于平均水平。而大多数成绩不佳的青少年智商较低（D 区和 G 区），但他们通常没有反社会行为（G 区比 D 区大得多）。有些青少年智商低，但成绩不低（B 区和 E 区），或者反之（C 区和 F 区），但这些青少年中的反社会行为相对较少（E 区比 B 区大得多，F 区比 C 区大得多）。

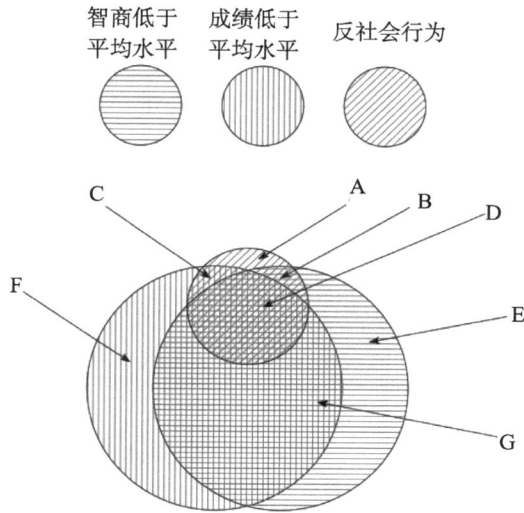

图 7.2　智商低于平均水平、成绩低于平均水平和反社会行为之间的假设关系

请记住，不管儿童和青少年的情况属于上图中的哪一种，决定其成年后表现的都不止这三个因素，其他因素也会发挥作用。反社会行为的严重程度，父母的行为特征，或者父母的社会经济环境，都有可能导致孩子的行为问题一直持续到成年。如果一个青少年在不同场合频繁出现反社会行为，其父母有反社会行为或虐待子女的行为且来自较低的社会阶层，那其成年后因精神疾病入院或因犯罪入狱的机会就比较大。另外，请记住，许多智力低下、成就低下、反社会行为频发的儿童和青少年成年后并没有表现出严重的行为障碍。任何基于儿童的行为特征预测其成年后行为的做法，在预测个别情况时都容易出现重大错误。

学校对 EBD 的影响

学校的要求与学生在社交和学习领域的行为可能相互影响。每个教室都堪比一个小社会，数十年来我们已经了解到，学生与教室这个小社会环境是相互影响的。在课堂上，那些健康、聪明、家庭经济条件较好、父母受教育的程度较高、成绩优异、自尊心强、人际交往能力强（被教师认为"随和可亲""孺子可教"）的学生具有明显的优势。他们可能会积极主动地与他人结交，而他人也可能会报以积极的回应，这些人对他人的回应很敏感，并能够利用自己的智力进一步提升个人力量和社会地位。他们的智力和成就能产生较高水平的社会接受度、自尊心、准确的社会认知和地位，所有这些反过来又会诱导他人对他们做出积极的社会反应，让他们的成就更上一层楼。这种学生与教室的社会生态环境相互作用的观点与研究结果是完全一致的。此外，常见于反社会男生家庭中的强势对抗过程在学校中也经常出现。教师（如同家长）和教室里的同龄人（如同兄弟姐妹）可能会陷入不断升级的恶性竞争中，在这场竞争中，能给他人造成更大痛苦的人就是赢家，并在得到负强化后，继续挖空心思地挑起下一轮的冲突。

我们前面说过，学生的气质与家长的育儿方法会互相影响，这种互相影响似乎也发生在学生的气质与学校的社交环境和学业要求之间。虽然任何气质特征在处理得当的情况下都能适应环境，但那些不主动接触他人、学习习惯不规律、不能快速适应新环境、负向情绪占主导地位的学生，在学校最有可能遇到困难。

学校因素与家庭因素和生物因素一样，并不是孤立于其他因素的。但我们可以识别出哪些课堂条件和教师行为会导致学生更有可能出现行为问题，或者可以改变哪些课堂条件和教师行为来减少学生出现不当行为和其他情绪或行为问题的可能性。学校可能会以下列任意一种或多种方式导致学生出现不当行为和学业失败：

1. 对学生的个体差异不敏感；
2. 对学生有不适当的期望；
3. 行为管理有矛盾和不一致的地方；
4. 教学内容缺乏实用价值；
5. 在关键技能方面教学不力；
6. 强化策略应用不当；
7. 校园内存在着不良行为榜样。

除了这些因素，其他如校园内空间逼仄、环境恶劣等因素也与学生的攻击性及其他问题有关。学生所处的物理环境肯定会影响他们的行为（无论好坏）。

对个体差异不敏感

无论属于哪个理论流派，特殊教育者们都认识到了满足学生个人需求的必要性。事实上，有人推测，在被认定为有学习障碍和行为障碍的学生中，有很大一部分人反映了教育系统未能照顾到个体差异的问题。如果没有合理地照顾到个体的需求，无疑会造成一些学生学习落后或不适应环境，但要求所有学生遵守合理的规则和标准很明显不能解释其他一些学生也出现了学习落后和行为不当的情况。事实上，对于一些学生来说，情况可能恰恰相反，他们之所以学业失败和行为不当，就是因为学校没有明确地告诉他们该遵守哪些行为规则，该达到哪些成就标准，该符合哪些文明礼仪。

但僵化和不接受差异的做法确实需要检讨。如果要求每个学生都达到同样的学习水平和行为标准，学校就会把许多与普通学生只有些许差异的学生逼成"学渣"或异类。如果不根据学生的个人情况来调整要求，一味坚持整齐划一的标准，学校就会创造出一个压抑或动辄得咎的环境，逼得学生不能以健康的方式表达个性。在这种严格管控和充满压抑的氛围中，许多学生会以怨恨、仇视、破坏行为或消极抵抗的方式来回应。

在那些不幸在学习或行为上与标准稍有不同的学生看来，课堂上的一些信息是在明确告诉他们：做自己就是不好的、不合适的或不可接受的。随着学习标准变得更加整齐划一，对所有学生的表现的要求变得更加一致，这种情况可能会变本加厉。在这种氛围下，学生的自我认知会变得消极，对社会环境的认知变得扭曲，智力表现和动机也随之减弱。他们可能会陷入冲突和负面影响的自我循环中。

当然，对个性差异不敏感并不是一个从学校得来的抽象概念。政策制定者、学校管理者、教师和其他学生都是对个性化表达或敏感或不敏感的人。在管理学生和教职员工的过程中，学校管理者会创造出整个学校的情绪氛围，可能是合理包容，也可能是严苛压抑。教师主要负责营造班级的情绪氛围，他们决定了学生这一天在学校是什么感受——是处处受限还是自由宽容，是随心所欲还是循规蹈矩。有的同龄群体在衣着、言语或行为举止方面有一套属于自己的规则，想被群体接纳就得严格遵守，在高年级学生中尤其如此。而有的同龄群体则更随和、更开放，即使某个同学与群体中的其他人有很大的差异，也是可接纳的。

教师和行政人员如果能敏锐地觉察到学生的个体需求，同时又对学生的学习成绩有明确而积极的期望，就可以促进学生的适当行为。但我们不应指望只和学生谈谈家庭和情绪问题或采取全面包容政策就能创造出积极有益的校园氛围。在试图与学生建立更好的关系时，教师们不应该放弃自己成人权威的角色。要全面改善学生的行为，最关键的是明确、一致的课堂行为管理计划和校规校纪。

在发展心理学的一项经典研究中，托马斯·AT（Thomas AT）、斯特拉·切斯（Stella Chess）及托马斯的同事们指出，如果成年人没有根据青少年的个人气质来对待他们，就会导致这些青少年加速出现 EBD。

为了所有人的安全和利益，维持一些合理的规则是必要的。如果没有一致性的要求，任何一种社会制度都不可能存在。我们呼吁接受学生的个性化表达，但这并不意味着所有事情都应该被接纳。尽管如此，如果教师在课堂上不尊重学生的个人需求，不必要地压制学生的独特性，就可能导致学生出现行为问题。学生们喜欢按照自己的意愿做事，如果允许他们自主决定如何参与课堂活动，他们的行为表现和学习成绩通常都会有所改善。

有不适当的期望

教师对学生抱有什么样的期望、应该抱有什么样的期望，一直是教育中争议的根源。关于期望的问题主要有两个方面，一是当教师认为学生应当如何时，是受什么影响（尤其要注意诊断或标签产生的偏见）；二是教师为学生的课堂行为和学习表现设定了什么标准。

标签的影响

对标签问题的关注已有几十年的历史，可能比特殊教育本身的历史还要久远。正如考夫曼等人所言，有人认为特殊儿童的问题源自我们给他们贴上的标签，并因这些标签而长期存在。还有人认为，如果给学生贴上"情绪障碍"这样的标签，就意味着我们预期他们会出现行为不当和学习落后。对这类被贴上特殊标签的学生，教师们的期望通常比较低，这种期望会以微妙的方式传递给学生，而学生也会让这种期望成真。此外，人们担心被贴上特殊的标签会被污名化，尤其是"残疾"标签。学生对自己的期望也会影响他们的表现。

最后，我们必须承认，为了便于交流，有些标签是必不可少的。除非我们拒绝讨论学生的问题，否则无法避免。因此，问题的关键应该是我们如何理解和使用标签，以及如何处理更大的问题，即我们对那些被贴上标签的人该持何种看法。

很多人认为，接受特殊教育服务会摧毁学生的自尊和社会地位，不管他们被贴上的标签具体是什么。但对于有学习障碍和 EBD 的儿童来说，这一假设可能毫无根据。

研究表明，和那些没有学习或行为问题的学生相比，因学习障碍或行为障碍而接受特殊教育的学生（接受这些标签的学生）可能有更低的自我概念或社会地位。然而，和那些存在学习问题或行为问题，但没有被贴上标签的学生相比，被贴上并接受这些标签的学生的自我认知和地位并没有更低。学生的自尊和社会地位受到损害是由于学习和行为问题，而不是因为被贴上了标签。标签是跟着问题走的，而不是相反。事实上，对许多残障人士来说，当自己的问题被贴上相应的标签时，他们似乎得到了解脱，也给其他人提供了一个解释他们与常人差异的可以理解的理由，如果不贴上标签，就会导致他们遭到社会的排斥。此外，并没有证据证明高自尊能让个体的学习成绩更好、人际交往更成功或生活更幸福。

课堂标准的影响

21 世纪初，美国的公立学校表现出一个特点，就是强调提高学生在学术和社交方面的能力标准。如果将这些更高的期望解释为所有学生都必须达到的统一标准，对于罹患致残性精神疾病、存在着严重学习问题和社会问题的学生来说，在没有特殊帮助的情况下几乎不可能达到这一标准，即使采取了已知最有效的干预措施，失败的可能性依然很高。特别是 EBD 学生，如果要想让他们得到适当的教育，学校必须对他们另作安排，并根据他们之前的学习水平和能力水平调整教学要求。

教师的偏见会产生什么样的影响呢？有人认为，只要教师把 EBD 学生视为正常人，期望他们表现出正常的行为，就足以让他们产生进步。但根据相关的研究和推测，我们并不能得出这个结论。毕竟，大多数 EBD 学生在智力测试、学习成绩和社会适应能力方面都明显不如普通学生。许多 EBD 学生在许多方面的发展都远远低于他们的同龄人，期望他们有正常的表现是不现实的。

多年来，我们有充分的理由怀疑，正是由于成人对孩子取得成绩的期望与孩子真实能力之间存在着差异，才直接导致了孩子异常行为的发展。如果期望过高或过低，学生都有可能会对学习失去兴趣、产生挫折感，甚至破罐子破摔。而且我们确实了解到，EBD 学生通常是从负强化中获取动力——只要他们表现得更坏，就可以逃避或避免成年人对他们的要求或期望。

如果过低的期望会成为自我实现的预言，过高的期望又令学生沮丧、压抑和选择逃避，那教师应该设定什么样的期望，才能完美地躲过那些会导致学生出现行为问题的风险因素呢？对进步的期望总是循序渐进的——当然，前提是教师知道学生目前的学习和行为现状，并能在可衡量的维度上指定一个合理的进步水平。如果由学生和教师一起做出合理的决定，那么期望就不能太低也不能太高。

研究表明，教师的期望和要求通常并不符合学生的能力和特点。对 EBD 学生来说，教师的期望是一个很大的问题，无论他们是在特殊班级还是普通班级，是小学生还是中学生。教师对学生的期望和要求通常是什么呢？大多数教师都有一些学生应当做什么或不应当做什么的规定，例如下面这些：

1. 遵守课堂规则；
2. 听我的指示，按我说的做；
3. 完成学习任务，并把它们做好；
4. 不要偷窃，不能有不当或下流的行为；
5. 教师纠正时不要唱反调；
6. 不要破坏公物。

鉴于教师们制定的这些标准和期望，EBD 学生和他们的教师经常对彼此感到失望也就不足为奇了，这就为师生冲突和强势对抗创造了条件。当然，我们不应该对所有教师一概而论，也不应该过度否定教师的高标准、严要求和低容忍。有些教师显然很少提出要求，对学生的不当行为也非常宽容，而另一些教师则恰恰相反。与普通教育教师相比，特殊教育教师对学生的不良行为似乎更宽容一些，也不会把学生的行为视为异常。教师对问题行为的容忍度可能受到几个因素的影响，包括他们的自知力、掌握的技术方式以及学生的问题严重程度。有些教师虽然对学生高标准、严要求和低容忍，但教学效果确实不错。此外，在学校常见的各种问题中，教师与学生之间气质的相互影响似乎也是一个关键性的因素。

行为管理不一致

教育 EBD 学生的结构化方法依据的主要假设是，正是因为 EBD 学生在日常生活中缺乏结构或秩序，才导致了他们的各种困难。当青少年无法预测成年人会对自己的行为做何反应时，就会变得焦虑、困惑，无法做出恰当的行为选择。如果在某一时刻他们做出某种不当行为却不用受罚，而在另一时刻他们又因同样的不当行为受罚了，这种行为后果的不可预测性就会鼓励他们选择不当行为。如果他们不能笃定良好行为会带来有利的结果，就没有动力好好表现。

不一致的行为管理会助长不当行为的发展，从儿童发展文献中，我们为这一论点找到了强有力的支持证据。如果从这些研究结果中，我们能推断出不一致的家长管教方式对孩子的行为发展有负面影响，那么学校中不一致的行为管理也很有可能产生负面影响。课堂上反复无常、前后不一致的纪律将无助于学生学会适当的行为。我们还研究了学校中常见的破坏公物等反社会行为，我们发现惩罚、不一致的纪律与问题行为之间是相互关联的。尽管不一致的管理可能并非所有 EBD 的根源，但显然它导致了行为问题的持续存在。

教学没有实用价值

有时候，学生之所以频繁地逃学或做出其他不良行为，是因为他们觉得在学校学习的东西对自己没有用（不管是实际用途还是想象中的用途）。这种教育不仅让学生感到索然无味，还阻碍了他们适应社会的进程，因为这浪费了他们宝贵的时间——他们本可以把这些时间用来学习更有用的知识，如今却不得不天天与这些琐碎无聊的内容打交道。这样的教育模式大大增加了 EBD 学生辍学的可能性。

如何才能让教育更贴近学生的现实生活呢？这是长期以来困扰教师们的问题。要解决这个问题，我们不仅要让教师或其他成年人明白教学对学生的未来有多重要，还必须让青少年相信，不论是现在还是将来，学习对他们都非常重要。教师必须设法让学生相信学习是值得的，教学是有意义的，否则，课堂只会成为学生想逃避或破坏的地方。对那些在学校有行为问题的学生，教师要想说服他们好好学习，必须创造一些额外的理由，比如在学生表现不错的时候给予奖励。

关键技能教学不力

如果学生掌握了学习技巧，拥有与同龄人和权威人物交往的社交技能，就会有更高的社会认可度、更积极的自我认知。所以，课堂应该是一个供所有学生学习重要的学习技巧和社交技能的地方，是否能帮助学生掌握这些技能，是决定普通教育成功与否的关键。在学习或社交任何一个领域缺乏有效的指导，都会导致许多学生在学术或社交方面失败。然而，有很多的课堂并不是一个有效地向学生传授知识的地方，而是放任学生自己摸索，至于学生能不能学到有用的知识，要么靠运气，要么靠自学。

学习文化知识对情绪健康和行为发展极其重要，对此我们怎么强调都不为过。对所有学生来说，如果每天都能达到学习要求，无疑会让他们的心理更健康。如果总是达不到学习要求，远远落后于同龄人，任何人都会被挫折感、无价值感、烦躁和愤怒压垮。出色的工作能力是治愈一切的灵丹，而远远比不上同龄人的无能则是情绪和行为的毒药。学生的本职工作是学业，教师如果不能帮助学生提高学习能力，被无能感笼罩的学生就有可能出现情绪和行为问题。

遗憾的是，大多数普通公共教育都没有将传授社交技能和奖励良好行为明确地纳入教学安排。如果学校希望培养学生与他人积极互动的基本能力，就需要采取直接、系统的方法对学生进行评估，看看他们到底缺乏哪些具体的社交技能，然后根据评估结果因材施教。然而，很少有学校提供这样的评估或教学。此外，教师应该在课堂上留意学生的良好表现，一旦发现就要明确地给予奖励，要经常这样做，奖励的力度要大，这样才有良好的效果。但大多数课堂的特点是，教师极少对适当行为予以肯定或奖励。很多人认为"奖励破坏内在动机，正强化等同于贿赂"，这一观念进一步阻碍了"正向行为策略"在课堂行为管理中的应用。然而，大量实证表明，适当使用奖励并不会破坏内在动机，高效、积极的课堂管理离不开奖励的作用，尤其对那些有行为问题的学生。

强化策略应用不当

从行为心理学的角度来看，学校可能会以下列几种明显的方式导致学生罹患 EBD：

- 对不当行为提供正强化；
- 不对适当行为提供正强化；
- 对学生逃避学习的行为提供负强化。

下面我们将具体解释何为正强化和负强化，并举例说明它们在课堂环境中发挥的作用。我们知道，在行为分析研究领域，两者之间的区别是一个颇有争议的问题，但我们认为，这种区别可以帮助我们思考在课堂教与学的互动中到底发生了什么。

正强化和负强化：一个动态组合

强化，尤其是负强化，经常被误解。许多教师不理解正强化和负强化是如何协作，又是如何维持适当或不当的课堂行为的。在课堂上发生的很多互动中，EBD 学生得到了双重强化——一种是正向的，另一种是负向的，而且通常是针对不当行为。

强化，无论是正向还是负向，都是一种奖励或结果，使在它之前发生的行为更有可能再次发生。"奖励"可以是一个人想得到的东西（即正向强化物），也可以是一个人想摆脱或避免的东西（即负向强化物）。为了帮助你更好的理解这两个概念，我们可以想象一下找工作的情形。每个求职者都有自己的意愿，有一些求职意愿是"为了××"，另一些是"为了摆脱××"，还有一些则是"为了××并摆脱××"，愿意为之工作的东西提供了正强化，想摆脱或避免的东西提供了负强化。大多数人是为了钱而工作，也是为了摆脱债务或避免失业而工作。大多数学生会为了拿学分而学习，也是为了避免丢人或不好的成绩而学习。事实上，在大多数情况下，我们的行为同时受到两个结果的驱动：（1）我们想得到的东西；（2）我们想要避免的东西（或至少暂时逃避）。我们工作是为了挣钱，也是为了摆脱工作（可以逃避工作的负强化，我们称之为假期）。

在日常生活中，我们都体验过正强化和负强化，这两种强化在激发我们的适应性行为时扮演着重要的角色。然而，当我们在课堂或其他环境中使用正强化和负强化时，如果错误使用或安排不当，不但没有帮助，还会产生问题。正强化和负强化的错误使用或应用不当可能是由以下原因造成的：

- 目标误认。教师可能以为，批评或训斥是学生想要避免的负向强化物，而实际上它们是正向强化物。被训斥是学生想努力得到的东西，因为它会引起教师和同班同学的注意（对很多人来说，关注是他们渴望得到的东西，无论是批评还是赞扬，被忽视才是他们想努力避免的）。教师可能也没想到，对于一个有破坏课堂行为的学生来说，学习任务是负向强化物，是学生想借助一些不良的行为来逃避的事情。凡是能让这个学生逃避作业（或推迟作业）的行为都会得到强化，学生会故意表现不佳，这样他就不用做作业了。

- 强化不当。如果教师在课堂上对不良行为进行了正强化或负强化，都属于不当强化。这种情况会让学生们认为：只要我表现得够出格，就能得到很多关注（正强化，即使这种关注的本意是惩罚，比如责骂），而且还可以不用做作业（负强化）。

当教师想培养学生的某种适当行为时，可以把正强化和负强化结合起来使用，给学生一种双重推动力。当这种方法使用得当时，学生就会得到双倍的好处。比如，当他们的作业完成得又快又好时，教师可以提出表扬并适当减少作业量，这样的话，他们一方面因表现不错而受到了关注（正强化），另一方面还可以暂时从作业中解脱出来（负强化）。

问题通常出在哪里

无论是普通教育还是特殊教育，在许多课堂上都存在具有破坏性而非建设性的强化行为。恰当的行为通常不会得到奖励，而对不当行为的正强化和负强化随处可见。大量证据表明，即使是面对行为严重失常的学生，教师也可以安排一些建设性的强化方式，教导他们学会适当的行为。在过去数十年的研究中，实验结果表明，如果教师只对适当的行为给予关注，对不当行为尽量不给予关注，就可以使学生的行为得到改善。

在许多课堂上，教师们在无意中以强化的方式助长了一些他们不认可的行为。在学生表现出适应性行为时，教师应该向他们提供一些好处，这种行为与师生交互概念模型是一致的，该模型认为教师与学生的行为会互相影响。前面我们讨论过的互动－交流模式表明，青少年和成年人之间的影响力是相互的。因此我们有理由相信，教师和问题学生之间的相互赞扬和批评会成为维持行为的重要因素，教师与学生之间的敌意可以由任一方释放的善意而化解。所以，在教导那些有发展障碍和问题行为的孩子时，为了正强化他们的一些良好行为，我们会教导他们主动为教师提供帮助。但很多时候，这些孩子的不当行为可能会从同班同学那里得到额外的强化。

教师可以让班上的学生结成互助小组，这种方式也可以为良好的课堂行为提供正强化。无论是结对互助（一个学生辅导另一个学生），还是班级互助（全班所有学生互相辅导），都证明了这种互助策略可以使许多有行为问题的学生受益，因为这增加了他们对学业的投入及与同伴的积极互动。此外，教师可以将互助计划作为关键策略，加以巧妙地利用，以此向学生传授必要的社交技能，并让他们学会如何善待彼此，这将有助于让学校和社会变得更友善。在很多现实情况中，学生们不懂得如何互助和如何善待彼此，不但对彼此态度恶劣，对教师的态度也恶劣。

大量实证研究显示，我们可以善用强化来改变学生的课堂行为，即使采用的强化物只是像教师和同学的关注一样的课堂自然反应。从学校对EBD学生的影响中不难看出这些研究证据的潜在影响。那些行为有问题的学生往往因自己的不当行为而大受关注，其适当行为却无人在意。即使这种关注通常是以批评或惩罚的形式出现，但仍然是关注，受到的关注越多，学生干起坏事来就越起劲。让学生因行为不端而得到关注，举止得体却得不到关注，这样做的最终结果就是不良行为愈演愈烈，无论教师或其他成年人愿不愿意。

不良行为榜样

儿童和青少年是强大的模仿者。他们的大部分学习都是通过观察并模仿他人的行为来完成的。青少年特别喜欢模仿的榜样是那些人缘好、身体棒、讨人喜欢、手握大权的人。教师一定要对学生们的模仿行为严加控制，否则那些行为不端、调皮捣蛋的学生很可能会被其他擅长捣乱的同学吸引。教师必须想方设法让学生将注意力投注在那些模范生身上，并对这些模范生表现出来的适当行为进行奖励。

教师示范的行为会鼓励学生做出类似的行为。如果教师粗暴地对待班上任何一个学生，很可能会鼓励学生相互敌视或不尊重。如果教师对待工作的态度是马虎轻率或无组织、无纪律，可能会助长学生类似的粗心大意和无组织行为。在一些学校和课堂上，教师仍然用体罚来管教学生，这是成年人展示攻击性的不当行为，是一种可怕的示范，可能会导致学生在与其他人的关系中模仿这种行为。如果教师缺乏自我觉察，很可能会导致学生也缺乏自我觉察。

学生在学校的表现遭受了巨大的同辈压力，特别是在高中阶段。如果在某个学校，那些地位颇高的学生要么不完成作业，要么肆无忌惮、为所欲为，那这个学校里很可能充斥着学习成绩差、不良行为多的学生。

对教育者的意义

EBD 学生的教师必须做好心理准备，因为与他们打交道的是那些智力和学习皆低于平均水平、社会行为异常的学生。这些学生中也有一些在智力和学业上都很优秀，但大多数不是。在教导这些学生时，不仅需要教师有能力指导不同智力和学习水平的学生，还要求教师有能力培养学生得体的社会行为和其他非学业行为，如良好的学习和工作习惯、注意策略和独立性等，力争让他们学业有成。学业失败和反社会行为会限制学生未来的发展机会，可能导致他们成年后无法适应社会。为了防止这种情况出现，教师最重要的任务就是帮助学生取得学业上的成功，减少学生的反社会行为。

教师的主要任务是调整校园环境，使其有利于学生适应性、亲社会行为的发展和学业上的进步。为了让 EBD 学生得到适当的教育，教师要做的第一件事就是为他们提供有效的教学，帮助他们掌握必要的学习技能。此外，在每一个特殊教育课堂上，教师都应该采取他们认为有效的策略来防止纪律问题，培养学生的自制力，具体策略见表 7.1。

表 7.1　教师如何帮助学生培养自制力

√示范如何自我控制
√了解学生的家庭、所养的宠物和喜好
√使课堂变得愉快和友好，同时也井然有序、可测可控，是适合学习的好环境
√坚持让学生尊重彼此，鼓励同学间的友谊
√对认可的行为进行奖励，并尽量减少惩罚
√避免羞辱和严厉的惩罚
√保持课堂规则简单，并奖励遵守规则的学生

遗憾的是，许多教导 EBD 学生的教师对帮助学生培养自制力这项任务准备不足。此外，由于缺乏学校行政人员和家长的支持，许多特殊教育计划的有效性被削弱。我们面临的挑战不仅仅是培养更多更优秀的教师，而且还要提供支持，帮助他们取得成功，并将其中的佼佼者更长久地留在这个领域。

生物、文化、家庭和学校：一张错综复杂的网

遗传和环境对人类的行为和文化的创造有很大的影响。因此，文化，包括家庭、学校和社会的其他特征，部分是社会学习的结果，部分是先天决定的结果。

当提到文化因素时，我们首先想到的是社会体系——国家、民族、宗教、学校和家庭。各种社会体系之间的相互联系是如此错综复杂，很难就它们对儿童行为的影响做一个简单的解释。当它们以不同的组合方式结合在一起时，我们不禁要问，其中一种社会体系是如何影响另一种的呢？国家在多大程度上造就了学校，学校又在多大程度上造就了国家？如果没有家庭的支持，学校在多大程度上能够成功？如果没有学校教给孩子必需的知识，家庭又在多大程度上能够成功？除了家庭和学校，还有哪些文化因素会对孩子们的行为产生影响？家庭和学校又是如何创造、加强或抵消这些影响的？这些问题的答案绝不简单，也不会显而易见，但它们对我们理解学校和教师在社会中的角色至关重要。

学校在文化中扮演着什么角色呢？它们在多大程度上反映了国家特色，又在多大程度上创造了国家特色？这是一个经常引发讨论的问题。

但我们不能忽视一个事实，家庭和社会也是文化的一部分，所以学校和教师对它们负有特殊的责任——既要反映文化特色，也要创造文化特色。诚然，如果学校要取

得成功，家长必须参与并支持教师的工作。只有当学校提供的教学能够解决家庭和社区关心的问题时，这样的参与才有意义。

在思考 EBD 的原因时，我们会不由自主地采用过度简化和过度概括的方式。我们很容易把极度不妥当的行为简单地归因为家长管教不当、学校教育不力、生理状况不佳或文化影响不良。我们太容易相信（××）是注定的，不管这个（××）代表的是生物、文化或其他任何东西。科夫指出，生物因素并不一定如我们所想的那样，会对人际关系产生负面影响。她描述了自己对学龄前儿童与同龄人和教师之间的互动所做的观察，试图告诉我们，气质并非命中注定。只不过我们必须考虑到气质在儿童成长过程中所扮演的复杂角色——不仅仅是孩子的气质，还有家长和教师的气质。

生理、文化、养育和教学都可能是重要的诱发 EBD 的因素，但我们在对个案下结论时必须非常谨慎，这是我们希望大家在阅读第二部分这四个章节时能深刻理解到的一点。例如，当学生出现不良课堂行为时，不能武断地认为一定是由于教师教学不当；当孩子出现异常时，不能一口咬定就是由于家长管教无方。在下结论之前，我们必须仔细研究在师生之间、亲子之间的互动中到底发生了什么。不过，即使我们在观察中发现，成人对儿童做出的一些行为确实差强人意，也必须小心，不要急着认为已经找到了问题的根源。患有严重 EBD 的孩子可能对任何人来说都是极难相处的，这样的孩子总是能成功地让所有人产生挫败感并被激发出最坏的那一面。

因果效应并非乍看之下那么简单或单向，如果能认识到一点，将有助于我们在评价自己的教育工作时保持谦逊，并提醒我们不要轻易把责任推到其他相关成人身上。

今天我们对 EBD 起源的了解比 25 年前（甚至 10 年前）多了很多，但研究人员现在意识到，其成因机制比我们想象的更为复杂。与此同时，研究也向我们展示了各种成因之间那令人难以置信的复杂性和相关性，这也为干预开辟了新的可能性。旧的观念认为，精神疾病的进程是由早期生活经历或生物学因素决定的，几乎不可能进行有效的干预。新的观念则对多数障碍持更乐观的态度。同时，我们已经认识到，许多行为模式是遗传和其他生物过程的体现，教师和家长不应该因此受到指责，要纠正这些问题也不能只靠以人际交流为主的干预措施，所以，新的观念认为，向 EBD 学生提供治疗性环境会产生积极的影响。

在我们试图找出人们行为背后的原因时，一定要保持合理的怀疑态度。科学的思维框架至关重要。只是去想或相信某件事会如何，并不能真的使其变得如何。请记住这句话，"想归想，别当真"。

本章小结

在 EBD 的成因中，学校所扮演的角色是教育工作者特别需要考虑的问题。我们的社会总是把学业失败等同于个人失败。学校环境不仅对社会发展至关重要，也是教育工作者可以直接控制的因素。

作为一个群体，EBD 学生在智力测试中的得分低于平均水平，在学业上算差等生。他们中有不少人缺乏特定的社交技能，还有一些对学习不利的行为。行为不当和成绩差似乎相互影响，具体到个人的时候，是哪一个导致了另外一个并不重要，重要的是认识到它们是相互影响的。如果在学业失败和智力低下的基础上再加上反社会行为或品行障碍，会增加学生成年后出现社会适应问题的可能性。学校可能会在以下几个方面诱发 EBD：

- 学校管理人员、教师和其他学生可能对学生的个体差异不敏感；
- 教师可能对学生抱有不适当的期望；
- 教师在管理学生的行为时可能有矛盾和不一致的地方；
- 提供的教学内容可能不实用（也就是说，看似对学生没有意义）；
- 教学中没有向学生传授关键的学习技巧；
- 学校教职员工有强化不当的行为；
- 同学和教师可能提供不良行为的榜样。

EBD 学生的成绩差、教导起来十分困难，对此教师必须做好心理准备，一定要围绕着两个主题来安排教学计划：一是学习技能，二是社交技能。

你最好有所行动

——鲍勃·温特斯（Bob Winters）

鲍勃·温特斯原本应该负责学龄前残疾儿童的教育工作，但后来去了一所中学担任特殊教育老师，负责一个由轻度智力障碍学生组成的特殊班级。在他被录用时，校长达德利先生曾对他说："你是这方面的专家。该怎么教育这些孩子，我们就交给你来决定了，因为你受过专门的训练，知道该怎么对付这些难搞的学生。阿特老师，也就是上一任老师，被这些孩子们折腾得很惨。你得给他们一点教训。"

鲍勃努力为这些学生制定合适的教学方案。其他教师都来向他请教，但他几乎没什么可说的。最后，他给学生布置了很多作业，考查的都是一些基本能力。他想让学生忙起来，但随着日子一天天过去，他的课堂变得越来越吵闹，几乎失控了。学生们会匆忙完成作业，然后成群结队地在教室里走来走去，起哄吵闹，互相辱骂，完全不把糟糕的学习成绩当回事。事实上，他们把成绩差当作吹嘘的资本，而且特别喜欢炫耀自己的作文得分是全班最少的。

鲍勃的班级逐渐变得毫无规矩，有时候因为学生吵闹得实在太凶了，达德利先生会从走廊上走过来打开教室的门，对鲍勃的学生发火或大喊大叫。每次达德利先生一离开，学生们就哄堂大笑，然后开始拿他开玩笑。有的学生说："他一定认为自己很坏。"其他人点头同意。鲍勃决心采取更强硬的态度，他必须把这个班管好。他开始尝试达德利的方法——怒吼着发号施令。他让学生抄字典以作为对他们的惩罚，因为学生好像很害怕抄字典。在一个周四，当罗尼从洗手间回来扰乱了课堂秩序时，鲍勃就动用了这种惩罚措施。罗尼顽皮地咧嘴一笑，说："好吧，我喜欢抄字典。"最后他抄的页数比鲍勃指定的还要多。但第二天，鲍勃故技重施，罗尼却断然拒绝抄写，僵持半天后鲍勃命令他到办公室去。

后来，鲍勃决定重新安排座位，让所有学生们都面朝墙壁。他想，也许这样他们就不会互相干扰了，可以完成更多的学习任务了。但随后学生们就开始擅自将课桌搬到一起，并在鲍勃出言训斥时用一些俏皮无礼的话来回应，比如"行啦，大佬！""得了吧，他以为自己能干点啥！"当杰拉尔德从自己的座位上跳起来，跑过去开玩笑地拍打迈克的后脑勺时，鲍勃终于控制不住了，他大发雷霆，"滚回你的座位去！"他吼道。杰拉尔德愣住了。鲍勃继续说："我才不管你想做什么。我让你干什么你就得干什么！"凯茜用胳膊肘碰了碰坐在她旁边的罗尼，两人开始咯咯地笑起来。鲍勃立刻把怒火转移到凯茜身上，朝她大喊："滚去办公室！"凯茜怒目圆睁，大步走出教室，砰的一声关上了门。同学们摇着头，互相交换着愤怒的眼神。

十分钟后，达德利先生来到了鲍勃所在的教室门口。"温特斯老师，你可以出来一下吗？"鲍勃走到门口时，听到安布尔说："他要倒霉了。"鲍勃觉得她说对了。

与本案例相关的问题

1. 从鲍勃的教学和管理策略中，你想到了本章提出的哪些概念？达德利先生在这个班级呈现的问题中扮演了什么角色？

2. 如果你是鲍勃的朋友和同事，你会给他什么建议来提高他的教学水平？

3. 怎样防止上述情况的发生？

第三部分

异常行为的分类

CHARACTERISTICS OF
EMOTIONAL AND BEHAVIORAL
DISORDERS OF CHILDREN
AND YOUTH

导读

在前几章中，我们主要讨论的是 EBD 的一般情况，只是偶尔提到了一些具体类型或分类。在第三部分中，除了回顾之前讨论过的一般问题，我们还将详细探讨一些具体的障碍。针对每一种主要障碍，我们将尽量就以下问题提供简洁的答案：

- 如何定义这种障碍？它的患病率是多少？
- 对其成因和预防措施，我们了解多少？
- 干预和教育的主要方法是什么？

但我们只能就多数主要障碍提供粗略的答案，如果就每一种障碍或其亚型都回答上述三个问题，确实力有不逮。

我们将第三部分命名为"异常行为的分类"，以表明我们所讨论的各类问题只是 EBD 的不同方面。我们所知的 EBD 在分类上非常复杂，有些类别界限模糊也在所难免。所有类型的障碍之间似乎都有关联，所以在讨论一种类型时，我们必须同时考虑其他几种类型。例如，多动症、品行障碍和青少年犯罪是相互关联的问题。的确，我们可能会看到一个青少年被诊断为多动症，但并没被诊断为品行障碍，也没有被认定为犯罪。我们偶尔还会发现一个看似"单纯"属于某类障碍的病例，在这种病例中，青少年的问题显然只具备某方面的特点。然而，这种"单纯"的案例并不典型。在大多数情况下，我们看到的都是多重问题，即个体集数种障碍于一身，表现出 EBD 多个不同方面的行为特点。

那么，我们怎么知道是什么构成了异常行为独特的"类型"或"方面"呢？显然，任何人在回答这个问题时都带有一定程度的主观性。依据统计学上对行为问题的分类和支持这种分类的研究证据，我们将本书的这部分内容分为六个章节，因为我们相信这种结构能帮助我们把问题讨论得更清楚。我们将从最常见的障碍开始：注意力和活动障碍，通常被称为注意缺陷 / 多动障碍（ADHD），以及品行障碍（公开的攻击行为和隐蔽的反社会行为）。在随后的一章中，我们将讨论焦虑和各种相关障碍，它们不属于任何其他类别（恐惧和恐惧症；强迫性思维和强迫性行为；涉及说话、饮食、排泄、运动和性行为的各种障碍）。紧随其后探讨的是抑郁和自杀，这是在儿童和青少年中越来越严重的问题。接下来，我们讨论最不常见的各种被称为精神病或广泛性发展障碍的疾病。最后，我们谈谈青少年的一些特殊问题，包括青少年犯罪和物质滥用、过早性行为，以及其他与行为障碍和注意力问题密切相关的问题。

我们希望，在读完第三部分的章节后，大家可以更好地理解 EBD 在儿童和青少年身上的具体表现方式。当你阅读这些章节时，应该问问自己，这些特定的障碍是如何相互关联的，又是如何彼此迥异的。下面是你可能想问的一些问题：

- 品行障碍和抑郁的区别是什么？
- 如果一个青少年有品行障碍，我们是否也能在他身上看到抑郁特征（也就是说，品行障碍是否会与抑郁共病）？同样的环境会同时导致品行障碍和抑郁吗？
- 对患有品行障碍学生有效的干预措施是否也适用于抑郁学生？在多大程度上适用，或者在多大程度上不适用？
- 我们对抑郁和过度恐惧的共病了解多少？
- 在什么情况下我们可能会在同一个人身上看到广泛性发展障碍、多动症或注意缺陷？当遇到这种情况的时候，教学的意义是什么？
- 青少年性行为、未成年怀孕与犯罪、物质滥用和其他障碍有什么关系？

上述问题不好回答，而且，就凭我们对特定障碍的粗略的探讨，根本不足以说明这些问题的复杂性及相互联系。

在认真研究 EBD 时，我们经常感慨，很多时候只需稍微含糊其辞，就可省略大段解释。尽管我们力求准确，但同时也认识到，消除所有的不准确和过度概括是不可能的。但我们希望，通过阅读接下来的六章内容，你能够对 EBD 的复杂性有一个新的认识。

第 8 章

注意力及活动障碍

定义与患病率

在第一部分的导读和第 2 章中，我们说过，患有 EBD 的儿童和青少年经常会诱发他人的负面情绪和行为。在众多困扰或激怒他人并令他人做出负向回应的行为特征中，注意力和活动方面的障碍最引人瞩目。在过去的几十年里，人们用各种各样的专业术语描述有这类障碍的个体，其中包括过度活跃和多动。如果个体在调节注意力和活动方面长期存在严重问题，现在通常被称为注意缺陷 / 多动障碍（ADHD）。相对于多动症的问题，人们现在更关注的核心问题是在控制注意力方面的缺陷。主流观点认为，多动现象通常（但并不一定）伴随着注意缺陷。ADHD 是一个仍有很多不确定性和争议的名称。

我们之所以在本章使用 ADHD 这个名称，是因为我们主要关注的是那些有注意力和活动障碍的儿童和青少年，他们的问题比大多数人更严重。这些在注意力和活动方面有极严重问题的青少年也可以被归类为 EBD 或学习障碍（Learning Disabilities，LD）。在注意力有缺陷的同时伴有多动和冲动症状的青少年，比那些虽表现出注意缺陷和混乱但没有多动现象的青少年更有可能患品行障碍。在这里，我们关注的是那些有严重社交问题或情绪问题的青少年，关心他们除了无法专注于学习外，是否还有多动或其他注意力缺陷的表现。我们很早就知道，患有注意力和活动障碍的儿童在社交方面有很多问题。

ADHD 是具有争议性的障碍之一，尽管它并不新鲜。和 LD 一样，ADHD 仍然被一些人视为一种真正意义上的严重残疾，而另一些人则认为它不过是为了让教师或家长的失职合理化，或者是为了得到不应有的特殊关注而编造的诡辩或借口。一些持怀疑态度的人认为，只要家庭和学校能提供良好的教育、良好的管教，就可以解决所有ADHD 带来的问题，只有极少数病例除外。另一些人则认为，ADHD 是一种无法真正治愈的发展障碍。在几乎所有的有关 ADHD 的研究和实际工作中，都能看到专业人士的分歧和大众的困惑。

我们相信 ADHD 确实存在，而且专业人士对于其性质和治疗方法的共识正在逐渐形成。与许多流行观点相反，在数十年的研究基础上，正在逐渐形成的共识是，ADHD 既不是一个小问题，也不是一个仅限于儿童时期、长大后就会自然消失的暂时现象。它是一系列独特的问题，也是一种真正的残疾。大多数关于 ADHD 的定义表明，它是个体在注意力和活动方面出现的一种发展性障碍，在幼年时期（7 或 8 岁之前）就很明显，会持续一生，涉及学习和社交技能，并且经常伴有其他障碍。

ADHD 的特点是难以集中和维持注意力，难以控制冲动行为，难以表现出适当的动机，这可能会使患有这种障碍的人（无论其年龄大小）成为父母、兄弟姐妹、教师、同班同学或同事的考验。多动、易分心、冲动的青少年会让他们的父母和兄弟姐妹很恼火，因为他们在家里很难相处；在学校里，他们会经常逼得教师失态。他们通常不受同龄人欢迎，也不能成为讨人喜欢的玩伴或合作愉快的同事。无论是停不下来的动作、冲动、聒噪、易怒、搞破坏、难捉摸、浮躁还是其他 ADHD 学生常表现出来的类似特征，对任何一个人（包括家长、兄弟姐妹、教师和同学）来说都是不受欢迎的。为了说明一个患有 ADHD 的孩子会让人多么不愉快，卡罗尔·K.惠伦（Carol K.Whalen）提供了一个经典的描述：一个患有 ADHD 的男孩可能会把他的脏手放在母亲刚刚清洗干净的墙上，在和兄弟姐妹或邻居玩游戏时他坚持改变规则，在教师已经给全班同学讲完之后要求再讲一遍，制造一些不寻常的声音让每个听到的人感到难受和恼火，肆意破坏同学们辛辛苦苦创造的东西，总是会不小心打翻果汁或食物，踢翻路上对其他行人而言毫无障碍的东西，或者在别人津津有味地看电视节目时不小心断开电源或关闭电视。而这样的孩子似乎常常不明白为什么大家不喜欢自己，不清楚自己做了什么让别人感到沮丧和愤怒。他们并不是真的怀有恶意，只是不善与人交往，不懂察言观色。

教师需要了解与注意力发展相关的方方面面，明白如何将 ADHD 学生与那些同样有注意力不集中和冲动表现但属于正常范围的学生区分开来。在幼儿的正常发展过程中，我们经常看到他们做事的时候像没头苍蝇一样，而且三心二意，做事虎头蛇尾，无法控制自己的冲动行为。但随着年龄的增长，他们做起事来逐渐胸有成竹，能够长时间保持专注，开始学会三思而后行。因此，只有当儿童的注意力技巧、冲动控制和活动水平都与他们的年龄应有的表现存在显著差异时，才被认为需要干预。ADHD 儿童与同龄人的明显差异通常在很小的时候就能看到。而且，ADHD 的特征通常并不隐晦，它们通常是"当面"为之，让大多数同龄人和成年人气得想把这样的孩子赶走，或者"当面"采取报复的行为。事实上，我们越来越认识到，很多时候 ADHD 是其他障碍的一个组成部分。

与其他障碍的关系

注意力和活动障碍经常出现在患有各种其他障碍的儿童和青少年身上。几乎所有教师、家长和临床医生都认为，很多患有其他类型 EBD（如品行障碍、自闭症、抑郁或焦虑障碍）的青少年很难在学习和社交过程中控制注意力，而且会控制不住地干扰别人，做出破坏性行为。

从图 8.1 我们可以看到，注意力不集中和破坏性行为不仅在 ADHD 中举足轻重，还在各种 EBD 中扮演了核心角色。因此，当我们观察到注意力不集中和破坏性行为的核心症状时，应该进一步了解这些行为是否属于 ADHD 的一部分。类似的行为通常也是品行障碍（公开或隐蔽的反社会行为）、情感障碍（如抑郁和易怒）、焦虑障碍（如强迫性思维与强迫性行为）、精神分裂症或其他思维障碍、自闭症谱系障碍或脑损伤等障碍的特征。

在许多诊断类别中，注意力不集中和破坏性行为是关键元素。有时候一个孩子身上可能同时存在多种障碍，这种情况就更复杂了。所以，注意力不集中可能只是孩子身上复杂、多重问题的一部分。因此，如图 8.1 所示，不同类型的 EBD 之间可能也会互相重叠，而其中任何一类（甚至全部）都可能存在注意力问题、冲动控制问题、破坏性行为问题。也就是说，几乎所有障碍都可能与其他某种障碍或多种障碍同时出现，而 ADHD 是大多数障碍的一个组成部分。从图 8.1 中我们可以看到在诊断和标签上存在的混乱，还可以看到当一个人同时患有多种类型的 EBD 时，要理清每一种障碍及这些障碍之间的关系，以及它们与注意力问题的共同关系，是非常困难的。

当 ADHD 与其他发展性问题，如品行障碍或青少年犯罪结合在一起时，会大大增加学生学业失败及其问题恶化的可能，尤其在男孩身上。事实上，多动、注意力不集中和冲动在反社会行为的发展中起着关键作用，至少对男孩来说是这样。

几乎所有认识到注意力和活动障碍存在的研究人员都认为，尽管 ADHD 本身是一

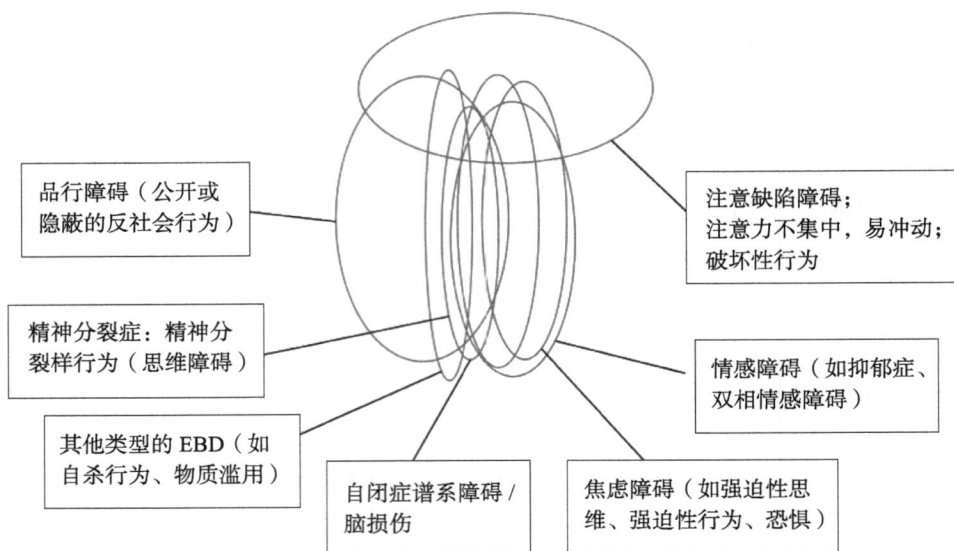

图 8.1　不同 EBD 与 ADHD 的假设性重叠关系

种独立且独特的障碍，但它和其他诊断类别之间有很大的重叠。

　　ADHD 是否具有独有的特征？如果有，我们应该怎么划分它与其他障碍之间的界线？这些都是具有很大争议的问题。大多数专家认为，在 ADHD 儿童中，有一部分人（大约 30%）没有接受过任何类型的特殊教育，而患有 LD 或 EBD 的儿童中也有一大部分人（50% ~ 70%）患有 ADHD。在探讨 ADHD 的性质及其与其他障碍之间的关系时，让我们感到极其困惑的是，被转介到精神卫生服务机构的儿童往往是那些注意力存在极严重问题的儿童，无论他们是否有多动的问题。患有 EBD 的儿童和青少年通常在与同龄人交往方面有困难，大多是因为他们表现出不恰当的社会行为，遭到了同龄人的主动排斥。虽然许多有注意力缺陷的孩子与同龄人相处没有问题，但有些孩子也会被排斥。如果他们有非常严重的注意力缺陷，与同龄人的关系出现问题是可以理解的。人们（无论是儿童还是成人）通常不喜欢和那些特别"轻浮"的人为伴。我们可以得出下列结论：

- 许多患有 ADHD 的儿童和青少年不会被诊断为 EBD；
- 有很大比例的重度 ADHD 患者会被诊断为 EBD；
- 许多因为其他 EBD 类型而接受特殊教育的学生会被诊断为 ADHD；

- LD 可能与不止一种障碍共病。

我们推测，ADHD、EBD 和 LD 人群之间的假设关系如图 8.2 所示。EBD 和 LD 可能单独出现，也可能相互结合并与 ADHD 一起出现。

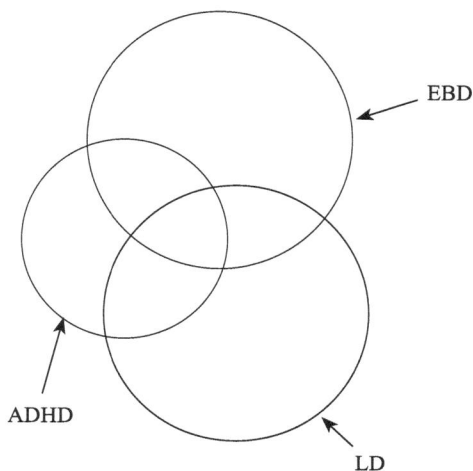

图 8.2　ADHD、EBD、LD 人群之间的假设关系

患病率

正如我们在第 2 章中指出的，当提及某一种障碍的时候，因为在定义上存在着争议，使得我们很难对其患病率做出估计。按照大多数权威人士的估计，在学龄人口中 ADHD 的患病率为 3% 至 5%，这使其成为在儿童和青少年中最常见的障碍，也是最常见的转介原因。在因 ADHD 及其相关障碍而转介的患者中，男孩的人数远远超过女孩。男孩占多数的部分原因可能是性别偏见，但不同性别在人数上的显著差异表明，两性的生物性别差异也可能是导致这种障碍的成因之一。

成因及预防

从历史上看，大脑功能障碍一直被认为是导致 ADHD 的成因。如今，研究人员正在通过更复杂的解剖学和生理学测试来研究其生物原因，包括脑部血液流量及神经递质等（如脑组织中的电位、磁共振成像）。到目前为止，还没有可靠的证据证明多动症的基础是神经系统的问题，尽管许多研究人员怀疑大多数案例有其潜在的生物学原因。

有人认为，食物中含有的多种物质（如染料、糖、防腐剂）、环境毒素（如铅）和过敏原是引发多动症状及相关障碍的原因。但目前我们并没有确凿的证据证明绝大多数 ADHD 案例都是由上述因素导致的，尽管有证据表明在少数案例中它们的确是罪魁祸首。食物、毒素或过敏是常见原因这一说法并没有得到可靠研究的证实。

遗传因素似乎会增加个体罹患 ADHD 的风险，尽管人们对这种障碍的遗传机制尚且知之甚少。但我们确实知道，ADHD 在患有该障碍的儿童的血亲中比在普通人群中更常见，这表明 ADHD 在某种程度上是由基因组织造成的。合理的解释是，遗传因素可能会使一些人容易出现注意力问题和冲动控制问题，并与其他生物或心理因素结合导致 ADHD。

人们认为，如果儿童具有某种困难型气质，即天生就具有易怒、好动、难以专注、易分心等特征，那这可能是 ADHD 的一个起点。ADHD 儿童通常在蹒跚学步或学龄前就能被识别出来。从气质上看，他们符合"困难儿童"的描述。这些儿童在幼儿园和小学早期就会表现出各种问题，包括注意力不集中、无法控制冲动、不服管教、具有攻击性等。然而，单凭气质并不能解释这些孩子表现出的所有问题。简而言之，并没有明确、一致的证据表明有任何特定生物因素与 ADHD 有关。不过，在大多数案例中，生物因素确实脱不了干系，这种说法是合理的，但确切地说，这些生物因素到底是什么及它们是如何起作用的，我们依然不清楚。

对 ADHD 的心理原因有很多假设，从精神分析流派的解释到社会学习理论的说法，应有尽有。例如，大量关于榜样和模仿的研究告诉我们，通过观察父母或兄弟姐妹异常活跃的表现，儿童也习得了这种异常的行为模式。在相关文献中还有不少案例告诉我们，为了博取他人的关注，儿童会形成一些不当行为。这表明家长和教师可能会在无意中诱导孩子以 ADHD 特有的方式行事。然而，研究并没有证明 ADHD 主要是由不当的社会学习导致的，因此我们不应该把儿童的 ADHD 归咎于家长或教师。

总结一下我们对 ADHD 各种成因的了解，目前并不知道儿童罹患该障碍的确切原因，原因似乎不是单一的。在绝大多数情况下，我们怀疑是神经或遗传因素导致儿童朝着 ADHD 的方向发展，这些因素与来自儿童所处的物理环境和社会环境的其他影响相结合，导致了他们注意力不集中或多动的行为。

对 ADHD，我们已经知道了很多控制其相关问题的方法，对这方面的了解比对其起源的了解更多，因此，预防的重点就是在家庭和课堂上对那些难以管理的孩子进行早期干预。有效的初级预防就是防止 ADHD 在儿童的发展过程中出现，这需要我们了解更多神经学和遗传学知识，还需要在儿童护理和管理方面对相关人员进行培训，消除可能的环境成因。次级预防就是减少和控制出现的问题，这也是最可行的方法。

次级预防的大部分责任落在教育工作者身上，他们必须管理儿童在学校的行为，并为学生制订能帮助他们在学业上取得成功并提高社会适应能力的教学计划。ADHD是一系列持续存在的问题，可能会伴随儿童进入青春期和成年期。它会给学生的学业成就和同伴关系带来极大的干扰。缺乏成就感、产生失败感、被社会孤立或排斥、缺少行为动力，这些都使得学生的不当行为的发生率很高。ADHD 学生容易陷入消极自我认知→不当行为→与他人消极互动的恶性循环中。要预防问题的持续及恶化，关键就在于如何打破这个循环。

评估

ADHD 的评估通常包括体检、心理学家或精神病学家的临床访谈以及家长和教师填写的行为评定量表。由心理学家或精神病学家完成的 ADHD 临床评估和由教师或其他学校工作人员完成的 ADHD 教育评估可能存在很大的差异。临床医生主要感兴趣的是确定孩子是否符合某些诊断标准，而教师更感兴趣的则是设计一个管理课堂行为和教学的计划。家长想知道的是为什么他们的孩子会有这样的行为，以及他们应该如何应对。

虽然在儿童入学前，家长或其他人有可能就注意到了儿童表现出来的 ADHD 的一些特征，但往往要等到儿童面临课堂要求时，才会有人（通常是教师）意识到问题的严重性。在校园环境中，ADHD 常常变得令人无法容忍，孩子的行为常被视为挑起事端的导火线。在与人交往时，ADHD 儿童经常会表现出一些让教师感到恼火的行为。教师对学生学习成绩的担忧显然是他们将学生转入特殊教育的常见原因。但让人担心的不只是许多 ADHD 学生的学习，行为也一样。

在校园环境中，ADHD 的有效评估方式主要是由教师和同龄人填写的行为评定量表、直接观察和访谈。目前已经有各种各样的评定量表得到了广泛使用，有些是针对ADHD 的，还有一些则是用途更广泛、更全面的量表。这些评定量表的价值在于，它们可以将教师和同龄人对特定学生在学习和社交行为方面的看法加以组织化和量化。这些看法很重要，但它们可能与直接观察的结果不太一致。在评估 ADHD 时要面对很多问题，其中之一就是确定青少年的问题是否与注意力缺陷、攻击性有关。ADHD 区别于其他问题的特点可能是扰乱课堂秩序、在日常学习中状况频出、没做好上课应做的准备、忘记带上学该带的东西，等等。伴随这些问题出现的可能有好斗或其他 EBD 症状，也可能没有。这种区别在判断学生问题的严重性和设计干预方案时很重要。

直接观察学生在各种校园环境（教室、操场、食堂、走廊）中的行为和仔细记录他们的日常学习表现（与教师的评定量表相对照），是评估的重要方面。这些信息可以精确地指出 ADHD 在行为方面的问题，还可以用作衡量干预效果的客观标准。一方面是对学生行为和表现的客观记录，另一方面是对学生行为和表现的性质及其可接受程度的主观判断，两者对于控制 ADHD 都很重要。

干预与教育

在大多数情况下，ADHD 涉及一连串相关的行为特征，包括注意力调节、动机、多动和不恰当的社交反应等多方面的问题。正因为如此，专业人士已经在家庭和课堂环境中尝试了很多不同的干预技术。其中最常见也最成功的两种方法是：（1）药物治疗；（2）培训家长和教师如何管理学生的行为（心理社会干预）。绝大多数案例都需要好几种干预方式，而且都需要家长和教师的共同参与。

药物

恐怕没有哪种 ADHD 治疗方法会像药物治疗这样饱受争议了。常用的 ADHD 药物是精神兴奋剂。反对药物治疗的人认为，药物可能产生各种副作用，对成长和健康的长期影响不明，对个人责任感和自我控制能力可能有负面影响，还有可能导致药物滥用。在这些反对者中，有些人的说法毫无根据甚至有臆想成分，但也有一些说法是经过深思熟虑的谨慎之言，还提出了可靠的证据证明兴奋剂不是万灵药，而是和所有药物一样有利有弊。

研究清楚地表明，对大约 90% 患有 ADHD 的青少年来说，正确剂量的药物能显著改善他们的行为，促进学习。必须注意的是，如果药物超过适当的剂量，不但不能促进学习，还会带来不利的影响。而且，一种药物不可能对青少年的所有问题行为产生影响（例如，它可能会使多动症状有所改善，但对攻击性却几乎没有影响），而且药物治疗的效果可能在不同的环境中有所不同（如在学校的改善情况比在家里明显）。除 ADHD 外还患有其他障碍的儿童（如焦虑障碍或抑郁症）可能对兴奋剂反应不佳。

研究结果还明确指出，药物治疗是治疗 ADHD 最有效的方法。但我们完全没有必要在药物治疗和其他干预措施之间做出非此即彼的选择。就像几乎所有 EBD 一样，药物治疗和其他疗法结合使用可以发挥最大的优势。对 ADHD 儿童来说，将药物治疗和行为管理相结合，甚至比单独使用药物治疗的效果更胜一筹。事实上，兴奋剂药物可以提高有效行为管理的效果，而有效的行为管理也可以提高药物治疗的效果。

如果在使用药物治疗的过程中采取合理的预防措施，并仔细监测药物的剂量和效果，那么使用兴奋剂药物是一种安全、合理的方式，可以在家长和教师采用其他 ADHD 管理策略时充当有效的辅助手段，但如想让精神药物发挥最佳作用，我们必须密切监测药物的效果。教师应该密切观察学生的反应，并向家长和医生提供观察报告，详细说明药物对学生的行为和学习有什么影响（或没有影响）及其副作用。

涉及家长和教师的社会心理培训

单纯的药物治疗并不是控制 ADHD 儿童行为最有效的方式。这些孩子通常是在家里时家长叫苦，在学校时老师发愁。因此，专攻 ADHD 治疗的心理学家们经常使用的方法是对家长和教师进行系统的行为管理技能培训。这种培训的目的不是治疗或消除 ADHD，而是帮助家长和教师学习如何更有效地管理孩子的行为。该培训是围绕行为心理学的原理来组织的，指导家长和教师在日常活动中与孩子进行更积极的互动，避免强势对抗，而强势对抗是好斗、多动的儿童和青少年的家庭的特征。家长和教师应该学会的方法还包括代币强化法（用代币来鼓励适当行为）、反应代价法（作为对不当行为的惩罚撤销已获得的部分奖励）或限时隔离法（被短暂隔离或暂时停止获得强化物的机会）。

最后，家长可能会被培训一些在公共场所管理孩子行为的技巧，并将这种训练推广到新的问题和环境中。这种类型的训练不是所有家长都能得到的，即使家长接受了训练，也不能保证一定会成功。不过的确已经有很多家长取得了成功。与家长合作的心理学家通常会让教师也参与到行为管理计划中来，因为除非在课堂上使用类似的行为管理方法，否则孩子在学校里几乎不会有什么改变。

ADHD 学生的问题通常在课堂上最为明显，在课堂上，遵守课堂纪律和专注学习任务是成功的关键。培训应该帮助教师了解 ADHD 在课堂上的表现及相关的行为问题，他们可以通过仔细的行为评估发现这些问题。

干预反应模式与分层教育法

谈到学习障碍（LD），最常被提及的是干预反应模式（RtI）和其他涉及多层次的教育方法（Multi-Tiered System of Supports，MTSS，即多层支持系统）。另一个类似的分层式框架被称为正向行为干预和支持（Positive Behavior Interventions and Support，PBIS）。但这些方法其实涉及对所有问题行为的处理。当然，不论从哪个方面讲，RtI、MTSS、PBIS 或其他分层框架都是非常不错的理念，但用在 ADHD 或 EBD 学生身上时，它们能否成功取决于各组成部分的具体实施技巧。虽然 RtI 和其他分层教育的组成部分已是众所周知，但那些宣称正在应用它们的学校要么执行得很差，要么根本没执行。

行为干预和认知策略训练是两种首选的 ADHD 管理方法，它们也是分层教育法的组成部分。如果教师希望在教学上取得成功，就必须接受这两种方法的培训。毕竟它们并不是教师凭直觉就会用的方法，也不是每个教师都能学会的方法。

行为干预

行为总是受其前因后果的影响，这是行为的基本原理。在使用行为干预时，使用者既要了解如何使它发挥作用，又要根据学生的个人特点和偏好因势利导，否则干预成功的希望很小。行为干预是一个强有力的工具，但只有在那些富有洞察力和敏锐感知力的教师手中，它才是出色的工具。熟练地使用行为干预可以建立充满温暖和关怀的师生关系。

所谓行为干预，是为了确保学生令人满意的行为得到奖励，让不受欢迎的行为徒劳无功或受到惩罚。家长也应该采取这种方法，调整自己对孩子不同行为的态度，奖励和支持适当的行为，对不当行为采取冷处理，这和注意力从不当行为转移到适当行为一样简单。当然，可能还需要配合使用一些方法增加这种态度的影响力，如采取代币强化法、反应代价法和限时隔离法。

在许多情况下，成年人可以和孩子签订一份行为契约，明确告诉他们哪些情况会得到奖励，哪些情况会受到惩罚。除了教师可以在课堂上使用的各种方法，家长还可以参与一项"家–校行为矫正计划"，在该计划中，如果学生在学校表现良好，就可以在家里得到家长的奖励。这些干预方法的重点必须放在对适当行为的奖励上，但也有必要对不良行为谨慎地予以惩罚。

还有一种行为干预方法是改变课堂条件或教学方式，使其对学生更有吸引力。不管采用什么方法，最重要的是让学生清楚所有行为的后果——是会得到奖励，还是受到惩罚。当然，这些方法不过是额外的辅助措施，目的是将行为的基本原理用于帮助 ADHD 学生，让他们的表现更得体，学习更认真。

最重要的是，我们要理解那些不当行为持续存在的原因，如可以得到他人的关注、可以逃避写作业。如果不当行为是因为可以逃避写作业而持续存在的，那教师在布置作业的时候让学生自行选择可能会有所帮助。然而，如果不良行为的持续是因为可以博取他人关注，那么教师给学生选择作业的机会可能毫无用处。

　　在控制 ADHD 或 EBD 问题时，行为干预并不是万无一失的方法。但研究表明，在处理吵闹、调皮捣蛋、搞破坏、注意力不集中等行为问题时，只要强化方式使用得当，学生的行为通常可以得到改善。就像药物治疗或其他干预方式一样，行为干预方式也可能被滥用和误用。即使得到了巧妙的利用，它们也可能会产生意想不到或不受欢迎的结果，而且也不一定会使 ADHD 学生表现得更正常。尽管如此，对教师和家长来说，行为干预可能是最好的工具。从图 8.3 我们可以看到，在干预的作用下，学生的不良行为会发生什么变化，也就是说，干预和行为之间存在函数关系，这在许多研究中已经得到了证实。具体的干预措施可能是让学生选择做什么，也可能是让教师多关注那些适当行为，无视那些不当行为。关键之处在于，许多关于行为干预的研究已经证明，如果能够让适当行为产生更加积极的结果，学生的行为往往可以得到实质性的改善。

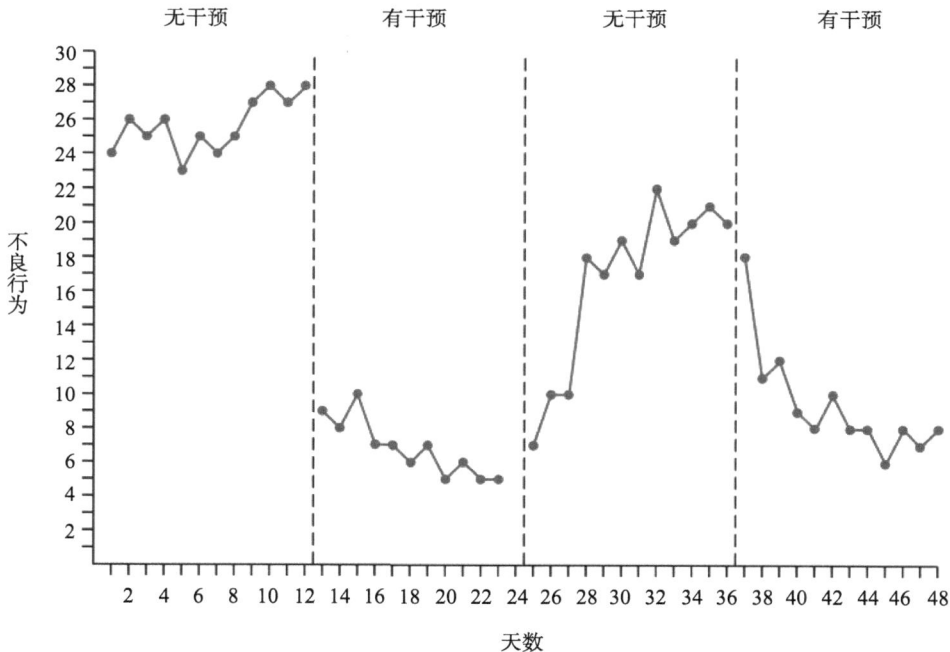

图 8.3　行为与干预之间的函数关系

认知策略训练

一般来说，被归入认知训练或认知策略训练范畴的干预措施包括自我指导、自我监控、自我强化和认知－人际问题解决。上述所有方法的目标都是帮助个体更清楚地意识到自己在学习和社会领域的种种行为反应，并积极参与控制自己的反应。

在这里我们只描述三种策略——记忆术、自我指导和自我监控，因为它们在课堂环境中应用得最广泛。不过，还有其他一些让学生主动进行自我认知管理的策略，如目标设定法，在治疗 ADHD 方面也很有价值。

记忆术策略是用来帮助学生记住事物的方法。具体方法包括让那些有记忆问题的学生学会使用首字母策略、关键词法和字钩法。例如，教师可以用缩略词 HOMES 帮助学生记住北美五大湖泊的名字，方法是将该缩略词与每个湖泊的首字母联系起来：休伦湖（Huron）、安大略湖（Ontario）、密歇根湖（Michigan）、伊利湖（Erie）和苏必利尔湖（Superior）。使用关键词法时，可以选择一幅图片和一个发音相似的词，帮助学生记住一个单词的意义。例如，教师可以帮助学生想象一只熊在扮演律师，以此来记住 barrister（大律师）这个词的意思。在使用字钩法时，采用的是押韵的方式。人们已经发现，记忆策略可以有效地帮助多种类型的残疾学生记住重要的信息。

"自我指导"是让学生学会与自己对话，与自己探讨正在做什么和应该做什么的问题。在很多情况下，让学生学会为自己受到的各种刺激命名，并复述教师给予他们的指示或任务，似乎是一种很有用的教学方法。例如，教师可以要求学生在解题时用语言表述每一个算术问题或它的运算符号，在写字时大声说出单词的每个字母，或者在向教师朗读之前先预读一段。

自我指导训练通常需要经过一系列步骤：首先由成人示范如何遣词造句，然后让学生模仿，最后要求学生独立完成。在要求学生完成某项任务时，先由成人示范具体如何操作，同时描述这项任务有哪些具体要求；当要求学生应对某种社交场合时，先由成人示范如何做出得体的反应，同时表达对该社交场合的想法。成人可以先和学生讨论相关的刺激或线索，制订具体的行动计划，然后按计划执行，并妥善处理在这个过程中可能产生的情绪或感受，最后点评自己的表现。在完成示范后，成人和学生可以一起完成任务，一起模拟社交场合的反应，在此过程中学生要对成人的言语和非言语行为进行揣摩和模仿。最后，先是让学生用自己的语言将整个行动过程描述出来，然后让他们在内心复盘整个过程，完成沉默的自我指导。实践证明，对于一些在学习或社交领域容易冲动的儿童和青少年而言，教导他们学会用自己的语言来规范行为是一个成功的方法。当由成人告诉冲动的学生在做出反应前放慢速度、小心谨慎时，可能不会起作用，但如果这些学生能够学会以某种方式告诉自己三思而后行，可能会极大地改善他们的行为。

　　自我监控已被广泛用于帮助那些在课堂上难以专心学习的学生，尤其是当需要他们独立完成作业时。具体应该怎么做呢？可以利用录音机、手机或其他电子设备发出警示音（预先录制成以随机间隔发出声音的模式，间隔时间可以设为从 10 秒到 90 秒不等，平均间隔约为 45 秒），提醒学生询问自己，"我现在 ＿＿＿＿＿＿（空格处通常是'专心'）吗？"并把答案记录在表格上（见表 8.1）。事实证明，这个看似极其简单的方法可以有效增加很多学生对任务的专注，从 5 岁的儿童到患有 ADHD 和其他各种障碍的青少年都适用。在此方法的基础上稍加变化，就可以用来提高学生的学习效率、作业正确率和改善学生的社会行为。

表 8.1　自我监控表

我现在专心吗					
	是	否		是	否
1			11		
2			12		
3			13		
4			14		
5			15		
6			16		
7			17		
8			18		
9			19		
10			20		

　　表 8.1 是一张简单的记录表，它可以用来帮助学生监控自己在完成作业或听课时是否专心。表 8.2 展示了更多可进行自我监控的活动形式，这些活动可以帮助学生记住各种学业成功者必备的技能。如果对自我监控稍加调整，就可以适应各种不同的情境和行为。例如，研究人员将几种干预措施结合起来使用，成功地减少了一些 ADHD 学生及相关问题学生的破坏性行为。这些干预措施包括使用代币强化法、公开表扬学生遵守规则的行为、与学生交流对行为的看法、让学生做自我总结等。在教师的管理下，学生可以逐渐从为了得到奖励而好好表现，转向在自我的管理下好好表现。通过对自

我监控的研究，研究人员大致得出了以下结论。

表 8.2　自我监控活动记录表

每日作业记录表				
姓名：		班级：		日期：
是否记住了以下事项：			是	否
1. 带齐所有学习用品（笔记本、课本、钢笔或铅笔）				
2. 完成家庭作业并放在书包里				
3. 把今天的家庭作业抄在作业本上				
4. 在向老师提问或回答的提问前举手				
5. 在别人发言时安静地聆听				

1. 自我监控的流程简单明了，但在实施前要先让学生做好必要的准备，否则无法进行。所以，对学生进行简短的培训是必要的，在培训中教师要与学生讨论上课"开小差"的本质是什么，什么样的行为才是恰当的，同时还要向学生解释自我监控的具体做法，并用角色扮演的方式进行示范，最后让学生进行练习。

2. 在大多数情况下，当学生认真监控自己是否正专注于完成作业时，会增加他们把心思放在作业上的时间。

3. 对学习状态的自我监控通常也有助于提高学习效率。

4. 通过自我监控，学生完成作业的行为及其学习成绩都得到了改善，这种效果通常在停止自我监控后还能持续数月。

5. 自我监控的良好效果通常是在不使用其他强化物的情况下实现的，学生通常不需要外在的奖励，比如行为改善后就奖励金钱或小点心。

6. 在最初的培训过程和实施过程中，用语音提示来协助自我监控非常有必要，但通常可以在成功进行一段时间后停止语音提示。

7. 学生的自我记录——即自问自答——在培训和实施的初期阶段也是必要的元素，但在一段时间成功的自我监控之后也可以停止。

8. 自我监控记录是否准确并不重要，一些学生的记录会和老师的观察结果一致，但另一些则不会。

9. 在使用该方法时，一定要保证将提示音及有关因素对班上其他学生的干扰降至最低限度。

　　尽管人们对认知策略怀着热切的期望，也有许多报道称它们成功地解决了各种各样的问题，但它们并没有像研究人员和其他人所希望的那样，让 ADHD 患者的行为和认知发生全面改变。各种形式的认知训练显然不是解决注意力和活动障碍问题的灵丹妙药。此外，认知训练并不像看起来那么简单。要想有效地使用这些技巧，教师必须理解它们的理论基础，并仔细制定适合个别情况的干预方案。

关于干预的观点

　　几乎所有类型的干预措施，只要曾用于处理任何一种问题行为，都被尝试过用于 ADHD。也许这一现象本身已经说明了成年人对待这个问题有多认真。心理疗法、适度感官刺激、生物反馈、放松训练，饮食控制——所有你能想到的方法可能都已经被尝试过了，甚至可能曾被吹捧为一种突破、一种革命性的治疗，或者一种彻底治愈的方法。

　　人们认为，儿童和青少年的这种常见"疑难杂症"应该能够找到一种方法来"解决"，这种想法是一种强大到让人无法抗拒的诱惑。在过去数十年里，该领域内的顶尖学者和研究人员已经制定了各种各样的干预策略，这些策略无一不是在刚面世时被研究人员寄予厚望并热情探索，然后被广泛采用，获得异口同声的称赞，被视为能"解决"（甚至治愈）ADHD 问题的良方。但人们最终发现，每一种策略都解决不了问题。对每一种发展性障碍，包括智力障碍、自闭症、脑瘫及其他发展性障碍，我们的治疗史几乎都是这样的——在一种干预措施刚出现时，总是表现出过度的热情，将其疗效夸大到足以使某种发展性障碍消失的地步，但最后总是无法避免令人失望。一些前沿研究人员现在认为，ADHD 确实是一种目前还无法治愈的发展性障碍，而且我们也不太可能在短期内找到治愈的良方。

　　虽然我们目前还无法治愈 ADHD，但这一认识不应阻止我们寻求和实施最有效的干预策略。而且，我们确实有不少很不错的干预措施和教育方法，可以帮助我们实现一些重要的目标。我们知道药物治疗非常有用，特别是与心理干预结合使用时。药物治疗可以使学生更安于学习，但如果没有良好的行为管理，药物治疗肯定发挥不了最佳效果。对教师来说，无论学生是否服药，以下这些条件都是最重要的：（1）一间能让学生的注意力始终高度集中的高度结构化教室；（2）持续、明确地实施行为干预；（3）系统性地向学生传授自我管理技巧。下面我们提供了一个结构化干预的简易版，这种方法可以帮助学生集中注意力，提高他们的学习效率。

向 ADHD 学生传授社会技能

ADHD 学生最需要解决的社会技能问题有哪些

我们已经详细介绍过，患有 ADHD 的孩子在任何课堂上都会给教师带来巨大的挑战。这些学生被形容为"闲不住"，他们总是在运动，就像是一个"强力马达"。同时还伴随着分心、冲动和注意力不集中，因此，患有 ADHD 的学生，特别是那些形式比较严重的，基本上在课堂上没有表现出任何学习能力和社会生存技能（如安静地坐在自己的座位上、回答问题之前先举手、不管是学习场合还是社交场合都要轮流发言、必要时要专注倾听教师或其他人的发言）。相反，他们经常把一些多数教师和同学不喜欢或无法忍受的社会行为带到课堂上，比如不停地说话或打断别人、不待在自己的座位上、插手干涉其他人的事情，等等。

什么样的干预目标是适当的

上面列出的任何一种行为都可以作为干预目标。但我们通常认为这些行为属于"自我控制"这一更大范畴。了解这些行为的性质后，就不难理解为什么教师们经常用"自我控制"这个词来形容学生应在课堂上必备的所有品质了。此外，几乎可以肯定的是，在这些往往同时发生的行为中，任何一种都会对学生的学习成绩产生负面（有时甚至是毁灭性）的影响。因此，当我们考虑干预措施的时候，一定要全面考虑如何减少学生分心、无法专注学习任务的表现，让他们将更多的注意力放在学习上。

哪些类型的干预最有希望

我们已经提到了不少行为、认知行为或心理社会的干预方法，包括强化、反应代价和自我管理系统。但还有一种前景很乐观的方法，它结合了结构化、常规化、一致化、强化措施、行为纠正等元素，并以学习为中心，这种方法就是班级互助小组。

班级互助小组

班级互助小组是一种简单的干预措施，在改善 ADHD 学生（以及其他残疾学生和非残疾学生）的行为和学习表现方面，它让人们看到了希望。简单地说，教师先把学生分成两人一组，结成"一帮一"的双人组合，然后将全班分成两支队伍，再将每个双人组合分配到两支队伍中的一支，这两支队伍将分别为获得团体荣誉而展开激烈的竞争。教师会在前期对学生进行明确的培训，告诉他们如何互帮互助。在班级互助小组形式中，一般包括以下内容：充当辅导者的学生向被辅导的学生提出问题（通常是拼写单词、确定单词定义、辨别单词含义等）；辅导者对每一个正确的回答给予表扬，对每一个错误的回答予以即时的纠正（提供正确的答案并让被辅导者重复或练习正确的回答）；辅导者为被辅导者评分。在这个过程中，被辅导者每答对一题，这一对学生获得两分，如果辅导者在被辅导者给出错误答案后即时予以纠正，这一对学生得一分。所得分数会公开宣布，每周获胜的队伍（每周都要对队伍进行改组）会获得公开奖励。互助小组通常每周进行四天（每周有一天预留给课前预习或课后复习），并严格遵循非常结构化的时间表。在互助小组的每个步骤中，教师都要帮助他们计时，每过十分钟后让"一帮一"中的两位学生交换角色。大量的研究表明，班级互助小组对学生的学习成绩以及与学习任务相关的社会行为都有良好的影响。班级互助小组计划强调结构化、常规化、聚焦学习和成果奖励，这些特点完全符合 ADHD 学生的学习和行为需求。

就目前人类对 ADHD 的了解，我们不应该不切实际地期望能够彻底消除这种障碍，但我们应该在认识到这是一种慢性致残障碍的同时，尽可能对其加以有效的控制。

本章小结

ADHD 是目前使用得最广泛的术语，用于描述注意力和活动方面的障碍。该障碍在术语和定义方面仍然存在很大的争议和混乱。不过，大多数定义认为 ADHD 是一种注意力和活动水平的发展性障碍，在 7 岁或 8 岁之前表现明显，可能会持续一生，涉及学习问题和社会问题，并经常伴有其他障碍或一些属于其他障碍的症状。对这种障碍，我们要关注的核心问题是注意力、认知、动机和社会行为的调节。ADHD、LD 和 EBD 是相互重叠、相互关联的类别。有 3% ~ 5% 的学龄人口被诊断为 ADHD，其中男孩的数量大大超过了女孩。

长期以来，人们一直怀疑脑损伤或脑功能障碍是多动症的原因之一。还有许多其他的生物原因，包括食物成分、环境毒素、遗传因素、气质等，都已经被深度研究过了。也有人提出了各种心理原因，但到目前为止，还没有明确可靠的实证研究指出任何具体的生物或环境原因。一些知名学者认为，引发 ADHD 的可能是一些目前我们尚无多少了解的神经因素，而使 ADHD 恶化的则是一些物理因素和社会环境因素。要预防 ADHD 及相关障碍，最主要的做法是在问题刚出现时立刻加以控制。

为教学目的而做的评估和以临床治疗为目的评估不太一样。学校人员和家长感兴趣的主要是那些有助于他们设计干预方案的评估方式。在各种评估方式中，对教育工作者来说最有用的是由教师和同学填写的行为评定量表和在各种学校环境中对不良行为的直接观察。

对于 ADHD 及相关障碍的干预和教育，应用最广泛、最成功的方法是药物治疗和对家长和教师的特别培训。对药物治疗一直存在着激烈的争议，但研究清楚地证明，在使用得当的情况下药物治疗很有用，其他疗法远没有药物治疗或药物治疗与行为干预相结合的方法那么成功。虽然药物治疗既不能传授技能，也不能解决所有问题，但它可以让孩子更安于学习。针对家长或教师的培训通常包括行为管理方面的一些技能。教师培训通常涉及实施行为干预（如代币强化法、反应代价法、签订契约法）或认知训练策略（如自我指导或自我监控）。教师负责在课堂上矫正学生的行为，家长负责在家里以得当的强化方式培养孩子的适当行为，将两者结合起来，就形成了一个重要的"家－校"联盟。

在专业人士绞尽脑汁地处理 ADHD 及相关障碍时，几乎把每一种已知的干预方法都用遍了。但迄今还没有哪一种方法能真正治愈 ADHD 及相关障碍。干预的目标应该是尽量控制青少年的问题，并承认目前还不可能真正治愈。在处理这种慢性致残的障碍时，家长和教师联起手来想办法应对是最重要的。

个人反思

注意力和活动障碍

蒂娜·拉德福德（Tina Radford），教育文学硕士，现任肯塔基州路易斯维尔市弗恩克里克小学特殊儿童教育部组长，负责教育 EBD 学生。她从教已达 16 年，从学前班到五年级都带过，教过的学生几乎覆盖了所有障碍类型，包括情绪障碍、品行障碍、自闭症、轻度智力残疾及 EBD 等。

回想一下，当您的一个学生表现出注意力或活动障碍（即 ADHD）时，他的问题是如何引起您注意的（学生的行为和学习表现如何）

以卡尔为例吧，他现在已经是一名高中生了，但他第一次引起我的注意时还是幼儿园的学生，他在一个普通班待了 16 到 18 周，然后才被安排到我负责的 EBD 特殊班。卡尔在很多方面都有困难，他不能好好听课，无法做到好好坐在座位上不动，不能集中注意力认真听课，完成不了教师布置的作业，很难待在教师给他指定的区域不乱跑，听不懂教师下达的转换活动的指令，也不能遵循教师的指示。卡尔和同龄人的关系很差，他很难交到朋友。他被认为是行为失控、倔强固执、喜欢对抗、不服管教的小孩。他会以打人、乱吐口水、扔东西、骂脏话等方式来掌握主动权。教他的老师已束手无策，在他身上看不到任何变好的希望。不管她要求卡尔做什么，卡尔都会置之不理。她激发不了卡尔的学习热情，更控制不了他的不良行为。他喜欢自己说了算，不喜欢受任何限制。在尝试了几次干预措施都没有成功后，学校召开了一次会议，决定将卡尔安排在我的特殊班里。我认为这是一个挑战，但我欣然接受了。卡尔年纪还小，我认为他在这个年龄完全可以学会一些新的行为模式，替代前面提到的那些不当行为，还可以教给他一些如何让自己变得更冷静的技巧。他必须学会如何正确地发泄情绪，如何正确地交朋友。

作为一个 5 岁的孩子，卡尔非常聪明。他认识 220 个常用词，阅读能力达到了三年级水平。事实上，卡尔有时会因为学习内容太简单而懒得学，因为他觉得实在太容易了。这种不服从严重影响了他的日常表现和学习成绩，虽然他的所有学科成绩都高于平均水平，但由于平时没有完成作业而最终不及格。我查看了所有关于卡尔的资料，对他进行了初步评估，并与他的父亲进行了会谈，之后把专门为他制订的行为计划做了一些必要的调整和修改。在做完这一切后，我决定应该向卡尔提供更多的挑战。我允许他在活动时休息，在要求他做什么的时候提供多种选择。刚开始的时候卡尔很抗拒，但他很快了解到，我这样做只是为了让他把事情做好，甚至愿意为此做出必要的改变。在分配任务的时候，他也拥有选择的权利。我和他一起完成了一项调查，内容是关于他喜欢做的事情和他感兴趣的事情（如涂色、玩玩具、吃零食、吃点心）。在改变常规活动或时间表时，卡尔会提前得到提示。对于他可能做出的各种行为选择，我们会让他知道明确的后果，做错时施以惩罚，做对时给予奖励和激励。我让卡尔成为班上的积极分子，让他帮助同学、分发卷子，甚至在全班同学面前朗读课文。

该生在注意力和行为方面的问题对他的学习进步和在校整体表现有何影响

如果不进行必要的调整，卡尔的注意力和行为问题可能会严重影响他在学习上的进步和成功。事实上，卡尔上幼儿园时就存在很大问题。他的不服管教和反抗行为使他成为最难教的学生。他经常打断教师的教学，学习成绩很差，对学习也没有什么兴趣和动力。直到上小学一年级，他的学习和行为才有了转变。虽然找不到什么神奇的策略和疗法处理他的不当行为，但我始终保持冷静、坚持遵循干预策略、不和他争论或试图通过施压控制他，这种方式获得了最好的结果。同时，我知道必须和他建立一种积极的关系，一种建立在相互信任和尊重基础上的关系。在这段关系中，我一直对他抱有较高的期望和信任。卡尔知道我相信他，希望他一直保持最好的状态。让卡尔参加感兴趣的活动也很重要。这有助于卡尔专注于眼前的任务，并对自己所学的东西感兴趣。我还设法让课程变得更有吸引力，更贴近生活，力求让他看到所学内容的重要性。在我们的支持和帮助下，卡尔逐渐适应了日常的学习要求。从四年级开始，他在校的一半时间都可以待在普通班。他的进步还在继续，进入中学时，他已经完全脱离了 EBD 特殊教育服务。

在教育这个学生时，您或其他教师或工作人员认为自己做得最成功的是什么

和卡尔在一起的工作很有收获。在我的课堂上，他每年都在成长，事实上，随着时间的推移，他变得越来越优秀。不仅卡尔在向我学习，我也在向他学习。卡尔热爱学习，而且在艺术方面很有天赋。卡尔每天在学习上都是一次精彩的探险之旅。他需要并希望有人关心他。他需要教师在行为上支持他，帮助他解决导致任务无法完成的问题，但他也需要一些在教室里的活动自由。他还需要学习如何正确地表达自己。随着时间的推移，他学会了所有这些东西，甚至更多。卡尔有能力完成所有高水平的学习任务，他每门课的成绩都远远超过年级水平。在获得了更多技能和行为方面的自制力之后，他变得更有动力去追求成功了。到了高中，他肯定希望向大家展示他的成长，希望别人看到他的成功。

您认为这个学生的长期预后情况如何？他未来最大的隐患是什么

虽然 ADHD 通常是一种持续终身的障碍，但大多数人会随着年龄的增长学会更好地应对它，卡尔的情况显然就是如此。我们教给他的策略和提供的社会技能课程肯定对他有帮助。在我看来，卡尔有一个光明的未来！目前他是一名高三的学生，即将以优异的成绩毕业。他还兼职做两份工作，经常在一个青年表演艺术团演奏小提琴。我一直和卡尔保持联系，并继续向他提供他所需要的任何支持。有时他需要的可能只是一双倾听的耳朵，或者加油鼓劲的话语。他正在继续茁壮成长。卡尔已经找到了很多帮助自己的方法，知道需要做什么才能成功解决 ADHD 和冲动控制问题。我对他唯一的担心是来自同龄人的外部影响。同辈压力对所有学生来说都是一种挑战，对 ADHD 学生尤其困难。但考虑到卡尔一直以来都很固执，我相信他只会做他想做的事，而且多半会继续做出正确的选择。

需要进一步思考的问题

1. 你如何向家长解释孩子正常的活跃或注意力不集中与孩子患有 ADHD 之间的区别？

2. 在什么情况下一个注意力不集中、冲动或高度活跃的孩子应被转介做 EBD 评估？

3. 如果有学生已被诊断为 ADHD，但你认为该生除了 ADHD 外还存在其他问题和障碍的迹象，为了说服学校心理工作人员、其他学校工作人员或家长相信你，你需要准备哪些证据？

第 9 章

品行障碍：
公开攻击行为与隐蔽反社会行为

定义、患病率及分类

定义

所有正常发展的儿童和青少年都会在某些时候表现出某种形式的反社会行为，这是成长过程的一部分。他们可能会乱发脾气，与兄弟姐妹或同龄人打架，作弊，撒谎，以残忍的手段对动物或其他人进行躯体伤害，拒绝服从父母，破坏自己或他人的财物。在正常情况下，随着孩子们的成长，他们会在与父母、其他成年人以及其他孩子的社交过程中了解到这种行为是不被接受的。有些孩子学得很快，上述行为可能只会出现一两次。正常发展的青少年在大多数社交场合都不会表现出反社会行为，也不会在任何场合持续而频繁地做出反社会行为，以至于被同龄人排斥、孤立或成为父母和教师眼中的大麻烦。

而在本章中，我们要讨论的孩子却不一样，他们会在大多数同龄人都能遵守社会规范的年龄，在多种环境（家庭、学校、社区）中，反复地表现出上述反社会行为。被诊断患有品行障碍（Conduct Disorder，CD）的儿童或青少年会表现出一种持续的反社会行为模式，严重损害了他们在家庭或学校的日常功能，让其他人忍不住发出"朽木不可雕也"的感叹。许多这样的孩子变成了恶霸，他们的反社会行为可能包括盗窃、破坏公物、纵火、撒谎、逃学、离家出走等。这类行为的共同点是违反主流社会规范。品行障碍指的就是一种反社会的行为模式，它会损害儿童或青少年在家庭或学校的日常功能，使许多人认为这样的孩子难以管教。

品行障碍通常分为两大类，一类是我们肉眼所见的，另一类是我们通常看不到的。我们能看到的形式被称为公开的攻击行为，其典型特征是对他人进行言语或身体攻击。家长、教师和同龄人不仅能看到这些行为，而且经常成为被攻击的目标。另一类我们通常看不到的形式（虽然其影响事后是可见的）被称为隐蔽的反社会行为，其特征是反社会行为发生得更隐秘，如破坏公物或纵火。正如我们将在后文中讨论的，如果这种隐蔽的反社会行为有目击者，那这些目击者很可能是干着同样不良勾当的同龄人，家长、教师和权威人士是看不到的。事实上，对这两种类型的品形障碍还有另一组名称，公开的攻击行为被称为"社会化不足型品行障碍"（Undersocialized Conduct Disorder），隐蔽的反社会行为被称为"社会化型品行障碍"（Socialized Conduct Disorder）。在过去数十年中，我们已经对品行障碍的不同形式有所认识，但支持这些不同形式的可靠实证主要来自20世纪80年代的大量研究。研究结果同样显示，一些儿童的障碍是"多重发展"的，既表现出了公开的攻击行为，也表现出了隐蔽的反社会行为。品行障碍还与对立违抗障碍密切相关，这是一种非常消极、敌对的违抗性行为，罹患这种障碍的儿童会在大多数同龄人都停止这类表现之后仍然有此表现。有些品行障碍始于童年，有些则始于青春期。

具有多重问题的青少年通常会更严重，预后通常比那些只表现出一种反社会行为的青少年更糟。但多重问题本身也有程度之分，有些青少年可能每种问题的严重程度差不多，而有一些人则在某种特定的反社会行为上最突出。

我们通常很难将这两类品行障碍与其他障碍明显地区别开来，尤其是青少年犯罪。事实上，社会化的（即隐蔽的）形式一般都会涉及违法犯罪的活动，通常是一群不良少年或帮派共同行动，并且经常涉及酒精或其他物质滥用。然而，违法犯罪是一个法律术语，它所指的行为是本书第13章的主题。

显然，对教育工作者来说，对公开和隐蔽的反社会行为进行评估和管理是两种不同的挑战。公开的反社会行为很容易被发现，事实上是你想看不见都不行；而隐蔽的反社会行为则很难被观察到，更难对其做出评估。有隐蔽反社会行为的儿童和青少年是不值得信任的，他们善于操纵和利用他人（包括同龄人和成年人），也善于向权威人士隐瞒自己的行为。事实上，公开和隐蔽的反社会行为可能代表了同一行为维度的两个极端，但两者最常见也最关键的特征就是不服从，而且是那种态度无礼、消极对抗、始终如一的不服从。

重申一次，我们在这里讨论的儿童（尤其是那些表现出公开反社会行为的）比发展正常的儿童更容易出现严重的问题行为，而且持续的时间也更长。与发展正常的儿童相比，有攻击性品行障碍的儿童出现问题行为的概率可能高出两倍或更多。

在一项如今已被奉为经典的研究中，帕特森和他的同事们花了很多时间观察正常发展儿童和攻击性儿童的家庭。他们首先确定了哪些行为是有害的，并测量了在正常发展的儿童中这些有害行为发生的频率，同时测量在那些可能符合品行障碍定义的攻击性儿童中有害行为发生的频率，然后将两者进行对比，从中得到了很多发现。例如，他们发现，有攻击性的儿童每隔 10 分钟就会表现出不服从行为，每半小时就会出现戏弄他人的行为。相比之下，一个没有攻击性的儿童可能会在每隔 20 分钟表现出不服从行为，在大约 50 分钟出现戏弄他人的行为，每隔几个小时才会出现打人的行为。

正如我们前面提到的，品行障碍必须根据实际年龄来判断。通常情况下，随着年龄的增加，孩子们表现出的攻击性会逐渐减少。与没有攻击性的孩子相比，患有品行障碍的儿童和青少年通常在更年幼的时候就表现出与其年龄不相称的攻击行为，并逐渐发展出更广泛的攻击行为，在更广泛的社会环境中表现出攻击行为，并且会在更长的时间内持续攻击行为。例如，一个 3 岁的孩子发脾气（虽然对父母来说并不好玩）肯定比一个 12 岁的孩子发脾气更容易接受和处理。同样，在吃饭时婴儿推开照顾者的手，或者把一整盘食物从桌子上推到地板上，这可能是婴儿在表达自己的沮丧、疲倦，或者不想再吃了。相反，如果一个八九岁的儿童推开照顾者或把食物扔在地上，家长可能就应该感到担心了，如果这种情况反复发生，就更应该担心了。在患有品行障碍的儿童和青少年中，有很大的比例在年幼时就表现出对立违抗障碍的特征。也就是说，他们表现出了与同龄正常发展的儿童完全不同的消极、敌对和反抗的行为模式，其特点包括经常发脾气，经常与成人争吵，拒绝服从成人，故意惹恼他人，表现得充满愤怒和不满。

品行障碍通常与其他障碍共病（同时发生），如 ADHD。我们知道，对立违抗障碍、注意缺陷 / 多动障碍和品行障碍是密切相关的，尽管患有其中一种障碍并不一定意味着会同时患有另外一种（或两种）。事实上，我们现在已经明确了品行障碍的几种亚型，所有类型的品行障碍都可能与 ADHD、抑郁、焦虑、犯罪、物质滥用和不当性行为等同时发生。

患病率

据估计，在 18 岁以下的青少年中，品行障碍在男孩中的患病率为 6% 至 16%，在女孩中为 2% 至 9%。我们发现，男孩罹患品行障碍的人数远远超过女孩，这可能是生物敏感性和社会化过程（涉及社会角色、社会榜样、社会期望和社会强化）共同作用的结果。这种性别差异在各个学校筛查 EBD 的过程中也得到了数据支持。在一项为期三年的研究中，调查人员对超过 15,000 名六年级到九年级的学生进行了调查，在被确认为有罹患 EBD 风险的学生中，男孩的数量远远超过了女孩，两者的比例为 3：1。此外，有罹患外化性障碍风险的男女比率为 5：1，有罹患内化性障碍风险的男女比率为 2：1。

品行障碍每种亚型的患病率还没有得到精确的统计，但已经有了一些大致的估计，其中就包括与性别差异有关的证据。例如，患有品行障碍的男孩通常有打架、偷窃、故意破坏和其他明显具有攻击性、破坏性的行为，而女孩则更有可能出现撒谎、逃学、离家出走、滥用物质、卖淫和其他不太明显的攻击行为。

在研究女孩的反社会行为时，测量、预测和共病是最关键的几个问题。共病可能是性别差异的一个独特方面。虽然男孩一般比女孩更容易形成反社会行为，但存在一个"性别悖论"，即女孩出现共病症状的风险较大，也就是说，当她们确实表现出品行障碍时，可能同时面临着更多的相关问题，如物质滥用、心理健康问题等。此外，女孩的攻击性和破坏性行为与男孩既有相似也有区别，这取决于当衡量这些行为时青少年所处的具体发展阶段。关于反社会行为中的性别差异，特别是生物和社会因素如何影响男孩和女孩的反社会行为模式的发展过程，仍有很多东西需要我们去探索。

总之，研究人员的共识是，因为受品行障碍相关问题的影响，官方在估计罹患该障碍的学生所占的百分比时可能出入很大，而且品行障碍的患病率也正在日益攀升。此外，专业人士认为该障碍的严重程度是与日俱增的，在发病后拖延数年仍不得不寻求治疗的情况很常见。

分类

在对品行障碍进行分类时，有一种方法是以发病年龄为依据。研究者们一致发现，与发病较晚的儿童相比，品行障碍发病较早并伴有违法行为的儿童（10 岁或 12 岁之前）通常表现出更严重的障碍，且预后较差。品行障碍可分为轻度（只对他人造成轻微伤害）、中度或重度（对他人造成很大的伤害）。

社会化不足型品行障碍的特点包括多动、冲动、易怒、固执、苛求、争吵、戏弄、同伴关系差、吵闹、威胁和攻击他人、残忍、打架、炫耀、吹牛、咒骂、指责他人、无礼、不服从，等等。请注意，这些特点中的每一个都足以让孩子成为与教师、家长和同龄群体对立的人。社会化不足型品行障碍也与暴力行为密切相关，而暴力行为是一个普遍存在且历来倍受关注的问题，尤其对教育工作者和其他关注儿童发展的人而言。社会化型品行障碍的特点是那些更隐蔽的反社会行为，如违抗、说谎、搞破坏、偷窃、纵火、结交不良人员、加入帮派、离家出走、逃学、酗酒或滥用物质。这里要注意的是，这些特定行为中有许多不会引起教师或家长的注意，至少在短期内不会被发现。不过，所有类型的反社会行为都与犯罪和物质滥用密切相关。

社会环境中的攻击行为与暴力

攻击性是长期存在于美国人生活中的一个共同特征。虽然这是一个老生常谈的说法，但用来形容 21 世纪初这 10 年美国的现状却极为贴切。对美国儿童和青少年以及他们的家庭或学校来说，攻击行为并不陌生。

然而，即使已经认识到了长久存在的暴力，也丝毫无法减少当今美国儿童在生活中的攻击性，而且，这种攻击性已经达到了令人难以接受的程度。儿童通过媒体接触到各种各样残酷的攻击行为，其程度可能是文明史上前所未有的。虽然暴力镜头的问题曾一度仅限于电影，然后是电视，但在 21 世纪初期就泛滥成灾了，已经发展到所有可传递暴力信息或图像的媒体，包括音乐、电子游戏，当然还有大量基本上不受监管的互联网内容。此外，对儿童和青少年来说，这些暴力画面几乎随处可见，其中很多是通过智能手机等便携设备拍摄的。当然，科技还带来了其他副作用，学校里的学生也会拍摄打架斗殴或其他不法行为，并通过社交媒体或其他互联网渠道分享给他人。事实上，网络欺凌在 21 世纪初已经成形了，据说其影响与"传统"欺凌相比有过之而无不及。网络欺凌包括直接向受害者发送文本或语音信息、图片或视频，或者只是将这些材料公开发布。

在学校里，攻击性、破坏性行为和破坏公物的行为已经变得司空见惯。我们无意用这些与儿童和青少年品行障碍发病率相关的数字来歪曲普遍存在的校园暴力。媒体对极端校园暴力形式的描述，可能会导致人们得出"学校危险至极"这一错误结论。

不过，数据显示，在美国，极端的校园暴力事件在 21 世纪的前 10 年中呈稳步下降的趋势。更让我们关注的是那些长期存在的不文明、搞破坏以及针对他人和财产的公开和隐蔽的反社会行为。据我们所知，尚无任何证据可否认这些行为在校园中的普遍存在。

攻击行为是一个多元文化问题

攻击性与暴力属于多元文化问题，因为美国所有的亚文化群体都受其影响，关于不同文化群体的刻板固有印象也很普遍。人们往往会错误地以为，非裔美国人和拉丁裔美国人的文化对暴力和攻击持包容态度，而对美国原住民和亚太岛国裔美国青年的暴力行为又了解甚少。在讨论暴力问题时，那些特别容易受到伤害的人群往往遭到忽视，包括残疾儿童和其他被边缘化的群体。

毋庸置疑，一些群体确实有特殊的弱点和需求，但我们认为，更重要的是认识到社会文化的共同点和所有儿童和青少年的教育需求，无论其肤色或种族背景如何。所有族裔的青少年可能都面临着相同社会化风险因素的影响。

一些人建议，应该针对某些具有攻击性的特定学生群体设计干预方案。文化敏感性和多元文化能力固然重要，但它们不能取代那些超越种族和性别的有效干预措施。

无论肤色、种族、性别和其他个人特征如何，儿童和青少年都会因为一些同样的因素而陷入危险之中，如贫困、家庭破裂、虐待、忽视、种族主义、糟糕的学校、缺乏就业机会以及其他给人们的生活带来压力的社会问题。同样，针对这些风险因素的最有效补救措施和提高儿童复原力的保护因素在所有文化群体中也基本相同。

不过，精神病理学的定义还是以文化为基础的。此外，一定要认识到在评估和治疗精神疾病时必须做出的特殊考虑。文化因素不是简单的种族认同、民族认同或社会阶层的问题，而是这些因素的综合。

有些行为虽然看上去和常态不符，但它们不过是某种文化的传统表达方式，要区分这种行为与病态行为并不容易。要分清哪些是单纯代表某种文化的行为，哪些是代表病态攻击的行为，我们还需要进行更多的研究。

校园环境中的攻击行为

普通教育教师必须做好随时处理攻击行为的准备，因为在每个班级中，至少有一个学生对同学或教师做出具有高度干扰性、破坏性或攻击性的行为。EBD 学生的教师必须准备好应对大量的攻击行为，因为品行障碍是 EBD 最常见、最令人恼火也最具棘手的表现，最终将导致学生不得不接受特殊教育。

假设你是一位准备从事特殊教育的教师，如果你以为自己将面对的学生大多是性格孤僻的、内向的，或者以为有品行障碍的学生会很快学会对同龄人和教师的主动示好投桃报李，现实一定会让你目瞪口呆。在面对 EBD 学生的时候，如果缺乏能有效控制攻击行为的措施，教师就必须具备超人一般的忍耐力，才受得了师生之间的龃龉。

通过对学生在校表现的观察和对学校记录的研究，我们可以预期的是，在大多数课堂上，有攻击性的青少年会表现出有问题的、破坏性的课堂行为。这并不是说我们只能接受这些行为，我们只是想告诉那些从事特殊教育的教师们，一定要明白自己将要面对的是什么，不仅要有正确的心态和现实的期望，还要拥有一系列战略和战术应对各种令人不愉快的、攻击性的行为。表现出这些行为的学生往往学习成绩糟糕。毫无疑问，表现出攻击性品行障碍的学生经常被他们的同龄人排斥，他们也认为同龄人对自己怀有敌意。如果孩子在低年级就表现出攻击性反社会行为，学习成绩也一塌糊涂，那除非教师能尽快采取有效的干预措施，否则这种孩子的预后会特别糟糕。

对那些有社会化不足型品行障碍的青少年而言，如果频繁出现反社会行为，且日常功能严重受损，预示着他们的未来情形不妙。随着时间的推移，这类青少年往往会表现出一种相对稳定的攻击行为模式。大量证据表明，他们的问题通常不会自动消失，而是会持续到成年，尤其是在发病较早且表现出多种复杂问题的个案中。有攻击性反社会行为的学生往往需要心理健康援助，同时也免不了与刑事司法系统打交道，再加上这种行为往往涉及对他人的身体攻击和财产损害，给受害者造成了很大的痛苦，所以社会成本是巨大的。

如果男性在 15 岁前有严重反社会行为史，成年后就有较高的概率出现外显性精神病性表现（攻击行为、犯罪行为、酗酒和滥用药物）。有这类病史的女性成年后同时患有外显性障碍和内化性障碍（如抑郁、恐惧症）的概率更高。多年来我们已经知道，如果在童年时期罹患品行障碍，成年后出现功能性障碍的风险会很高。因此，社会科学家和教育工作者的首要任务就是找到能有效干预品行障碍的方法。

成因

虽然我们已经讨论了公开反社会行为和隐蔽反社会行为之间的关键区别，但它们背后的成因似乎完全一样，而且，对男女产生的影响似乎也非常相似。杰拉德·帕特森及其同事提出了一个重要的理论模型，似乎可以解释许多反社会行为的发展。以那些发展出与他人"强势对抗"行为模式的儿童为例，我们可以从表9.1中看到这一模式背后的基本理念。在帕特森等人提出的模型中，儿童生活中的一些环境因素为他们的发展和适应提供了合适的背景（例如，家庭社会经济地位、婴儿气质、影响家庭的其他压力源）。个人、家庭和社会环境（即父母或看护者对儿童的监督、行为管理和积极互动），为儿童的发展提供了具有更直接影响力的背景。可以预见的是，一系列负面的背景因素（如社会经济地位低、婴儿脾气不好、父母或照料者离异）会导致家长对子女的行为管理不当，他们可能不善于监控和管教孩子，在家庭互动中不能正确使用正强化和解决问题的方法。结果就导致儿童社交能力不足和出现反社会行为的风险。在此很有必要指出，我们不能简单说是糟糕的养育方式导致了反社会行为。相反，研究表明，在绝大多数表现出反社会行为的儿童和青少年所处的环境中，缺乏教养只是众多特点之一。

表 9.1　大环境对儿童适应行为的影响

具有潜在影响的大环境
　　1. 家庭社会经济地位
　　2. 婴儿气质
　　3. 父母行为的特征
　　4. 父母婚姻状况
　　5. 社区特点
　　6. 家庭压力
　　7. 家族地位

对儿童适应的直接影响
　　1. 父母或家庭对儿童的监管能力
　　2. 父母管理儿童行为的技巧
　　3. 儿童接受正强化的频率
　　4. 家庭建设性解决问题的能力

不利的环境条件与父母或家庭的不良影响交互时的潜在后果
　　1. 儿童出现反社会行为
　　2. 儿童缺乏社交能力

在对具有公开反社会行为和隐蔽反社会行为的儿童所做的一些比较研究中，研究人员发现，具有隐蔽反社会行为的儿童所在家庭的共同特点是，亲子之间互相厌恶和强势对抗的行为较少，但家长的指导或监管也相对较少。但其他研究发现，无论青少年的反社会行为是公开的还是隐蔽的，家庭中的一些变量（如来自父母的否定或拒绝）

所产生的影响并没有区别。其中一个一致性的发现是，具有多重反社会行为的青少年往往来自最混乱的家庭，在这些家庭中，家长在养育儿童方面是最不称职的。

在公开反社会行为的各种特征中，应用得最普遍的可能就是攻击性了。攻击性历来是众多领域科学家们的研究对象，并被赋予了多种不同的解释。精神分析理论、驱力理论和简单的条件反射理论都没有带来有效的干预策略，而且，随着其他以科学研究为基础的解释陆续出现，它们的价值已经在很大程度上大打折扣。例如，生物学理论和社会学习理论就有更可靠的证据支持。在某些情况下，对有攻击行为的儿童采用药物治疗可能会有一定的效果，特别是当攻击行为与 ADHD 有关时。

在最严重的品行障碍案例中，遗传和生物因素显然脱不了干系，但它们在程度较轻的攻击性案例中所起的作用尚不清楚。在重度和轻度品行障碍中，社会环境显然是导致问题的原因之一。此外，现在我们已经明确知道，品行障碍及其相关问题并不是由某个单一原因造成的。

社会生物学是一个有趣而充满争议的话题，但对那些正在为攻击性寻找更直接原因的发展心理学家来说，它几乎没什么用。事实上，数十年来众多科学家的研究有力地证明了个体所处的社会环境是神经生物过程和行为的强大调节器，社会学习可能是决定个体行为以攻击为主还是以亲社会为主的最重要因素。有很多因素可以增加儿童和青少年发展出品行障碍的风险，其中包括：（1）儿童自身因素；（2）父母或家庭因素；（3）学校相关因素。与品行障碍风险相关的儿童自身因素包括：（1）婴儿期的"困难"气质；（2）与语言运用有关的神经心理功能缺陷；（3）问题行为的早期迹象，尤其是这些迹象以多种形式、在多种情况下（家庭、学校、社区）显而易见时；（4）学习能力不足或智商较低。与品行障碍风险相关的父母和家庭因素包括：（1）母亲在孕期或产后的并发症；（2）出生时体重过轻或早产；（3）父母或兄弟姐妹有反社会或犯罪行为的纪录；（4）家长对子女监管不严；（5）惩罚手段过于严苛且前后不一；（6）父母婚姻不睦；（7）家庭人口众多；（8）家境贫寒并因此导致种种问题。最后，可能与品行障碍有关的学校因素包括：（1）不重视学生的学习成绩；（2）对学生期望值较低；（3）很少在学习上给予学生奖励或认可。如果仔细研究一下这些因素，你就明白为何儿童哪怕只经历了其中很少几个因素，也会有较高的罹患品行障碍的风险。而且，一般来说，儿童接触的因素越多，风险就越大。

关于攻击性的心理学解释不少，其中的翘楚就是社会学习理论，它得到了严谨、系统、科学的研究支持。我们关注的重点是社会学习理论对攻击性及其预防措施所做的解释。接下来我们将首先总结社会学习研究的一般发现，然后重点探讨个人、家庭、学校、同龄群体和其他文化因素，最后回顾帕特森提出的强势对抗模型，探讨攻击行为是如何产生和维持的。

社会学习研究的一般结论

在分析攻击行为时，社会学习（或社会认知）理论包括三个占主导地位的影响因素：（1）为行为或针对该行为的强化或惩罚措施创造机会的环境条件；（2）行为本身；（3）认知 – 情感（人）变量。一个人是否会表现出攻击行为，取决于这三个因素之间的相互作用和该个体的社会经历。社会学习理论认为，个体的攻击性是通过攻击行为和非攻击行为的直接后果以及对攻击行为及其后果的观察而习得的。关于攻击性是如何习得和保持的，我们总结出了以下几个观点，它们已经获得了社会学习相关研究的支持。

- 通过观察榜样或其他人的表现，儿童习得了许多攻击性行为。这些榜样可能是家庭成员、儿童所在亚文化圈子内的成员（朋友、熟人、同龄人和社区中的成年人），或者大众媒体塑造的形象（包括真实的、虚构的、人类的、非人类的）。
- 当一位具有较高社会地位的人物身上充满攻击性，且其攻击行为不但没有受到惩罚反而得到强化（获得好的结果或奖励）时，儿童更有可能将其视为榜样并加以模仿。
- 在儿童得到机会将攻击行为付诸实施时，如果没有体会到让他们难受的后果，或者他们以这种伤害或战胜他人的方式成功地获得了自己想要的奖励，他们就会逐渐习得这样的攻击性行为。
- 当儿童经历了厌恶条件（可能是身体攻击、言语威胁、嘲弄或侮辱），或者正强化被减少或终止时，攻击行为更容易发生。儿童可能通过观察或实践了解到，他们可以通过攻击行为来获得奖励。在这种情况下，如果不具备或没学会获得强化的其他（适当的）方式，以及当攻击行为受到社会权威的制裁时，发生攻击行为的概率就会特别高。
- 维持攻击行为的因素包括三种类型的强化：（1）外部强化，指获得实物奖励、获得某种社会地位、消除厌恶条件、成功让受害者受到伤害或痛苦；（2）替代强化，指看到他人因攻击行为获得奖励时，自己体会到的满足；（3）自我强化，指成功攻击他人后的自我祝贺或自信心大增。
- 攻击行为可能因认知过程而得以延续，因为这些认知过程为充满敌意的行为提供了以下理由：（1）以对自己有利的方式，将自己的行为与他人更可怕的行为进行比较，认为自己不算过分；（2）给自己的行为赋予更高尚的意义（如为了保护自己或他人）；（3）将责任归咎于他人（如大家熟悉的"不是我先开始的""是他逼我的"）；（4）将受害者去人格化（如刻薄地称呼受害者为"呆子""垃圾""小丑""窝囊废""疯子"等）。

- 惩罚也可能会起到恶化或维持攻击行为的作用，使用惩罚措施却适得其反的情况包括：（1）惩罚造成痛苦时；（2）找不到适当行为来替代被惩罚的行为时；（3）惩罚被延迟或前后矛盾时；（4）惩罚本身就是攻击行为的示范时。当孩子受到惩罚时，如果他认为自己能够成功反击实施惩罚的人，攻击行为也会维持下去。成人用动手的方式惩罚孩子，不仅给孩子造成痛苦，导致孩子出现攻击行为的概率增加，还做出了错误的攻击示范。

通过社会学习理论对攻击性的分析，我们已经可以比较准确地预测哪些环境条件会引发攻击行为。攻击行为到底源自哪里？经过数十年的研究，我们得出了以下有确凿证据支持的推测。

- 观看暴力节目会增加攻击行为，尤其是对男性和有攻击行为史的儿童而言。玩暴力游戏或观看暴力视频也有类似的影响。
- 不良亚文化（如不正常的同龄人群体或街头帮派）会通过示范和强化方式维持其成员的攻击性。
- 如果一个家庭中有具有攻击性的儿童，该家庭通常有以下特点：所有成员都具有较高的攻击性；攻击性儿童和其他家庭成员之间的交流方式是强势对抗；家长管教方式前后不一，父母用体罚方式控制子女并对子女缺乏监管。
- 攻击行为会引发反攻击。当一个人对另一个人表现出恶劣行为（打、骂、吼叫）时，被冒犯的人很可能会以牙还牙，导致强势对抗的局面。这种对抗会一直持续下去，直到其中一方收回恶劣表现，这就为胜利的另一方提供了负强化（从厌恶性刺激中逃离）。

在前面几章中，我们讨论了涉及社会学习的家庭、学校和文化因素。这些因素无疑在攻击性品行障碍的发展中起着重要作用。家庭、学校和整个社会通过提供攻击行为示范和对攻击行为的强化，向青少年传授（尽管是无意的）了攻击行为。这种潜移默化的教导过程，对于那些由于生物（即遗传）因素或以前的社会学习而已有攻击行为倾向的青少年来说，是最有效的。这个过程是通过行为、社会环境、儿童的认知和情感特征之间的相互影响来维持的。攻击行为所涉及的教－学过程可能有如下相互影响。

- 社会环境提供了令人厌恶的条件刺激（有害的刺激），包括社会地位低下、学业失败、同伴排斥、被父母和其他成年人排斥。
- 青少年认为社会环境对自己具有威胁性且鼓励攻击行为。
- 其他人认为青少年的行为有害，并试图通过威胁和惩罚来控制这种行为。
- 青少年对自己不认可，对自己的评价多为负面。
- 在不断与他人强势对抗的过程中，青少年往往会通过变本加厉或坚持不懈的恶劣表现而成功让他人退步，从而获得对攻击行为的强化，并且更加坚定地认为自己所处的社会环境充满威胁，只有通过攻击他人才能掌握主动权。

上述所有因素在反社会行为的发展中都难辞其咎，并随着时间的推移不断对反社会行为进行强化，最终形成一种难以改变的行为模式。表 9.2 列出了帕特森及其同事提出的导致反社会行为的主要原因。接下来，我们将探讨一些主要成因以及它们在强势对抗过程中的联系。

表 9.2　导致青少年犯罪和出现反社会行为的主要原因

- 与不良同龄人交往
- 自尊有问题
- 社会化存在问题
- 被同龄人排斥
- 家长对子女的日常行为管教无方
- 家长监管力度不够
- 家长使用体罚措施
- 家长对子女不认可
- 学习成绩差

个人因素

正如我们在第 4 章所讨论的那样，儿童的性格或气质是与生俱来的，虽然可以改变，但在一段时间内会很稳定。许多性格难缠、脾气暴躁的孩子都有发展出反社会行为的风险。如果儿童在婴儿时期具有困难型气质，通过与照顾者的互动，他们可能会在幼儿时期发展出高频率的不服从和对立行为。这些孩子很可能会形成低自尊和抑郁情绪，并在同伴关系和学习成绩方面出现重大问题。简而言之，他们可能一出生就带有易受社会排斥的个人特质，而这些特质可能在与照顾者、同龄人和教师的不良互动中进一步恶化。虽然人口统计学因素（如低社会经济地位）和家庭因素（如父母滥用物质）很重要，但判断一个男孩是否会早早地出现品行障碍的有效预测指标还是一些个人特征，比如注意力方面的问题，特别是打架斗殴行为。

同龄群体因素

从很小的时候开始，正常发展的孩子就倾向于排斥那些在玩耍和学校活动中极具攻击性和破坏性的同伴。反社会学生可能会在某一个同龄群体中获得较高的地位，但更有可能遭到大多数非反社会同龄人的排斥。此外，他们在童年时期受同龄人排斥的经历也可能与其攻击行为持续到成年有关。为了获得某种能力感和归属感，反社会儿童和青少年往往会被那些离经叛道的同龄群体吸引。如果家庭中存在家长监管不力和其他风险因素，再加上学习成绩落后，这样的青少年很容易认同那些离经叛道的同龄人，并被卷入违法犯罪、物质滥用和反社会行为中，这只会给他们的继续教育、就业和发展积极稳定的社会关系带来更多的障碍。

家庭因素

反社会儿童的家庭往往以父母和兄弟姐妹的反社会或犯罪行为为特征。这样的家庭往往关系混乱，不利于儿童正常的社会发展，甚至存在身体虐待或性虐待现象，而且往往家中孩子很多。离异或遗弃通常是这类家庭破裂的原因，家庭中的人际冲突频繁而激烈。家长对子女行为的监督往往是松懈的，甚至几乎不存在，对子女的管教往往不可预测且异常严厉，完全违背了那些资深育儿专家（精通如何养育社会化良好的儿童）的建议。这样的家庭通常是数代同堂，但住在一起的祖父母或其他亲属通常也缺乏抚养孩子的技巧。正如我们在第 5 章中所讨论的，子女和父母经常陷入强势对抗的恶性循环中，不断给对方制造痛苦，直到其中一方"获胜"。尽管有越来越多的证据表明这种家庭模式是真实存在的，但我们应该小心，不要预设所有反社会儿童的家庭都具有这种特征。不过，它们确实是反社会儿童所在家庭的典型特征。家庭暴力、贫困、父母教育程度低、家庭成员违法犯罪以及其他不利条件增加了孩子具有攻击性或其他情绪或行为障碍（如抑郁）的风险（即概率）。

表 9.3 总结了反社会行为产生的原因、发展和持续的各个阶段。帕特森等人将反社

会行为的发展比喻为"毒草"的生长。儿童之所以形成与他人强势对抗的模式，是源于某些因素（例如，反社会或父母吸毒、充满压力的生活环境、难与人相处的性情），这些社会和家庭背景可能为其以后的问题埋下了伏笔，它们增加了儿童出现低自尊和反社会行为的可能性（第一阶段）。在第二阶段，学业失败、被家长和同龄人排斥、抑郁等因素互相影响，进一步加强了孩子的反社会倾向。在第三阶段，青少年与反社会的同龄人交往，从事违法行为，沉迷物质滥用。此时青少年已经陷入一种会导致第四阶段出现的社会关系和行为模式中。在第四阶段，反社会青少年变成了反社会成年人，他们没有稳定的工作，很有可能遭到监禁或被其他社会机构收容，也无法维持正常的婚姻。显然，如果成年人一直处于第四阶段，他们养育的后代会拥有和他们幼年相同的因素，因此很有可能会经历相同的过程，将这一恶性循环继续延续下去。所以反社会行为可以代代相传，一部分是通过遗传，还有一部分是通过来自家庭和社区的条件刺激。J. 马克·埃迪（J.Mark Eddy）及其同事认为，类似的强势对抗和条件刺激是反社会行为形成的原因。

表 9.3　反社会行为产生的原因、发展和持续的各个阶段

> **原因**：父母反社会或吸毒、祖父母或其他看护者缺乏育儿技巧或本身就不正常、充满压力的环境、古怪难缠的性格
> **第一阶段（幼儿期）**：照顾者管教无方、监督不力、与反社会儿童交往、低自尊
> **第二阶段（童年中期）**：学习成绩差、父母不认可、被同龄人排斥、抑郁
> **第三阶段（青少年）**：物质滥用、被不良同龄人吸引、违法犯罪
> **第四阶段（成人）**：找不到工作或事业发展不理想、婚姻失败、被收容

学校因素

大多数反社会学生在学校里都没有什么成功体验。他们在学业上失败，遭到同龄人和成年人的排斥。他们就读的学校大多破败不堪，或者拥挤逼仄。学校里教师的管教通常与家长的管教不相上下，即严厉、反复无常、不断升级，很少或根本没有注意到他们也有友善、正向的行为，也看不到他们为实现目标所付出的努力。教师布置的学习任务往往与这类学生的能力水平不一致，或者与他们将来的就业毫无关系，他们每天上学的大部分时间不是面对失败就是面对无聊。不过和对家庭因素的态度一样，我们也要保持谨慎的态度，不要轻易指责所有教师和学校管理者没有教好和管好问题学生。但反社会学生对学校的体验确实非常负面，这可能会导致他们更加难以适应社会，正如我们在第 7 章所讨论的那样。

评估

在几乎所有的行为问题检查表和行为评定量表中，都包括品行障碍的标志性特征——反社会行为。而且，专业人员还专门设计了各种方法测量儿童和青少年的反社会行为。例如，自陈报告，由家长、教师或同伴填写的行为评定量表等。这些测量方法通常很有帮助，但若想对问题有更准确的了解，还必须在不同情境中对学生进行直接观察，以观察的结果作为补充。

在第 15 章中，我们将介绍多种适合 EBD 学生的评估工具和实践方法，其中提出的指导原则当然也适用于品行障碍的评估。但对于如何评估品行障碍，我们还有更多的建议，以下几点也是需要考虑到的。

1. 使用有多个维度的行为评定量表，因为品行障碍儿童很可能还有其他问题。
2. 在评估品行障碍的同时，一定要评估亲社会技能（即行为的优势或适当的行为）
3. 以同年龄、同性别的常模为参照。
4. 评估社会环境，包括家庭、社区和学校。
5. 应定期重新评估，以衡量有无进步或干预有无效果。

一定要清楚地了解一个学生拥有什么样的社交技能、在同龄人中处于什么地位。评估的另一方面是功能性行为评估或功能性分析，其目的是找出学生的行为服务于什么目的，即该行为有什么后果、收益或好处。功能性分析可以指导我们对环境中的一些条件（如任务、指令、强化）做出必要的调整，从而预防或改善问题。不幸的是，许多学生的捣乱行为在很大程度上是受到负强化的驱使——即逃避有关学习方面的要求。

EBD 学生——包括品行障碍学生，尤其是 ADHD 学生——通常会试图逃避那些需要付出很多努力的任务。在 EBD 学生的课堂上，教师的指令通常以中性或负性为主，也很少给学生布置他们能完成的任务，很少为他们的适当行为提供即时、频繁的正强化。想要帮助教师改变这种模式并不容易，但我们建议，教师可以从询问与教学相关的问题开始——既要询问学生对教学的反应，也要询问自己（教师）对学生的反应。

正如我们在讨论预防问题时提到的，如果想采用预矫正策略，前提是对反社会行为可能发生的情境进行评估，这将帮助教师找到阻止不当行为和强势对抗的方法。归根结底，除非评估能提出可以改变反社会行为的变量，否则评估的价值不大。

干预与教育

干预

对暴力行为的预测和控制是涉及美国青少年的最具争议和最关键的问题。预测（即预期）反社会行为是预防的关键，因为没有人能够预防自己没有预料到的行为。在过去 20 多年的研究中，人们已经发现了大量的证据，证明某些儿童和青少年之所以属于易发反社会行为的高危人群，是因为其所处的社区、家庭、学校，以及身边的同龄人和他们自己所具备的一些特征。但在我们这个社会，大多数人都不愿意提前采取干预措施防止以后的问题。但这样做无异于自欺欺人，让研究人员不得不强压怒火，徒呼奈何。

就如何预防攻击行为，现在我们已经可以很有把握地提出更多的建议。很明显，我们需要在各个层面上预防反社会行为：初级预防（防止出现严重的反社会行为）；二级预防（一旦形成反社会行为，对其进行补救或矫正）；三级预防（无法改变反社会行为时，尽量调整或减轻其负面影响）。

许多社会人士，包括教育和相关学科的从业者以及政治家和政策制定者，一直不愿采取我们提到的各种措施，尽管我们有充分的理由相信它们可以防止或减少反社会行为。虽然所有人都同意反社会行为和暴力在美国已达到了不可接受的程度，但许多人反对各级政府采取连贯、持续和昂贵的计划来有效地解决这个问题。

根据研究结果，我们应采取的步骤可以归纳为以下几点。

1. **采取有效的处罚制止攻击行为。**如果在学生做出反社会行为之后，就立刻采取非暴力但直接、明确且与行为严重性相等的处罚，反社会行为就不太可能再次发生。以暴力作为控制攻击的手段，往往会导致反攻击，从而为进一步的强势对抗奠定了基础。从长远来看，如果处罚措施迅速果断，以限制个人喜好为主（如暂时失去某些特权），不是严苛的惩处，也不会导致身体上的痛苦，学生的攻击行为就会减少。反社会儿童和青少年受到的惩罚通常反复无常且异常严厉，而且往往是随机的、严厉的、不公平的，这使得他们的反攻击模式得到了进一步的巩固。认为惩罚越严厉效果越好是一种根深蒂固的迷信。如果教师、家长和其他处理反社会行为的人学会使用有效的非暴力措施，社会中的暴力水平一定会有所下降。

2. **教导学生以非攻击性的方式处理问题**。攻击行为在很大程度上是后天习得的，非攻击行为也是如此。让青少年学会如何以非攻击性的方式解决个人冲突和其他问题并不容易，并且也不能帮助他们解决所有的问题。如果学校开设专门的课程，教导学生如何以非攻击性的方式解决冲突和其他问题，这固然可以降低暴力水平，但如果媒体、社区领袖和有较高知名度的偶像人物能与教育工作者联手，用恰当的方式教导学生非暴力是一种更好的方式，效果将会加倍。

3. **攻击行为萌芽之前就将其扼杀**。攻击性会招致攻击性，尤其是当它成功地让个体获得了想要的结果并有机会大展拳脚时。攻击行为往往会从相对轻微的违抗和好斗升级为骇人听闻的暴力行为。在这个逐渐升级的过程中，越早应用非暴力的处罚措施，效果越好。我们需要从两个方面进行早期干预：一是个体的早期，即从幼儿时期就开始干预；二是问题的早期，即从第一次出现反社会行为（攻击性互动中最早出现的行为）时开始进行干预。

4. **限制攻击性武器的使用**。攻击者会使用最有效的工具伤害他们的目标。的确，有些人不管手里拿的是什么都可以对他人进行攻击。但更重要的事实是，拥有更"有效"的武器可以使攻击者在不直接危及自己的情况下达到暴力目的，并且更容易使暴力升级。采取更有效的措施限制学生获得杀伤性武器的机会，将有助于遏制暴力的上升。

5. **约束并改革大众媒体**。我们已经知道，儿童和青少年观察到的行为会对他们的思想和行为产生影响。娱乐产业推销的大部分内容充斥着攻击行为，使观察者对攻击行为及其后果变得麻木，认为可以肆无忌惮地将攻击性表现出来。我们经常看到，一些受人敬仰的运动员和其他公众人物在电视或广播节目中，经常绘声绘色地讲述他们如何吹捧自己、恐吓对手、恃强凌弱或与人斗殴的画面。他们描绘的形象通常是趾高气扬的胜利者，或者痛心疾首的失败者，两者都是非常糟糕的榜样。相关部门应做出明文规定，减少以娱乐形式向公众提供反社会行为的数量和类型，并要求在节目中描述现实中对攻击行为的处罚措施，这将有助于让我们的社会不那么暴力。运动员、政治家、音乐家和其他既不使用暴力又不炫耀暴力的人，都可以发挥不可估量的影响力。

6. **调整日常生活中那些助长攻击行为的环境条件。**当人们被剥夺了基本的生活必需品，经历了令人厌恶的条件刺激，或者认为除了攻击行为没有其他途径可以达到自己的合理目标时，他们往往会变得更具攻击性。贫穷和随之而来的匮乏和厌恶刺激影响着很大一部分美国儿童和青少年，而这些日常生活条件为攻击行为提供了肥沃的土壤。目前，我们有很多旨在解决贫困、失业和相关社会不平等问题的社会项目，它们的成功将有助于消除滋生攻击行为的条件。在学生的课余时间，如果能够让他们在适当的监督下参与娱乐或其他有用的活动，就可以让他们有更多的选择，不再执着于反社会行为。一个合理的支持性社会不可能消除贫困，也不可能消除生活中的所有危险，但它可以帮助许多儿童免于赤裸裸的恐惧、痛苦和绝望。我们必须制订更有效的社会计划，让政府、私人部门、地方社区、宗教团体、家庭和个人都参与进来。

7. **在公立学校提供更有效的教学和更有吸引力的教育选择。**如果能在学习上有所建树，学习自己觉得有趣和有用的内容，青少年采取攻击行为的可能性就会大大降低。根据我们的了解，如果教学方法有坚实的科学基础，就会达到很好的效果，能让更多的学生获得基本的学习技能，帮助他们追求更高的教育目标。我们认为，低年级的教学重点应该坚定不移地以基本的阅读和计算能力为主，它们是学生将来取得优异成绩和顺利升学的关键。此外，通过提供高度差异化的课程，特别是在高年级，学校可以让更多学生找到他们感兴趣的内容，并为他们高中毕业后的生活做好准备。

在很多方面，预防隐蔽的反社会行为与预防公开的攻击行为相似。在普通的旁观者看来，品德训练或道德教育似乎大多与防止偷窃、说谎、故意破坏公物等有关。但常见的品德教育在效果上确实差强人意。一个人的道德行为往往与其道德观念并不相符。儿童、青少年和成年人一样，即使知道什么是对的，也经常犯错误。道德行为往往受到情境因素的制约，道德行为的力度与道德或性格的制约力不分伯仲。在某些时候、某些情况下，青少年可能是诚实的或利他的，但在其他情况下则不然。如果老师只是在课堂上谈谈学生要遵守的课堂秩序、规章制度和道德规范，对儿童的道德观影响不大。学校要想向学生传递更多亲社会的价值观，就必须制订一套完整而全面的品德教育计划，包括讨论、角色扮演和社交技能训练等具体方法，目的是帮助学生认识道德困境，接受正确的道德价值，选择恰当的道德行为。

如果在单一的社会情境（如学校或家庭）中采取预防措施，虽然可能也有一定的效果，但只有在针对问题的多个方面的前提下，以整体一揽子的方式实施时，干预措施才会发挥最大的作用。但是，教育工作者或其他专业人员不应因此就有所顾忌，必要时应第一时间实施预防措施，无论在他们的直接责任或直接影响范围外发生了什么。

教学是预防工作的关键，教育工作者一定要深刻地理解这一点。众所周知，如果学生每天（如果不是每时每刻）都要面对自己在学业和社会任务上的失败，他们肯定容易出现反社会行为。许多反社会学生不知道如何完成学习任务，也缺乏与同班同学搞好关系的社交技巧，每一次失败都会增加他们以反社会行为回应社会的概率。

在预防反社会行为时，如果采取学校本位的预防措施，最有效的方法应该具有两个特点：一是前瞻性，即制订与学习和社会相关的行为计划，避免学生遭遇学业失败并陷入与人交恶的不良社交模式；二是指导性，即指导学生建立更适应社会、更得体恰当的行为。教师应认真思考学生的反社会行为，判断学生需要学习哪些亲社会技能来替代攻击行为，并设计出一套明确的教学策略来传授这些技能。

社会学习取向的干预

品行障碍的具体干预措施有多种不同的理论取向，其中包括心理动力学治疗理论、生物治疗理论和行为干预理论。最被看好的方法有家长管理培训、问题解决训练、以系统理论和行为主义为基础的家庭治疗、针对多个社会系统（家庭、学校、社区）及个人的治疗方法等。根据社会学习原则制定的干预措施通常比根据其他概念模型制定的干预措施更成功。社会学习理论对教师的工作产生了最直接、最实际和最可靠的影响，因此我们在此仅讨论以社会学习理念为基础的干预措施。

在社会学习理论中，对攻击行为的控制主要包括三个元素：具体的行为目标、通过改变社会环境来改变行为的策略、对行为改变的精确测量。正是因为有了这些元素，我们才能够以客观目标为依据，对干预结果做出定性、定量的判断。

社会学习理论的干预方法有时看起来很简单，但这种表面上的简单具有欺骗性，因为我们常常需要在技术上做出微妙的调整才能使它们发挥作用。在实施干预的时候，我们必须高度敏锐地觉察到人与人之间在交流时的微妙变化，唯有如此，才能以人性化的方式高效实施行为原则。针对个别案例，我们可以采用的技术可能有很多，但要形成一个有效且合乎伦理的行动计划，还需要具备高度的创造力。

如果要设计一个学校本位的社会学习理论干预措施来减少学生的攻击性，可能要包括多种策略或程序。在希尔·M.沃克（Hill M.Walker）的经典著作《爱捣蛋的孩子：应对课堂管理》（*The Acting-Out Child：Coping with Classrom Disruption*）中，他提出了12 种不同的干预技术，都可用于表现出不当行为的学生。他在书中不只提供了使用指南，还探讨了一些特殊的问题，指出了每种干预方法的优缺点。这本书迄今依然是几十年来对行为管理技术相关研究较清晰的总结之一。他在书中还提出了有效干预的基本前提，其理念在今天依然得到了实证支持。这 12 种技术（和其他技术）可以单独使用，也可以结合使用。以下是针对这 12 种技术的简要说明，可以帮助我们初步理解如何对品行障碍构建有效的干预措施。

1. **设定规则**。教师要清楚、明白地告诉学生，希望他们在课堂上有什么样的行为表现。教师是否有关于课堂行为的明确要求，标志着他们能否为品行障碍学生提供纠正性或治疗性的环境。有了明确的规则，学生就知道他们应该做什么、不该做什么、也有了衡量课堂行为和教师行为的重要准则。教师在使用表扬、肯定以及其他形式的正强化方法时，应该以正面表达为主，将惩罚学生时使用的负面表达减少到最低限度。

2. **表扬**。教师要多利用正面的言语、手势或其他肯定的情感表达方式（亲切的话语、微笑、手势）。对学生不具攻击性的适当行为，教师一定要不吝于表扬，这是行为管理成功的关键因素之一。尽管大众媒体有与此相反的说法，但研究一致表明，表扬是鼓励正向行为的有效工具，但教师很少使用，尤其是对那些可能最需要表扬的学生。如果使用得当，来自教师的表扬可能是正强化计划中最重要的因素。此外，与只设定规则相比，将规则与频繁且有技巧的教师表扬结合使用效果更佳。

3. **正强化**。教师要对学生的良好行为进行奖励，增加这一行为在将来继续出现的可能性或强度。奖励可以有多种形式。姜·罗德（Ginger Rhode）、威廉·R.詹森（William R.Jenson）和 H. 肯特·雷维斯（H.Kenton Reavis）认为，为了达到最佳效果，在对学生予以表扬和其他形式的正强化时，应该采用如下方式：（1）紧随在适当行为之后；（2）频率要高；（3）要带着饱满的热情；（4）教师要和学生有眼神交流；（5）在给予奖励之时（或之后）对学生的良好行为加以具体描述；（6）让学生对奖励充满兴奋感和期待感；（7）其他方式。有时候，奖励也可以是代币强化物，告诉学生以后可以用代币交换其想要的物品或特权（类似其他金融交易或货币制度的做法）。要让正强化达到想要的效果，需要教师针对学生的不同行为做出不同的反应（即差异强化）。也就是说，一定要强化那些适当的行为，尽量忽略那些不当行为，切记不要对不当行为加以强化。正强化的基本思想很简单，但要想巧妙地加以应用却不简单，尤其当对象是那些问题重重的反社会学生时。

4. **言语反馈**。教师要指出学生在学习或为人处世方面有哪些恰当或不恰当的地方。要让学生知道应该怎么表现，最关键的因素是教师对学生的态度，即对学生在学习和行为方面的表现作何反应，包括教师说了什么、用了什么样的情感语气、具体的言行和时机，等等。在实施言语反馈的时候，有几个关键的问题需要注意：教师的反馈要直接明确；以正向表达为主；避免和学生产生争论；要把握最有效的节奏和时机。有效使用言语反馈需要教师具有丰富的经验、接受过严格的培训并善于反思。

5. **刺激改变**。任何行为的出现都有相应的前因事件或条件刺激，改变它们就可以改变行为。前因有时候是很容易改变的，所以教师可以用这种方法减少问题行为。例如，在向学生发布指令或分配任务时，教师要尽量做到更简洁、更清晰，这可能会大大提高学生的服从程度。教师还可以用不同的方式发布任务或命令，这样也可以减少学生的抗拒。如今人们越来越重视情境对攻击行为的影响，事实证明，通过调整情境来减少攻击行为是既可行又有效的方法。

6. **后效契约**。这是由学生与教师或家长签订的书面协议，可以是学生单独与教师或家长签订，也可以是学生同时和教师、家长签订。契约中要写清楚各方具体担任的角色、期望和后果。简单地说，行为契约阐明了学生要做什么（对学习成绩和行为表现的期望）、最后得到的结果是什么（分为满足和不满足期望两种情况）。契约的具体措辞必须考虑到学生的年龄和智力，应该尽量简单、直白。一份好的契约要写得清楚明了，强调适当行为会得到的积极后果，明确规定各方都同意的公平后果，并由签署契约的成年人严格遵照执行。如果契约单独使用或用作主要的干预措施，通常不会成功。只有当教师清楚地了解了学生的问题行为，知道行为的具体范围，这种干预措施才会有效果。

7. **示范和模仿**。示范或表演期望的行为，当学生做出恰当的反应时给予正强化。通过对榜样的观察和模仿来学习——即观察学习——是一种基本的社会学习过程。充当榜样的可以是成年人，也可以是同龄人，但一定要告诉学生应该观察谁、观察什么以及该做出什么反应。如果教师试图矫正学生在学习和为人处世方面的问题，一定要给出明确的指导，否则树立多少榜样都没用。要达到理想的效果，示范和强化通常必须在学生与教师一对一的私下交流中完成，而且必须配合使用适当的程序，帮助学生在日常环境中练习他们通过观察学习而改善的行为。

8. **行为塑造**。从学生原有的行为水平出发，不断对其一点点接近期望值的行为进行强化，通过这一过程帮助学生建立新的反应模式。识别行为中微小的进步并及时给予强化是行为塑造的关键。也就是说，每当学生的行为有一点点改善时，教师就要对他们进行强化。这通常需要教师把注意力放在学生当前的行为与行为目标之间的关系上，同时忽略那些不代表进步的行为。这个过程和正强化一样，基本理念很简单，但要巧妙地加以执行有一定的难度。

9. **系统化社交技能训练**。这是一门帮助学生达到以下目标的课程：（1）开始并维持积极的社交互动；（2）发展友情和社会支持网络；（3）游刃有余地应对社会环境。社交技能包括与权威人物（如教师和家长）相处，在各种活动中与同龄人相处，以及以建设性、非攻击性的方式解决社会问题。社交技能方面的问题包括技能上的缺陷（学生不具备该技能）和表现上的缺陷（学生具备该技能但不会用）。一套有用的社交技能训练计划必须具有密集化、系统化的特点，不仅如此，训练的目标应该是让学生把学到的社交技能用于日常生活中，帮助他们避免与他人强势对抗，也避免产生攻击行为。

10. **自我监控和自我控制训练**。指坚持对自己的一些具体行为进行跟踪、记录和评估，以期改变这些行为。在执行自我监控和自我控制时，学生要做的可能不仅包括记录自己的行为，还包括自我激励或自我惩罚。这些程序需要严格的培训和练习，还需要具备个人动机。正如我们在第8章提到的，自我监控是一种经常用于ADHD学生的方法。对于那些有严重攻击行为、不具备认知觉察能力或社会成熟度的学生来说，自我监控可能并不适用。

11. **限时隔离**。它的正式名称是"暂停正强化"——指在学生做出某种不当行为后，暂时取消或中止该生获得正强化的机会。限时隔离可能包括让学生离开某个团体或班级，但也不一定必须如此（例如，可能只是教师暂时不理会学生，拒绝给予回应，或者让学生在一段时间内得不到积分或其他奖励）。限时隔离一般针对严重的行为问题。就像任何惩罚程序一样，它很容易被误解、误用和滥用，尤其是排斥式限时隔离。不过，如果能科学地、有技巧地使用限时隔离，并与其他正向程序相结合，那么它就是减少攻击行为的一个重要的非暴力措施，负责 EBD 学生的教师最好了解限时隔离的好处，尤其是非排斥式限时隔离的好处，同时也要了解排斥式限时隔离的潜在危险。

12. **反应代价**。指在学生做出某个不当行为后，取消其之前获得的某项奖励或强化物（或其中的一部分）。反应代价是针对每次不当行为产生的处罚。每次不当行为可能会让学生失去几分钟的课间休息时间、自由活动时间、参加其他心仪活动的机会或获得强化物或活动的积分。和其他惩罚程序一样，反应代价也会被误解和滥用。此外，如果没有一个强有力的正强化计划，反应代价就达不到预期的效果。也就是说，这个方法的前提是让学生有足够的机会获得一定数量的强化物，这样教师才有可能以拿走其中的一小部分作为惩罚。不过，在所有的惩罚方法中，它可能最不容易产生强烈的情绪副作用，也不会引发学生的激烈抵抗。

惩罚的使用和误用

在美国，似乎有很多人支持用体罚和其他高度惩罚性的方法来管教孩子。事实上，正如我们第 7 章所讨论的，大量研究已经证实，在典型的美国课堂上，学生的适当行为很少得到正强化，而厌恶性条件刺激却屡见不鲜。针对过度和无效的惩罚，一些人主张禁止大部分或所有形式的惩罚，认为只需采用正向措施就足够了，任何形式的惩罚都是不道德的。研究并不支持完全放弃将惩罚作为管理孩子的一种手段，但研究确实表明，我们在使用惩罚手段时一定要非常谨慎。

虽然在社会学习理论的干预措施中，重点是让学生学会适当的行为，但对其某些行为确实需要运用惩罚手段，因为它们要么是社会不能接受的，要么具有危险性，或者对其他正向干预措施没有反应。如果教师想要进行适当的班级管理，尤其当面对的是一群在学习和行为上都有问题的学生时，如果不在对学生的适当行为给予正强化之余，也让他们尝尝不当行为的苦果，那几乎是不可能的。只要运用得当，让学生因其不当行为受罚甚至可以增强奖励的效果。

但我们在使用惩罚时一定要非常小心，如果惩罚的时机不当、有报复性质或反复无常，特别是在适当行为得不到奖励的情况下，无异于给青少年树立了一个坏榜样，鼓励他们变本加厉。严厉的惩罚会引起反击和强势对抗。惩罚是一种诱人的、容易被滥用的行为控制方法。严厉的惩罚通常会产生立竿见影的效果，因为它能让那些令人愤怒或不恰当的行为立即停止，它也为惩罚者提供了强大的负强化（例如，当教师通过怒吼或责骂，成功地让一个讨厌的学生停止了破坏性行为，即使只是暂时的，教师就得到了负强化）。因此，这往往是强势对抗的起点，在这种对抗中，被惩罚者和惩罚者都想方设法成为这场恶性竞争的赢家。而且，由于人们错误地认为，惩罚就是让被惩罚者感到痛苦，因此人们通常认为体罚比更温和的形式更有效。在反社会儿童的家庭中，之所以会存在强势对抗关系，原因就是惩罚带来的危险以及对惩罚的误解和滥用。因此，在教育环境中使用惩罚时一定要小心谨慎，避免学校成为另一个恶性竞争的战场。

关于惩罚，还存在一个普遍的误解，认为一定要造成身体上的痛苦、心理上的创伤或人前的尴尬才算惩罚。但其实这些都没有必要。任何能够导致被罚行为频率或强度下降的方法，都可以被定义为惩罚。因此，在许多情况下，只需要一个温和而轻声的指责，暂时不予理睬或收回一个小小的特权，就可以成为有效的惩罚。对于那些持续而严重的不当行为，可能有必要给予较为严厉的惩罚，但如果在青少年所处的环境中，对适当行为也提供了许多正强化的机会，那么采取一些温和的惩罚形式可能是最有效的，比如限制其获得奖励的数量或停止奖励。

在社会学习理论的文献中，明确支持这样的主张：如果能谨慎且适当地执行惩罚，它是控制严重不当行为的一种人道和有效的措施。实际上，要培养一个没有攻击性、懂事明理的孩子，有效的惩罚可能是必要的。但拙劣的、报复性的或恶意的惩罚是教师或家长的问题。而且，在使用惩罚的同时，不对理想行为提供正强化也是一个问题。与不当行为的严重性不相符的惩罚绝对算不上人性化的处理方法。在使用惩罚措施之前，教育者必须确保有一个强有力的教学计划，有对适当行为的奖励机制，还要仔细考虑哪些行为是惩罚的重点。如果需要在班级采用惩罚措施，教师应该先深入了解惩罚措施。要想做到让惩罚既人性化又有效果，必须遵循下列一般准则。

- 惩罚应只适用于严重损害青少年社会关系和仅靠正向策略无法控制的严重不当行为。
- 只有在具有持续性的行为管理和教学计划中，在强调对适当行为和成绩进步给予正强化时，才应该采用惩罚措施，而且最好利用前面提到的反应代价干预措施（即让犯事学生失去特权、奖励或关注），而不是厌恶的条件刺激。

- 只要有可能，应该将惩罚与不良行为挂钩，使青少年能够采取行动加以弥补或采取更恰当的替代行为。

- 如果不能很快看到惩罚的效果，惩罚就应该停止。正强化可能不会对行为产生立竿见影的效果，而有效的惩罚则不同，通常会使不当行为立即减少。与其进行无效的惩罚，不如不进行惩罚，因为无效的惩罚只会增加个体对惩罚的容忍度。如果惩罚变得更严厉或更强烈，并不一定会更有效，使用不同类型的惩罚，使惩罚更直接或更一致可能会更有效。

- 每种具体的惩罚程序应配备一份书面规定。所有相关各方——学生、家长、教师和学校管理者——都应该知道将采取何种惩罚措施。在实施具体的处罚程序前，特别是那些涉及限时隔离或其他震慑性后果时，应经学校主管部门批准。

我们在前文中说过，有品行障碍的儿童和青少年通常经历了松懈的监管和不一致的严厉惩罚，却很少因适当行为而得到正强化。他们所受的管教是导致其患有品行障碍的典型原因，不是因为惩罚本身，而是因为对正确行为的正强化太少，受到的惩罚又大多不恰当。对各类品行障碍的有效干预经常需要一定的惩罚措施，但在惩罚的种类上又各不相同。

行为变化周期与预矫正

社会学习取向干预的重点在于及早介入，以防止攻击行为的不断升级以及通常无法避免的终极爆发。在杰奥夫·科尔文（Geoffrey Colvin）等人的研究和相关文献的基础上，考夫曼、丹尼尔·D. 普伦（Daniel P. Pullen）和同事们建立了一个概念框架，以供教师们在制定干预策略时参考。在儿童和青少年将心理、情绪问题诉诸行动的时候，其行为变化周期通常会经历一系列不同的阶段，考夫曼等人对这一过程进行了描述。

这个行为变化周期有一个非常重要的特点，它通常始于一个"平静期"，在这一阶段，学生表现得符合预期且行为得体。他们表现得很配合，从善如流，努力完成教师交给的任务。大多数患有品行障碍的学生至少在某些时候是举止得当的，但遗憾的是，教师们往往会忽略这种行为。许多负责 EBD 学生的教师说这些学生从来没有心平气和过，但我们发现，即使是最具破坏性和攻击性的学生，在上学期间也至少有一小段时间是服从命令的、看教师眼色行事的，或者不具有破坏性的。在这个平静阶段，教师应该把重点放在对学生的认可和肯定上。很明显，此时教师的目标是帮助学生在更长的一段时间内保持平静。

对学生来说，不管是校内还是校外，只要有一个尚未解决的问题，如被他人取笑，就可能成为导火索，让他们进入"触发期"。导火索往往是引发学生大爆发的第一件事。此时，如果教师能认识到引起学生大爆发的事件或条件，并迅速采取行动帮助他们解决问题，就可以避免学生的行为进一步升级。

如果触发性问题没有得到解决，学生可能会陷入一种易激惹状态，进而进入"焦躁期"。在这个阶段，学生完全无法集中注意力，无法完成任何任务。如果教师觉察到学生焦躁不安的迹象，可以根据具体情况接近对方以示安抚，或者远离对方给予其一定的空间，让学生参加其他一些活动转移其注意力，也可以教导学生如何进行自我管理，还可以利用其他方法帮助学生避免爆发，这些都可以防止学生的攻击行为进一步升级。

如果对焦躁期处理不当，可能会导致该行为变化周期中"加速期"的到来。在这一阶段，学生会将教师卷入一段强势对抗的关系。加速期的特点是，学生试图通过不服从、搞破坏、口出恶言或惹是生非的行为故意和教师争吵或迫使教师注意自己。此时，教师一定要避免落入学生的圈套，切记使用危机干预策略帮助自己摆脱这场拉锯战。当学生的行为已经发展到这个阶段时，要缓和已经很难了。也正是在这个阶段，教师们意识到事情已经脱离了自己的掌控，意识到他们几乎已经无力回天了。所以，此时的目标变成了尽量减少进一步的损害（无论是字面意义还是象征意义），让学生在事态没有进一步恶化的情况下渡过危机。教师一定要让学生为自己的行为承担明确的后果，并且要清楚地让他们知道后果是什么，所以，教师可以在这个时候实事求是地向学生告知一切需要了解的信息，并给对方几秒钟来做决定（例如，"罗杰，你现在必须停止乱扔东西，否则我就叫校长来。我给你几秒钟的时间，你最好想清楚。"）。在用后果来警告学生时，行动一定要迅速，责任一定要落实，这是极其重要的。

在行为变化周期的"高峰期"，学生的行为已经失去了控制，所有相关人员的安全成为最重要的问题。此时可能有必要报警或通知学生家长，甚至把学生从教室或学校带走。对于这种失控行为，在全校范围内做好应对准备是非常必要的，这样参与其中的成年人才能尽量冷静、系统、有效地防止伤害或损害的发生，从而尽快让学生进入缓和阶段。频繁的失控行为应该被视为一个信号，此时教育工作者应该检查一下环境和学校的工作情况，看看是否需要对一些条件做出改变。

　　紧随高峰期而来的是"缓和期"，在这一阶段学生通常开始缓和那种张牙舞爪与全世界为敌的攻击态度，进入一种迷茫困惑的状态。此时他们可能表现出各种不同的行为，包括孤僻退缩、否认自己做过的事并归咎于他人、想要做点事情来弥补、愿意听从教师的指令并从事简单的任务，等等。对教师而言，此时的当务之急是采取措施帮助学生冷静下来，尽可能将被学生破坏的环境恢复原貌（例如，捡起乱扔的书本、扶起被掀翻的椅子、把烂摊子收拾干净），回到常规活动中。此时还不是和学生讨论其行为的好时机。在这个阶段和学生讨论问题始末可能会适得其反，学生可能根本不愿意说话，或者无法清楚地思考整件事的来龙去脉、导火索以及未来如何避免类似情况再度发生的问题。

　　最后，学生进入了"恢复期"。在这个阶段，他们会渴望用忙碌的学习和日常的功课来掩饰自己，仍然不愿意和教师讨论发生的事情。此时教师要注意的是，一定要对学生恢复正常学习的行为大加赞赏，同时避免就严重不当行为可能带来的负面后果和学生进行协商。不过，在这一阶段中，一定要和学生讨论此前的行为，回顾是什么导致了问题，以及学生当时可以选择的其他反应。只要学生有诚意解决问题，教师就应该对其所做的任何努力予以认可，并且帮助学生设计一个循序渐进的计划来避免反复的情绪爆发。学生需要反复从教师那里得到确认，确认自己可以成功，可以在教师的帮助下避免失控事件再次发生。

　　教育工作者通常非常重视这个行为变化周期的第四阶段（焦躁期）和第五阶段（高峰期），这也是学生的表现最富戏剧性的阶段，但他们在无形中忽略了前三个阶段，特别是第一阶段（即平静期）。这样做会适得其反。过往数十年的研究提出了与此相反的建议，认为我们应该把注意力集中在该周期的早期阶段，关注并强化学生心平气和的行为，消除或改善那些诱发因素，并在学生开始表现出焦躁迹象时，尽早以不带任何威胁性的方式进行干预。对适当行为大力进行强化很重要，但科尔文、乔治·菅井（George Sugai）等人提出了一项名为"预矫正"的干预方法，认为教师应首先检查那些可能导致不当行为发生的环境，确定应该如何改变环境条件，并使用指导（而不是矫正）程序防止不当行为的发生，即如何避免触发因素和焦躁情绪的出现。表9.4展示了一位六年级教师为其学生蒂米设计的预矫正清单和计划。

表 9.4　蒂米的预矫正计划

教师：莉迪亚·哈西　　学生：蒂米·林德尔（六年级）　　日期：2016.10.11

1. 情境（何时何地；可预期行为发生的情形、环境或条件）
在科学或社会研究课上，特别是当教师要求大家分组讨论的时候
可预期行为（在特定情境下可预测蒂米的错误或不当行为）
蒂米大声抱怨教师布置的作业（"为什么我们要做这种垃圾作业！"）或者抱怨他的同学，辱骂他们
（"笨蛋""白痴"）；尤其当其他学生回答教师的问题时，他会非常刻薄地取笑或模仿他们

2. 期望发生的行为（你希望学生做的行为，而不是那些可预期的行为）
蒂米可以和小组成员合作，只谈论和作业有关的话题，在和同学交谈的时候、讨论其他同学的时候只使用正向语言

3. 情境改变（你将如何改变情境、环境或条件，减少可预期行为的发生，增加期望行为的出现
在组织班级活动时，问蒂米想扮演什么角色（例如，记录员、材料管理员、研究员等）。在小组开始活动时，问他是否知道自己的职责是什么、这意味着什么，以及他在这节课上要完成什么

4. 行为预演（练习；排练；反复尝试；精益求精）
在计划举行午后小组活动的那天上午，与蒂米私下回顾小组中每个成员担任的角色，请他说出并描述每个小组成员要做的是什么。和蒂米一起就小组活动做一个简短的角色扮演，问他一些与任务相关的问题，并要求他谈谈对这个任务的看法

5. 大力强化（当期望的行为出现时给予特别的奖励）
对蒂米在小组活动中得体的谈话每天至少给予肯定和赞扬三次。如果他每天在活动过程中没有出现不当行为，没有取笑、辱骂他人或措辞不当，就让他玩 10 分钟的电脑

6. 给予提示（用手势或其他信号表示"记住""现在就做"）
用手势提醒蒂米在小组活动中要配合大家，说话要得体（当他表现良好、说话得体时要竖起大拇指）

7. 监控计划（行为记录；可以向他人展示成功的资料）
我和蒂米会在每次小组活动结束的时候，记录他的小组活动和谈话是否得当

　　大多数涉及攻击行为的问题都始于一些一开始看起来根本不重要的事情。敏锐的教师能察觉潜在的触发因素和学生的焦躁情绪，并迅速而积极地行动起来，帮助学生学会如何避开这些诱因，而不是在学生已经开始诉诸行动时才进行适当的处理。许多最有效的干预措施都是对看似普通事件的专业管理。

校园暴力与校规校纪

　　在研究学校和行为异常之间的关系时，专家们强烈地认识到，在过去的 20 年里，

学生行为不当的严重程度和普遍程度都大大增加了。对此，学校不但要采取针对个人和班级群体的管理策略，还应制订一个连贯的、全校性的行为管理计划，否则很难控制或减缓这种不当行为蔓延的态势。

在今天的很多学校，尤其是中学，学生们都很担心同龄人有暴力行为。专业人士认为，让学生学会如何与他人和平相处、如何有技巧地解决冲突，能有效减少暴力行为，这样的教导或许可以使校园成为更安全、暴力更少的地方。不过，想要有效地解决校园暴力问题，最好的方法可能应该从那些学校特有的日常互动（只发生在教室和其他校园环境内）上着手，也就是说，在日常教育工作的基础上做一些自然的拓展或完善，不需要专门开设特殊课程。事实上，校规校纪可以被认为是一项普遍性的干预措施，有助于防止学生发展出更严重的行为障碍。

在预防校园暴力时，我们需要先理解一个重要的概念——暴力行为。暴力行为和品行障碍中常见的攻击行为一样，通常伴随着冲突的不断升级。因此，控制校园暴力最有效的策略包括：改变那些最有可能让攻击行为出现的条件，用非暴力措施迅速处理攻击行为正在升级的最早迹象，组织学校工作人员落实校规校纪。如果学校有一个良好的全校性计划，教职员工就可以团结协作，制定明确的规章制度，营造积极的校园氛围。在这个氛围中，学生的适当行为会不断得到认可和强化；学生的一言一行会得到持续的监督；不可接受的行为一定会按规定得到处罚；教师之间互相配合，就学生的行为和出现的问题保持清晰顺畅的沟通。

在学校里，大部分反社会行为问题是以欺凌形式出现的——胁迫、恐吓和威胁，这些行为往往从恶毒的戏弄开始，然后发展到敲诈和人身攻击。校园欺凌现在被认为是全世界很多国家都存在的一个严重问题。校园欺凌往往是校园暴力的前兆。反社会学生通常是欺凌者，而不是受害者，尽管他们有时会有与被欺凌者相同的遭遇。任何一个特别被动、顺从或爱挑事儿的学生，都有可能成为校园欺凌的受害者。要想对欺凌行为进行有效的干预，通常需要全校（甚至可能全社区）的努力，还需要每个社会人士仗义出手，因为许多欺凌行为都发生在无成年人在场的时候。有效的反欺凌干预措施一般包括以下特点：

- 以温暖、积极、互助为特征的学校氛围，成年人对不可接受的行为设立了明确而严格的规定；
- 坚持第一时间对违反规定的行为施以处罚，处罚不能带有敌意，也不能用体罚方式；

- 持续监测和监督学生在校园内外的活动；
- 在需要的时候，教职员工要充当学生之间的调解员，在观察到学生被欺负时及时出面制止；
- 与欺凌者、受害者、家长和中立学生（非参与者）讨论欺凌问题，澄清学校重视的价值观是什么、希望学生有什么样的表现、学校有哪些规章制度以及违反规定会受到什么处罚。

我们希望所有学校都能对全体孩子负责，任何一个孩子都不应该因为残疾而被学校拒之门外。但一些品行障碍学生的问题实在太严重了，如果一定要将他们纳入普通班和社区学校，恐怕在道德层面上说不过去，甚至有可能是对社会公义的讽刺。如果我们要维护一个正常的社会风气和教学环境，让那些平和友善的学生和他们的教师能正常生活，就决不能容忍任何暴力行为在校园里出现。

专用于隐蔽反社会行为的干预

我们已经知道品行障碍的两种形式——公开的攻击行为与隐蔽的反社会行为，由于两者在问题的性质和原因上都具有相似性，所以在干预和教育上也有很多共同点，但同时又存在一些重要的区别。在处理不同类型的隐蔽反社会行为时，具体的问题可能稍有差异，干预的方法也就有了些许的不同。例如，假设有两个家庭，其中一家的孩子经常有偷窃行为，另一家的孩子没有偷窃行为但有攻击行为，前者往往是更为棘手的治疗对象。有时家庭治疗或培训家长如何正确管教孩子的方法根本不可行或徒劳无功。破坏公物的行为通常是学校的一个特殊问题，因此有一些干预项目主要针对学校"做文章"。学校的干预措施对纵火行为往往鞭长莫及，但学校却极有可能成为学习困难学生的纵火目标。逃学从定义上讲是一个教育问题，尽管它在一定程度上与违法犯罪的行为有关。目前有一些专门鼓励学生去学校上课的社会项目，需要学校和其他社区机构共同参与。

偷窃

我们经常听到一些幼儿的家长抱怨说，孩子不承认也不尊重他人的财产所有权。许多小孩看到想要的东西就拿走，根本不考虑东西是谁的。简而言之，他们有偷窃行为。如果这种行为持续到五六岁以后，这个孩子可能会被认为是小偷，并经常与同龄人及成人发生冲突。对于偷窃行为的起源和管理，从行为学或社会学习的角度进行分析是最有用的。

对那些既有攻击行为也有偷窃行为的儿童，一些学者进行了系统的研究，并形成了如下概括性的结论：

- 与不偷东西有攻击行为的孩子相比，偷东西的孩子可观察到的失控行为（恶性对抗行为和反社会行为）更少；
- 偷窃家庭里的孩子，无论是正向友好的行为，还是负向敌对的行为，比有攻击性行为家庭里的孩子，出现的概率要少一些。
- 在一个家庭中，是正向友好行为多，还是负向敌对行为多，几乎完全由母亲的行为决定。

似乎只有在外面或家中无人的时候，许多偷窃者才会频繁地表现出反社会行为。他们通常不会在家里胡作非为，所以即使社区因他们的盗窃行为而人人自危，他们的家长也毫无察觉，因此也没有动力解决这个问题。很多偷窃者的家长总是将孩子的偷窃行为归咎于他人，拒绝承认自家孩子有问题，更别提出手干预了。

偷窃者的家庭看起来结构很松散，其特点是家长对孩子疏于管理或情感淡漠。因此，偷窃者可能认为，拿别人的东西是可以接受的行为，因为没有人会在意自己拿了什么，而且偷窃后也不会有不良的后果。一旦孩子学会了偷窃，就会蠢蠢欲动地去家庭之外的世界寻求刺激和强化。

通常偷窃问题处理起来很难，这并不奇怪。偷窃一般发生在权威人士看不到的地方，因此也不大可能立即得到处罚或纠正。重点在于，从行为主义角度，我们很容易看出偷窃行为本身是如何得到立即强化的——偷来的物品就是强化物。要改变这样的不当强化的确是一项艰巨的任务。除了这些难题，偷窃者的家庭互动模式也会带来破坏性的影响。尽管如此，专家们还是设计出了一些相对成功的行为干预计划。一个有效的反偷窃计划一般都有几个基本组成部分。在实施这样的计划之前，必须解决的基本问题是家长对偷窃的定义。偷窃者的家长通常不愿指责孩子偷窃，也不太可能采取惩戒措施。因为家长很少（甚至根本没有）实际观察到孩子拿别人东西的行为，所以当孩子告诉家长手里的东西是怎么来的，他们可能会对孩子的解释深信不疑。许多家长会盲目地接受孩子的说法，无论孩子偷了什么东西，都是孩子找到的、借来的，要不就是交易所得，或者赢来的，或者是作为报酬收到的。当孩子被教师、同伴或警察指控偷窃时，家长经常争辩说这是对自己孩子不公正的人身攻击。通过指责别人，使偷窃事件成为别人的问题，家长就避免了自己处理问题。即使这种行为发生在家里，家长通常也不会将之定义为偷窃。有些家长认为未经允许就从冰箱里拿食物是偷窃，而另一些家长则认为所有家庭财产都是共同财产。物品的价值也是个问题，因为许多偷窃者的家长认为为了那些不值钱的东西处罚孩子没有必要。

处理偷窃问题的第一步是要认识到，这个孩子正面临着极其严峻的问题，因为他或她偷拿东西的情况比其他同龄孩子更严重，下一步极有可能对那些贵重的物品下手，被别人贴上"小偷"的标签。为了纠正这种偷窃行为，我们必须制定一系列干预步骤，目的是帮助孩子不再被指控为小偷，也不再成为别人怀疑的对象。一定要让孩子学会如何避免犯错，甚至学会如何避嫌，只有这样才能洗清这一标签带来的污名化。以下是给家长的建议：

1. 同意将偷窃定义为孩子占有不属于自己的东西，或者拿走不属于自己的东西；

2. 只有家长才能决定是否发生了偷窃行为，他们可以根据自己的观察或可靠线人的报告来判断；

3. 当确定孩子有偷窃行为时，家长要按照规定告诉孩子这样做是偷窃，并对孩子进行适当的处罚；家长在发现孩子偷窃并施以处罚时，不应羞辱或教训孩子，但我们鼓励家长在其他时间与孩子讨论偷窃问题；

4. 任何偷窃行为都必须承担后果；

5. 建议家长"睁大眼睛"，一旦发现孩子有了"新"的财产，一定要仔细询问，不要使用搜房间或翻衣服等手段；

6. 对偷窃的处罚可以是要求在一段时间内干家务、禁足或限制活动，偷窃更贵重的物品会受到更严厉的惩罚，但言语羞辱或殴打这类严厉惩罚是被禁止的；

7. 在没发现有偷窃行为的时候，也不能给予正强化，因为无从得知孩子在父母看不到的地方行窃；

8. 孩子每次出现偷窃行为后，执行此方案的时间应持续至少 6 个月。

如果孩子在家里和学校都有偷窃行为，家长和教师必须在这两个环境中执行一致的反偷窃计划。对偷窃行为进行有效的早期管理尤为重要，孩子开始偷窃的年龄越小，持续的时间越长，就越有可能成为惯犯甚至锒铛入狱。一般来说，品行障碍越严重，干预成功的可能性就越小。学校在管理偷窃行为时尤为困难，尤其是对那些年龄较大的学生，会使情况变得特别复杂，有时甚至会牵涉到法律问题，所以，学校必须仔细关注当地与搜查和扣押等事项相关的政策和法律。

撒谎

说谎一直被家长和教师视为童年时期严重的问题行为，然而关于该主题的研究却极其少见。虽然我们一直在探索儿童撒谎行为的本质和发展，却还没有找到有效的干预措施处理说谎问题。与偷窃一样，如何对说谎行为进行干预也是一个特殊的挑战，因为在许多情况下，当谎言发生时我们并不知道它是谎言，家长或教师也往往在事后才知道孩子是故意欺骗。因此，任何纠正、追责或惩罚措施都不可能在撒谎行为发生时就立刻得到执行。

在理解谎言的内容和说谎者本身时，我们肯定需要考虑与年龄相关的发展性变化，因为两者显然有密切的关系，但儿童的病态性撒谎行为与这些发展性变化又有何关系呢？目前我们还不清楚。显然，孩子们经常为了逃避惩罚而撒谎。成年人认为说谎是一个严重的问题，不仅因为这种行为是在试图隐瞒什么，还因为它与其他反社会行为（如偷窃和逃学）往往一脉相承。在课堂上，说谎和作弊在功能上是相似的行为。

你可能也想到了，说谎和偷窃一样，与家庭中的一些变量有关，尤其是缺乏家长监督和教导的情形。虽然说谎是一个严重的问题，而且儿童很有可能在此基础上发展出其他品行问题，但目前只有少量研究指出了干预的方向。除了严加监督以外，对诚实行为给予奖励，对撒谎和欺骗行为施加惩罚也是很有必要的。最重要的是，一定要确定学生是否能辨明是非，还要找出学生说假话的可能原因（如为了逃避承担后果或某项工作），千万不要陷入和学生的是非之争。

纵火

儿童纵火经常造成人员伤亡和财产损失。事实上，在所有的纵火案中，几乎有一半的犯事者是青少年。据估计，一般人一生中会纵火的概率仅为1%，但有证据表明，纵火与一系列其他风险因素密切相关，包括儿童的反社会行为、有反社会行为家族史、吸毒酗酒以及其他精神疾病（如强迫症）。尽管纵火在过去的150多年里一直是科学界密切关注的行为，但我们对儿童出现这种行为的原因和相应的管理方法依然不甚了解。心理动力学认为纵火和性兴奋有关，一直到最近，这一解释才被建立在实证研究基础上的概念所取代。不过，我们或许可以用社会学习理论解释导致该行为的一些风险因素，其中包括玩火的习惯。我们知道，儿童的很多态度和行为都是从幼年经历中习得的，比如，如果一个男孩经常看到父母或哥哥、姐姐干一些与火相关的事（也有可能单纯玩火），他就会养成喜欢玩火的习惯。消防员、司炉工、吸烟者和以其他方式与火打交道的成年人的子女，可能更容易发生纵火行为。

我们发现，有一部分孩子对火感兴趣，喜欢玩火。如果一个孩子对火感兴趣，而且经常看到身边的人与火打交道，一旦发现身边有现成的燃烧材料，就有可能会纵火。但这还不是最危险的因素，儿童的一些个人情况更有可能增加纵火风险。符合下列情况的儿童可能更容易纵火：

- 他们不明白火灾的危险性或消防安全的重要性；
- 他们不具备必要的社会技能，无法以适当的方式获得满足；
- 他们存在其他反社会行为；
- 他们的动机是愤怒和报复。

还有其他一些因素也会增加儿童纵火的概率，如生活中的压力事件、父母有精神疾病、家长对儿童不闻不问，等等。虽然研究还没有明确区分不同类型的纵火者，但纵火的条件和原因显然各有不同。有些是孩子们玩火柴或打火机时不小心，有些是孩子在愤怒之下意图报复但没有意识到后果有多可怕，有些是明知纵火的后果却试图以此掩盖自己闯下的另外一桩祸事，有些是为了应对变态的同辈压力，有些是为了伤害自己，还有些与青少年的焦虑障碍和强迫症有关。

大多数纵火的学龄青少年都有学业失败和多种行为问题。学校有时是他们纵火的目标，所以教育工作者很重视如何识别和治疗纵火者。消防安全教育和认知行为治疗是对纵火者及其家庭较为常见的干预措施，但有关这些方法成效的研究却很少。所以，到目前为止，我们还没有实证研究支持的干预或预防手段可推荐。无论是干预还是预防，都需要采取与管理其他隐蔽反社会行为（如偷窃、破坏公物和逃学）类似的措施。但在发现纵火者的动机和行为以及找到有效的干预措施方面，教育工作者可能扮演着独特的角色。

毁坏财物

在美国，每年学生对学校财产的蓄意破坏都会造成数亿美元的损失，其他社区环境中的破坏行为造成的损失更多。针对财物的破坏和针对人的暴力往往是联系在一起的，而且两者都在增加。有反社会行为的男生的数量在 7 岁之后会急剧增加，并在中学达到高峰。我们在一项研究中发现，破坏行为在 14 岁左右达到顶峰，并与身体攻击、酗酒和吸毒密切相关。学校管理人员和司法官员对暴力和破坏行为的典型反应是加强安全措施并提供更严厉的惩罚。遗憾的是，惩罚性措施只会使问题恶化。

在一定程度上，学生之所以在学校里大肆破坏公物，是因为他们讨厌学校这个环境。更具体地说，当学校的规则模糊不清、教师管教以惩罚为主、不顾学生的个体差异对所有人采取同样的处罚手段、学生和教职人员之间的关系疏离冷漠、学校提供的课程与学生的兴趣和能力不匹配、学生的适当行为或成就很少得到认可时，学生就容易出现破坏行为。为了减少学生对校园环境的厌恶，学校应该对校园规则、教师要求做出调整，对学生的适当行为进行奖励，对不当行为酌情处罚，这样做可能比加强安保措施、加大处罚力度等方式更能有效地防止学生的破坏行为。

逃学

自一个多世纪前美国开始实行义务教育以来，逃学一直是一个让学校焦头烂额的问题，而且仍然是导致学生辍学和犯罪的一个主要因素。出勤当然不能保证学业一定成功，但长期无故缺勤则几乎肯定会导致失败。频繁旷课是很严重的问题，不仅因为它可能会导致学生学业失败，还因为长期旷课的学生有可能在以后面临失业（或找不到工作）、犯罪、物质滥用以及其他各种困难。对学校课程不满、不能按时上学是学生可能辍学的重要信号。

逃学问题并不新鲜，减少逃学的有效方法也不新鲜。在这个问题上，基于社会学习原则的干预措施仍然比其他方法更有效。这些干预措施的目的是通过以下方式让学生更愿意来学校：对学生的出勤表示肯定和表扬；建立出勤可获得特别奖励或特权的制度；给学生提供他们更感兴趣、成功率更高的学习内容；把在校学习与学生在意的就业问题和升学问题直接挂钩；制止来自同龄人的骚扰或在学校里发生的一些其他恶劣行为；如果可能的话，减少学生在应该上课的时间体会到的来自校外的满足感或乐趣。为了让学校显得更有吸引力，减少其他选择的诱惑力，通常需要家长配合学校的工作。理查德·D.萨特芬（Richard D.Sutphen）、珍尼特·P.福特（Janet P.Ford）和克里斯·弗莱厄蒂（Chris Flaherty）在对与逃学干预相关的各项研究进行总结回顾后，也对上述原则表示支持。初见成效的干预措施可以被分为四类：基于学生和家庭的干预（包括以奖励或惩罚为主的干预措施）；基于学校的干预（包括调整教学计划向学生提供更有吸引力且更合适的职业教育、为学习困难学生提供集中教学、提供更多课外活动项目等）；基于社区的干预（主要包括一些处罚措施，如学校通知家长，或者将儿童和家庭转介给社会服务机构或精神卫生机构，或者最终转介给执法部门）。

不管是哪种形式的品行障碍，青少年都会挑战所有教师的技能底线。下面我们总结了这些学生最需要的社会技能，并提供了一个可供教师尝试的技巧。

向品行障碍学生传授最需要的社会技能

哪些学习或社会技能对教师来说是最大的挑战

有品行障碍的学生很难管理，他们会经常表现出破坏性行为和对同龄人、成人或环境（如损毁物品）的攻击性行为。他们不服管教，经常不听从教师的指示，或者不顾班级或学校的规定离开指定的地方（从简单的离开座位到未经允许离开教室甚至学校）。尽管他们的智力可能是正常的，拥有和正常孩子一样的学习潜力，但无疑会在学习上出现各种困难和不足。"学习失败"和"问题行为"到底孰先孰后我们尚不清楚，但人们普遍认为两者会相互影响。他们最需要的社会技能可能是听从指示——遵守合理的指示和要求。

什么是适当的干预目标

在决定这类学生需要什么新的技能，或者希望减少他们的哪些负面行为时，可供教师选择的目标有很多。如果要让学生积极参与有意义的课堂活动，教师的首要目标应该是减少他们干扰或攻击他人的行为和降低这些行为的严重程度。能待在座位上（或合适的位置）、能认真完成作业、能在各种情境（教室、餐厅、操场上）中与他人（同学、教师）积极互动无疑是教师愿意增加的行为。因为品行障碍的学生经常被形容为"很难管教"，所以我们认为，合理的干预方法就是增加他们的"服从"行为。服从包括遵循教师的日常指示（例如，"拿出你的数学书""吃午饭的时候请排队"），以及教师在学生出现不当行为时更尖锐的要求或指示（例如，"你必须回到座位上""把你的手机放回包里"）。从定义中我们就能看出，品行障碍学生的许多过激行为和行为缺陷都是以"不服从"的形式表现出来的，所以对任何教师来说，最想看到的改变就是学生变得更服从。

哪些类型的干预最有效

正如我们前面所说，以行为学观点（或者更具体地说，应用行为分析的原则）为依据而设计的干预措施可能是最出色也最有效的课堂管理工具。还有一些干预方法也前景可观，比如简单的正强化，教师既可以用表扬的形式来给予正强化，也可以采用代币法或积分制这样更系统化、更公开化的方式。还有一些更具体的方法，如精确反应要求和行为动力策略，在实践中也十分有效。

范例：行为动力策略的应用

顾名思义，"行为动力"的意思就是，在向学生提出一个比较有难度的要求之前，教师可以先提出一系列较为简单的要求，从而创造出学生服从要求的动力。研究表明，当学生成功地完成了一系列简单的任务（被称为"高成功率要求"）后，再被要求服从更具挑战性的要求时，他们服从高难度任务要求（称为"低成功率要求"）的概率会增加。为了成功创造出行为动力，教师必须分析特定学生的服从模式，以确定哪些任务或要求会让学生出现问题，以及哪些任务或要求更有可能让学生服从。当学生服从简单的要求时，"动力"就建立起来了，这显然给教师提供了强化学生服从行为的机会（有品行障碍的学生可能很少经历这种情况）。下面我们来看一个例子，塞德里克是琼斯女士的学生，他就读于五年级普通班。尽管塞德里克没有被鉴定为任何残疾，但琼斯从他的父母那里得知，他曾被诊断为品行障碍。在琼斯的课堂上，塞德里克经常不听话，他的不听指挥经常导致师生冲突升级，进而造成很大的破坏。琼斯决定利用行为动力策略来增加塞德里克服从命令的可能性。注意，行为动力并不能保证一个学生会服从一个高难度要求（如下面的例子，加入小组并打开一本书），但研究确实表明，如果在提出有难度的要求之前，先提出几个更有可能成功的要求，学生服从的概率就会增加。

琼斯女士："塞德里克，能替我把这些卷子发给大家吗？"

塞德里克照做了。

琼斯女士："谢谢你，塞德里克，你发得又快又安静。现在，你把那些马克笔从架子上拿下来，每一组发一盒，好吗？"

塞德里克也照做了。

琼斯女士："再次感谢你，塞德里克。我真的很感谢你的帮助。现在，请加入你的小组，把书翻到147页。"

本章小结

品行障碍的特点是持续的反社会行为，侵犯他人的权利，违反与年龄相符的社会规范。它包括针对人和动物的攻击、破坏财产、欺骗和盗窃，以及各种严重违规的行为。要怎样区分有品行障碍的儿童和青少年和那些发展正常的儿童和青少年呢？和发展正常的儿童和青少年相比，有品行障碍的儿童和青少年的不良行为的发生率较高，而且在大多数儿童和青少年的攻击行为已经大幅减小的年纪，他们的不良行为依旧在持续。品行障碍常常存在与其他障碍共病的现象。它是儿童和青年时期常见的精神病性障碍之一，据估计，在18岁以下的人群中，有6% ~ 16%的男性和2% ~ 9%的女性罹患该障碍。品行障碍可按发病年龄进行分类，发病早的患者通常表现出更严重的损害，预后较差。其他亚型包括：公开攻击行为（社会化不足型）；隐蔽反社会行为（社会化型），如偷窃、说谎、纵火等；以及综合型（包括社会化型和社会化不足型）。

攻击行为在美国文化中一直是一种普遍现象，但在过去的20年里，攻击、暴力和不文明行为在学校中受到了更大的关注。攻击和暴力是多元文化问题，尽管大多数的诱发因素和干预措施似乎平等地适用于所有亚群体。无论面向的学生是来自普通教育还是特殊教育，所有教师都必须做好处理学生攻击行为的准备。

我们已经知道了很多导致攻击行为的原因，但社会学习理论为教育工作者提供了最有实证基础、最有实用价值的概念。我们知道，攻击行为可能是通过示范、强化和无效惩罚等过程习得的。个人、家庭、学校、同龄人和其他文化因素都会增加儿童形成攻击行为的风险。这些因素往往在强势对抗的过程中一起出现，导致攻击行为代代相传。

对预防品行障碍可能有效的措施包括：让攻击者承担足以制止攻击行为的后果、传授用非攻击性方式解决问题的技巧、早期干预、利用一些措施约束攻击性、限制公然的攻击行为、改善日常生活条件、提供更有效和更吸引人的学校课程选择。对教育工作者来说，最有用的预防方法必须具备前瞻性和指导性。

有很多行为评定量表可用于品行障碍的评估，但必须以在各种环境中对行为的直接观察的结果为补充。评估必须涵盖多个领域，包括学习问题、社交问题以及在家庭和学校中的行为问题；必须既包括亲社会技能的评估，也包括社交技能缺陷评估；必须持续进行以随时监测进展情况；必须对社会技能进行评估，并用评估结果来指导教学。还要对学生的行为做功能性评估，确定这些行为会给学生带来什么后果、收获或好处，并且在制定干预方案时以此评估结果为指导。

对教师来说，基于社会学习理论的干预措施是最可靠、最有用的。这些策略包括设定规则、教师表扬、正强化、言语反馈、改变刺激、后效契约、示范和强化、行为塑造、系统性的社会技能指导、自我监控和自我控制训练、限时隔离和反应代价。教师在使用惩罚时必须特别小心，因为它具有诱惑性，而且很容易被误用。行为干预的重点应放在正向策略上。学生异常行为变化周期和预矫正是两个非常有用的概念，可以帮助我们明确干预的重点，在该行为周期的早期阶段就采用正向干预策略。行为变化周期包括平静期、触发期、焦躁期、加速期、高峰期、缓和期和恢复期。教师应着重对该周期的前三个阶段进行干预。预矫正计划有助于将重点放在该周期的早期阶段。学校制定的校规校纪有助于降低校园里的暴力程度，其重点是积极关注适当的行为；对学生的行为有明确的期望和监督；学校工作人员应及时与学生沟通并予以支持；当学生的行为不可接受时按规定给予处罚。

隐蔽的反社会行为包括偷窃、撒谎、纵火、毁坏财物、逃学等。要解决这些问题，最有效的方法就是应用社会学习原则。

个人反思

攻击性品行障碍

丽莎·芬克·恩约罗格（Lisa Funk Njoroge）来自俄亥俄州，在俄亥俄州的克利夫兰州立大学（Cleveland State University）取得学位，并在加利福尼亚州州立大学长滩分校（California State University of Long Beach）获得特殊教育科学硕士学位。在过去的14年里，她一直在不同环境下教育有情绪和行为障碍的初中、高中学生。这是一篇关于马可的个人反思，马可是她的一名学生，当时他还是一名18岁的高中生。

如果一个学生有品行障碍，会有哪些表现

以马可为例。马可是一名18岁的西班牙裔男生，在非公立学校接受教育，这是加利福尼亚州仅次于家庭教育和住院治疗的最严格的环境了。从四年级开始，马可就开始和同学吵架，并迅速升级为日常对同学的暴力行为。马可的品行障碍通常体现在暴力行为和打架斗殴上，但并不仅限于此。

他的品行障碍还体现在他与母亲的关系、对权威的态度以及对法律的反应上。在过去的两年里，他曾因和母亲打架而多次被捕，他们的关系因此变得非常紧张，以至于他的母亲不确定是否能继续和他一起生活并抚养他。还有一次他因与几个帮派成员发生打斗而入院治疗。当时马可身受重伤，他的嘴、眼睛和脸颊需要缝针，头部也需要缝针。住院治疗并没有减少马可的"战斗热情"，出院后不久他就去找那几个人算账了。不仅如此，马可还经常做违法的事，如无照驾驶。他在课堂上的大部分与品行障碍有关的行为，都源于他不能接受别人对他说"不"。

您认为对该生最有用的方法是什么

在教他的两年的时间里，我用过的最有效工具就是一对一的情绪疏导。这意味着，如果马可走进教室时明显情绪不佳，我就会把他拉到一边，直接处理他的异常情绪。如果时间允许，我还会继续跟进，让他有机会告诉我发生了什么。在刚开始接手他的时候这是不可能的，因为这需要几个月（甚至更长的时间）建立必要的信任，才能实施这种深度的干预。正是因为了解这一点，所以一开始我让他写日记，记录他的想法和情绪，并在每天放学时交给我。

另一个对马可很管用的方法就是不断地表扬他。可能有人认为这是一种常见的方法，但不见得是常用的方法。有些学生经常因负面原因而受到关注，因此当他们有进步时一定要给予他们更多的表扬。所以，每当马可在控制冲动和决策方面取得进步时，我都会予以肯定，他总会热情地说"谢谢"。虽然很难联系上他的母亲，但我还是决定必须与她沟通。我们甚至尝试了一项"家–校契约"，约定如果马可在家里顺从并尊重母亲，就以在课堂上享有某些对他而言很重要的特权作为奖励。这个契约有助于改善家庭和学校之间的沟通，从而帮助稳定马可的行为。另一个对马可有效的方法是让他在每节课后和每天结束时评估自己的行为。在这个方法的帮助下，他开始诚实地看待自己的行为，也迫使他既要为自己的良好表现负责，也要为自己的不当行为负责。

您认为马克生长期将面临的最大问题是什么

马可已经拿到了高中毕业证。他计划上职业学校或社区大学，主攻音乐和制作。我相信，如果他能很快在学业方面获得成功，或者有教授乐于指导他，他就能通过教育发挥自己的天赋。我确实相信，虽然他有成功的潜力，但许多因素可能会阻碍他取得成功。我担心他的母亲会在忍无可忍的情况下不再给他提供经济支持并把他赶出家门。我还担心他会因为严重的违法行为而坐牢。在学业上，他有可能因没有导师或成年人的指导而难以毕业，在人际关系和工作方面，他也面临着艰难的抉择。马可最大的优点就是，他能够倾听他信任的成年人的建议并全力以赴。如果他继续接受治疗，或者得到一个稳定的成年人的庇护，我毫不怀疑他可以完成他在这个世界上想做的所有美好的事情。

需要进一步思考的问题

1. 如果有人坚持认为，公开的品行障碍不是一种情绪障碍，而是一种社会适应不良的表现，不应被纳入特殊教育，你会怎么反驳他？

2. 你认为哪种程度的侵犯或暴力行为是把一个学生从普通班或普通社区学校开除的正当理由？

3. 作为一名教师，你能做些什么来减少课堂上的不良行为和攻击行为？这些和文化多样性有什么关系？

第 10 章

焦虑及相关障碍

在第 8 章和第 9 章中，我们主要讨论的是外显性障碍（Externalizing Disorders）的问题。本章将转而讨论一般被称为"内化性障碍"（Internalizing Disorders）的问题。在此我们有必要指出，内化性（相对于外显性）障碍的分类，被称为"宽频分类"，这已经得到了实证研究的支持。相比之下，大多数属于这一范畴的特定类别和特定障碍都没有实证基础。简而言之，与外显性问题相比，内化性问题在术语和分类上存在更多的混乱和争议，这使得我们在讨论内化性障碍时特别困难。

在讨论内化性问题的时候，无论我们采取哪种分类方式，都要留意内化性问题可能会与其他内化性障碍一起发生，甚至与外显性问题一起发生。当内化性障碍和外显性障碍同时发生时，儿童的问题会显得特别严重。焦虑、社交退缩和其他内化性行为问题经常同时发生，有时还会与外显性行为问题共病，尽管有时候也有例外。例如，进食障碍和拒绝说话障碍可能都涉及特定的恐惧或焦虑，而刻板运动障碍可能涉及强迫性思维或强迫性行为，或两者兼而有之。焦虑是其他障碍的常见组成部分，任何一种类型的焦虑障碍都可能与其他障碍共病。切记，在 EBD 学生中，共病是常态，而不是例外。

涉及焦虑和其他内化性问题的各种问题之间的关系非常复杂和混乱。我们不会试图对一般情况或所有特定障碍的定义、患病率、致病因素、预防、评估、干预、教育进行总结，因为这些障碍的种类实在过于繁多，彼此之间的关联又过于松散。我们讨论的是那些在文献中最常被提及的代表性问题。下面我们就从焦虑障碍开始讨论，因为它是分布最广泛的一个类别，在其他所有障碍中，焦虑似乎都是重要的组成部分。

焦虑障碍

焦虑是个体对压力的正常反应。伴随恐惧和担忧而来的痛苦、紧张或不安也是幼儿正常发展的一部分。例如，在刚出生时，婴儿害怕会被摔在地上，害怕巨大的噪声。对其他刺激（陌生的人、物、环境）的恐惧通常在出生后的头几个月内形成。这些恐惧可能具有生存价值，所以它们被认为是正常的、适应性的，而不是异常的。随着儿童成长到童年中期，他们会产生更多的恐惧，尤其是对想象中的生物或事件。但只有当恐惧变得过度或产生不利的影响时，我们才会认为它是一种障碍。如果焦虑严重到妨碍孩子进行正常的社会交往、睡眠、上学或探索环境，那么焦虑就不再是正常的、具有保护性的人类特点了，而是变成了一种问题。事实上，那些完全没有恐惧感的孩子，不仅极不正常，而且很可能会因为不恰当的蛮干和冒险而危及自己。

儿童的焦虑或恐惧可能轻微而短暂，不会对其社会发展造成严重的影响。事实上，在研究儿童期焦虑障碍的患病率时，研究人员一直把注意力集中在学校恐惧症或一般并不被认为是病态的恐惧或抗拒情绪上。研究综述表明，5% ~ 8% 的儿童和青少年可能在特定时间有过持续性焦虑，15% ~ 20% 的儿童或青少年可能在某一时期经历过某种形式的焦虑障碍，但并非所有这些焦虑都需要干预。同样，儿童对一些确实可怕的情境产生焦虑甚至恐惧是正常的，甚至是有用的。但当恐惧对孩子的日常活动造成不必要的限制时，就需要干预了。一个儿童或青少年可能会长期对很多事物产生焦虑，在这种情况下，他或她可能会被描述为有 "广泛性焦虑障碍"（Generalized Anxiety Disorder）。但青少年也有可能产生一种更具体的焦虑。一种极端的、非理性的、与现实不相符的恐惧，会导致对恐惧情境的自动回避，这种情况被称为 "恐惧症"。过去人们认为，与那些表现出敌对行为并被认为有外显性障碍的儿童相比，那些表现出极度焦虑和社交退缩的孩子的问题更严重，成年后在适应方面的预后更差。但研究并不支持这种假设。

和那些与品行障碍相关的特征相比，与焦虑和孤僻相关的特征通常更短暂，对治疗的反应好，而且焦虑通常不会使儿童在成年后发展为精神分裂症或其他重大精神障碍。儿童能敏锐地觉察到同龄人的攻击行为和破坏行为，但对同龄人的焦虑和孤僻就没有那么敏感了，他们的情绪觉察能力也没有发展得那么早。那些焦虑程度较高的儿童似乎比那些焦虑程度较低的儿童对自己的评价更低，至少在一般儿童中是这样的。越来越多的证据表明，严重的焦虑障碍可能是以后出现物质滥用问题的先兆。

典型的焦虑 – 退缩行为并不是那些负责 EBD 学生的专业人士最关心的问题。也许是因为专业人士对那些有暴力倾向或行为异常的儿童更加警惕，那些孤僻、退缩的儿童往往会被忽视，或者被默认为表现良好、行为顺从的学生。然而，在极端情况下，焦虑和相关障碍确实会导致严重的功能障碍。例如，极端的社会孤立、极端和持续的焦虑及持续的极端恐惧会严重危害社会和个人的发展，需要进行有效的干预。有些儿童和青少年会经历严重的惊恐发作（Panic Attacks），惊恐发作的一般定义是持续不超过 10 分钟的强烈不适和应激期，与非理性的恐惧有关，并伴有明显的躯体症状。躯体症状可能包括心率加快、出汗、颤抖、呼吸困难、恶心、头晕和麻木。惊恐发作的人通常会害怕自己失去控制，会"发疯"甚至死亡。真正的惊恐发作并不是经常发生，虽然反复发作无疑会让个体在社交层面受到重大影响。那些偶尔惊恐发作的人可能会变得更加孤僻，不敢出门，不敢去那些会引发惊恐发作的特定情境。

由于焦虑障碍经常与抑郁障碍、品行障碍、学习障碍和其他疾病共病，因此焦虑障碍的问题更加复杂。焦虑退缩行为的发生率与品行障碍的发生率大致相同，使其成为在儿童 EBD 中最常见的一类。与外显性障碍形成鲜明对比的是，被诊断为焦虑障碍的女性多于男性。这种性别差异最早出现在童年早期，但在青春期达到了 2∶1 或 3∶1。

造成儿童焦虑的原因目前还不完全清楚，不过几乎可以肯定的是，社会学习和生物因素的结合难辞其咎。人类习得恐惧的方式多种多样。婴幼儿无疑是通过经典（或应答性）条件反射习得恐惧的。如果一个自然产生的恐惧经常与另一个物体或事件同时出现，儿童就会对这个物体或事件产生恐惧。家长（特别是母亲）和其他成年人对物体、活动、地点、人物或情境的评论、责备和其他语言交流，会使已经掌握语言技能的儿童产生恐惧。在儿童习得恐惧的过程中，成人和其他儿童的非言语行为也会产生强烈的影响。也就是说，孩子可以通过替代性学习的方式习得恐惧。例如，一个对狗有过度恐惧的孩子可能是通过一种或多种方式习得这种恐惧的。狗可能通过吠叫或咆哮、跳跃、把孩子撞倒、咬人等方式吓到了孩子。父母或其他人可能以强烈情绪化的方式警告过孩子狗很危险，孩子可能听到过人们谈论狗的残忍和危险，或者看到过父母、兄弟姐妹或其他孩子（或电影、电视中的人）被狗攻击或吓到。

除了社会学习之外，焦虑在某些情况下还会受到生理因素的影响。各种类型的焦虑障碍往往是家族遗传，人们怀疑遗传或其他生理因素可能与这些疾病的起源及社会学习原理有关。其他风险因素（如那些增加其他类型 EBD 发生率的因素）也起到了一定作用。在经济压力大的家庭、受教育程度较低的个人、受虐待的儿童和女性中，焦虑障碍往往更为普遍。气质也被怀疑在其中发挥了作用，但要梳理出每一个变量或风险因素的影响，仍然是一件极其困难的事情。我们只能说，如果一个生来就有焦虑气质的女性，不幸生活在一个贫困的家庭中，父母或兄弟姐妹中有人罹患焦虑障碍，她一直受到父母的过度保护或虐待，那她罹患焦虑障碍的可能性肯定会很高。

有些孩子会对分离产生担心或恐惧，当离开家或离开父母，即使只是很短的一段时间，也可能会给他们造成极大的创伤。有些儿童对上学感到极度焦虑。在某些情况下，学校恐惧症（School Phobia）被称为社交恐惧症可能更合适，因为它是一种对社交活动的恐惧，而社交活动是学校活动必不可少的一部分。当然，学生可能对与家人或父母的分离以及在学校的社交活动都感到极度焦虑。

社会学习原则可以帮助解决儿童和成人过度或非理性的焦虑和恐惧。罗纳德·M.拉比（Ronald M.Rapee）等人将治疗方法分为两类：以技巧为主的治疗和认知行为疗法。大多数干预措施的重点是帮助儿童识别和理解他们的焦虑，以及引发焦虑的原因，并教给他们一些技巧，使他们能够勇敢面对产生恐惧的事件或情境而不是逃避。其中有三种方法特别有效，可以结合起来使用，它们是示范、脱敏和自我控制训练。通过这些方法，临床医生帮助儿童和青少年克服了各种各样的担心和恐惧。教师可能会被要求在学校环境中协助实施这些程序。此外，减轻焦虑的药物也可能会有帮助。

如果儿童有某种恐惧症，可以让他们看一些视频，看到视频中小孩子一边玩得很开心，一边毫不犹豫地接近令他们害怕的物体（例如，视频中孩子可能一边玩一边摆弄狗或蛇），这可能会减少他们的恐惧，更愿意接近那些让他们感到害怕的东西。给有恐惧症的儿童找一些同龄人做榜样，让他们观看这些榜样坦然无惧地接近几个不同的恐惧对象，并播放显示真实恐惧对象（而不是模拟形象）的视频；当有恐惧症的儿童终于鼓起勇气接近恐惧对象时，要给予正强化，这些做法都能进一步增强"示范法"（以观看榜样来减少恐惧）的效果。这种用观看视频的形式展现榜样力量的方法也能有效地防止儿童对看病或看牙产生的不当恐惧，而且对已经产生恐惧的儿童同样有效。

还有各种被称为系统脱敏、相互抑制和反条件作用的技术也可以有效地降低儿童和成人的恐惧。这些技术的核心特点是让个体逐渐地、反复地暴露于引起恐惧的刺激中（无论是在现实生活中，还是在刻意的想象中），同时让其维持没有焦虑的状态，而且还可以从事与焦虑不相容或抑制焦虑的活动（如吃喜欢吃的食物或舒适放松地躺在椅子上）。专业人士认为，逐渐接近恐惧目标，反复接触它，在接触过程中保持一种不焦虑的状态，这样做能有效地削弱恐惧目标及其引起的恐惧反应之间的条件作用或习得的联系。

在自我控制训练中，恐惧者要学会通过各种技巧来控制焦虑。他们可以学习放松、自我强化、自我惩罚、自我指导、视觉表象或解决问题的策略。训练者可以帮助个体形成一些意象，它们代表着与焦虑不相容的平静或愉快的感觉，在遇到引起焦虑的环境时，个体就可以回忆起这些意象。

基于行为学原理的干预措施在矫正学校恐惧症和其他社交恐惧问题上很成功。具体技术因个案而异，但一般治疗程序包括以下一种或多种：

- 以角色扮演的方式或者实景模拟全天上学的情景来降低孩子的恐惧感，达到脱敏的效果；
- 对孩子去上学（即使只是很短的一段时间）的行为给予正强化，并以这种方式逐步延长孩子留在学校的时间；
- 家长以公事公办的语气通知孩子重返学校，避免冗长或情绪化的讨论；
- 消除待在家里的强化条件（比如被允许看电视、玩最喜欢的游戏、和母亲待在一起或参加其他愉快的活动）。

儿童对学校产生的很多不当恐惧是可以预防的。为了防止幼儿对学校产生恐惧，家长可以向他们介绍学校的情况，包括教师是什么样的人、学校有哪些日常活动、在学校可以玩哪些游戏，等等，这样做可以帮助幼儿脱敏。同样，在孩子即将上初中或高中时，家长可以帮助他们为适应新的环境、满足新的期望做好准备，减少他们在过渡时期的焦虑。尽管有许多学校试图向学生提供一些能帮助他们更好地适应新生活的体验，但往往因为策划不够精心而收效甚微。

个别学生可能需要学习一些处理非理性想法的技巧，并通过示范、练习、反馈和强化这一过程来学习适应性行为（如向教师或同学寻求帮助）。我们已经越来越清楚地认识到，所有焦虑障碍的病因、患病率和对特定治疗方法的反应都极其复杂。

强迫障碍

强迫性思维是指对某事物具有反复、持续、侵入性的冲动、意象或想法，但并非对现实问题的担忧。强迫性行为是指重复的、刻板的行为（如连续开灯、关灯三次），个体认为必须这样做才能防止某个可怕事件的出现，尽管这些行为并不能真正阻止该事件的发生。有时，这种强迫性思维或强迫性行为被认为是极其怪异的。例如，当一个年轻人执着地认为自己可能会变成某个人或某个东西（如"变形金刚"），或者会出现一些不想要的特征。

强迫性思维和强迫性行为都可能是个体用来减轻焦虑的仪式性行为的一部分。这类障碍是一个从轻微到严重的连续体或连续谱。当强迫性思维或强迫性行为引起明显的痛苦，耗费个体大量的时间，或者严重干扰个体在家庭、学校或工作的日常功能时，就会被认为是强迫症（OCD，Obsessive-Compulsive Disorder）。患有强迫障碍的儿童通常不明白自己的行为是过度的、不合理的，但患有强迫障碍的成年人通常明白这一点。

在大约 200 名儿童和青少年中，就有 1 人患有强迫障碍，因此算得上是一种比较少见的疾病了。它可能包括多种仪式化的想法或行为，例如：

- 强迫性清洗、强迫性检查或其他重复动作；
- 认知性质的强迫，包括词语、短语、祷告、数字序列或其他形式的计数；
- 强迫性地动作缓慢，花过多时间完成简单的日常任务；
- 满脑子都是让自己变得更加焦虑的怀疑和疑问。

许多患有这种障碍的儿童和青少年并没有得到诊断，部分原因是他们经常对自己的强迫性想法或仪式遮遮掩掩，或者因为这些仪式并不会干扰或破坏大多数日常活动。然而，在极端情况下，强迫障碍可能会导致社交和学业严重受损。

如果一个学生的强迫障碍很严重，那药物可能是首选的治疗方案，必须由内科医生或精神科医生开处方并监督其用药。但教师在教学工作中遇到的学生的强迫障碍通常没有这么严重，所以最有效的应该是那些以社会学习原则为依据、以减少焦虑为特色的干预方法。减少焦虑的药物也可能有用，而且在很多情况下，药物治疗与行为或认知行为干预相结合会产生最好的效果。在发现学生的强迫障碍的过程中，教师可能扮演着重要的角色，尤其是当学生对自己的想法或仪式讳莫如深的时候，教师的仔细观察和询问是必要的，这样才能发现为什么学生在社交或学习方面有困难。当学生出现强迫障碍时，特殊教育工作者应该做到以下两点：设法减轻学生的焦虑，协助治疗；提供必要的数据（行为检查表或行为评定量表），帮助医生监测药物治疗的效果。

创伤后应激障碍

创伤后应激障碍（Posttraumatic Stress Disorder，PTSD）是指个体暴露于可能导致自己或他人死亡或严重伤害的极度创伤性事件（或多个事件）后，长期、反复出现的情绪和行为反应。在经历创伤事件时，患者的反应一定包括强烈的恐惧、无助或惊恐（儿童可能表现出混乱或激动的行为）。虽然很多（可能是绝大多数）儿童和青少年在 20 岁之前会经历至少一次创伤事件，但他们中的大多数并不会发展成 PTSD。因为 PTSD 儿童经常还有罹患其他障碍的风险，且通常与焦虑或抑郁有关，所以我们很难准确地估计到底有多少儿童患有这种障碍。有人估计，在儿童和青少年中，PTSD 的发病率在 1% ~ 10%，女孩的发病率略高于男孩。PTSD 也被认为与儿童接触的创伤事件的数量和强度直接相关。导致 PTSD 的事件可能发生在儿童幼年时期或以后的人生中。

持续且反复地出现与创伤事件有关的认知、感知、情感或行为问题是 PTSD 的特点。PTSD 患者可能会以各种方式重新体验创伤性事件，如反复出现的侵入性思维、图像或梦境。他们可能会回避与事件相关的刺激，也可能会变得情感麻木或无反应。其他症状还包括神经兴奋性增加，如难以入睡或集中注意力。

在过去很长的一段时间里，儿童对极端压力的延迟性情绪和行为反应在很大程度上被忽视了，对 PTSD 的研究也很少，除非创伤性应激事件发生在成年期。但这种情况在 20 世纪 80 年代中期之后就改变了，现在精神卫生工作者已经认识到，极度创伤的经历可以导致儿童和成人出现延迟性的 EBD。到 20 世纪 90 年代中期，人们已经充分认识到，极端压力事件或危及生命的经历不仅导致儿童产生抑郁、焦虑、恐惧等反应，还会导致 PTSD。极端童年创伤的后遗症包括：

- 创伤性记忆会以视觉或其他感知形式不断卷土重来；
- 可能出现类似强迫性思维或强迫性动作的重复行为；
- 与创伤性事件相关的恐惧；
- 改变了个体对他人、生活或未来的态度，深感自身的脆弱。

每个人对创伤性事件的反应是截然不同的。但研究人员发现，意外事故、战争、恐怖行动、地震或飓风等自然灾害以及家庭或社区暴力可能会导致所有儿童和青少年出现同样的反应，即患上 PTSD。

在治疗 PTSD 时，专家们可能需要尝试各种不同的方法，如团体讨论与支持、危机咨询和个体治疗，目的是减少患者的焦虑，帮助他们改善应对策略。预防 PTSD 的措施不仅包括努力减少意外事故和暴力的发生，还包括对那些可能无法避免的创伤预先制定应对策略。

导致 PTSD 的事件在学校或社区都有可能发生，如性虐待、躯体虐待。无论创伤事件发生在什么地方，患有 PTSD 的学生都有可能在学校里出现严重的问题。焦虑和对创伤的相关反应可能会使学生很难集中精力学习或参加日常社会活动。因此，教师一定要了解表明学生可能有 PTSD 的具体迹象有哪些，转介学生去接受评估，并努力帮助学生将焦虑降低到可控水平。

刻板运动障碍

刻板动作是一种不由自主的、重复的、持续的、非功能性的行为，个体在某些情况下可以对这种动作拥有最低限度的自主控制，但在所有情况下都不能对其进行完全控制。刻板动作包括自我刺激和自我伤害，但也可能是与焦虑相关的重复性动作。

大多数不属于自我刺激或自我伤害的刻板动作被称为"抽动"。只涉及面部肌肉且持续时间短的抽动是常见现象，近四分之一的儿童会在成长过程中的某个时间段产生抽动现象，所以我们最好忽略它们。不过，当抽动累及整个头部、颈部和肩部时，通常就需要进行干预了。抽动可能是声音的形式，也可能是运动的形式。患者可能会发出各种声音，也可能是反复念叨某些词语，或者发出类似念叨词语的声音，同时伴有（或不伴有）抽搐的动作。

持续一年以上、同时涉及至少三个肌肉群的慢性运动性抽动症，比那些涉及较少肌肉或持续时间较短的抽动症更为严重。抽动障碍（Tic Disorders）有很多种，但最严重也被研究得最多的是图雷特氏障碍（Tourette's Disorder）或"图雷特氏综合征"（Tourette's Syndrome）。如果图雷特氏综合征始于 18 岁之前，并且患者几乎每天都有多次（通常是成群出现）运动性抽动和一次或多次言语性抽动发生，或者断断续续地发生且持续一年以上，则通常被称为障碍。据估计，图雷特氏综合征的患病率高达 1%。它在不同的种族和民族群体中都会出现，男性比女性更常见。在大约三分之一的病例中，与图雷特氏综合征相关的抽动症状会自行消失；在另外三分之一的病例中，抽动症状会在 13 岁之前明显减少。但对于其余的病例，抽动症状可能成为终生性的，而且症状从始至终几乎没有任何减轻。

在 20 世纪 90 年代，图雷特氏综合征成为许多与强迫障碍和焦虑障碍相关研究的焦点。图雷特氏综合征的症状可能是非常轻微的，对普通观察者来说并不明显。但症状严重的患者发现，其他人对他们的怪异行为（如抽搐、哼哼、大喊、说脏话或不当言辞）的反应是恐惧、嘲笑或敌视。不过，随着一些知名运动员被诊断为图雷特氏综合征，如棒球运动员吉姆·艾森瑞克（Jim Eisenreich）、长期担任美国橄榄球守门员的蒂姆·霍华德（Tim Howard），再加上已故神经学家奥立佛·沙克斯（Oliver Sacks）的精彩写作，以及图雷特氏综合征协会所做的大量工作，大大消除了人们对图雷特氏综合征患儿和成年患者的歧视及残酷对待。

我们现在已经知道，图雷特氏综合征是一种神经系统疾病，尽管其原因和确切的神经系统问题还不清楚。它是一个多方面的问题，既有社会和情感方面的问题，也有神经系统方面的问题，还可能涉及遗传因素。图雷特氏综合征在症状的严重程度和性质上可以存在很大的差异，而且它经常与各种其他障碍共病，特别是 ADHD 和强迫障碍。事实上，一些研究人员认为，图雷特氏综合征是一种特殊形式的注意障碍或强迫障碍，如果患者是儿童，强迫障碍可能会随着患儿年龄的增加而变得越发严重。图雷特氏综合征的一些症状可能涉及类似抽动的仪式行为（例如，刻板地触摸或排列物体，重复某个单词或短语）。在某些情况下，患有图雷特氏综合征的人很难抑制其攻击性，可能会被误认为患有品行障碍，或者与品行障碍共病。虽然图雷特氏综合征的症状在特定条件下可能会变得更严重，尤其是在经历焦虑、创伤或社会压力的情况下，但它的出现很难预测，而且其症状似乎在看似不可预测的时间里来来去去，时而减轻时而恶化，这使得对图雷特氏综合征的治疗越发困难，也使得教师和同学更难接受罹患图雷特氏综合征的学生。

现在随着专业人士对图雷特氏综合征的诊断越来越准确，研究也揭示了更多与其性质和治疗相关的信息，人们对这种疾病的认识也越来越深刻了。最有效的治疗方法是认知行为疗法、药物治疗或两者的结合。许多图雷特氏综合征患者不喜欢精神抑制药物和其他可以减轻症状的药物所产生的副作用。通过其他方法来控制抽动，包括在许多情况下允许它们发生并教育其他人理解和接受它们，往往是首选策略。

特殊教育工作者很可能会遇到患有图雷特氏综合征的学生，因为它往往与其他障碍共病，而且，人们对图雷特氏综合征的误解经常会导致患者被污名化，遭到社会排斥或孤立。有效的干预方案往往需要家庭、学校以及图雷特氏综合征患儿的共同参与。教育工作者的一个主要职责是理解图雷特氏综合征的性质并广而告之，此外，应尽量忽略那些无法控制的抽动症状，多注意这些学生具备的能力。

选择性缄默症

有这样一群儿童和青少年，他们在某些情况下会表现出正常或接近正常的语言能力，但在某些需要说话的社交场合（如学校）却保持缄默，这样的孩子被认定为患有选择性缄默症（Selective Mutism，SM）。他们的常见表现是在学校不和教师或同学说话，但在家里会和父母或兄弟姐妹交谈。其他用于描述这类问题的术语包括选择性缄默症（Elective Mutism）、言语抑制症（Speech Inhibition）、言语回避症（Speech Avoidance）、言语恐惧症（Speech Phobia）和功能性缄默症（Functional Mutism）。选择性缄默症是一种罕见的疾病，在儿童中的发生率估计不到1%。因为正常发展的儿童在社交能力和语言使用方面差异巨大，所以我们很难对选择性缄默症加以诊断。临床医生都明白，在刚开学的几周内就做出诊断是不明智的，因为这个时候儿童的焦虑、害羞和退缩表现并不罕见。在选择性缄默症的诊断标准中，通常还需要儿童具有因缺乏语言能力而导致的社交和学业困难。在面对这些孩子的行为问题时，教师通常会感到茫然无措。费雷德里克·J.布里格姆（Frederick J.Brigham）和简·F.科尔（Jane F.Cole）指出，大多数患有选择性缄默症的儿童是在入学时才被教育者识别出来的，但大多数教师并没有遇到过这种罕见的疾病。

在大多数情况下，选择性缄默症似乎是社交焦虑的结果，是个体对与特定的个人或群体交谈的特定恐惧。但造成选择性缄默症的原因显然是多种多样的，既有遗传因素，也有环境因素。例如，选择性缄默症患儿的家庭通常本身就表现出某种形式的焦虑或社交恐惧症，而且在育儿方式上通常也存在问题，要么过度保护，要么不闻不问。

有选择性缄默症的青少年具备正常的言语能力，他们只需要学会在正常情况下使用语言，因此人们通常认为，选择性缄默症患儿在做矫正的时候，要比那些缺乏言语能力的儿童（即哑巴），或者有其他言语或语言障碍（如模仿言语症）的儿童更容易。但对选择性缄默症有效干预方法的研究文献仍然有限。在治疗选择性缄默症时，行为或认知行为干预，无论是单独使用还是与药物干预相结合，都产生了很好的效果。和治疗其他恐惧一样，基于社会学习原则的干预方法在治疗选择性缄默症时效果最佳。这些方法包括改变期望孩子说话的要求或条件，让他们对说话的恐惧脱敏，如果孩子只会在某个人或某些人在场的情况下才保持缄默，就要用正强化的方式鼓励他们在这个（些）人面前越来越随意地说话。

人们对选择性缄默症知之甚少（甚至视其为谜），这种疾病也比较罕见，但一旦狭路相逢，对教师来说就是一个极大的挑战。在有些案例中，患儿会在没有接受任何治疗的情况下就开始以较为正常的方式说话了。因此，在面对这样的患儿时，成年人首先要决定的就是该不该进行干预——孩子的行为是否严重到了需要尝试干预措施的程度。通常情况下，主动干预比等待自发解决要好。如果要着手干预，教师必须与其他专业人员合作，尤其是语言病理学家和学生的家人。此外，教师应该在课堂上采用非惩罚性的、行为学派的方法，鼓励学生讲话，而且要做好心理准备，知道在很多情况下不能操之过急，成功的干预是一场持久战。

进食障碍

进食障碍（Eating Disorders）之所以在媒体上受到高度关注，一是因为这个国家的富裕程度已经让浪费食物成为可以接受的事情，二是因为许多人（尤其是那些有较高社会地位的人）对苗条身材近乎痴迷的追求。在进食障碍中，神经性厌食症（Anorexia Nervosa）、神经性贪食症（Bulimia Nervosa）、暴食症（Binge Eating）和肥胖症（Obesity）最受关注。厌食症和暴食症主要是（但不限于）女性的问题，尤其是青春期的女孩，而且在白人女性中似乎比在黑人女性中更普遍。药物治疗是这类疾病的可选疗法之一。

厌食症是一种对瘦身的痴迷和对体重增加的恐惧。患有厌食症的人过分关注减肥，极度担心自己变胖。他们会忍饥挨饿导致体重降至不正常的程度，经常强迫性地运动，同时严格限制摄入的热量。他们的做法严重危及自己的健康，有些人甚至把自己饿死了。厌食症在女性中比在男性中更为普遍，两者的比例为 3∶1，但相较于历史上认为厌食症几乎完全是一种女性疾病的说法，这个比例显然太低了。厌食症最常见于青少年和青壮年。

贪食症是暴饮暴食之后又设法抵消食物摄入量的行为，如自我诱导呕吐、使用泻药或灌肠，或者做额外的运动。贪食症患者经常试图对他们的暴食行为和相关行为进行保密。他们经常陷入抑郁情绪，感觉无法控制自己的饮食习惯。

尽管公众对厌食症和贪食症很感兴趣，并认为它们在美国的高中和大学女生中很流行，但我们对进食障碍的性质、患病率、原因或有效治疗方法却知之甚少，尤其是当这些障碍在患者处于儿童时期就开始发作的时候。我们面临的一个困难是，患者通常把自己的进食障碍隐藏得很好，反正极少有人主动向治疗机构报告自己的问题。2007 年，针对美国到底有多少人被诊断为进食障碍的问题，詹姆士·I.哈德逊（James I.Hudson）、艾娃·希里皮（Eva Hiripi）、波普（Jr. Pope）和罗纳德·C.凯斯勒（Ronald C.Kessler）做出了如下估计：

- 厌食症：女性 0.9%，男性 0.3%；

- 贪食症：女性 1.5%，男性 0.5%；
- 暴食症：女性 3.5%，男性 2%。

研究人员现在已经认识到，与进食障碍相关的问题来自很多方面，需要采取多模式的治疗方法。文化中对"苗条"的推崇可能是诱发某些进食障碍的一个因素。当青少年就饮食问题与家人发生冲突，并与其他家庭成员出现沟通困难时，通常与他们对食物和饮食的不当态度有关。不过，研究人员渐渐认识到，饮食问题具有遗传倾向。进食障碍与其他精神疾病（包括自闭症谱系障碍、多动症、强迫障碍和焦虑障碍）共病的现象也很常见。对病因的行为分析、行为或认知行为干预在短期内的效果令人鼓舞，但长期的随访评估表明，我们还需要更全面的评估和治疗方法。有效的干预需要考虑饮食行为本身、与厌食症和贪食症相关的想法和感受，以及形成和维持这些模式的社会环境。

其他进食障碍通常与更严重的障碍有关，包括异食癖（Pica），即食用一些不可食用的物质，如油漆、头发、布料、泥土等；反刍障碍（Rumination），即自我诱导呕吐，通常开始于婴幼儿时期；极度偏食；暴食症；肥胖症。这些问题严重限制了儿童的社会接纳度，也危及他们的健康。

在大多数西方文化中，特别是在美国，儿童和青少年肥胖是一个日益严重的问题，它会带来严重的健康风险，还会让儿童和青少年自惭形秽，自卑心理会妨碍其社会关系，而不理想的社会关系又反过来加剧了肥胖现象，进而形成恶性循环，并且往往持续到成年。肥胖儿童在与他人交往时经常受到排斥或忽视。尽管肥胖的原因包括遗传、生理和环境因素，但最根本的问题是个体摄入的热量大于活动消耗的热量。因此，成功控制肥胖不仅需要改变饮食习惯，还需要增加体育锻炼。肥胖通常被认为是个体习得不良饮食习惯和不良营养习惯的结果，但社会对肥胖的接受度无疑扮演了关键的角色。所以一定要记住，如果个体想避免肥胖，需要适当的饮食和锻炼相结合——这种方法对某些人来说虽然很难，但其实是几乎每个人都可以做到的。

特殊教育工作者经常会遇到有进食障碍的学生，但这类障碍不应该由特殊教育工作者单独解决，教师也不应该独立承担解决学生饮食问题的责任。患有进食障碍的学生在课堂上可能会表现出高度的焦虑或强迫行为。教师要根据学生的具体需要，指导并帮助他们获取适当的营养和锻炼，并与其他专业人士合作，控制学生的食物摄入量。

排泄障碍

人们对待如厕的态度因文化和社会群体的不同而大相径庭。在西方文化中，如厕训练被认为是非常重要的，一般在孩子很小的时候就开始了。虽然在出生后几周就开始如厕训练的极端做法不可取，但行为学研究表明，大多数孩子在 16 或 18 个月时就能学会如厕。在美国，人们默认达到入学（包括学前班）年龄的儿童可以在很少（或没有）帮助的情况下上厕所。如果儿童在 5 岁或 6 岁之后仍然尿湿或弄脏自己的身体，就会被认为有问题，需要进行干预。遗尿症（Enuresis）可以在白天发生（清醒时尿在衣服里），也可以在夜间发生（尿床）。男孩患遗尿症的人数大约是女孩的两倍，2% 或 3% 的儿童在 14 岁时仍患有遗尿症。在开始上一年级的时候，大约有 13% 到 20% 的儿童有遗尿症。遗粪症（Encopresis），也称大便失禁，通常发生在白天，并且不像遗尿症那样常见。

如厕训练通常是一个循序渐进的过程，压力和疾病会让儿童对肠道和膀胱的控制力产生影响。因此，孩子年龄越小，环境压力越大，就越容易出现大小便失控的偶发事件。但遗尿症和遗粪症并不是偶发事件，它是孩子长期存在的问题，也就是说，在应该控制好自己只在厕所便溺的年纪，这些孩子依然控制不了自己的大小便。

心理动力学的观点认为，之所以出现遗尿症和遗粪症，是因为个体存在潜在的情感冲突，这些冲突通常与家庭有关。虽然这些心理动力学观点并没有可靠的证据支持，但如果家长对孩子的如厕训练不一致或不合理，那家庭因素显然难辞其咎。不管问题的原因是什么，如果孩子时常一身屎尿，这至少会对亲子关系的质量产生影响。没有多少父母能完全平静地面对这些问题，也很少有孩子能完全不受父母的反应的影响。因此，人们必须认识到，在有排泄障碍儿童的家庭中，对这个问题的负面情绪往往很强烈。在对这样的家庭进行干预时必须做好规划，力求让父母的愤怒不再进一步升级并出现虐待孩子的现象。

遗尿症往往不是儿童唯一的问题，通常还有其他方面的异常，比如偷窃、暴饮暴食、成绩不佳或其他行为问题。尤其是那些患有继发性遗尿症的孩子——指他们原本已经发展出对膀胱的控制能力，而且至少已经持续了 6 个月，然后又开始夜间尿床或日间遗尿。值得注意的是，10 岁以后，原发性夜间遗尿症（尿床）的儿童通常不会有共病的行为问题。几乎所有患有遗粪症的儿童都有多种问题，而且通常性质很严重。

在学校里，发生在白天的遗尿症和遗粪症是教师无法忍受的问题，这样的学生也会被同学排斥。这就是为什么大多数患有排泄障碍的孩子都很自卑。

在少数病例中，排泄障碍有生理原因，可以通过手术或药物治疗加以矫正，但绝大多数病例没有已知的生理缺陷，药物治疗也不是特别有用。在绝大多数情况下，儿童之所以形成排泄障碍是由于没有学会如何控制膀胱或肠道，因此有效的治疗方法就是建立良好的如厕习惯和勤加练习，干预措施包括训练孩子留尿、快醒和如厕；对适当的如厕行为进行奖励；对尿湿裤子的行为给予轻微惩罚。还有一种方法是在孩子的床上或裤子上安装尿液警示器，很多孩子以这种方式成功地消除了遗尿症。

对于遗尿症，虽然我们已经尝试了很多方法，也有很多行为主义流派的技术取得了很大的成功，但没有哪一种方法对每个孩子都有用，所以经常是把各种技术结合起来使用。对于遗粪症，一种方法是对儿童进行生物反馈训练，使他们学会更有意识地控制自己的括约肌。当孩子拉在裤子上时，可以要求他们自己清洗，成年人要减少对他们的殷切关注，也不要替他们清洗。在治疗遗尿症或遗粪症时，选择的技术是否能成功取决于是否对个案进行了仔细的评估。

如果特殊教育工作者负责的是那些患有严重障碍的学生，就很有可能遇到排泄障碍患者。在学校里，患有这些障碍的学生会遭到来自成年人和同龄人的双重排斥，也是行为管理中教师要处理的核心问题。特殊教育工作者应该与来自其他学科（特别是心理学和社会工作）的专业人士合作，共同解决排泄障碍给班级带来的问题。

性行为障碍

滥性行为（Promiscuous Sexual Conduct）通常被认为是道德观有问题，且滥性往往与犯罪有关。正如我们将在第 13 章所讲的，过早的性行为和未成年怀孕对青少年来说是一个严重的问题，对那些被未成年父母带到这个世界上来的孩子来说就更难了。约会及与之相关的性关系是青少年和成年监护人非常关注的问题。在儿童和青少年中，性关系和性行为可能是巨大焦虑和强迫性行为的来源。几乎没有人会纵容暴露癖、虐待狂、乱伦、卖淫、恋物癖和涉及儿童的性关系（恋童癖），这些行为通常会受到严厉的社会惩罚。不过，大多数人现在已经认识到，有很多性表现方式是正常的，是由个人偏好或生物因素决定的。

自慰行为（手淫）本质上并无不当之处，尽管它被一些宗教团体视为不当或遭到禁止。自慰过度或在公众场合进行时，几乎每个人都会认为这是异常行为。尽管有许多（或大多数）教师都曾经观察到儿童在公共场合手淫，但关于这一问题的研究却很少，也许是因为手淫长期以来被视为邪恶行径，就像同性恋一样。

在将任何与性别有关的行为归类为异常时，都会引发关于文化偏见和歧视的激烈争议。人们一致认为，某些形式的性表达是不正常的，应该加以制止，比如乱伦、性虐待狂或性受虐狂、恋童癖和公共场合手淫。但现在许多人觉得一些与性有关的行为并没有什么不正常，比如对穿着的偏好、刻板的阳刚或阴柔癖好、同性恋等。大约自1970 年以来，服装风格和公认的性别角色发生了巨大的变化。在时尚模特和许多偶像身上，中性化（具有两性特征）风格非常明显。如果对他人的性取向提出质疑，这种质疑可能会被视为一种源于文化或个人的不宽容（每个人都会根据自己的宗教信仰或政治倾向判断什么是"合理"），所以，在判断与性有关的行为时，我们必须保持敏感，不要让来自文化和个人的偏见影响自己的判断，就像我们必须警惕不要对人种和种族身份持有个人偏见一样。如果个体自认的性别不同于与生俱来的生物性别，就有可能患上性别烦躁（Gender Dysphoria），请注意，在 DSM 的最新修订版中，该术语取代了之前使用的性别认同障碍（Gender Identity Disorder）。从这一修订中我们看到，人们对"性别不一致"现象的认识和接受程度越来越高了，诊断标准也明确指出，"性别不一致"本身并不是一种精神障碍。更确切地说，只有当伴随这种情况的压力源导致个体的社会功能或其他功能受损时，才会将其诊断为障碍。在儿童中，性别不一致可能表现为执着地想成为另一种性别，对异性的打扮具有强烈的喜好或把自己打扮成异性、喜欢扮演另一种性别角色，强烈喜欢异性玩伴，以及长期执着地希望拥有异性的身体特征。与我们讨论过的其他障碍的相关行为一样，只有当它们给当事人造成重大困扰或损害其社会功能时，才被认为是一种障碍。女同性恋、男同性恋、双性恋或变性人不再单纯地因为他们的性取向而被认为有障碍，尽管任何性取向的人都有可能罹患 EBD。对上述四类人士的歧视，不管是出于宗教信仰还是政治动机，或者两者兼而有之，确实可能是他们生活压力的主要来源，对那些非"异性恋"的人尤其如此。人们对待同性恋的态度因文化而异。

如果性行为中包括我们在前几章提到恐吓、骚扰和其他形式的攻击行为，更准确地说，这就属于品行障碍和违法犯罪了。不过，很多有性侵犯行为的个体可能会伴随着高度的焦虑。

特殊教育工作者，特别是那些与青少年打交道的教育工作者，肯定需要处理与学生的性行为和性知识（或性知识缺乏）相关的问题，这些问题都非常值得关注。一定要对学生的性取向和性表达方式保持开放的心态，同时要对那些病态行为有所了解，并深刻理解处理这些病态行为的必要性。教师必须做好准备，与心理学家、精神病学家、社会工作者和其他专业人士展开合作，识别并管理学生的异常的性行为。

社会孤立与不善交际

在本章和前几章中，我们讨论的许多行为可能会使 EBD 患儿在社交方面与同龄人隔绝。EBD 学生可能会有意地孤僻退缩，这可能只是因为他们缺乏与同龄人适当互动的技能，或者在无意中因怪异或令人不安的行为而把对方吓跑了。有时，导致社交困难的不善交际或怪异行为意味着自闭症谱系障碍，但大多数时候并非如此。一些社会孤立的青少年缺乏基本的社交技巧，比如与同龄人对视、主动和他们交谈、要求和他们一起玩、适当地接触同龄人或成年人。通常情况下，他们对他人主动示好的行为也缺乏反应。还有一些人可能因为一些目前我们还不甚了解的原因而被同龄人忽视。据我们所知，在交往中被排斥、孤立的儿童无法参与到正常社会发展所特有的社会互惠（即彼此之间的礼尚外来）中。

社会孤立并不是一个全有或全无的问题。所有儿童和青少年都会在某些时候表现出孤僻行为，在社交方面表现不佳，这种情况在不同的情境下会有所不同。许多正常儿童，甚至成年人，在一个陌生或不熟悉的环境中都有可能表现得不善于社交。这种不善交际的行为也可能以不同的程度表现出来，从陌生情境中正常的社交沉默到严重的精神病性孤僻，是一个从轻微到严重的连续体。然而，在几乎所有的班级里，从学龄前到成年，都会有些学生因独来独往而显得格格不入。他们的社会孤立往往伴随着不成熟或不适当的行为，使得他们成为被嘲笑或奚落的目标。患有自闭症谱系障碍的儿童和青少年的情况往往就是如此。他们没有朋友，形单影只，显然无法享受到社会互惠带来的快乐和满足。除非他们的行为和同龄人的行为能够得到改变，否则他们很可能一直无法与他人进行密切和频繁的接触，也享受不到社会互动所带来的发展优势。因此，如果不加强干预，他们的预后情况不容乐观。

成因及预防

社会学习理论预测，一些孩子，特别是那些在早年没人被传授适当社交技能的孩子，以及那些试图与他人交往却因此受到惩罚的孩子，将会变得孤僻退缩。轻度或中度孤僻的青少年容易焦虑和自卑，但焦虑和自卑会导致孤僻退缩和社会孤立的结论是不成立的。更合理的说法是，焦虑和自卑是孩子缺乏社交能力导致的结果。事实上，在这个过程中可能还会形成一个恶性循环：孤僻和孤立限制了孩子发展社交技能和建立友情的机会，从而导致其进一步的孤立，以此类推。

毫无疑问，生物因素也促成了一些个体的社会孤立。几乎可以肯定的是，遗传因素在其中起到了一定的作用。尤其是那些被诊断出某种自闭症谱系障碍的儿童，他们的社交障碍至少有一部分是由大脑功能障碍造成的。

被父母过度限制或社交能力不足、缺乏社交学习的机会以及早期在与同龄人的社交互动中遭到拒绝，都可能造成儿童学会独自玩耍，避免社交接触。如果父母在社交方面很迟钝，孩子的社交技能自然也不会得到很好的发展，这可能是因为父母为孩子提供了不良行为的榜样，无法教给孩子有助于他们成为社交达人的技能。如果有过恶劣的社交体验，包括来自父母或兄弟姐妹的虐待，可能确实会使那些缺乏自信、对自己有负面评价的儿童产生社交焦虑。在焦虑和自卑的影响下，他们可能会在社交场合沉默寡言，这会使得他们的社交能力永远不会进步。尽管如此，要全面解释是什么导致了社会孤立，我们还得考虑儿童的气质特征、早期的社会经验以及当前社会环境的性质。在看待孤立行为时，社会学习理论重点强调的因素是强化、惩罚和模仿，这一观点对干预具有直接的意义，提醒我们可以通过向学生传授社交技能来改善社会孤立的状态。不过，想要有效地预防社会孤立，只教会青少年如何亲近和回应他人是不够的，还需要安排一个有利于积极互动的社会环境。

评估

社会孤立（Social Isolation）的定义包括被同龄人排斥或忽视。我们可以借助测量工具来判断一个学生是被排斥还是被接纳，常用的测量方法包括问卷调查或社会测量调查。社会测量调查的具体操作方法是：要求学生选择或提名一些同学来担任不同的角色，然后让学生说出他们最愿意和谁一起玩、坐在一起、一起学习或者邀请谁参加聚会，最不愿意交往的又是谁。最后对得到的结果进行分析，看看哪些人在群体中具有较高的社会地位（许多同伴对他们情有独钟），哪些人是被孤立的对象（谁也不愿意和他们一起玩或学习），哪些人是被排斥的对象（同伴希望避免与他们进行社交接触）。托马斯·W. 法默（Thomas W.Farmer）指出，就本章我们所关注的儿童（在同龄人中不受欢迎，甚至与其他人毫无瓜葛）而言，社会测量调查中发现的一个关键区别非常重要——被排斥的状态与被忽视的状态完全不同，尽管两者都可以被视为社会孤立。孩子们通常会不假思索地指出那些他们认为令人讨厌、具有攻击性、性情残忍或令人不安的同学，很干脆地表示不愿意和这样的学生一起学习或坐在一起。但社会测量调查发现，那些没有被提名的学生只是逃避了同学的注意而已，并不是因为他们真的没有问题行为。他们没有受到严厉的批评，但也没有得到正面的评价。这些既没有得到同伴的正面提名，也没有得到任何负面提名的学生，可能会面临进一步的、随时可能恶化的社会孤立风险。除了社会测量调查之外，教师还可以利用日常直接观察和行为记录的方法，对个别儿童的社会交往进行更精确的测量。因此，我们可以将"社会孤立者"定义为与他人的社交互动明显少于同龄人的儿童。

在评估学生的社交情况时，虽然社会测量和直接观察的结果都有一定的价值，但并不一定能揭示导致学生社会孤立的原因。例如，一个学生可能与他人往来频繁，但仍然是一个相对的社会孤立者，因为他或她的交往对象寥寥无几，而且都是表面之交。所以，评估还应该包括教师的评定量表和学生的自陈报告。如果想对学生的社会技能或社会孤立进行充分的测量，就要关注他们与他人互动的频率、社会交往的质量以及在同龄人中的社会地位。

随着对社交技能的研究变得越来越复杂，哪些社交互动是恰当的，哪些又是不得体的呢？两者之间的细微差别变得让人越来越难以捕捉。我们对儿童社交技能本质的了解大多是肤浅的。儿童的社交意图（为什么这么做、做什么）是一个值得进行更多探索的研究领域，要充分理解社会孤立和社会接纳现象，可能需要我们仔细评估他们以特定方式与同龄人互动的实用性理由。

干预与教育

解决孤僻问题的一种方法是尝试改善孩子的自我概念，让他们变得更自信，因为专家们认为，这样才会让他们更愿意参与社会交往。对这样的孩子，我们可以采取游戏治疗和治疗性会谈的方法，鼓励他们在游戏或温暖包容的对话中表达他们对自身行为和社会关系的感受。当他们感到被接纳并能公开表达自己的感受时，就会形成更积极的自我概念，增加与他人积极的社会互动。不幸的是，现有数据并不支持针对自我概念本身进行干预。

如果不向学生传授具体的社会技能，不设法调整社会环境以适应学生的需求，试图矫正他们的社会孤立通常是无效的。想在不先改善行为的情况下改善自我概念，似乎还没有成功的先例。如果孩子对自己的行为有不切实际的认知，那么，帮助他们获得符合现实的自我认知无疑是一个值得追求的目标。如果儿童和青少年确实在社交上受到了孤立，如果不先帮助他们学习社会互惠的技能，就试图让他们相信自己的社会关系没有问题，这可能会误导他们。不过，在他们的行为得到改善之后，就有了改善自我认知的基础。

教师或其他相关人员可以为社会孤立的儿童和青少年安排适当的环境条件，这样做可以让他们学会如何与同龄人积极友好地互动。那应该安排什么样的环境条件才最有利于他们的社交互动呢？首先，应该准备一些可以让很多孩子一起玩的玩具或设备，其次，安排一些具有社交技能或能够主动与目标儿童互动的同龄人，这样一来，那些被孤立的孩子就有机会与其他孩子接触了。基于社会学习原则的具体干预策略包括：

- 强化社交互动（可以用表扬、积分或代币的方式）；
- 让同龄人示范如何展开社交互动；
- 提供具体的社交技能培训（示范、指导、练习和反馈）；
- 发动同龄人参与社交互动，对适当的社会反应加以强化。

当然，这四种策略也可以同时使用，实证研究表明，这些方法可以有效地改变某些行为。社会学习理论取向的干预策略在定义、衡量和改变青少年的不良社会行为方面大有前途。然而，目前的社交技能训练方法并没有充分解决如下问题：如何让学生产生真正能让他们更容易被社会接纳的行为改变？如何让他们把习得的恰当行为用在所有生活场景中？如何让干预的良好效果在干预终止后仍继续维持？正如菲利普·S. 斯特兰（Plilip S.Strain）、塞缪尔·L. 奥多姆（Samuel L. Odom）和斯科特·拉什顿·麦康奈尔（Scott Rushton McConnell）几十年前指出的那样，社交技能是相互的，是人与人之间的行为交换。如果干预只关注改变孤立个体的行为，就会错过社会适应的关键部分：社会互动。干预的目标必须是帮助被社会孤立的个体完全被社会容纳，能够毫无障碍地与他人进行积极、互惠的社交互动并建立良性的循环。要做到这一点，在干预之初就必须认真选择让学生掌握的目标技能。在选择目标技能时必须考虑以下问题：

- 在干预终止后，特定的社会行为有可能继续维持下去吗？
- 这些技能是否适用于不同的环境（如在学校的不同领域和不同类型的活动中）？

● 目标技能是否与同伴的社会行为相关，并因此可以从同伴那里得到鼓励或强化（也就是说，该技能是否是自然发生的、积极社会互动的一部分）？

如果我们能够用"是"来回答这些问题，社交技能训练的效果就更有可能持久。

有些儿童和青少年并非社会孤立者，但仍不能很好地与同龄人相处，并因社会敏感性不足或在微妙的社会情境中表现不佳而受到阻碍。以往社会经验与大多数同龄人不一致的儿童、第一次接触异性的青少年、第一次参加工作面试的年轻人，这些人在社交礼仪方面往往很不老练或缺乏技巧。有些青少年有令人讨厌的个人习惯，这大大削弱了他们的社交能力。社交能力低下的结果可能是自卑、焦虑和退缩。

为了减少或避免学生出现拙劣的社交行为，教师可以教他们如何把握重要的社交线索，如何做出适当的反应。教师向学生传授社交技能的常见方法包括：提供团体和个人辅导；把学生的言行举止录下来并让他们自己观看；教师亲自示范适当的行为；提供指导性的练习，等等。当然，上述几种方法完全可以结合起来使用。对特殊教育工作者来说，从社会学习理论的角度看待学生不善交际的问题——不管是问题的源头还是补救的方法——显然是最有实用价值的，因为社会学习原则让他们知道，直接指导最有效果。

具体如何设计干预策略部分取决于学生的年龄、与同龄人关系的性质。如果学生年纪稍长，长期存在社交困难且经常被同龄人欺负，那他们最需要的可能是一个安全的避风港，如特殊学校或特殊班级，这能让他们在那里安心地学习新技能。虽然有些人可能会认为，与那些行为异常且有破坏性品行障碍的学生相比，那些焦虑或孤僻的学生更容易相处，但这两种情况对教师来说都十分具有挑战性，为了学生的前途着想，教师对这两种情况都应该进行干预。下面我们一起看一看教师们怎样向学生教授社交技能。

向焦虑或孤僻的学生传授社交技能

教师最关注什么样的社交技能

正如我们之前讨论的，有焦虑或相关障碍的学生有时会逃过教师的注意，因为他们的行为不属于外显性那一类。焦虑的学生可能会孤僻退缩，选择不与同龄人或教师交流，或者无法与他们交流。他们通常很安静，可能很害羞、很孤僻，很少在课堂上主动回答问题或主动与同龄人交谈，即使是在操场或食堂这样的社交环境中也是如此。我们也说过，有些焦虑的孩子会做出一些奇怪的甚至怪异的行为，比如重复动作、抽动或其他强迫行为。无论是哪种情况，他们都缺乏与同龄人交往所需的积极社交技能，而且可能会做出让同龄人反感的奇怪行为，使他们面临进一步被社会孤立的风险。

什么是适当的干预目标

如果遭到同龄人孤立或排斥，学生会变得更不善交际，并有可能发展成其他障碍。因此，旨在鼓励同伴之间积极互动的干预措施很重要。具体的干预目标通常是那些非常简单的行为，我们可以把它们视为在学校或社会环境中与同龄人打交道的必备"生存"技能。例如，发起社交对话和问候他人、对他人的主动示好做出适当的回应、要求加入游戏或活动（如"我可以玩吗"），以及在学习、游戏或社交环境中参与分享（如"我可以用这些蜡笔吗""你要借用我的记号笔吗"）。在这些主动和互动的基础上，还需要练习更复杂的社交技能，对年龄较大的儿童尤其如此。这些技能包括减少或消除怪异或消极的行为，以及发展更高层次的对话技能（如理解和使用幽默、讽刺、双关语等）。

哪些类型的干预最有希望

长期以来，人们一直认为患有 EBD 和其他轻度残疾的学生在社交技能方面有问题，也提供了大量社交技能课程、材料和干预方案供学校和教师选择。但在 20 世纪 90 年代，有人对社交技能干预措施颇有微词，并得出了一个可能过于简单粗暴的结论：社交技能训练没有用。这个结论缘于两种现象：首先，许多成套的社交技能课程确实没有让人看到改善儿童社交技能的希望；其次，即使干预确实促进了社会行为的改变，这种改变通常没有转移到其他环境、时间和地点，而且也维持不了多久。但学者们普遍认为，简单地得出"社交技能干预不起作用"的结论还为时过早。我们只能说，在早期使用的成套社交技能课程中，有些每周只关注一种技能，我们不应该期望它能让那些无疑具有特殊需求的学生在行为上有明显改善。事实上，我们知道，在制订社交技能干预计划之前，教师必须仔细地分析每个孩子的问题情境，分析结果会让教师了解：（1）是什么情境导致了某个学生的社会问题；（2）是学生的什么表现导致了这个问题；（3）学生需要哪些技能才能获得成功。此外，为了使行为改变的结果长期持续，干预措施中必须加入维持和推广计划（例如，为了增加约翰尼下周在操场上展示这种社交技能的机会，我们可以采取什么措施）。

范例：一堂社交技能课

兰克顿（Lankton）老师认为，患有 EBD 的八年级学生拉斯蒂（Rusty）是由于缺乏社交技能而被社会孤立的。也就是说，拉斯蒂并不会表现出攻击性或任何怪异行为吓跑同学，只是缺乏与同学交谈或参与游戏的社交技能。于是，兰克顿教师决定教给拉斯蒂一些基本的交流技巧，让他能够加入篮球比赛。他使用了几种指导策略。首先，他采用直接指导的方式，即通过示范－指导（一种独立的练习形式）来传授社交技能。具体的步骤是，兰克顿首先亲自示范如何请求参加篮球比赛（如"看着我"），然后让拉斯蒂和他一起做一遍（即指导性练习，"让我们一起做"）。如果兰克顿觉得拉斯蒂已经游刃有余了，就要求他自己重复这项技能（即独立练习，"告诉我你会怎样要求加入篮球比赛"）。其次，在兰克顿相信拉斯蒂已经理解了其中的精髓后，他就安排拉斯蒂在教室里和几个同学通过角色扮演的方式练习这个技能。最后，在练习了几天的角色扮演之后，兰克顿去找其他教师，询问他们的学生下周什么时候会出现在操场上，这样他就可以为拉斯蒂设定一个真实的场景，让他练习他新学到的技能。请注意，在整个训练过程中，兰克顿给了拉斯蒂大量的赞扬和积极的反馈（如果需要的话，还可以提供有形的强化物、积分等）。一旦他进入操场上篮球比赛的自然情境，拉斯蒂可能获得的强化物将是一个自然的强化物——如果他正确地展示了新的社交技能，就可以成功地加入篮球比赛。

本章小结

要将焦虑障碍和相关障碍分类进行讨论比较困难，因为它们之间的关系很松散。焦虑障碍的子类别目前还没有得到很好的定义，而且焦虑障碍经常与其他各种障碍共病。

焦虑，也就是不安、恐惧和担忧，是个体正常发展的一部分。然而，极度的焦虑和恐惧（恐惧症）会给人带来极度不利的影响。焦虑障碍一般比较短暂，而且与外显性障碍的相关行为相比，导致患者成年后罹患精神障碍的风险较低。多达 15% 到 20% 的儿童和青少年在某一时期经历过某种形式的焦虑障碍。在因行为问题而被转介的青少年中，有 20% 至 30% 的人可能至少有一部分问题是焦虑障碍造成的。在童年时期，女孩受焦虑障碍影响的频率比男孩略高，而且这种差异会随着年龄的增长而加大，因此患有焦虑障碍的青春期女性在人数上比男性多出 2 ～ 3 倍。焦虑障碍有社会和生理两方面的原因，而且最适合采用社会学习理论取向的干预措施，有时还需要结合药物治疗。

　　焦虑在各种相关障碍中扮演着重要的角色。强迫障碍包括一些旨在避开恐惧事件的仪式化思维或行为，以多种形式出现，可能会严重影响学生的出勤率和学习成绩。创伤后应激障碍（PTSD）现在被认为是儿童、青少年和成人都有可能罹患的一种障碍。与 PTSD 相关的焦虑和其他问题会严重阻碍学生在学校的进步。刻板运动障碍包括图雷特氏综合征，这是一种涉及多种运动和声音抽动的障碍，现在被认为是一种神经系统问题。图雷特氏综合征通常与其他障碍共病，与焦虑障碍、注意障碍和强迫障碍的关系尤其密切。选择性缄默症是指因为要在某些人面前或某些场合说话而产生的极端、持续的焦虑。干预的目的通常是为了减少在必须说话时产生的焦虑。

　　进食障碍包括厌食症、贪食症和暴食症，该障碍通常涉及对食物、进食、体重以及肥胖的焦虑。排泄障碍包括遗尿症和遗粪症。这类障碍在学校环境中是一个很大的问题，如果患儿要发展正常的同伴关系，就必须解决这些问题。由于社会对性行为的态度，性问题很难界定。然而，某些类型的性行为，如当众手淫、乱伦、性施虐、性受虐，显然属于禁忌。

　　社会孤立的儿童和青少年缺乏社交方法和反应技能，很难与他人建立互相促进的积极关系。他们之所以缺乏这些技能，可能是由于家庭中存在着不恰当的社会行为模式，缺乏足够的指导或练习社交技能的机会，或者有其他一些阻碍其社会发展的情况。在对这类儿童和青少年采取干预和预防措施时，需要向他们传授一些对社会发展很重要的社交技能，但针对哪些是最适当的技能和最有效的教学方法存在很大的争议。一般来说，有效的社交技能训练包括示范、练习、指导性练习和反馈，可以个别辅导，也可以团体辅导。在这些干预方案中，最有效的可能是那些充分利用同伴关系的方法，它可以在自然发生的互动中帮助那些被社会孤立的青少年改变他们的行为，同时也改变同伴的行为。

个人反思

焦虑及相关障碍

克里斯·斯威加特（Chris Sweigart）是肯塔基州一名地区性特殊教育和行为顾问，他曾经负责教导有情绪和行为障碍的中学生。克里斯在路易斯维尔大学取得了文学硕士学位和课程与教学博士学位。在求学生涯中，他不仅对教育 EBD 学生产生了浓厚的兴趣，也对支持和培训那些特殊教育教师产生了热情。这篇文章由他撰写，是与 EBD 学生肯德里克（Kendrick）相关的个人反思，肯德里克曾经是他的学生，当时年仅 13 岁。

回想一下，当您的学生患有严重的焦虑障碍时，具体表现在哪些方面

提到严重的焦虑问题，让我不由得想起肯德里克，他是我刚到一所中学负责 EBD 学生时遇到的一个七年级学生。肯德里克是一个充满魅力的孩子，笑容灿烂，很容易让你忍不住开怀大笑，即使是在一些非常具有挑战性的情况下。他的童年经历了重大的动荡、巨变和困难，这些对于一个成年人来说都是十分具有挑战性的事情，更不用说一个孩子了。由于频繁搬家，他经常更换学校，包括七年级中途转到我所在学校的那一次。

肯德里克的焦虑很快就显现出来了。他总是担心他的妈妈，不断询问她的情况，几乎总是迫不及待地想和她说话，想见到她，想让她带他回家。这种症状有时表现为一些小的行为问题，比如要求每天给家里打几十次电话，或者偷偷跑到办公室给自己量体温，希望自己莫名就发高烧，这样我们就可以把他送回家了。事实上，有一次我发现他在浴室的水槽边往嘴里灌热水，他想用这种办法让体温计上的读数升高。

很多时候，他的焦虑表现为一些更为极端和令人担忧的行为。比如，有一次学校不允许他打电话或回家，那节是数学课，他就坐在自己的座位上，慢慢地、有条不紊地把自己的牙套一个接一个地从嘴里拔出来。当他完整地把上面一排牙套摘下来后，就努力地摆弄下面的那根铁丝，抽出其中的一部分，向上扭动着，嘴角挂着微笑，想引起教师的注意。这种办法总是能够让他成功地见到自己的妈妈！还有一次更有趣（但也很危险），他试图溜出学校。当时他爬上卫生间的天花板，想从一个通风口逃走，就像电影里演的那样，但这种办法没有奏效。后来我们为肯德里克制订了一个更全面、更个性化的行为干预计划，想帮助他更适应学校的生活，其中就包括限制他打电话回家的次数、延长他在校的时间。这使得他的一些行为问题恶化了，比如在我的课堂上搞破坏、给行政处发邮件并详细描述他要如何杀了我。但我从来没有真正感觉到他对我有威胁，他的行为——包括威胁——很明显仅仅是为了接近他的母亲和逃离学校罢了。以往很多时候都是这样，如果肯德里克设法和他的妈妈说话，她就会来学校接他。此外，学校管理人员经常因为他的严重问题行为而让他停学。

在帮助肯德里克处理焦虑问题时，您认为哪些策略最成功或最有用

我们成立了一个团队，制订了一项个性化的行为干预和支持计划。这个团队包括我、我的助手、学校行政管理人员、辅导员、学生援助顾问、社会工作者、肯德里克以及他的母亲和祖父母。每个人都各司其职，给予肯德里克需要的支持和帮助。我们想要制定一个积极和支持的计划，帮助他更成功地适应学校生活。

我们已经确定肯德里克有严重的焦虑，所有问题行为的主要功能就是接近妈妈和逃离学校。在学校里，我们以这些行为功能为指导制订了干预计划。例如，我们和肯德里克的妈妈达成了协议，除非他发烧了或有合理的紧急情况，否则我们一般不会再让他打电话回家。我们还一致同意，在一般情况下他的妈妈不会提前来接他，学校也不会提前送他回家或让他停学，因为这些行为只会强化他的问题行为。此外，为了鼓励肯德里克的适当行为，我们制定了一个强化方案，只要他表现好，就可以在放学时给妈妈打电话。我们还制作了一个 10 分钟的休息计时器，肯德里克可以使用它来分配自己在每个课间的休息时间，这可以帮助他以更适当的方式逃避学校活动。最后，我们还建立了一些可调整的行为契约，让肯德里克可以获得他选择的其他强化物。

我们还计划让肯德里克学会一些适当行为，用以替代他的那些不良行为，比如用更恰当的方式表达他的焦虑或者要求使用休息计时器。除了这个以学校为主的计划，社工开始在校外与肯德里克和他的妈妈合作，提供全方位的支持。她让肯德里克参加了一个项目，该项目允许心理健康工作者到学校和家里看望他，为他提供治疗，并教他（和我的团队）一些焦虑管理技巧。整个学年我们都采纳了治疗师的建议。例如，我们为他提供了一个安静的空间以满足他的休息要求，一本日记，以及一盒让他可以休息得更舒适的物品。在这些休息时间，如果他愿意的话，我们也可以和他交谈。

当我们第一次实施这个计划的时候，肯德里克的问题行为变本加厉地爆发了，就是我在上面提到的那次。他在我的课堂上大肆破坏，还威胁要杀了我。我不得不说服行政人员相信这个时候我并没有受到威胁，关键是我们要让肯德里克当天留在学校，而不是按照我们在计划中的约定给他的妈妈打电话，以防止他的问题行为再次得逞。他们同意了，随着时间的推移，我们能够看到肯德里克在行为和学习上都取得了一些显著的进步（当然并不完美）。看得出来他仍有明显的焦虑，但表现为极端问题行为的频率降低了，更愿意接受我们提供的其他适当帮助。

对于肯德里克的未来，您最担心的是什么

肯德里克的焦虑可能会严重影响他的人生，他的问题行为可能会很严重。他现在是个成年人了，对一个成年人来说，这种行为很可能会产生极端的后果。患有 EBD 的孩子有一些最糟糕的长期后果——找不到工作、无法获得高等教育或职业培训、居无定所、违法犯罪，等等。我担心肯德里克也会面临如此糟糕的结果，最终导致生活艰难。我尤其担心的是，如果他继续做出一些极端行为，很有可能会与执法部门发生冲突，甚至锒铛入狱。尽管面临着种种挑战，但他确实是一个了不起的、有魅力的年轻人，他有足以为世界做出贡献的天赋。我希望他能继续培养控制焦虑和行为的技能，这样他才能在生活中取得成功。

需要进一步思考的问题

1. 哪些迹象会让你相信某个学生的焦虑已经达到了 EBD 的程度？

2. 根据你目前掌握的信息，如果一个正在服用治疗焦虑相关障碍药物的学生停止服药，你预计他的行为会发生什么变化？

3. 如果你的一个学生不善交际，你会如何接近这个学生（你会试图达到什么目标，会对他或她说什么）？

第 11 章

抑郁与自杀行为

在官方的定义中，罹患情绪障碍的儿童有五个显著特征，其中之一就是"普遍存在的不快乐或抑郁情绪"。和定义内化性障碍的广泛性行为维度比起来，一般性的、普遍存在的不快乐或抑郁情绪要更狭窄、更有限制性，但它与焦虑或社交退缩等更窄的维度并不完全对应。但"不快乐"一词似乎也不符合重性抑郁发作的临床标准。相反，它可能更接近一种不那么严重，被临床医生称为"心境恶劣"的状态。尽管如此，抑郁情绪可能还是会被视为典型的内化性障碍。

在特殊教育研究中，抑郁受到的关注较少，尽管抑郁明显与其他各种障碍、学习问题和社会困难密切相关。它被认为是儿童和青少年时期的一种重要障碍，患病率会随着年龄的增长而增加，经常与其他障碍共病，而且长期来看，它与罹患精神疾病和自杀的风险有关。抑郁和自杀行为之间的联系关系到所有的教育工作者，特别是那些与被确诊为 EBD 的学生一起工作的专业人士。

抑郁

定义及患病率

几十年来，儿童抑郁一直是一个很有争议的话题。传统精神分析理论认为，抑郁不会发生在儿童时期，因为此时心理上的自我表征还没有得到充分发展。例如，有人认为，小孩子不能理解诸如"绝望"这样的概念，至少和成年人理解的方式不一样。一些学者认为，儿童的抑郁会被其他症状掩盖，一般通过诸如遗尿症、发脾气、多动症、学习障碍、逃学等症状间接表达出来。尽管如此，大多数研究人员向来认为，童年时期的抑郁在很多方面与成人抑郁相似，尽管抑郁患者表现出的具体行为类型与其发展年龄有关。因此，无论是儿童还是成人，都可能出现情绪低落、对工作、活动失去兴趣的特点，但成人可能是工作和婚姻出现问题，而儿童则可能是学业出现问题，并表现出各种不当行为，如攻击、偷窃、社交退缩等。

抑郁并不属于"初次诊断通常在婴儿期、童年期、青春期的障碍"，但儿童精神病学家确实认识到，抑郁可发生于患有 EBD 的青少年中。如果在没有刻意控制饮食的情况下，个体的体重显著下降或增加，可能是重性抑郁发作的信号。对儿童来说，这种抑郁信号可能是体重没有达到或超过适龄的标准。但在某种程度上，认为抑郁在儿童和成人中表现相同的假设可能是一种误导。我们必须记住，儿童并不是缩小版的成人，儿童抑郁可能伴有其他障碍或困难（如 ADHD、品行障碍、焦虑障碍、学习障碍、无法适应学校等），儿童有限的经验和认知能力可能会给他们带来与大多数抑郁的成人不同的抑郁感受或体验。

儿童抑郁一度被认为只是人类发展的正常现象，现在我们意识到这种想法是错误的。在认识到儿童抑郁的异常后，有人认为它是其他所有儿童障碍背后的根本问题，这显然是另一种不准确的观点。如果在没有抑郁行为核心特征（情绪低落、对大部分或所有正常活动失去兴趣）的情况下，将攻击性、多动、不顺从、学习障碍、学业失败以及其他几乎所有类型的问题都归结为潜在的抑郁，那么抑郁作为一个概念和诊断类别就会变得毫无意义。一个更有说服力的观点是，儿童抑郁本身是一种严重的障碍，它可能伴有（或不伴有）其他适应不良行为，或者与其他障碍共病。

抑郁是心境障碍（Mood Disorder）这个大类的一部分。一个人的心境可能是高涨的，也可能是低落的，心境障碍的症状可能涉及两个方向（或向两极发展，如双相障碍）不同程度的严重性。心境低落的特征是心境恶劣，感受到与自己的处境不相称的不快乐或不幸福。在儿童和青少年中，心境恶劣可能表现为烦躁易怒，也可能表现为郁郁寡欢。心境高涨的特点与上述情况恰好相反，它是一种欣快感，是一种超乎寻常的、通常不切实际的快乐或幸福的感觉。如果恶劣心境或烦躁易怒的状态持续了一段时间（儿童和青少年可能会持续一年或更久），但没有达到强烈的程度，这种表现会被称为"心境恶劣"。如果个体的表现为情绪高涨和狂热的活动，就被称为"躁狂"。

　　有些心境障碍是单相的，如抑郁障碍，患者的心境在正常和极端恶劣（抑郁）或正常和极端兴奋（躁狂）之间来回变化。其他则是双相的，即心境在一个极端和另一个极端之间来回波动。"双相情感障碍"这一术语已经在很大程度上取代了早期的"躁郁症"。如果儿童患有双相情感障碍，能否被恰当地诊断出来呢？对这个问题一直存在争议，但人们越来越认识到，儿童确实会罹患这种障碍。

　　对于成人的各种心境障碍，我们已经为临床诊断提供了详细的诊断标准，并注明了用于诊断儿童和青少年时的注意事项，但这些标准究竟应该如何适用于儿童和青少年，仍然存在很大的不确定性。这些障碍的一般特征确实对成人和儿童都适用，但它们在儿童中的具体特征还有待更多的研究。一般来说，儿童和青少年的抑郁和相关心境障碍的症状包括以下几点：

- 对几乎所有活动的兴趣或乐趣急剧下降；
- 情绪低落或易怒；
- 食欲不振，体重明显增加或减少；
- 睡眠紊乱（失眠或嗜睡）；
- 精神运动性躁动或迟钝；
- 失去活力，感到疲劳；
- 感觉没有价值、自责、过度或不恰当的内疚或绝望；
- 思考或集中注意力的能力减弱，做事犹豫不决；
- 有自杀念头、自杀威胁或企图，反复想到死亡。

　　只有在这些症状长时间持续，并且不是对生活重大事件（如失恋、家人去世或宠物死亡）暂时而合理的反应时，才是抑郁的指征。在个体因经历重大丧失而深陷悲伤时，我们会发现一些与抑郁相关的症状。

　　抑郁和其他心境障碍都有间歇发作、长期持续的特点。也就是说，那些被认为有抑郁发作、反复发作或严重发作（指强度大或持续时间长）的人，会有更多发作的危险。研究发现，长期（两年以上）抑郁的儿童和青少年身心受损程度更严重，有更多的焦虑和更低的自尊，并有更多的问题行为。儿童和青少年的抑郁行为可能会导致同伴的排斥，尤其是当这些行为在没有重大压力且没有明显理由的情况下出现时（很多时候确实如此）。

　　抑郁影响了很大比例的儿童和青少年，许多为抑郁所苦的年轻人一直没有得到恰当的治疗。在任何给定的时间，估计有多达 15% 的儿童和青少年表现出一些抑郁症状，但在儿童和青少年中，重性抑郁的真正患病率可能在 3% ~ 5%。进入青春期后抑郁的发病率显著增加，此时女性被诊断为抑郁的可能性开始超过男性，到 14 岁时，被诊断为抑郁的女性约为男性的 2 倍，在接下来的 35 ~ 40 年中，这一比例会持续存在。被诊断为抑郁的青少年在成年后被诊断为抑郁的可能性要高出 2 ~ 4 倍。尽管对许多心境障碍的定义和诊断仍有很大的不确定性，但双相情感障碍在有重大心理健康问题的青少年中被诊断出来的越来越多，并被认为是一个需要研究的课题。此外，抑郁障碍与其他障碍——特别是品行障碍和 ADHD——共病的现象也越来越多地被人们认识。人们还发现，抑郁也会影响一些被诊断为广泛性发展障碍的儿童，当然，这些发现还需要更多的研究。

评估

关于儿童和青少年抑郁及其他心境障碍的正式诊断，我们还是留给心理学家或精神病学家吧，虽然教育工作者在协助评估这些障碍时可以发挥关键作用。合格的评估需要一种多模式的方法，要利用多种信息来源，如自陈报告、家长报告、同伴提名、观察和临床访谈。有很多工具可用来评估抑郁，包括评定量表和结构化访谈。但教师能对评估做出的最大贡献就是对学生那些可能表明其抑郁的行为进行仔细地观察。

在那些表明可能存在抑郁的行为中，一般包括四类问题：情感、认知、动机和生理。在情感方面，我们可以预期抑郁学生一定会表现出情感低落——异常的悲伤、孤独和冷漠。在认知方面，他们可能对自己有很多负面的评价，这表明了低自尊、过度内疚和悲观。在动机方面，抑郁学生经常逃避要求较高的任务和社交体验，对正常的活动缺乏兴趣，做事缺乏动机，似乎对结果无所谓——就算很特别，他们也不为所动。在生理方面，抑郁学生经常抱怨自己累了、病了或睡眠、饮食出问题了。如果一名学生在数周内频繁出现这些症状，教师就应该考虑该生是否患有心境障碍，并将其转介进行评估。但更重要的是，教师千万不要忽视其他一些有时也是抑郁迹象的行为，比如一般情况下的易怒或行为失常，尤其是在儿童和青少年中。难以用恰当的方式表达愤怒是与抑郁相关的一个特征，因此学生的行为可能会被误认是外显性障碍。患有抑郁的青少年也可能参与物质滥用，并将之作为一种自我治疗抑郁的手段。

当抑郁与其他障碍共病时，评估就会变得特别困难。比如，心境障碍具有间歇性发作的性质，而个体可能有不止一种心境障碍，这一事实往往使得评估变得异常复杂。

例如，如果学生表现出品行障碍或 ADHD，评估人员就很可能会忽视抑郁迹象。当一名学生在抑郁发作后情绪恢复正常时，评估人员很容易产生该生抑郁不严重或再次发作风险低的错觉。如果学生患有心境恶劣障碍，但评估时正在经历严重的抑郁发作，轻度抑郁就极有可能会被错误地解读为正常。

成因、与其他疾病的关系及预防

和大多数障碍一样，在面对大部分病例的时候，我们不知道是什么导致了他们的抑郁。但我们可以识别出那些可能助长抑郁发展的风险因素。有些病例明显是内源性的（对未知的遗传、生化或其他生物因素的反应），还有一些病例显然是反应性的（对环境事件的反应，如亲人死亡或学业失败）。我们可以预见的是，儿童抑郁通常与被虐待、家长有精神疾病（尤其是抑郁史）、家庭冲突和混乱有关。

越来越多的证据明确指出，家长（尤其是母亲）的抑郁与子女的各种问题（包括抑郁）之间存在显著的相关性。尽管有这些证据，但如果认为抑郁母亲的所有子女都会发展成严重的精神疾病，那就大错特错了。如果母亲患有抑郁或双相情感障碍，她所生的子女在心理社会方面的发展情况会怎么样呢？虽然这些子女在成年后有接受精神疾病诊断和心理健康服务的普遍趋势，但研究人员从他们成年后的经历中观察到了显著的差异性。这无疑反映了某些遗传因素对行为的影响，但要将生物或遗传因素与家庭或行为因素区别开来非常困难。抑郁的父母可能会提供抑郁的行为模式（他们的孩子会模仿），强化孩子的抑郁行为，或者创造一个易产生抑郁的家庭环境（对孩子有不合理的期望、对孩子取得的成就无动于衷、强调惩罚、对孩子的行为奖罚不明）。众所周知，抑郁的母亲缺乏育儿技巧，这至少可以解释孩子的一些行为和情绪问题。简而言之，从生物和环境的角度来看，如果家长患有抑郁症，孩子就会有更高的抑郁风险。

教育工作者的身份特别有利于发现学生的抑郁迹象，教师应特别关注学生的抑郁可能会在哪些方面影响他们在校的表现，又会在哪些方面受到在校表现的影响。与一般儿童相比，抑郁儿童较少参与游戏，表现出更多无目性的活动。抑郁似乎与某些认知任务的表现降低、自尊心降低、社会能力降低、自我控制能力不足以及抑郁性归因风格有关。这种归因风格会让儿童经常认为"万般皆是命，半点不由人"，还认为自己"不是块学习的料"。抑郁症状的严重程度与解决问题的能力呈反比，个体解决问题的能力越强，其抑郁症状就越少。

这些研究结果表明，学业失败和抑郁可能是互为因果的关系：抑郁使学生在学业和社交上都缺乏能力和自信，而在学业和社交上的失败反过来会使学生在感受和行动上更加抑郁，并进一步将失败归咎于不可改变的个人特征。因此，抑郁和失败可能成为一个难以打破的恶性循环。这种循环通常是品行障碍的一部分，如果程度较轻的话，可能是学习障碍的一部分。然而，教师和其他学校工作人员在识别学生的抑郁征兆时往往慢半拍，在提供干预的时候就更慢了。

预防抑郁很重要，因为严重而持续的儿童期抑郁会导致个体成年后无法适应社会，有时甚至导致自杀。然而，现有研究并没有为预防工作提供什么指导。我们猜测，生活中重大压力事件的积累是导致一些青少年抑郁和自杀的重要因素，而更常见的日常烦恼也会使青少年面临抑郁风险，特别是在童年后期和青春期早期。所以，初级预防可以致力于减少儿童的各种生活压力事件，但这种全面铺开且没有重点的努力不大可能得到多方的支持。如果把重点放在减轻受虐待和被忽视的青少年和其他生活压力明显很大的学生的压力上，那么获得的支持会更多一些、成功的机会也会更大一些。另一种更有针对性和可行性的初级预防方法是为有抑郁症状的父母提供家长培训。二级和三级预防比较有针对性和可行性，包括向抑郁青少年提供行为或认知行为训练，帮助他们克服具体的困难。这种训练具有预防作用，它可以使学生目前的情况不至于恶化，还可以防止发展出长期的负面结果和抑郁的反复发作。

干预与教育

儿童抑郁的治疗通常包括认知行为疗法或心理咨询，既可以单独使用，也可以与抗抑郁药物结合起来使用。人们一开始不太敢用药物治疗儿童抑郁，因为我们对这方面的研究还不够充分，但近年来对药物治疗儿童抑郁的研究不断增加。现在，人们关注的焦点已经转移到抑郁儿童用药的有效性及这类药物的副作用上了。最让人们担心的是，某些抗抑郁药物对青少年有一个潜在的副作用，就是增加自杀行为。出于这种担心，对儿童抑郁的治疗要求极为严格：只有专门治疗儿童抑郁的内科医生或精神病学家才有治疗的资格，在使用任何治疗抑郁的药物时都要受到严密的监督。一些研究比较了行为治疗和药物治疗对抑郁的效果，早期证据表明，同时使用行为干预和药物治疗的综合疗法可能是最有效的。在使用药物治疗时，教师应该仔细监测药物对学生行为和学习的影响。几乎每一种类型的障碍都是如此，成功的干预需要各种专业人士的团结协作，采取多种模式的治疗方法。

在治疗成人抑郁时，一个非常有争议的方法就是电休克疗法，有时也称为电击疗法。有一段时间电休克疗法常用于治疗抑郁，但由于有被滥用的历史，现在人们已经很少使用它了。它现在仅用于严重抑郁且药物治疗无效的情况，而且绝对不能用于青少年。

行为或认知行为疗法是教师最有可能直接参与的。这些干预措施以抑郁相关理论为基础，强调社交技能、娱乐活动、正向归因、认知肯定和自我控制的作用。

当发现学生有一些常见的抑郁症状时，教师可以直接进行干预，这些症状包括如下由纳丁·J. 卡斯洛（Nadine J.Kaslow）、玛丽·K. 莫里斯（Mary K. Morris）和林恩·P. 雷姆（Lynn P.Rehm）在 20 年前首次发现的抑郁征兆：

1. 活动水平低；
2. 社会技能不足；
3. 自控能力不足；
4. 抑郁性归因风格；
5. 低自尊和绝望感；
6. 自我觉察能力和人际关系觉察能力有限。

在利用各种方法战胜抑郁的过程中，教师即使不是主角，也绝对是非常重要的角色。

自杀行为

定义与发生率

"自杀完成"的定义直接而明确，没有任何争议可言，就是有意自杀且成功了的意思。但是，要确定一个特定的死亡事件是自杀造成的通常有一定的难度，因为当时的具体情况，特别是死者的意图，往往是有疑问的。"自杀"在社会上是被污名化的，所以如果可以将死亡合理地归因于意外，"自杀"这个标签就很可能被刻意回避掉。"意外"是 15 ~ 24 岁青少年死亡的主要原因，许多研究人员怀疑，在这个年龄阶段，许多归因于意外的死亡事实上是变相或谎报的自杀事件。

自杀未遂有时指的是不成功或未完成的自杀行为。而自杀企图则很难定义，因为相关研究对于如何区分以下名词经常说法不一：（1）自杀姿态，指通常会被解读为不当真的自杀行为；（2）自杀（或自伤）念头；（3）自杀威胁；（4）严重到需要就医的自残。无论我们如何定义，在美国，青少年（及少数儿童）的自杀、自杀企图和自残仍然是主要的心理健康问题。在 15 ~ 24 岁的青少年死亡的原因中，最常见的除了意外事故和他杀外就是自杀了。在过去的 40 年里，自杀率呈现出不同的趋势，如果要按年龄、性别和种族划分，那情况就更复杂了。根据美国疾控中心提供的数据，从 1991 到 2006 年，10 ~ 24 岁男性的自杀率逐渐下降，但这一趋势在 2006 年左右出现大逆转，在 2014 年，不论年龄和性别，自杀率都高于 1999 年。美国疾控中心的数据显示，青少年男性自杀的比例明显偏高，到了令人触目惊心的地步。青春期男性的自杀率不仅高于女性，而且随着年龄的增长，这种性别差异更加明显。美国每年死于自杀的男性大约是女性的 4 倍。但在较为年长的青少年和青壮年中，自杀未遂的现象在女性中比在男性中更常见。在儿童中，性别差异正好相反，男孩的自杀企图比女孩更常见。

在美国，原住民青年的自杀率仍然是最高的，无论男性还是女性，自杀率都是其他族裔青年的 2 倍多。尽管传统上人们认为黑人男性的自杀率比白人男性低，但有证据表明，随着时间的推移，这种差异已经在减少。目前我们还无法预测不同种族、民族、年龄或性别亚群体的自杀率和自杀未遂率在未来是否会出现其他一些趋势，也无法预测该趋势出现的方式。

关于 10 岁以下儿童自杀的报道很少，即使在青春期前期，自杀也是比较少见的行为，但我们偶尔也会看到幼童有自杀企图或自杀成功的报道。但无论如何，青少年自杀行为的出现正不断上升，儿童和青少年自杀或企图自杀的发生率也在增加，这些都是对整个社会的警示。我们的当务之急就是更好地了解引发这些现象的原因，并制订更有效的预防计划。我们还需要制定更好的方案应对自杀未遂后的自杀者，以及完成自杀行为后的幸存者。

成因及预防

大多数权威人士认为，在自杀和抑郁的成因中，生物和非生物因素以复杂的方式相互作用。正如我们在前文中指出的，抑郁行为似乎与遗传和其他生理因素有关，这些因素也可能会增加自杀行为和非自杀式自残的风险。但教育工作者主要关注的是相关的环境因素。有很多复杂的因素导致了儿童和青少年的自杀行为，其中包括：严重的精神问题、绝望感、冲动、对死亡怀着天真的想法、物质滥用、社会孤立、父母的虐待和忽视、家庭冲突和混乱、家族问题（有自杀、自杀未遂或非自杀式自残的家族史）以及文化因素（包括教育系统造成的压力和大众媒体对自杀的关注）。患有 EBD 的青少年，尤其是那些酗酒或使用非法药物的青少年，出现自杀行为的风险特别高。

引发自杀的所有因素有一个共同点，即自杀的人认为他们对周围的世界无足轻重。他们往往不知道自己可以从周围得到帮助来处理他们的问题，认为没有人会关心自己，只能独自处理自己的问题。麦克唐纳·A. 卡尔普（McDonald A.Culp）等人研究了 220 名六年级到高中三年级的学生，发现在那些报告有抑郁感觉的学生中，有近一半的学生没有寻求帮助，最常见的原因是他们不知道学校能给他们提供什么服务，或者即使他们知道，也认为必须自己解决自己的问题。孤独感，尤其是无望感似乎是自杀念头和意图的最佳预测因素。

长期以来，绝望感一直被认为是那些有自杀倾向者的一个特点。绝望和自杀意图的相关性要高于抑郁和自杀意图的相关性。显然，所有感到绝望的人都会感到抑郁，但不是所有抑郁的人都会感到绝望。那些感到绝望的人坚信事情不会好转，也不可能好转，所以不如彻底放弃希望算了。绝望可能代表了抑郁的最后阶段，往往是抑郁者产生自杀意图之前的那个阶段，也就是个人断定自杀是合理选择的阶段。

许多自杀或自杀未遂的儿童和青少年都有罹患 EBD 和学业失败的历史。事实上，表现出自杀行为的青少年在学校的表现几乎都很差，而且大多数青少年的自杀行为和自杀未遂行为都发生在春季，这是学业相关问题（即成绩、毕业、升学）的高发期。

罹患心境障碍是大多数人产生自杀企图的原因，但除此之外还有一些其他因素也会增加出现自杀企图的可能性。例如，贝瑟尼·A. 韦斯特（Bethany A.West）等人发现，悲伤（可能是心境障碍的一部分）、使用非法药物、被暴力伤害与高中生（不论男女）的自杀企图有关。安波·L. 希尔斯（Amber L.Hills）等人发现，如果一个学生原本已存在内化性障碍，再出现外显性障碍的迹象的话，就可以合理预测到这个学生会产生自杀企图。他们推测，冲动是一个人将自杀想法付诸行动的关键因素。在所有风险因素中，能成功预测自杀企图的最佳因素仍然是之前的自杀企图。

有人怀疑，与同性恋、其他性别差异或性虐待相关的社会压力是导致自杀的危险因素，但事实是否真的如此呢？研究仍未得出定论。安·P. 哈斯（Ann P.Haas）及其同事在对大量研究文献进行总结时发现，性取向和自杀之间并没有可靠的联系，尽管关于这一主题的少数研究因方法问题受到批评。在回顾各项研究时，哈斯等人确实注意到，与异性恋的学生相比，自认为是女同性恋、男同性恋或双性恋的青少年产生自杀企图的风险要高出 2 ~ 7 倍。但要确定这一人群所面临风险的确切性质有困难，因为在这类人群中其他障碍的发病率也呈上升趋势，包括重性抑郁、焦虑障碍、品行障碍和物质滥用问题等。尽管如此，哈斯及其同事还是得出结论，认为这些相关障碍并不是上述几类青少年自杀企图风险增加的全部原因，而耻辱、偏见和歧视及它们带来的明显压力，最有可能导致自杀企图的增加。

从社会学习的角度来看，自杀行为似乎是通过观察他人在家庭和社会环境中的行为而习得的，至少部分如此，其实这并不奇怪。自杀企图的爆发特别容易发生在社会机构和精神病院，甚至在高中或社区，可能部分是由于模仿或竞争（以获得关注和地位）的结果。

初级自杀预防让我们看到，如何鉴别那些有自杀风险的个体仍是一个巨大的难题，因为当我们试图做出任何预测时，误判率非常高，在很多情况下把无自杀风险者当作有风险者（即假阳性）和把有风险者判为无风险时（即假阴性），后果就更为严重了。因为只有一小部分人会自杀或企图自杀，而且有自杀倾向的人和没有自杀倾向的人有许多共同的特征，所以任何一般的筛查程序都会发现许多假阳性——即那些实际上并不处于自杀高危状态的人。但是，把那些实际上有可能会自杀或有自杀企图的人认定为"无风险"（即假阴性）的后果显然是严峻的。因此，大多数初级预防方案都是以全校学生为对象。

评估

在自杀行为发生之前，并不一定会出现可识别的信号，尽管有一些特征和情况确实是危险信号，教育工作者和其他成年人应该加以警惕。在普通学校中，成年人和同龄人能否觉察到儿童或青少年可能有自杀风险，是我们在评估中要考察的重要一环。学生如果出现如下征兆，则表明其存在自杀风险：

- 行为或情感突然一反常态；
- 在学校出现严重的学习、社交或纪律问题；
- 家庭出现问题，包括父母分居或离婚、被虐待、离家出走；
- 与同龄人关系出现问题，包括被排斥、失恋或社会孤立；
- 健康出现问题，如失眠、食欲不振、体重骤变等；
- 使用非法药物或酗酒等；

- 将自己的东西送人，称自己没有未来；
- 谈论自杀或有自杀的计划；
- 生活出现重大危机，如家庭成员或亲密的朋友死亡、怀孕或堕胎、被捕、本人或家庭成员失业。

如果我们认为某个学生的自杀风险很高，就要针对该生的个体特征做系统性的评估，这是风险评估的一部分。与大多数有自杀、自杀未遂行为和自杀想法相关的个人特征是抑郁，所以对抑郁进行评估很重要。不过，抑郁可能还伴有攻击行为、品行障碍或其他各种问题。

干预与教育

针对儿童和青少年自杀这一句问题，成年人应该做到以下几点：

- 认真对待所有的自杀威胁和企图；
- 设法重新建立联系；
- 提供情感或物质上的支持，拉近距离。

要想妥善处理自杀行为问题，需要复杂的、来自多方面的努力，但有一个总体原则——尽量帮助自杀者建立和维持与重要他人（包括成人和同龄人）的接触。不管这个人是儿童还是青少年，一定要让他或她看到，还有很多方法可以解决问题或得到他人的关注，完全不必用自我毁灭的方法。在预防自杀方面，教师要做的是尽快发现那些有自杀风险的学生，学校要做的是提供适当的课程，让学生了解其他人正常的生理和社会发展经验。

教育工作者在干预中的作用主要是提供有关自杀的信息，并将有自杀危险的学生转介给其他专业人士。为了做到"早发现、早预防"，有必要制订一份全面的干预计划，计划中应包括以下几个部分：阐明学校政策的行政方针、向教师提供在职培训、为学生提供课程计划。此外，还可以开通热线电话、开展朋辈心理咨询、执行旨在减少和管理压力的计划。

在儿童和青少年企图自杀或威胁自杀后，如何处理他们的问题是辅导员（或其他心理健康人员）和教师的共同责任。虽然教师不应试图自己向学生提供咨询或治疗，但他们可以鼓励学生及其家庭寻求合格的咨询师或治疗师的帮助，这也是一种很重要的支持。教师还可以帮助学生减少不必要的压力，做一个温暖共情的倾听者。下面我们看一看当学生出现抑郁迹象时，教师应该怎么做。

向抑郁学生传授社交技能

在处理学生抑郁问题的过程中，最需要解决的是哪些社交技能问题

抑郁的学生会以消极的方式思考和谈论自己，有时被称为消极或抑郁的归因风格，这并不奇怪。他们经常说自己是多么的"愚蠢"，自己做什么事都会失败，或者说自己没有朋友。他们在任何任务或活动的评估中都透露着绝望（例如，"为什么要尝试""我知道我做不到"）。这种持续不断的负面评价会让任何教师感到沮丧，但更让人抓狂的是，学生有时做出的极端负面评价与现实完全不符。学生的消极归因非常一致，因为他们会把自己往最坏的方面想——如果他们在一项任务中失败了，肯定是因为他们愚蠢、无能或缺乏运动能力。而在取得成功或表现出色的时候，他们同样不会归功于自己（例如，"是你故意让考试太简单了"）。教师更希望看到的是积极的自我陈述，至少是准确的自我评估。当然，与此同时，教师们也希望学生苛刻、极端、消极的自我评价少一些。

什么是适当的干预目标

正如我们前面所说，干预的目标通常很简单，就是要提高学生的自我觉察能力，引导他们对周围的事件做出准确的评估和解释。亚伦·T.贝克（Aaron T.Beck）提出的框架备受各方推崇，可以帮助我们理解抑郁患者看待世界的方式：（1）他们以消极的方式解释大多数经验；（2）他们始终以消极的方式看待自己；（3）他们认为未来只会有消极的结果。因此，干预措施必须针对这些错误认知中的一部分或全部。我们希望学生用准确的评估取代他们对事件的消极认知——准确地看待自己，包括有自我觉察能力对自己的优缺点做出符合实际的评估。我们希望他们明白，未来的结果至少在某种程度上是由他们控制的，出现积极结果的可能性肯定存在。

哪种类型的干预最有希望

认知行为干预是一种常见的治疗抑郁的方法，尽管我们注意到，即使在学校环境中，这些方法也通常是由学校或临床心理学家实施的。正如我们之前所言，这些方法在实践中通常会辅以治疗严重抑郁的药物，并且应该在医生或精神科医生的密切监控下服用。这时候教师的角色就是支持干预方案，为学生提供机会练习他们正在学习的技能，当然，当学生表现出积极的行为（如积极的自我陈述）时，教师还应适度加以强化。

范例：认知重构

认知行为干预通常包括一个被称为"认知重构"的组成部分或过程。在认知重构中，治疗师试图帮助学生对一个消极想法加以思考并重构。不管学生的想法有多么消极，它们通常属于学生的消极归因风格的一部分，这些想法在学生的思维中根深蒂固，成为可在多种情境中完全不假思索的重复自动陈述。但在认知重构中，治疗师会帮助学生分析那些容易促使学生自动产生消极陈述的特定情境，并帮助学生重构事件。假设一个学生确实在拼写测试中获得了一个糟糕的成绩，并说："看，我告诉过你我很笨。"治疗师就可以和学生一起分析整个情境，询问学生是否为考试做了准备，是如何准备的，是否知道下次考试会出现什么单词，以及他们计划下次如何准备。眼前的目标就是帮助学生得出这样的结论：他们之所以没有考好，是因为他们没有做好准备。而长期目标（教师必须承担主要责任）显然是帮助学生为一项具有挑战性的任务做更好的准备，并希望获得一个更好的成绩。请注意，如果学生真的取得了更好的成绩，认知重构的需要可能会再次出现，因为学生肯定会以另一种消极的归因来回应成功（例如，"那只是因为你帮助了我"或"你故意让这次考试更简单"）。在这种情况下，治疗师肯定要帮助学生这样思考：他们这次表现更好可能是因为考试前他们更努力地学习了。这种简单的干预不仅帮助学生认识到他们的负面自我评价是不准确的（他们并不愚蠢），而且帮助他们看到他们事实上对未来事件有一定程度的控制。与大多数干预措施一样，成功的关键是坚持不懈、反复练习和不断巩固已获得的成功。

本章小结

官方对情绪障碍的定义表明，有内化性问题（包括抑郁）的青少年应该得到特殊教育的资格，尽管该定义对抑郁和相关疾病的描述含糊不清。直到最近，人们才开始对儿童抑郁展开认真的研究。人们普遍认为，抑郁是儿童时期的一种主要障碍，在许多方面与成人抑郁相似，但在应对抑郁情绪时表现出的特定行为与个体的发展年龄相对应。抑郁的成人和儿童都会出现情绪低落，对任何活动失去兴趣。抑郁儿童可能会表现出各种不恰当的行为，而且抑郁经常与其他障碍共病。

抑郁是心境障碍的一种，包括单相和双相情感障碍。抑郁症状包括无法在大多数活动中体验到快乐、情绪低落或易怒、睡眠或食欲紊乱、精神运动性躁动或迟钝、精力丧失或疲劳、自我贬低或绝望、难以思考或集中注意力、有自杀念头或自杀企图。在这些症状中，有几种是长期表现出来的，并不是对生活事件的合理反应。年龄较大的青少年抑郁的患病率高于幼儿，而女孩在年龄较大时更容易受到抑郁的影响。据估计，有3%～5%的儿童和青少年会出现抑郁，但研究人员怀疑还有很多病例没有被发现。

对抑郁的评估必须是多方面的，应该包括自陈报告、父母报告、同伴提名、观察和临床访谈。教师的评价尤其不应该被忽视。教师应该注意四类问题：情感问题、认知问题、动机问题和生理问题。

某些病例的抑郁明显是由未知的生物因素造成的，但大多数病例的原因无法确定。在某些情况下，抑郁是对压力或创伤性环境事件的一种反应。我们发现，父母的抑郁与子女的问题（包括抑郁）之间有显著的相关性。教育工作者应该特别注意抑郁和学业失败是如何互为因果的。抑郁的预防很重要，因为严重的慢性抑郁与成年后的不适应和自杀行为有关。预防的方法可能包括减少压力、对父母进行教育培训或向学生传授特定的认知或行为技能。

抗抑郁药物在某些抑郁病例中可能有用，但它们的效果和副作用应该由专门治疗儿童抑郁的医生或精神病学家仔细监测。行为或认知行为干预依据的是将抑郁归因于社会技能不足、思维模式不适应和缺乏自我控制能力的理论。选择哪种干预策略取决于对抑郁个体具体认知和社会特征的分析。教师在其中可以发挥重要的作用，包括向学生传授社交技能、让学生参与更高水平的生产活动以及从其他途径向他们提供帮助等。

在美国，儿童和青少年的自杀和自杀行为（以及自杀未遂行为）是重大的公共健康问题。导致他们的自杀行为风险增加的因素包括生物和环境因素，尤其是在下列情况中：在学校有困难或失败的历史、存在着与家庭功能障碍或虐待有关的压力、有药物滥用情况、家庭成员或熟人有自杀身亡的情况、有抑郁和无望感、存在着攻击行为。

预防自杀极其困难，因为存在与假阳性和假阴性相关的问题。预防计划通常针对整个学校，包括教学指导方针、教师在职培训和对学生及其家长的指导计划。自杀风险评估包括识别危险信号和评估个体的绝望感。专业人士还应该评估：（1）基于统计学的风险因素；（2）学生应对特定任务的能力，以确定自杀企图是否即将发生。

教师和其他成年人应该认真对待所有的自杀威胁和自杀企图，寻求与感到被孤立的学生重建沟通，帮助他们尽可能与重要他人建立更多的联系，并提供情感支持和帮助。学校应制订相关的计划，在发生自杀事件后及时进行后续干预。

个人反思

抑郁与自杀行为

亚当·布朗（Adam Brown），教育硕士，是弗吉尼亚州弗吉尼亚海滩东南合作教育计划的再教育项目、滨海地区替代教育项目的负责人。这些项目服务于从幼儿园到高中三年级有各种情绪和行为缺陷的学生。在亚当担任行政人员之前，他曾在再教育项目中担任过四年教师。

请描述一下您目前工作的学校和您在该校的专业角色

目前我负责管理两幢独立的教学楼，楼里的大部分学生都被安排在再教育项目中。这个再教育计划是基于心理学家尼古拉斯·霍布斯（Nicholas Hobbs）制定的"再教育十二原则"设计的。该理念的前提是，所有学生都应得到一个安全的学习环境，接受来自合格教师的优质指导，学习如何管理自己的行为，并能将学到的知识应用到课堂之外。

在典型的再教育课堂上，平均 8 ~ 12 名学生要配备 2 名教师——一名特殊教育教师和一名普通教育教师，他们要负责核心课程的教学，并提供社交技能和行为规范方面的指导。我们强调学生的情绪健康，同时也要让学生扎扎实实地学到知识，所以必须配备一名特殊教育教师，教师的日常职责就是针对学生的各种能力问题实施相应的干预措施。

滨海地区替代教育计划服务于普通教育和特殊教育的学生，这些学生通常无法在传统课堂上取得学业上的成功。在这个计划中，平均每个班级有 10 ~ 15 名学生。滨海地区替代教育计划主要面向中学生，提供个性化课程，帮助学生获得额外的学分并努力获得美国高中同等学力证书，习得能让他们回到主流教育环境的行为。和再教育计划一样，滨海地区替代教育计划注重社交技能培训和行为管理指导。在整个过程中，学生的情绪健康是重中之重。

作为这些项目的负责人，我肩负着教学领头人的重任。我要确保个性化教育计划、教学内容和课程安排满足所有学生的需求，努力让他们获得成功。这就需要为教师提供更多的专业发展机会，让他们学会更多必要的技能，为学生们营造一个更适宜的环境。

我的职责还包括为教职员工和学生维护环境安全，为学生提供更多实践的机会，包括各种户外教学如露营、展销会（销售由参加职业和技术教育课程的学生种植的植物）、招聘会（带即将毕业或已经有工作能力的学生去当地的人才市场）。

当您曾经教过的学生表现出抑郁或自杀的想法或行为时，您是如何注意到这些问题的（观察到了什么）

与这群学生一起工作时，我见过各种各样源于每个学生独特过往经历和内心欲望的异常行为。包括身体攻击（打人、踢人、咬人）、言语攻击（诅咒、威胁、不当点评）以及自残。这些行为是肉眼可见的，但有抑郁迹象或自杀想法的学生往往表现出更孤僻退缩和内化的情感，并因此往往被忽视，因为工作人员对那些攻击行为的反应往往更为迅捷，这样做是从维护安全的角度出发。

我想起了一个叫约翰尼的学生。约翰尼确实表现出了上面列举的一些行为，但并不频繁，而且通常事出有因。例如，他会因为无法完成某项作业而心烦意乱，最终掀翻桌子，想要冲出教室。约翰尼是一个内向的学生，和谁都无法深交，不管是和同龄人还是工作人员。他很少与人交谈，只有少数教职员工自认为和他走得比较近。

他的出格行为并不常见，而且大多时候是安静内敛的，这让教师们认为，只需在正常框架内向他提供帮助就能满足他的需求了。然而，很明显，他内向的表现掩盖了其内心正在发生的混乱。随着学期进展，约翰尼开始表现出没有明显先兆或诱因的行为。例如，他会突然间莫名地大哭20多分钟，随机选择一个对象进行身体攻击，还有一些很明显的自残行为，包括经常试图把鞋带和皮带缠在自己的脖子上。到了这个时候，我们必须采取加强型安全措施才能确保约翰尼的安全。约翰尼的社会支持系统（父母、教师、心理学家和导师）不断寻找各种方式来向他证明，有人关心他、在意他，但他内心的挣扎似乎是一个极其难以突破的障碍。

该生的行为和情绪问题对他的教育进展和整体在校表现有什么影响

由于约翰尼的行为问题持续的时间很长，在进入弗吉尼亚海滩东南合作教育计划之前，他在学校的大部分时间都不在教室里，而是成为管理和咨询办公室、隔离房间等地方的常客，在学校经常被停课，也经常休学。这导致他在进入一个更严格的环境之前，受教育时间严重不足，学习严重落后。他在读写和计算方面表现出了明显的不足，这影响了他在所有学科上的表现。这些不足导致约翰尼经常感到挫败，让他更加厌恶并逃避学习。这也是这群学生中大部分人的共同特征。

除了上述行为，约翰尼的抑郁是让他每天在上课时感到痛苦不堪的另一个因素。由于学习落后，在正常课程之外他还要经常接受补习，以帮助他提高学习成绩。约翰尼很在意同学对他的看法，如果他觉得同学们认为他学的东西更简单，他就会表现出问题行为。还有一个因素也在阻碍他取得进步，那就是他在抑郁发作时所需的支持。有时，约翰尼在难以维持自己的情绪时，就需要离开课堂去另一间教室短暂休息或者出去散散步。大多数时候，约翰尼根本不跟监督他的工作人员说话，只在向工作人员表示他准备回来时才开口。工作人员会让约翰尼按照自己的方式处理情绪，这成了一种惯例，他们认为这对于维持一个安全的学习环境是必要的。无论如何，这些额外的支持活动耽误了他的学习进度。

在帮助这个学生时，您、其他教师或工作人员认为最成功的是什么

约翰尼与一位与他共事多年的工作人员关系很好。他会和这个工作人员交谈，并表现出对参与活动的兴趣。通过与家长、教师和心理学家的频繁交流，我们确定可以利用这段关系帮助他增加自信，提高他与更多工作人员和学生互动的能力。约翰尼开始获得各种奖励，逐渐愿意和其他学生一起参与各种活动。约翰尼很喜欢打篮球，当他达到工作人员和他商定的某些标准后，就能够选择同伴和他一起玩。

对于这类学生，我们经常强调，要让他们赶上其他同龄人的学习进度，就必须先满足他们在目前学习水平上的要求。对于有情绪障碍的学生，我们也必须满足他们在目前情绪水平上的要求，但这一点经常被忽略。为了提供必要的支持，以满足每个学生的情感需求，每天的安排都必须是个性化的、可调整的。抑郁是另一个障碍，阻碍我们了解学生具体需要哪些支持。所以，在处理抑郁学生的问题时，一定要找到与他们的关系最牢固的那个人（教师或其他成人），并以此为起点建立更多的关系。

您认为该生的长期预后情况如何？在未来他最令人担忧的是什么

随着约翰尼开始进入青春期，他在行为管理和人际关系方面已经取得了一些进步，但仍有很大的成长空间。他继续在学业和抑郁中挣扎。他即将进入高中，需要努力拿到高中文凭并为未来的人生做好准备。我对这个学生最大的担忧是，他无法找到有效的措施独立处理自己的抑郁。我担心，他会从负面途径寻求自己需要的支持，比如以帮派活动、物质滥用或社区暴力的形式。

作为教育工作者，我们有责任提供必要的安排帮助约翰尼有一个更好的未来。我们必须在工作中向他提供支持，不断寻求各种方式促进他的情绪健康。我希望约翰尼完成学业后能成为我们社区中的一名成功人士，但社区必须为他提供必要的支持。

需要进一步思考的问题

1. 你如何区分学生的表现究竟是抑郁还是其他问题？

2. 在你看来，哪些事件肯定会让学生感到抑郁？

3. 作为一名教师，为了在最大程度上防止学生产生抑郁和自杀企图，你能做些什么？

第 12 章

思维障碍、沟通障碍与刻板行为

在本章中，我们将简要总结精神分裂症和其他一些严重障碍（存在思维和沟通问题）的性质和原因，也会对不良刻板行为（即异常重复的行为）稍作探讨。请记住，除了 EBD 之外，严重的思维、沟通和刻板行为障碍往往与其他致残性障碍一起出现。在一些关于严重致残性障碍的文章中，并不包括对精神分裂症及其相关障碍的讨论。但研究人员和临床医生越来越认识到，不管患者处于何种智力水平，都有可能罹患包括精神分裂症及其相关障碍在内的精神疾病，并有可能与智力障碍（以前称为精神发育迟滞）同时发生。

精神分裂症通常被称为精神病，许多广泛性发展障碍（Pervasive Developmental Disabilities，PDD）也经常被称为精神病。"精神病"一词有很多定义，但没有一个被一致接受。在广义上，"精神病"一词指的是与现实的决裂。因此，精神病性障碍通常包括妄想（与现实不符的想法）、幻觉（虚构的感官体验，如听到不存在的声音或噪音或看到虚构的物体或事件）。

对精神分裂症的诊断通常需要由精神病学家来进行。精神分裂症有几个亚型，分别被命名偏执型、错乱型、紧张型等。有时候患者会被诊断为某种特殊形式的精神分裂症，如精神分裂症样障碍（类似于精神分裂症，但病程较短，通常只有 1 ~ 6 个月，发作时间也相对较短）、分裂情感性障碍（有情感障碍或心境障碍的精神分裂症，如双相情感障碍或抑郁）。

除精神分裂症以外，还有很多障碍都可以被归入精神病的一般范畴。其中包括妄想障碍、药物诱发型精神障碍，等等。这些精神障碍的主要特征是无法区分现实和非现实。

PDD 从多个方面影响儿童的发展。有一些严重的问题行为本身就可能被认为是 EBD 的表现（如持续和普遍的缄默症、极端的自我刺激或自残行为），有时也会在 PDD 儿童中出现。我们在第 4 章中提到过一个重要的观点，有人认为，与精神分裂症和相关障碍有关的情绪和行为问题主要源于生物因素。尽管有越来越多的研究指出，许多类型的 EBD 都有生物基础，只不过支持那些更严重障碍有生物因素的科学证据更为有力。

让我们首先来讨论精神分裂症，然后再把注意力转向严重残疾的青少年身上经常出现的那些行为，不管它们的诊断标签是社交问题、沟通障碍还是刻板行为，尤其是自我刺激和自残行为。你完全可以想象这些行为的负面影响——严重削弱学生的能力，经常给教师和其他与这些学生打交道的人带来持久和重大的挑战。

精神分裂症

定义、患病率与特征

精神分裂症患者通常具有至少以下两种症状：

- 妄想；
- 幻觉；
- 言语混乱（如经常词不达意或语无伦次）；
- 严重混乱或紧张的行为；
- 阴性症状，如缺乏情感、无逻辑思考能力、无决策能力。

精神分裂症的定义并不简单，它是一种（或一组）具有复杂性和多面性的障碍，一个多世纪以来大家一直没有给出一个精确的定义。给儿童精神分裂症下定义，比给成人精神分裂症（通常发病年龄在 18 ~ 40 岁）下定义更难，因为儿童通常更难解释自己的想法，但现在已经没有人再质疑精神分裂症会发生在儿童身上且症状表现与成人相似这一事实了。此外，儿童可能会同时罹患精神分裂症和其他障碍，包括智力障碍。

每 100 个成年人中，就有 1 个人受精神分裂症的折磨，但精神分裂症很少见于 18

岁以下的儿童和青少年。正如我们前面说的，它的初次诊断年龄通常在 18 到 40 岁之间。妄想式思维在儿童中并不常见，但有时幼儿很容易相信自己的幻想是真实的，甚至相信其他人的妄想是真实的。正常儿童，尤其是幼儿，经常在游戏中陷入幻想。幻想在某些情况下被认为是正常的，但在另一些情况下则不然。当幻想持续存在，超出了可接受的范围（特别是在年龄较大的儿童身上），或者导致儿童难以区分现实和幻想时，儿童的社会化过程或学业就会受到影响。

在表 12.1 中，我们列举了最常见于精神分裂症的精神病性症状类型：幻觉和妄想。幻觉和妄想有各种各样的形式。除了表 12.1 中的例子之外，儿童和青少年的妄想还经常与性或宗教内容有关。有妄想和幻觉的儿童并不一定会被诊断为精神分裂症。他们可能会被诊断为双相情感障碍或与其他障碍共病，如伴有品行障碍、ADHD、抑郁、双相情感障碍或其他精神障碍。

表 12.1　精神病性症状

幻觉——通过五种感官之一体验到根本不存在或其他人无法感知的东西：

1. 视觉——看到不存在的东西
2. 听觉——听到不真实的声音
3. 触觉——感觉到实际不存在的东西（如有什么东西在触碰皮肤的感觉）
4. 嗅觉——闻到别人闻不到的东西（或者闻不到别人都能闻到的东西）
5. 味觉——嘴里没有任何东西却感觉有味道

妄想——在没有任何真凭实据甚至有相反证据的情况下，仍然对自己的想法深信不疑：

1. 偏执型妄想或迫害型妄想——最常见的是认为别人要害自己，相信坏事会发生在自己身上（不管有没有发生），并将其归咎于真实或想象中的敌人的恶意
2. 关系妄想——坚持认为自己和周遭某些事物之间有联系，而实际上并没有联系，或者在某些情况下，这种联系不可能是真的（例如，错误地认为电视节目中的新闻记者在谈论自己，相信外星人正在窃听自己的电话）
3. 躯体妄想——有关自己身体的错误想法（例如，认为自己身患重病，认为自己体内有异物）
4. 夸大妄想——相信自己有特殊的权势或能力（例如，认为自己是电影明星、著名的运动员或名人）

在很多案例中，我们很难对儿童做出精神分裂症的诊断，因为其发病情况不容易被观察到，它可能开始于品行障碍、焦虑障碍或 ADHD。如果症状很轻微，可能无法识别，也可能被误认为是其他障碍。有暴力攻击行为、在学校表现出严重问题的儿童有时候会被诊断为精神分裂症。

还有一些曾被认定为患有某种广泛性发展障碍的儿童后来被诊断出患有精神分裂症，但这种情况并不常见。对大多数患有精神分裂症的儿童而言，其精神病性症状永

远不会完全消失，但也有少数人会完全消失。

成因及预防

正如我们在第 4 章中所讨论的那样，精神分裂症的病因在很大程度上是生理性的，但造成这种疾病的确切生物机制尚不清楚。已知遗传因素在其中起着关键作用，但到底有哪些基因参与其中，它们又是如何发挥作用的，我们还不得而知。精神分裂症很可能并非单一病症，而是和癌症一样，是很多相似病症的集群。

无论精神分裂症的初次诊断时间是在童年还是成年，似乎都有相同的致病因素在起作用。然而，在儿童或青春期发病的精神分裂症似乎比在成年发病的精神分裂症预后更差，特别是当症状非常严重的时候。

我们知道，在几乎所有病例中，精神分裂症都是由生物因素和环境因素共同作用导致的。父母表现出异常行为的家庭很可能会导致子女发展出精神分裂症。所以，对精神分裂症的初级预防就包括评估遗传风险和避免易感人群出现可能引发精神分裂症的行为，特别要避免出现物质滥用行为和极端的压力事件。二级预防主要包括精神药物治疗、提供可最有效控制症状的结构化环境，等等。

教育及相关干预方案

精神分裂症儿童和青少年的症状和教育需求千差万别，所以我们在这里无法只描述哪一种教育干预措施，甚至无法只描述哪一套干预措施。此外，可以肯定地说，教育只是在实践中使用的几种干预措施之一，因为几乎所有个案都需要配合药物治疗与家庭治疗。当有必要进行特殊教育时，一定要制定高度结构化的个性化方案，为学生提供安全感和常规安排，帮助他们尽可能地控制症状。

精神分裂症几乎都是用抗精神病药物（称为神经安定剂）来治疗的，这些药物并不能治愈精神分裂症，但可以减轻其症状。简而言之，服用抗精神病药是为了减少侵入性念头、幻觉和妄想。许多药物并不是对所有儿童和青少年（或成年人）都有效，而且可能会有严重的副作用。目前我们仍在研究成人药物的效果和副作用，对专门治疗儿童精神分裂症的新药物的开发也在紧锣密鼓地进行，但目前的共识仍然是，无论患者是儿童还是成人，药物干预是有效治疗的必要组成部分。

在治疗结果上，罹患精神分裂症的儿童和年轻人有很大的区别。正如我们前面指出的，如果患者在童年时就被诊断出精神分裂症，其预后一般不如成年后首次被诊断出该障碍的患者好。其中有一部分学生在进入成年后无法适应社会。但也有一些病例的预后很不错。

　　总之，精神分裂症是一种罕见的儿童致残性障碍。其发病常常隐匿，易与其他障碍相混淆。其干预方案几乎总是离不开药物治疗、社会干预和教育干预。一个结构化、个性化的教育计划通常必不可少。通过适当的干预，一些患有精神分裂症的儿童和青少年身上的很多（或大部分）症状会消失。

社会化问题

　　正如我们前面指出的，儿童的社会化在很大程度上取决于其沟通能力。不幸的是，语言和沟通障碍是儿童精神分裂症的典型症状。除了语言之外，这些儿童还明显地表现出更多社交技能方面的问题。他们通常行为怪异、反应迟钝、拒绝他人接近，导致他们迟迟学不会如何与他人玩耍和结交朋友。不管青少年属于哪一类 EBD 患者，让他们学会自我控制、社交技能和适当的替代行为极为不易。让有智力障碍的学生（这在大量患有精神分裂症的儿童和青少年中很明显）学会这些知识则更是难上加难。

　　大多数患有广泛性发展障碍（不管是哪种类型）的儿童在社交技能方面都存在问题。许多关键的社交技能无法由成年教师以一对一的方式传授，也无法让一群同样缺乏技能的孩子一起学习，因此，大多数干预需要与发展正常的同龄人进行互动。教师可以把这些同龄人训练成榜样，让他们负责发起社交互动，并在家庭、课堂或社区环境中对有严重障碍的学生做出适当的回应。

　　患有精神分裂症和其他广泛性发展障碍的学生会表现出各种各样的情绪和行为问题，并且经常有共病现象。因此，在其他章节中讨论的对其他障碍的干预方案，包括 ADHD、品行障碍、抑郁等，对精神分裂症同样可以派上用场。

沟通障碍

　　不管儿童罹患的是哪一类广泛性发展障碍，如何让他们学会与他人进行有效沟通是教师面临的最大挑战。针对那些不说话的儿童，我们制定的教育计划一直遵循着同一个原则，即将行为理论应用于语言教学。当孩子试着服从指令或发出近似音时，教师会给予奖励，通常是在孩子的行为接近教师的期望之后，立即给予其表扬、拥抱和食物。例如，在这个过程的初始阶段，一个孩子可能会仅仅因为与教师建立了眼神交流就得到了强化。接下来可能是一边看着教师一边发出声音，然后模仿教师发出的声音，模仿教师说的话，最后回答教师的问题。当然，这种描述过于简单化了，但是通过这种方法，那些不说话的儿童通常能学会基本的言语技能。

早期语言训练研究的结果令人失望，即使经过密集、长期的训练，这类儿童也很少有能学会真正有用或实用的语言。他们的言语往往具有机械性，而且没有学会将语言用于实际的社交场合。当前语言干预的一个趋势是强调实用性（使语言在社会交往中发挥更大的作用）和激励这类儿童进行交流。与其训练孩子孤立地模仿单词或使用语法和正确的语法形式，我们可以训练他们使用语言来获得一个理想的结果。例如，可以教孩子说"我想要果汁"（或简单地说"果汁"或"想要果汁"）来得到一杯果汁。对于交流能力有限的儿童，语言干预越来越多地涉及如何在自然环境中创造让他们说话的契机。教师可以利用各种方法为孩子创造提出要求的机会，包括"缺失"策略（比如，给儿童一本涂色书，但不给蜡笔，提示他们要求得到蜡笔）、"中断"策略（比如，在儿童外出玩耍的路上拦住她，提示他们要求外出）、"延迟"策略（比如，暂时不帮儿童穿衣服，提示他们要求帮忙）。

功能性沟通技能的学习进展是通过认真谨慎、有计划的干预和持续的研究慢慢实现的。声称有突破性的干预措施几乎总是具有误导性且令人失望。基于操作性条件作用的语言训练程序在应用于自然语言情境时，并没有带来很大的突破或治愈。不过，经过几十年的研究，现在在大多数情况下已经支持使用这些程序了。表 12.2 总结了我们对有沟通困难的学生的教学建议，无论他们的具体残疾或障碍的性质如何。在实施这些教学方法之前，有必要对学生的言语和语言技能进行彻底的评估。在本章的末尾，就如何向精神分裂症儿童和青少年传授与沟通相关的社会技能，我们进行了更广泛的讨论。

表 12.2 关于如何教导沟通技巧的建议

1. 及早干预很重要，所以一旦发现学生缺乏沟通能力，就应该立即着手教导
2. 该计划应让父母和其他家庭成员参与，并尽可能地在正常或自然的环境中进行
3. 教师要尽量强调沟通中最重要的那些信息
4. 严格组织教学并采取"重复"策略，越多越好

刻板动作（异常重复动作）

患有严重情绪、行为或认知障碍的儿童和成人可能会持续重复一些看似无意义的行为。他们刻板的行为模式或刻板行为，可能会导致严重的自残。"刻板动作"是一个统称，泛指各种具有重复、僵化、不变、不当、不知变通的行为。这种重复性动作可能是由生物因素或环境因素引起的，也有可能两者兼而有之。

通常情况下，重复性动作似乎是以提供感觉反馈为主要（或唯一）目的，因此被称为自我刺激。以最严重和最令人不安的形式进行的重复性行为会导致个体的身体损伤。下面我们就简单地讨论一下无伤害性的自我刺激，以及自我伤害。

自我刺激

自我刺激有无数种形式，比如反复茫然地盯着天空、摇晃自己的身体、拍手、揉眼睛、舔嘴唇，或者一遍又一遍地发出同样的声音。根据自我刺激的动作、频率或强度，它可能会导致不同的身体伤害，如频繁地使劲揉眼睛有可能对视力造成损害。

自我刺激显然是一种获得自我强化或自我延续的感觉反馈的方式。除非个体被要求做出另一种与其不相容的行为或个体主动加以抑制，否则自我刺激行为无法停下来。正常发展过程中的儿童和青少年（及成人）的一些自我刺激行为，如咬指甲，似乎也是如此。从几乎每个人的行为中，我们都可能发现某种形式的自我刺激，只不过在明显程度、社会适应性和出现频率上有所不同而已。例如，自我刺激行为是正常婴儿普遍存在的特征，而且几乎每个人在无聊或疲惫时都有可能做出某种自我刺激的行为（如跳来跳去、用脚打拍子、用手指转头发）。因此，像大多数行为一样，只有当自我刺激发生在特定的社会环境中，或者高强度或者高频率出现时，才被认为是异常或病态的。

如果自我刺激行为过于频繁，很可能会严重影响学生的学习和社交，此时需要采用更强硬、更直接的干预方法。我们已经研究了多种方法，其中包括行为强化（当学生出现适当行为时，可以用另一种恰当的自我刺激或感官刺激作为强化物）、药物治疗、改变常发生自我刺激的环境条件，等等。随着对自我刺激和相关行为的本质的了解越来越深入，我们开始明白，它发生的环境（如高度结构化的任务或相对非结构化的娱乐活动）是决定干预程序能否成功的重要因素。

在控制自我刺激行为方面，并没有什么最佳方案。哪种干预最有效？答案是因人而异。事实上，干预并不一定是合理的选择。对一些人来说，并没有必要用治疗来减少自我刺激。在以下情况中，进行干预是不合理的：（1）自我刺激行为不会导致身体伤害或残疾；（2）自我刺激行为不会显著干扰学习；（3）自我刺激行为不会妨碍人们参与正常的活动。同样，是否进行干预取决于自我刺激行为的具体动作、发生频率、持续时间和常见后果。在出手干预时，我们应该试图找出重复行为的功能（即个体做出该行为的原因），并为适当行为提供积极的支持。

自我伤害

与自我刺激行为一样，某些类型的自我伤害行为也有可能发生在那些被认为行为正常的人身上。例如，在身体上穿孔和文身，虽然通常是个体自己要求的，但也可以被视为故意的自我伤害。要区分哪些行为是可接受的，哪些行为是不可接受的，只有将它们放在更大的社会背景中，根据大多数行为出现的频率或程度来做出判断。几乎人类所有的行为，只要出现得过于频繁，在社会中都会被视为不良或不当，但如果只是偶尔为之或在某些特定条件下才出现，就会被视为正常且可接受的。设想一下，一种行为是只在手臂或肩膀上有个小文身，一种行为是整张脸都布满刺青；一种是程度轻微的身体穿孔（如耳洞），一种是极端形式的穿孔（如在身体上穿上千个孔），你会对几种行为做出什么判断？

一些青少年会以最为残忍的、社会无法接受的方式反复地故意伤害自己。我们发现这种自残行为会出现在一些患有严重智力障碍的个体中，但这一特征往往与多种残疾相关，如智力残疾和精神分裂症。大多数自残的人没有很好的言语表达能力，他们通常不是哑巴就是语言能力非常有限。事实上，处理自残行为的一种常见方法是试图弄清楚这种行为有什么功能，它传达了什么，以及它产生了什么无伤害性的后果，如得到成人的关注、逃避成人的要求、获得某种感官刺激，等等。

但是，有一些具有正常智力和语言技能的儿童和青少年，会在完全没有自杀意图的情况下故意伤害自己，这是近期广受关注的问题。这种行为有时被称为非自杀性自残，其发生率自 20 世纪 90 年代以来急剧上升。据估计，每年有 6% ~ 7% 的青少年可能会以这种方式伤害自己，有 12% ~ 37% 的人一生中曾有过非自杀性自残行为。与文化上更容易接受的文身或穿孔不同，属于非自杀性自残这一范畴的行为一度只限于"切割"，但现在也包括灼烧、抓挠、捶打、在自己的身体上雕刻、撕咬、扯皮，等等。在没有任何其他障碍的青少年中，非自杀性自残行为似乎与那些被诊断出其他障碍的青少年一样多。面部、眼睛、颈部、乳房或生殖器的损伤可能比身体其他部位的损伤更严重。人们一直认为非自杀性自残行为与抑郁或自杀念头密切相关，但现在有专家提出，实际上这种行为可能是青少年缓解压力的一种方式，本质上是在避免自杀。但是，由于非自杀性自残行为在美国青少年中是一个相对较新的现象，而且对这一话题的研究才刚刚开始，所以我们对该行为的性质、原因、治疗方法以及其长期后果所知甚少。

无论其原因或功能如何，被称为"自残行为"的本能（原始）行为有多种形式，如果任其发展，它们的共同后果就是造成身体损伤。如果不进行人身限制，不提供保护性装备或有效的干预，青少年就有可能承受永久性的伤害，如毁容、丧失能力或杀死自己。

自残行为的异常之处在于它的发生频率、强度和持续时间。在 5 岁以下的正常儿童中，大约有 10% 的儿童偶尔会有某种形式的自残行为。例如，幼儿在发脾气的时候会用头撞其他物体或拍打自己，这被认为是正常的。但异常的自残行为发生得太频繁、强度太大、持续时间太长，导致青少年无法发展正常的社会关系或学习自理能力，有更大的致残风险。

有证据表明，自残行为在某些情况下可能是由于大脑正常功能所需的生物化学成分不足、中枢神经系统发育不全、幼年的痛苦孤独经历、感觉系统出问题、对疼痛不敏感、在应对疼痛或损伤时身体无法产生鸦片类物质等问题所致。但是，目前还没有哪一种生物学解释得到了实证研究的支持。不过，在解释自残行为的成因时，我们不需要把社会因素放在一边而单把生物因素拎出来，而且单是生物因素通常也不会导致自残行为。也许在很多病例中，确实是生物因素引发了最初的自残行为，但社会学习因素加剧并维持了这一行为。像其他类型的问题行为一样，自残行为可能会受到社会关注的强化。这一概念对干预有重要的意义，因为它告诉我们，可以让学生学会用其他恰当行为来替代自残行为。

有一些儿童似乎是以自残为手段，迫使大人收回那些让他们讨厌的要求，这样他们就不必再干这干那了。如果有人要求这些儿童专心完成什么事，他们就会开始自残，于是这个要求就不了了之。对一些儿童来说，教学中所涉及的社会互动和来自教师等人的关注是一种强化，当他们做出一些自残行为时，如果教师刻意收回对他们的关注，不失为一种削弱或惩罚不良行为的有效方法。而对另一些儿童而言，同样的社会互动和关注可能是令人厌恶的条件刺激，教师在他们做出自残行为后的故意无视对他们而言正中下怀，这是一种负强化，不但无助于解决问题，反而会使问题恶化。

对自残行为的评估既直接又复杂。它的直接之处在于，评估涉及直接观察和测量，自残行为应该在其发生的不同环境中每天被定义、观察和记录；它的复杂之处在于，我们对其原因仍了解不多，必须仔细评估可能的生物原因和微妙的环境原因。生物原因包括遗传异常及诸如耳部感染、感觉缺陷之类的其他因素。自残行为在某些环境中可能比在其他环境中更经常发生，环境条件的变化（如要求达到某种表现）可能会极大地改变问题。因此，评估青少年的周围环境、社会环境以及行为本身的质量非常重要，尤其是评估自残行为导致的社会后果。

我们已经尝试了多种不同的方法减少儿童和青少年的自残行为，但没有一种方法是完全成功的，尽管有些方法的效果确实比其他方法要好得多。其中最不成功的就是各种形式的心理治疗、感觉统合疗法和温柔教学法，这些方法是非厌恶性的（也就是说不涉及惩罚），但是很少有科学证据证明它们能减少自残行为。在目前设计的非厌恶性方法中，最有效的是进行功能分析（即找出行为的目的）并安排一个可以让孩子学会用其他行为来替代自残行为的环境。在 21 世纪初期，关于自残行为研究和实操的重点就是功能分析、非厌恶性方法和药物治疗。

向罹患精神分裂症或其他严重障碍的学生传授社交技能

对罹患精神分裂症或其他严重障碍的学生而言，哪些社交技能问题是最需要解决的

与我们在前几章中讨论过的与 EBD 相关的其他障碍不同，精神分裂症和其他严重障碍造成了一系列严重的社交技能问题，以至于我们不知道从何着手。事实上，精神分裂症的一个基本的、决定性的特征就是一定会出现极端的社会化问题（也许有少数最轻微的病例除外）。这些社交技能问题覆盖面很广，可以从几乎完全不与环境或环境中的其他人联系或互动（本质是完全缺乏社交技能）到一系列怪异、不恰当、不可预测的行为，以至于在这样的孩子身边几乎没人（不管是同龄人还是成人）会感到轻松。正如我们在本章所言，缺乏积极的社交技能、一系列怪异的行为以及缺乏与他人的联结，都可以概括为沟通存在问题。也就是说，这个学生缺乏与他人沟通或互动的必要技能，或者因为有太多奇怪的行为，导致沟通努力和积极互动的尝试经常受挫。

什么是适当的干预目标

在分析精神分裂症患儿的一些问题行为时，我们通常可以尝试从简单的角度了解孩子的沟通企图，然后教孩子用一种更合适的方式表达自己的意愿。从更广泛的角度来看，沟通可以有多种形式，而构成沟通的社交技能或者为有效沟通奠定基础的社交技能，是多种多样的。对患有精神分裂症的儿童和青少年的干预目标可能包括：（1）社会认知（解读他人的情绪）；（2）回应他人信息或发送信息的技巧（使用言语或非言语沟通方式有效地传递自己想表达的信息）；（3）互动技巧（发起、维持或结束对话）；（4）亲和技巧（用适当的方式向家人或朋友表达感情）。还要记住的是，对教师来说，与精神分裂症患儿打交道需要非常高明的社交技巧。

哪些类型的干预最有效

我们在前文中说过，没有哪种治疗方法是百试百灵的，一个持续存在的问题就是泛化。也就是说，即使结构化的教学方法让学生在课堂或临床环境中学会了一些技能，但要让儿童和青少年在训练环境之外，在最需要这些技能的自然情境中，运用这些社交技能，仍然非常困难。要想有效提高患有精神分裂症或其他严重障碍的儿童和青少年的社交和沟通技能，有几个组成部分似乎必不可少：（1）全面评估学生目前的社交和沟通技能（有哪些优势和需求）；（2）针对特定的沟通技巧或社交技巧进行直接指导（即示范、指导练习、独立练习）；（3）让学生对目标技能进行大量、重复的练习并加以强化；（4）在各种自然情境中（学校、社区和家庭的不同地点）与不同的对象（学校里的教师或工作人员、操场上或食堂里遇到的同龄人、朋友或家人）展开练习。最后，如果目标明确，优先顺序设定合理，就能随时随地利用偶发事件进行自然强化（我们在第 10 章中提过）。例如，学会在食堂里与工作人员有效沟通的孩子，就能成功地买到他想要的冰激凌；学会用正常的语气就适当话题进行交流的学生，可能会更受欢迎，成功加入同龄人的活动（学习或游戏）。

范例：青少年精神分裂症患者的社交技能训练

在教导患有精神分裂症的儿童和青少年的社交技能时，教师面临的是一个特别的挑战，原因有两个。首先，儿童精神分裂症发病较早，这就意味着许多正常发展的儿童在童年时期很容易就自然获得的社交技能在他们这里被遗漏了。因此，像眼神交流这样基本的东西对他们来说可能是一项全新的技能。其次，我们知道，患有精神分裂症的儿童和青少年的认知功能往往受损，所以我们的教学尝试更具有挑战性。基于这些原因，研究人员提出了如下建议：

1. 从简单的基本技能开始（如眼神交流、微笑、说话音量适度）；

2. 将技能分解为一个个组成部分（如使用任务分析）；

3. 让学生模仿教师想看到的行为（以治疗师或同龄人为榜样）；

4. 大量使用角色扮演；

5. 提供及时、频繁、积极的反馈（包括必要的纠正）；对那些更成熟的大龄儿童，可以让他们以团体形式学习社交技能，也可以教导其同龄人向他们提供积极的反馈；

6. 布置练习社交技能的家庭作业（或在自然环境中练习）。

本章小结

精神分裂症和广泛性发展障碍在儿童和青少年中属于罕见的严重障碍，主要表现为情绪和行为方面的障碍。

精神分裂症是精神障碍的一种，并且是一种严重的障碍，其症状包括幻觉、妄想以及严重异常的行为或思维。精神分裂症鲜见于 18 岁以下的人群，尤其是在青春期前更是少见。该症发病往往非常隐匿，可能与其他障碍相混淆。不过，精神分裂症在儿童和成人身上的本质相同，其病因主要与生物因素有关，尽管人们对此了解有限。对精神分裂症患儿有效的教育方式通常具有高度结构化和个性化的特点，药物治疗的辅助作用也必不可少。有些患有精神分裂症的儿童最终得以康复，但很多儿童几乎毫无起色，一直到成年后症状仍然很严重。

患有精神分裂症和广泛性发展障碍的儿童和青少年都存在着社会化的问题，但又有着极大的不同。精神分裂症可能与其他多种障碍共病，如品行障碍、ADHD、抑郁、智力障碍等。

要解决这些儿童和青年的社会化问题，就必须采取全面的干预策略。沟通障碍是许多严重障碍的核心特征。目前语言干预的重点是如何在沟通训练中自然地运用操作性条件反射原理。

刻板动作包括重复、刻板的行为，这些行为似乎提供了具有强化作用的感觉反馈。刻板动作可能只是自我刺激行为，也可能是自我伤害行为。自我刺激行为可能会干扰学习，最好的控制方法取决于它的具体动作和功能。自残行为有多种原因，包括生物原因和社会原因。它可以起到吸引他人注意的作用，或者让个体逃避来自他人的要求。关于自残行为，目前的研究趋势和干预强调功能分析、非厌恶性方法和药物治疗。

个人反思

思维障碍、沟通障碍与刻板行为

让·玛丽·巴达（Jeanmarie Badar）在肯特州立大学获得特殊教育硕士学位，在弗吉尼亚大学获得特殊教育博士学位。在长达 25 年的时间里，她为患有情绪和行为障碍以及其他各种残疾的低龄儿童提供特殊教育，现在是一名私人教练。她曾在俄亥俄州、弗吉尼亚州和新加坡任教。

请描述一下您对广泛性发展障碍学生的教学或工作经验

作为一名执教多年的小学特殊教育教师，我经常遇到被诊断为广泛性发展障碍的学生。根据我的经验，这样的学生几乎没有一个是只有一种问题的，比如我们认为与精神分裂症有关的怪异思维。

大多数患有严重障碍或广泛性发展障碍的儿童都有多种问题，包括思维和沟通方面的缺陷，以及各种严重的刻板行为，如尖叫、摇晃、扔东西、攻击他人、自残等。在我多年的教学生涯中，我的课堂通常是普通公立学校内一个相对独立、自成一体的环境，我发现，患有广泛性发展障碍的学生很可能通过个性化教育计划被指定到这样的环境中。在我看来，把这样的学生放在普通教育的普通班对任何人都没有好处，原因显而易见。

如果您的一个学生患有某种严重障碍，该障碍在哪些方面比较独特或最具挑战性

有一个学生让我印象特别深刻，他的情况向我提出了非常复杂的挑战，对我而言，要想每天满足他的需求实在是太难了。这个学生名叫杰西，我接手他时，他还是一个七岁的一年级学生。虽然我已经在类似环境中执教 20 多年了，但当时的学校和职位于我而言都是陌生的。杰西有一名全职陪护，他的个性化教育计划规定，对他的所有教学都要在我的独立课堂上完成，除了参加普通教育班的"特殊课程"（音乐、艺术、体育）、午餐、课间休息和户外活动。在他的个性化教育计划中，对他的描述是完全不会说话，认知能力明显低于平均水平。杰西的一些问题行为包括大喊大叫、打人、咬人、扔东西和拒绝写作业。而且，杰西没有受过如厕训练，因此一直穿着纸尿裤。此外，他还需要在饮食、穿衣和个人卫生等方面得到帮助。在身体方面，杰西被描述为"虚弱"，他有体重不足和营养不良的历史，脸色苍白，经常生病，肌肉缺乏张力，腿上还戴着支架。

和以往大多数情况一样，虽然我收到了个性化教育计划，但它对我与杰西的合作并没有什么特别的帮助，尤其是考虑到我还有 9 个二年级的学生，他们也会在我的课堂上完成全部或大部分的学习任务。我会得到一名像杰西的助手一样的课堂助教，但在开学之前的准备工作中他不会出现，在学生不在教室的时候（即课前和课后）他也不会出现。两位助教在上班期间都有 30 分钟的午休时间和两次 15 分钟的休息时间。

在杰西的个性化教育计划中，关于学习的目标让我觉得非常少，总共只有 5 个。简而言之，杰西要学会从 1 数到 5 并认识这 5 个数字；识别五种基本颜色和四种基本形状，并据此对物体进行分类；认识并拼写自己的名字；匹配字母表的大写和小写字母；认识 10 个基本的视觉单词。行为目标就更没什么用了：杰西要把 _____ 行为（用他的问题行为如尖叫、打人、咬人、扔东西来填空）减少到每天一次或更少。个性化教育计划没有就该采取何种教学策略或行为干预策略提出任何建议，没有说明他目前达到的学习水平，也没有注明他的问题行为出现的频率。还有一段陈述简直就像后记一样，注明对杰西需要使用"图片日程表"，直到幼儿园结束。

开学前，我尽量为迎接杰西做好了准备。我为他设计了一系列的"任务"，旨在评估他目前的水平，并开始传授在他的个性化教育计划中列出的"准备"技能。我利用坚固的食堂托盘、各种塑料和木质积木、字母、数字等，以及大量的尼龙搭扣，制造了一些我希望能结实耐用的教具。我把教室里一个宽敞的角落指定为"杰西工作站"，把相邻的一个区域指定为"杰西游戏区"。我制定了一个看似合理的"图片日程表"，其中包含了普雷马克原则，保证在他成功完成任务后能经常进行游戏、休息和其他愉快的活动。我和后来成为杰西陪护的女性简单地见了一面。她还没有见过杰西，也没有与具有杰西这种特点的学生一起工作的经验或相关的培训经历。杰西的母亲没有家庭电话，也没有在开学前一周来参加返校日活动。我给她寄过一张明信片，说想去她家拜访，或者在附近找个地方见一面，但她没有回复。

在这里我要补充一点，分配给我的另外 9 名学生的需求与杰西的需求非常不同。他们的年龄从 6 岁到 8 岁不等，学习能力明显低于平均水平，但他们都能说会道，能够独立穿衣、吃饭和上厕所。其中有几个人都有注意力不集中、不听话、与同伴关系差、甚至经常发脾气等问题行为，但大家看起来都有阅读和写作的潜能，并掌握了基本的数学技能。

我的直觉是正确的。当我了解了所有的学生，并开始设计适合他们的学术指导和行为计划时，杰西显然是一个例外，他需要一些完全不同的东西，坦率地说，他需要比我所能提供的更深入的干预。他对我为他设计的任务没有任何兴趣，除了把每一块东西放进嘴里和 / 或扔到地上。他的尖叫声是那么的高亢，那么的持久，我不得不把其他学生带到另一个教室，只有这样才能有一些安静的教学时间。我花了无数时间查资料、做计划、咨询他人、邀请观察员到教室、与杰西的母亲交谈、参加研讨会学习如何与杰西这样的学生共事。最后，我确实发现了一些干预措施，至少在短期内取得了一定的成功。

首先，我了解了更多关于图片日程表的知识，并意识到从发展的角度来看，杰西可能还没有能力理解图片和它们所代表的东西之间的联系。我们尝试了物品日程表，在架子上摆放一系列与预定活动直接相关的物品。例如，一块干净的尿布代表上厕所的时间；杰西椅子上的小枕头代表坐在课桌前学习；他的吸管杯代表零食时间。随着时间的推移，我们终于帮助杰西明白什么时候是零食时间，但在这之前他要先完成课桌前的任务。

其次，我不得不重新考虑对杰西的任务设计。我把活动时间大大缩短了，从 10 ~ 12 次的练习减到只有 2 ~ 3 次。为了防止杰西把什么东西都放进嘴里，我使用了一些更大的物体。他的作业现在都放在洗衣篮里，而不是放在桌上的托盘里。

第三，我和杰西的助手一起努力减少他的尖叫行为，在他所有的问题行为中，尖叫行为就算不是最严重的，也是最具破坏性的。我们每天为杰西安排了持续 5 分钟的安静训练，该训练主要教导、示范和奖励安静的行为，刚开始的时候，只要杰西能保持 10 秒钟内不尖叫，就会得到食物奖励。我们把彩虹糖切得很小很小，因为这是我们能找到的唯一能让杰西学会服从的食物。当然，我们也花了大量的时间来帮杰西刷牙，每天要刷好几次！

以上只是我们在这一年所尝试的所有干预方法和干预技术中的几个例子。有些成功了，但更多的是失败了。杰西的陪护中途申请调职了，尽管我对要训练一个全新的人来担任这项艰巨的工作感到沮丧，但后来发现，新来的助手无论在教学管理还是行为管理上都有更好的直觉，而且愿意付出额外的时间（无偿）与我商量和解决问题。

最后（两年后），杰西获得了重新评估，结果发现他有多重残疾。他被重新安置到了一所特殊学校，在那里所有工作人员都接受了应用行为分析技术的严格培训，而且师生间人数的比例也要高得多。然而，所有这些变化都是在我（和其他工作人员）多次要求重新评估杰西的个性化教育计划是否合适之后才出现的。杰西的母亲总是阻止任何为她的儿子寻求更适当服务的尝试，因为她想让他上她小时候上过的小学。最后，班上其他学生的家长开始抱怨，反对为了一个孩子影响其他所有孩子的教育，学校行政人员才开始给杰西的妈妈施加压力，要求她重新考虑。确实，我经常会想，由于我们无法为这个病情如此复杂和难以管理的学生提供免费且适当的公立教育，导致其他学生和杰西失去了很多宝贵的时间。

需要进一步思考的问题

1. 如果有人认为像杰西这样的学生应该被纳入普通教育，你会如何回应？
2. 对于杰西这样的学生，你认为合理的长期目标是什么？
3. 你认为将杰西安排在特殊学校而不是普通公立学校的特殊班有何利弊？

第 13 章

青春期特殊问题：
犯罪、物质滥用、过早性行为

　　本章将重点关注青少年犯罪、物质滥用和早期性行为，因为我们发现，这些特殊的问题行为经常是同时发生的，而青少年的人格障碍通常涉及多种复杂的问题。请记住，哪怕只是"青春期"这个概念，也在不断演变，更不要说与青春期相关的问题行为了，对它们的定义一直花样翻新、层出不穷。

青春期与成年早期的问题行为

　　青少年的违法犯罪很少只表现出一种孤立的问题行为，更常见的情况是，他们会有一系列相互关联的问题行为，包括青少年犯罪、过早性行为和药物滥用。正如我们接下来要讨论的那样，这些行为往往是相互关联的，每一种行为都有可能对另一种行为产生影响，并且经常在具有某些风险因素的情境中继续发展。此外，那些违法犯罪、滥用物质和过早发生性行为的青少年还经常参与其他反社会活动。

　　大多数青少年都做过一些危险行为，但绝大部分都不会太严重，而且通常在踏入成年时，他们要么减少了危险行为的强度，要么完全停止了危险行为。在青春期出现的问题行为中，那些不断恶化且可能延续到成年的通常是 ADHD、缺乏负罪感、与父母沟通能力差、成绩差、易焦虑，等等。专家预测，具有上述行为特征的青少年具有最高水平的问题行为，而青春期问题行为的存在是预测成年后问题行为的最可靠的因素。

洛伯等人发现，有 8 种形式的问题行为在测量上高度相关：犯罪、物质滥用、ADHD、品行问题、人身攻击、隐蔽反社会行为（如说谎、利用他人）、抑郁心境、害羞或孤僻。也就是说，如果一个人在某一个问题行为上得分高，其在其他 7 个问题行为上得分也会高。外显性问题行为之间的相互关系比内化性问题行为之间的相互关系更密切，所以人身攻击与物质滥用之间有显著的相关性，而害羞和退缩则不然。有严重问题行为的男生还有可能出现严重的犯罪、性早熟和物质滥用。这些行为通常代表了更复杂的精神障碍和社会功能性障碍，需要接受更复杂的精神卫生服务。尽管这些障碍大多是在一系列针对最表面问题的惩罚性干预后才被发现的，但研究人员已经能够确定一些变量组，这些变量组能够可靠地预测这些复杂障碍下一步的发展。

研究支持了"早识别"的重要性和合理性。尽管本章的其余部分是围绕不同类型的问题行为来组织的，但请记住，任何一个人都不可能只表现出问题行为的一个元素。根据问题行为理论和对问题行为与复杂精神障碍共病的观察结果，如果只处理本章所描述的问题行为中的一个或几个方面，并没有多大用处。这些问题可能只会对结合了教育、心理健康、家庭因素和药物治疗等较复杂的干预措施产生反应。

少年犯罪

定义

如果某人在法律上尚未成年（即青少年），就做出了可能被警察逮捕的行为时，我们就可以说此人做了违法行为。由于许多违法行为并没有导致青少年被捕，所以我们很难明确界定少年犯罪的真正范围。有些法律措辞模糊或松散，因此对违法行为没有明确的定义（如不清楚某一特定行为在什么情况下会导致个体被捕）。有些行为如果是青少年所为，则属于违法行为，但如果是成年人所为，则不属于违法行为（如购买或饮用酒精饮料）。还有一些违法行为显然是犯罪，它们被认为是道德有亏，无论行为人的年龄大小，都会受到法律的制裁（如强奸或谋杀）。许多孩子的攻击行为逃避了法律的惩罚。在这些行为中，有很多令人恼火且具有威胁性和破坏性，但并不是法律意义上的违法行为。真正的犯罪行为指那些足以让青少年与执法部门打交道的行为。

我们一定要将违法行为和正式的犯罪记录区分开来。只要是受法律限制的任何行为，一旦发生就可以被视为违法。青少年可能会犯下"指标罪行"，即不论行为人处于何等年龄都会被视为犯罪的非法行为，其范围包括从轻罪到一级谋杀的各种犯罪行为。青少年常见的"指标罪行"包括故意破坏财物、入店行窃以及其他形式的盗窃，如盗窃汽车、持械抢劫和人身袭击。只有当行为人未成年才算违法的行为被称为"身份犯罪"。身份犯罪包括逃学、离家出走、购买或持有酒精饮料以及性乱交。它们还包括各种定义不明确的行为，如一些被形容为"无可救药""无法无天"或"父母无计可施"的行为。身份犯罪是一个综合分类，在确定一个孩子的行为是否为少年犯罪时常被滥用。这一类别包含严重的不当行为，但一些手握大权的成年人可能会将其扩展到那些只是疑似或看似不当的行为。

正式的犯罪记录与违法行为之间存在着显著的差异。在一项调查中，调查人员要求儿童和青少年报告他们是否有具体的违法行为，结果表明，绝大多数人（80% ~ 90%）都有过。到目前为止，自我报告似乎是评估犯罪行为真实程度的最佳方法。研究提供的数据表明，自述的违法行为与抑郁情绪呈正相关，与父母对孩子违法行为的觉察程度呈负相关。在美国，在所有的未成年人中，只有大约 20% 的人在某一时期有正式的犯罪记录，每年大约有 200 万青少年被捕。在社会经济地位较低的阶层和少数族裔中，有正式犯罪记录的青少年的比例很高。

违法行为、品行障碍、正式的犯罪记录之间往往有重叠现象。虽然有数据支持品行障碍和违法行为之间存在着正相关，但并不是所有有品行障碍的青少年，无论其反社会行为是公开还是隐蔽的，都会从事违法行为或留下正式的犯罪记录。

很少有青少年的违法行为是从暴力犯罪等极端行为开始的。相反，他们是从一系列轻微的作奸犯科开始并逐步走向严重违法犯罪的。青少年的这些行为开始得越早，最终出现更严重问题行为和暴力行为的可能性就越大。因此，教育工作者千万不要被一种虚假的安全感所迷惑，认为一个行为不端的年轻人长大后就会洗心革面。研究表明，现实情况恰恰相反。在年幼时就表现出问题行为的儿童，成年后的行为问题往往会变得更严重。

违法行为的类型

研究人员试图根据行为特征、犯罪类型和亚文化群体的成员身份划分同质犯罪群体。但是，如果对那些只犯一次或几次罪行的人和那些严重的惯犯（特别是那些对他人犯下暴力罪行的）做一个区分，可能会更有帮助。有人认为，既然大多数青少年都有违法行为，但有些被定罪，有些没被定罪，所以两者之间的差异在很大程度上是警察或法院的偏见造成的，但这一论点并没有得到数据的支持。也许有人会说，既然官方的逮捕记录和自述的违法犯罪行为之间有对应关系，再加上自我报告能够预测未来的定罪情况，说明自我报告和正式判决都是区分最恶劣罪犯的有效措施。这一观点得到了支持，因为人们发现，是否因暴力犯罪被捕、是否有家庭暴力和犯罪史是预测青少年是否实施暴力犯罪的最佳指标，它们比青少年是否有参与帮派的历史或严重的酒精和毒品使用史的预测效果更好。

在考虑不同类型的违法行为时，另一个有用的参考是初次犯罪的年龄。先前的研究表明，那些在 12 岁之前就开始有违法行为的人，其预后要比那些在此年龄之后的人差得多。还有证据显示，早开始犯罪者预后较差的情况在男孩中比在女孩中更为典型。这些数据与观察结果似乎一致，即更严重的违法行为与家庭中强势对抗的互动模式有关，这种家庭模式从小就训练了儿童的反社会行为。此外，研究表明，父母失职和儿童犯罪之间存在着相关性，这种相关性不是观察学习所能解释的。

发生率

我们说过，大多数儿童和青少年至少有过一次违法行为。但由于大多数违法行为都没有发现的，隐性犯罪仍然是一个主要问题。据估计，美国每年有 3% ~ 4% 的青少年被判定有罪，但别忘了，大多数违法行为并没有被举报，所以，青少年的犯罪率毫无疑问要比我们所知的高得多。在留下正式犯罪记录的青少年中，约有一半的人在成年前只有一次被正式定罪。但这些人中屡教不改者（即惯犯）占了大多数。这些惯犯的违法行为更严重，大多是在更早的年龄（通常在 12 岁之前）就开始作奸犯科，并且往往在成年后仍然继续其反社会行为。

尽管参与各种非法活动的女性越来越多，但青少年犯罪依然以男性为主，尤其是针对人身和财产的严重犯罪。在美国，1985 年，女性在所有犯罪案件中所占的比例为 19%，而到了 2007 年，这一比例已经上升到 27%。除性别外，种族、吸毒、学习成绩差、逃学、冒险、与父母冲突等都是导致青少年违法行为屡教不改的原因。青少年正式犯罪记录有升有降。例如，从 1985 年到 1997 年，违法案件总数稳步上升，在此期间增长了 62%，达到 170 多万件的最高点。随后从 1997 年到 2013 年逐年下降，减少了 44%。2013 年，美国司法部估计少年法庭处理的案件有 110 万件，比 1985 年减少了 9%。

青少年犯罪的高峰期是 15 到 17 岁，之后犯罪的概率就逐渐下降。吸毒和与毒品有关的违法行为，特别是酗酒，是处于这个年龄段的青少年的父母、教育工作者和其他成年人普遍关心的问题。

成因及预防

青少年犯罪不单指违法行为，还包括成人权威对这些违法行为的反应。监禁及其他形式的惩罚都没能控制青少年犯罪。许多社会文化因素也助长了青少年的违法行为。问题并不仅仅在于年轻人的犯罪行为，还有成年人的反应，这些反应往往会增加而不是减少犯罪。这个问题的范围很大，而且青少年犯罪问题具有复杂的法律、道德、心理学和社会学意义。犯罪学家怀疑，社会环境、生理、家庭和个人因素都是导致青少年犯罪的原因。在这里我们将重点放在那些对犯罪起源的解释上，因为这对教育工作者而言最有意义。

研究人员分别在英国、新西兰、美国进行了纵向研究，并获得了非常一致的发现，他们对青少年犯罪的风险因素提出了一些假设，并提出了预防建议。研究一致表明，如果个体在青春期前期出现了以下特点，日后其出现违法行为的风险极高：

- 儿童期有受虐史；
- 多动、冲动和注意力不集中；
- 智商低、学习成绩差、经常逃学；
- 家长监管不力，管教方式严苛专制；
- 家庭成员有犯罪史，成员间曾有冲突，包括兄弟姐妹之间的争斗；
- 贫困、家庭人口多、社区人口密集、住房条件差；
- 有反社会行为或品行障碍，特别是攻击行为和偷窃。

关于这些因素和相关因素是如何导致青少年犯罪的，研究人员已经形成了各种假设。在与犯罪行为相关的文献中，研究人员提出了三种影响模式：（1）犯罪行为是个体内部稳定的反社会人格特征的结果；（2）犯罪行为主要是外部环境因素和客观情况的产物；（3）犯罪行为主要是个体的个人特征（如多动、能力）和环境之间相互作用的结果。大多数研究者赞同第三种模式，并认为没有任何单一因素可以解释犯罪行为。

有做出违法行为风险的青少年往往不喜欢上学和工作，而逃学很可能是出现其他问题行为的前兆。逃学可能带来违法风险，而上学是一种能够防止学生踏入歧途的保护措施，意义重大。规规矩矩上学的学生如果行差踏错，将会失去更多（如积极的同龄群体、良好的教育、进入大学的机会、一份好工作）。因此，保证学生参与学校活动对预防青少年犯罪很重要。教育工作者，尤其是特殊教育工作者，应该把争取让少年违法者重返校园作为工作的重点。

品行障碍儿童的父母通常对子女的行为监管不力。安吉拉·H.弗里德里希（Angela H.Fridrich）和丹尼尔·J.弗兰纳（Daniel J.Flannery）发现，不论来自哪个种族，违法少年肯定都具有两个特点：一是父母监管不力，二是容易受那些反社会同龄人的影响。帕特森及其同事很久以前就描述了导致青少年犯罪的各种行为和反应之间的连锁反应——环环相扣、相互牵连，如同浪潮般一波未平一波又起，推动着青少年一步步走向犯罪的道路。帕特森等人描述了五个阶段，反映了儿童与周围人你来我往的互动是如何推动反社会行为发展的。第一阶段涉及反社会行为的初始症状（如不服从、强势对抗等属于儿童期的反应），这导致了第二阶段中其他人的反应（如同伴排斥、家长拒绝），这又反过来导致儿童的进一步反应（如抑郁、被不良同龄人群体吸引）。你可能还记得，这种"轮到我了，轮到你了"的拉锯战是我们经常在学校里看到的，学生将心理问题诉诸部分不良行为。帕特森及其同事认为，这就是强势对抗过程的本质，它会导致个体出现反社会行为，如果不加以控制，最终会走上犯罪的道路。值得注意的是，这种模式并不意味着青少年的违法行为完全是通过父母的示范而学会的。人们的第一反应往往就是归咎于父母，但数据不一定支持这个结论。

违法、残疾与特殊教育

由于对致残条件的定义不明确，如何教育有违法行为的青少年成为公立学校和教养机构的难题。青少年犯罪算不算一种足以致残的障碍，是否应该被纳入《残疾人教育法案》呢？我们认为这个问题不难回答，大多数或所有被监禁的少年犯在逻辑上都属于《残疾人教育法案》中所规定的"情绪障碍"这一类。但不幸的是，要下定论就不那么容易了。目前的联邦定义明确排除了那些"社会适应不良但没有情绪障碍"的青少年。因此，当违法行为被归结为社会适应不良而非情绪障碍时，学生就无法获得《残疾人教育法案》中要求提供的保护和服务，除非他们有智力障碍、学习障碍、身体或感官缺陷，或者其他致残条件。

研究人员一致发现，在违法少年中，罹患可致残障碍的情况其实很常见，其中以学习障碍最为普遍。然而，由于现行法律的措辞含糊不清，因此不能以判决或分配到惩教机构作为确定情绪或行为障碍的依据。然而，这需要奇怪的逻辑转折，才能得出许多被监禁的青少年没有情绪或行为障碍，没有资格根据法律接受特殊教育的结论。如果行为障碍包括公开和隐蔽的反社会行为，却认为在押青少年没有行为障碍，这在逻辑上是讲不通的（当然，被不公正关押的儿童或青少年除外）。

我们知道，患有精神疾病的青少年经常遭到监禁，品行障碍的诊断证明常常被用作监禁的理由，而不是向儿童和青少年提供心理健康服务的凭证。我们还知道，品行障碍经常伴有其他类型的 EBD。如果犯罪行为越严重就意味着精神疾病越严重，如果青少年违法行为越频繁、越严重就越有可能被监禁，那么，几乎所有被监禁的青少年都是残疾人这一论点就得到了支持。最后，如果法律没有将行为障碍定义为致残条件，那么在逻辑上，情绪障碍和社会适应不良之间的区别就站不住脚了。

评估违法少年的教育需求

违法少年的破坏性行为、虚张声势和拒不配合往往使他们难以接近，而且他们大都非常善于掩盖自己在学习上的不足。然而，在评估他们的教育需求时，评估方式与其他学生并无本质区别，重点都应直接放在教学需要提供的技能上。由于许多违法少年除了有社交和职业技能方面的缺陷外，还有认知和学业方面的缺陷，对他们的评估通常必须是多方面的。残疾使他们的评估、治疗和服刑后返回社区的过渡变得更加困难。评估工作往往必须匆忙进行，而且缺乏相关的背景资料，因为违法犯罪分子往往被关押在拘留中心或特殊设施中，学生在那里只是临时停留，没有办法留下教育记录，与其他机构的沟通也很困难。最后，由于人们对少年罪犯最重要的技能——社会、学术或职业技能——几乎没有一致的看法，因此评估的重点往往也没有定论。

对青少年犯罪的干预

没有任何一种方法可以轻松且万无一失地解决青少年犯罪的问题，尤其是对暴力犯罪青少年的治疗。干预方案总是原地踏步，司法系统在处理包括未成年违法行为在内的犯罪和暴力问题时也一败涂地，这一现状似乎有一个特点，即人们总是在某个缺乏实证基础的解决方案刚出现时充满热情，然后在该方案失败后弃若敝屣。难怪有些人干脆放弃了少年司法这个概念。

尽管完全依赖更严厉的惩罚在科学上显然是不可取的，但依然有人认为，在处理顽固的反社会行为时，需要降低我们通常的期望标准。

与预防一样，有效的干预必须依靠各方持久的努力，包括不同的个体和机构，不仅要关注危险因素，还要关注那些已被证明有保护作用的因素。也就是说，在增加环境中的保护性因素时，还应该尽力减少危险性因素，这样我们的努力才更有可能奏效。

家庭

毋庸置疑，就算父母充满关爱、精心养育且善于培养子女，也可能会养出作奸犯科的青少年。不过，疏于照顾且管教能力差的父母，其子女违法犯罪的可能性确实会大得多。事实上，亲子关系与孩子成年后的社会交往质量有关，所以父母必须参与对子女的治疗计划中。

如果子女长期有违法行为，这类子女的家长通常疏于监管，与孩子的关系也不亲近。对子女的攻击行为和过失行为，他们的惩罚总是反复无常、过于严苛且毫无效果。当他们的孩子在外面偷东西或打架，冒犯了其他人时，他们往往不怎么关心。只要这些不良行为不需要他们操心，他们就不会把孩子的行为看成一个严重的问题。在家中，他们也根本没心思改变自己的行为来减少和子女之间充满强势对抗且暴力的互动模式。还有一些父母不相信自己有能力改变子女的生活。

对上述家庭进行干预是极其困难的。在家长既没动力又缺少自身认知和社会技能的家庭中，要改变亲子间长期存在的强势对抗模式，可能性微乎其微。根据帕特森及其同事的报告，在许多有攻击性子女的家庭中，通过干预显著减少了孩子的攻击行为和偷窃行为，但对于那些有长期偷窃和违法行为的青少年，干预的长期效果还需密切关注。当作为社会体系重要一环的家庭严重失职时，目前我们似乎还找不到其他体系有效地替代其发挥作用——至少在有效的标准是"治愈"或让孩子发生不需要进一步治疗的永久行为改变时是如此。研究人员建议，青少年严重的反社会行为和青少年犯罪应被视为一种社会残疾，需要多个机构参与进来，进行长期治疗。

学校教育

在所有青少年犯罪中，有很大一部分发生在教学楼或校园内。在美国，每个学年甚至每个月都有数千名教师和数百万名学生被袭击或以其他方式成为受害者。偷窃、袭击、吸毒、酗酒、敲诈、滥性和破坏他人财产的行为屡见不鲜，这不仅发生在市中心学校，也发生在郊区和农村学校。

惩罚和加强安保是学校对违法行为的通常反应。典型的惩罚（留校察看）或开除通常不能有效地减少问题行为和改善学生的学习状况。简而言之，学校对破坏行为的常见应对方式力度不够，除了维持表面秩序和防止传统课程被彻底放弃之外毫无建树。

我们之前讨论过校规校纪和正向的非惩罚性方法，目的是减少发生在学校的反社会行为。此外，这些对普通公立学校的学生非常重要的正向行为管理程序、有效教学、读书识字和过渡计划，对少年管教所的青少年也同样重要。在本章末尾的专栏 13.1 中，我们讨论了在学校采用哪些干预措施有助于解决与犯罪有关的社会技能问题。

在理想情况下，对被拘留学生的评估在功能上必须反映适当的课程要求，教学内容必须以相关数据为基础，帮助他们掌握重要的生活技能。而在现实中，被监禁的儿童和青少年往往得不到评估和教育。考虑到以下困难，许多少年罪犯的需要得不到满足就不足为奇了：

- 刑事司法官员和公众通常认为，违法犯罪的青少年不配享有与守法公民同等的受教育机会；
- 一些心理学家、精神病学家和教育家认为，许多被监禁的青少年并非残疾；
- 惩教机构缺乏合格人员为少年罪犯提供良好的特殊教育计划；
- 在惩教机构中，学生的人数经常变动，这使得教育评估和教育计划实施起来特别困难；
- 机构间的合作和理解往往非常有限，这妨碍了获取学生记录、指定具体服务的责任以及解决从拘留所到社区的过渡问题；
- 惩教机构的管理者往往认为，机构的安全和规则比教育更重要；
- 惩教机构用于教育项目的资金有限。

街头帮派

与青少年犯罪有关的一个日益严重的问题就是帮派活动。帮派遍布世界各地，现在大多数城市和城镇，甚至小城镇和相对偏远的地区，都存在某种类型的帮派和帮派暴力的问题。帮派活动在许多学校也很普遍。

对帮派和帮派活动的误解比比皆是，无论是歪曲的媒体报道、专业人士的错误引导，还是两者兼而有之，都会使公众造成误解或形成刻板印象，因此要对帮派进行全面客观的研究困难重重。其中最令人震惊的错误印象就是，人们认为大多数青年街头帮派是为了分销毒品而组织起来的。街头帮派参与毒品的情况越来越多，一些帮派确实以毒品交易为主要活动，但大多数街头帮派并非如此。研究人员根据帮派的性质将其分为两大类：一类是以毒品交易、商业活动为主的帮派团伙，一类是由共同文化群体组建起来的帮派团伙。一些围绕毒品走私等严重犯罪而组织起来的帮派确实令人担忧，他们的势力甚至从美国延伸到了世界各地，但这些帮派不同于更为普遍且组织结构相对松散的"街头帮派"或"青年帮派"。例如，人们会误以为加入帮派的人就一辈子是帮派的成员，这种误解可能适用于那些组织结构更严密、经验更丰富、运营着价值数百万美元的犯罪组织的帮派，但事实上，大多数参与街头帮派的青少年都是在13～15岁，而且参与时间相对较短，平均不到一年。教师们更关心的可能是这样的街头帮派。

对帮派的研究已经有几十年了，关于帮派的文献不仅很多而且很复杂，在这里我们只总结了其中与教育者关系最密切的一小部分。要对"帮派"下一个准确定义很困难，也会引发很多争议。虽然出于不同目的而组织起来的帮派有多种不同的类型，但我们在此主要关注的是所谓的"街头帮派"，马尔科姆·W. 克莱因（Malcolm W. Klein）将其定义为由一群青少年集结而成，成员视彼此为同伙，并且以干违法勾当为目的的团伙。有一点我们有必要知道，有些帮派成员不是犯罪分子，很多犯罪分子也不是帮派成员。

成为帮派成员是一种寻求归属、保护、刺激，并获得成员所渴望的金钱、目标、物质的手段。那如何区分一个普通的青少年团体和帮派呢？帮派有两个最明显的特征：一是从事犯罪活动，二是自认为是一个帮派。具体表现为，他们有特殊的黑话、着装、标志、颜色，还会用涂鸦的方式来标记自己的地盘。帮派成员绝大多数是男性且多为青少年，以同质的少数族群为主。在帮派活动的性质和重心上，各少数族群的帮派有所不同。不过，在 20 世纪 90 年代，由年幼成员、年长成员、女性成员组成的帮派数量有所增加。这方面的早期研究表明，帮派成员的家庭往往不太重视家庭内部交流，平时疏于管教子女，也不善于表达情感。典型的帮派成员被认为具有以下一种或多种特征：

- 明显的个人缺陷，可能是学习不佳、自尊心低、冲动控制力差、社交能力不足、缺乏与成年人的有益接触；
- 明显表现出蔑视权威、争勇好斗、打架斗殴、凡事都诉诸武力的倾向；
- 对地位、身份和友谊有着超乎寻常的渴望，通过加入某一特殊团体，如帮派，可以部分满足这种渴望；
- 生活方式无聊乏味，借由帮派事迹或传闻事迹为生活增添刺激。

街头帮派大部分时间是聚在一起闲逛。与大众的认知相反的是，专门研究街头帮派达数十年的研究人员把他们描绘成大部分时间不活跃的人。虽然很难获得准确的数据，但与小社区相比，帮派势力盘根错节、长期存在的大城市更有可能发生帮派杀人事件。

恶劣的社会和经济条件可能会助长帮派组织的形成，但这并不是必要条件。帮会行为可能会加剧犯罪和其他不利的社区状况，但帮派维持自身存在的手段是强调成员正受到威胁，将帮派的各种需要合法化并设法增加团体凝聚力。维持帮派存在的因素有很多，其中包括与帮派对立的机构（如警察）；威胁成员人身安全、财产或地位的帮派争斗；以为除加入帮派活动外别无选择的错误认知，等等。

有很多干预措施的初衷是减少帮派成员的数量和与帮派有关的违法行为，却引发了很大的争议。虽然已经有一些初见成效的方法崭露头角，但成功的例子一直凤毛麟角。为了有效地减少帮派活动，社区工作必须将预防、干预和压制三要素融入其中。所谓预防，就是在那些高危青少年真正卷入帮派之前，就对他们做工作，目标是从一开始就阻止他们加入帮派。而干预是指采取措施尽力帮助那些已经卷入帮派的青少年，鼓励他们脱离帮派。最后，压制是指执法部门采取措施打击那些已经泥足深陷的帮派成员，以阻止或减少犯罪活动。当然，处理帮派的难处就在于，帮派成员是由有着相似行为、教育背景和社会经济背景的志同道合者组成的，彼此之间的联系广泛而密切。这样的关系模式会强化帮派成员作奸犯科的行为（如有更多机会接触暴力），并使许多帮派成员对那些旨在帮助他们创造更有利生活环境的干预嗤之以鼻。而我们的干预计划通常要么缺乏力度和全面性，要么过于依赖惩罚措施（如执法部门的打击）或其他可能使问题恶化的方法。要想真正有效地遏制帮派和帮派暴力浪潮，需要采用一些干预计划，这些计划需要各方付出全面而持续的努力，并做到以下几点：（1）减少贫困；（2）为青少年提供就业培训和高薪工作；（3）提供良好的城市住宅；（4）重建并改革落后的学校和教学计划；（5）消除种族主义和其他不良社会条件带来的影响。

过度反应与惩罚措施

由于公众对违法、暴力和帮派的误解，给我们的社会带来了严重的问题，尤其是过度反应和动辄以惩罚为回应的做法。许多学校在恐惧的驱使下，在面对上述问题时，采取的主要措施包括恐吓战术、加强安保和严加惩罚，而且通常是在执法部门的帮助下完成的。当公众误认为我们正面临青少年犯罪浪潮或青少年正在变得极端暴力时，整个社会的过度反应是一个大问题，而在这种误解的驱使下采取的严厉惩罚会使问题变得更糟。

关心学校安全很重要也很合理，但为了满足全社会对学校的期许，更为了满足学生在教育方面的需求，学校应该把主要精力放在积极的校规校纪和改革计划上。由于学校执着于培养学生上大学，不重视提供以工作为导向的高中课程计划，所以不能很好地把问题青少年留在校园并帮助他们找到工作。其实，在减少青少年犯罪和加入帮派的问题上，学校可以发挥重要的作用，只要它们把工作重心放在下列行动上：（1）实行正向管教；（2）提供有效的教学和矫正；（3）为不上大学的学生提供职业培训；（4）与其他矫治机构合作；（5）开展一系列有意义的活动，吸引所有学生参加。

物质滥用

我们之所以在这里使用"物质滥用"而不是"药物滥用"，是因为并非所有被滥用的化学物质都是药物。除药物外，被滥用的物质还包括汽油、清洁剂、胶水和其他可能造成精神影响的化学物质。这里所讨论的"物质"是指那些为了治疗以外的目的而故意用于诱发生理或心理效应（或两者兼有）的物质。"滥用"通常被定义为可导致个体的健康出现风险、心理功能紊乱和不良社会后果的使用方式。

如果没有可用的物质以及愿意使用它们的人，就不可能存在与物质滥用相关的各种障碍。事实上，许多物质简直唾手可得，也有许多人乐于或急于进行尝试，甚至加以滥用。这些事实使许多关于物质滥用的讨论充满了道德色彩（即认为物质滥用者只是心性邪恶或意志薄弱），并鼓励人们想当然地认为，只要阻断这些物质的供应，就能有效地减少对它们的使用和滥用。

定义和发生率

虽然近年来非法使用酒精和药物的情况可能有所下降，但仍然比较普遍。流行病学研究表明，对大多数青少年来说，对精神活性物质的使用更有可能是尝试性的或偶发性的。大多数青少年都至少有过一次饮酒的经历。但尝试和滥用的区别是什么呢？儿童或青少年偶尔使用一次是否构成滥用？青少年出现了哪种程度的使用才算有物质滥用障碍？很明显，大多数青少年都会摄入或使用物质，但只有少数人（大约6% ~ 10% 的使用者）会成为长期的滥用者。

青少年的物质滥用在很多方面与成年人的物质滥用相似，但也有一些关键的区别。有很多使用或滥用物质的青少年将来并不会成为有物质滥用障碍的成年人。物质滥用的定义因与具体标准有关的争议、不断变化的社会态度以及该问题的政治性而始终无法明确。

与药物使用相关的话题特别容易被歪曲的事实和歇斯底里的言论所影响，因为对青少年物质滥用的定义需要从文化传统、社会风尚、政治定位以及科学证据这几个方面出发。此外，定义之争使得人们对物质滥用发生率的估计数值也产生了怀疑。不过，几乎所有这方面的权威人士都认为，在美国儿童和青少年中，使用和滥用物质的比例高得惊人，需要对此采取有效措施。

一个常见的误解是，物质滥用主要与可卡因、大麻和海洛因等非法药物有关，或者与一些处方药的非法使用有关。但事实上，酒精和烟草才是儿童和青少年的最大问题，过去如此，将来也是如此，因为它们在成年人那里唾手可得，也屡屡见于广告推销中，绝大多数人都认为成年人抽烟、喝酒完全没问题，而且儿童通常都是在自己家里第一次接触到烟和酒并进行首次尝试的。儿童初次接触烟和酒的时间越早，就越有可能成为一个经常抽烟和喝酒的人。在过早沉迷于烟、酒以及其他物质的青少年身上，往往会看到家庭问题频发、社会经济地位低下、学习成绩不佳和罹患精神障碍（特别是品行障碍）等不利的情况。

酒精和烟草对健康的负面影响是惊人的，因此及早预防儿童和青少年出现吸烟和喝酒的情况似乎确为明智之举。

一些青少年（主要是 15 岁及以上）确实会滥用酒精和烟草以外的物质。下面我们列出了几类经常被滥用的物质，每一类都举了一些例子。其中一些药物是为治疗目的而开的处方药，因此它们既有合法的用途，也有被滥用的可能性。我们还列出了严重药物中毒和药物戒断时最典型的影响或症状。

镇静剂

中毒症状：嗜睡、易怒、抑制解除、极度放松或镇静。

戒断症状：颤抖、发烧、焦虑、幻觉。

兴奋剂

中毒症状：瞳孔放大、烦躁不安、食欲不振、偏执妄想、幻觉。

戒断症状：疲劳、精神和身体反应迟钝或抑郁。

迷幻兴奋剂

中毒症状：激动、易怒、狂妄、瞳孔放大、轻微颤抖、出汗、语速和动作加快、幻觉、口干舌燥、下巴运动不受控制、重复动作。

戒断症状：焦虑、烦躁、抑郁、疲劳、失眠、惊恐发作、食欲增加、精神错乱、有自杀念头。

麻醉剂

中毒症状：嗜睡、口齿不清、瞳孔收缩、身体不协调、痛觉迟钝。

戒断症状：呕吐、痉挛、发烧、发冷、起"鸡皮疙瘩"。

吸入剂

中毒症状：犯迷糊、幻觉、欣快或抑郁、平衡失调。

戒断症状：变化无常。

大麻

中毒症状：嗜睡、注意力不集中、犯迷糊、焦虑、偏执妄想、感知扭曲。

戒断症状：心理压力。

致幻剂

中毒症状：瞳孔放大、幻觉、对身体或时间的感知改变、注意力不集中、情绪不稳定。

戒断症状：不确定。

正如我们前面提到的，在任何一段时间内，哪些物质会成为流行或受到媒体高度关注，要受时尚和其他社会现象的影响，处于不断的变化之中。

长期以来，有两种药物滥用模式始终存在。第一种模式是，青春期的孩子会开始尝试酒精和其他物质，但大多数会在步入成年时逐渐戒掉。之所以会在成年初期减少使用，是因为此时正是步入婚姻和踏入职场的时候，亲社会进程促使个体减少物质使用。但第二种模式就不那么乐观了，我们看到，有些个体在步入成年时，会因青春期的某些行为而面临社会适应不良的风险。如果一个人在青春期滥用物质，步入成年时依然如故，那这个人通常存在滥用几种物质的现象。此外，青少年的问题行为和叛逆模式比药物滥用水平更能预测其成年后的物质滥用情况。

与物质滥用相关的情绪和行为问题包括使用该物质所产生的影响和一段时间后的戒断影响。在讨论物质滥用时通常使用的术语包括以下几个。

- **中毒**：指当个体血液中含有的有毒物质达到足以产生生理或心理影响时出现的症状。
- **耐受性**：指个体生理上已经适用了某一物质，需要增加剂量才能产生一定的效果。耐受性通常会随着反复使用物质而提高，在一段时间的戒断后下降。
- **成瘾**：指个体对某种物质的强迫性使用，获取和使用该物质已成为个体生活唯一重要的行为模式。
- **依赖**：指个体为了避免身体或情绪（或两者兼而有之）上的不适而不得不继续使用某种物质。
- **戒断**：指个体在停用物质期间在身体或情绪上产生的不适感。

当物质滥用已经达到泥足深陷、无法自拔的程度时，一个重要的特征就是，个体是在不知不觉中经历不同的阶段并发展到这一步的。物质滥用者很少会一下子就上瘾，相反，他们一开始只是抱着尝试一下的心态，也许是在同辈压力下初次接触，随后偶尔因社交或娱乐用途再次接触，然后是在特定的环境或情境下使用（可能是在紧张事件后的放松，可能是为了保持清醒来执行一项要求很高的任务，或者单纯为了睡个好觉）。情境性使用物质可能会逐渐增加，并成为日常生活的一部分。最终，他们对物质的需求可能成为生活唯一的重心。显然，物质的使用和滥用并不一定会发展到强迫性成瘾的阶段。但是，在从尝试到用于社交娱乐再到情境性使用这个过程中，教师和其他成年人应该敏锐地觉察到其中的危险信号。教师可能会在过渡到情境性使用之前，就先观察到了学生在社会行为和学习成绩上发生的变化。

自 20 世纪 80 年代以来，关于物质滥用还出现了另一个严重的问题——通过无保护性行为或使用被污染的针头进行静脉注射毒品可能会感染艾滋病病毒。个体在酗酒或使用其他改变情绪和认知控制的物质后，发生包括无保护性交在内的性活动的概率大大增加。离家出走、无家可归或滥用物质的青少年是一个特别高危的群体，因为他们容易发生性乱交，从而感染艾滋病病毒或其他性传染疾病。

我们很难对儿童和青少年滥用物质的程度做出准确的估计。但我们确实知道，在这方面，EBD 学生比一般学生群体的风险更高。青少年使用和滥用特定物质的程度反映了成年人的模式，并受到时尚、社会态度和禁令的影响。

成因及预防

人们提出了各种理论来解释青少年的物质滥用现象，包括将其视为一种疾病（新陈代谢或基因异常）、道德问题（缺乏意志力）、精神问题（需要更强大力量的帮助）或心理障碍（习得的不适应行为或内在心理冲突）。大多数研究者都认为，目前还没有找到或不可能找到单一的原因，因为物质滥用是多种原因所致。评估的重点是哪些因素会增加风险，哪些因素能防止风险。

已知以下家庭因素会增加青少年物质滥用的风险：父母疏于管教、父母管教方式不一致、家族冲突、家庭成员之间情感淡漠，等等。家庭成员可能会提供物质滥用的坏榜样，甚至怂恿儿童接触这些物质。毫无疑问，遗传因素也是造成风险的原因之一，可能会使一些人在生理和心理上更容易受到药物的影响。与不良同龄群体的交往可能在物质滥用中扮演着重要的角色，媒体对物质使用和滥用情况的报道也是如此。青少年所处文化的所有方面都可能对他们开始使用物质产生重大的影响。

因失业而导致生活无着、社区生活条件恶劣，都是有可能导致物质滥用的风险因素。当然，物质滥用对中产阶级和高档社区也并不陌生。不过，许多城市的贫困社区的特点就是缺乏社会经济机会、生活无望、拥挤和暴力，这些都是非常重要的风险因素。

我们已经知道，初次接触物质的年龄也是一个风险因素。青少年第一次使用物质的年龄越早，以后该物质被滥用的风险就越大。在青春期，使用多种物质（即在四周内使用一种以上的物质）的风险似乎会随着年龄的增长而增加。

物质滥用障碍经常与其他各种障碍或精神疾病一起发生。外显性行为问题（攻击性和品行障碍的其他特征）特别容易增加物质滥用的风险。多重物质滥用者通常罹患多种障碍，这些障碍相互交织在一起，需要加以解决。一定要注意物质使用和其他障碍的相互影响。有些障碍，如精神分裂症、抑郁症和人格障碍等，可能会因使用物质而被诱发或加重（指开始发病或病情恶化）。有很多障碍既会导致物质滥用，也会因物质滥用而恶化。

导致酗酒问题的因素有很多，但与酗酒程度相关的因素可能不太一样。大量研究结果表明，酗酒程度与同龄人的关系更密切，而酗酒问题与家庭和心理问题的关系更大。即使酗酒者和那些没有酗酒问题的人酒量相当，前者也会出现更多的问题。

针对物质滥用问题，保护性因素不仅包括有利的家庭特征（与高风险家庭特征恰好相反），还包括有利的个性特征（可能从早期的气质延伸而来，如不易动怒、攻击性低、学习成绩优异、循规蹈矩、有责任感）。研究人员还发现，与复原力和安全性行为态度相关的因素，如对艾滋病毒或艾滋病知识的了解、有自尊心、心存希望等，实际上与青少年的吸毒和酗酒行为呈负相关。因此，那些可能有助于防止个体被监禁、被艾滋病毒或艾滋病感染的力量也可能有助于防止青少年物质滥用。

一些来自社会和文化的影响，如来自同龄人的帮助，社会对使用物质的反对态度，有助于儿童和青少年避免在青春期使用物质，或者至少推迟他们第一次使用物质的年龄。如果社会能提供就业机会及替代物质滥用的活动，也有助于保护青少年远离物质滥用。

目前我们已经提出了各种各样的预防目标，包括防止使用或滥用（特别是过早使用现象）、防止使用的后果、防止与使用和滥用有关的危险因素。预防的目的还可以是增加能降低风险的保护性因素。在设计预防措施时，应该朝着解决上述所有问题的方向努力。此外，预防策略还应包括所有风险因素及与它们相抗衡的方案，包括与同龄人有关的因素、个人因素（如学习和社交技能差、行为不当）、家庭因素（如父母的管教）、生物因素（如药物的使用）和社区因素（如社会经济条件）。根据干预方案针对的具体对象（个人还是更大的环境），我们可以对干预方案进行分类。过于简单的预防计划，如教育孩子们"说不"，注定会失败，因为随着青少年的成长，有些人肯定会渴望尝试酒精和其他物质。当青少年打破了"说不就行"的禁忌，如果他们发现没有直接的负面后果，可能会无视所有后续的与物质滥用相关的警告。显然，我们需要采取更深入、更合理的预防方法。对于预防措施的一般建议是，它们应该适合发展规律、关注高危人群、具有全面性（能处理多种风险因素）、与社区规范的变化保持一致，并且是长期的。

在这里最值得一提的是那些以技能为基础的干预措施，它们构成了防止青少年滥用物质的教育措施，其目的是帮助学生了解使用和滥用物质的影响和后果。学校可以开设一些专门的课程，帮助学生学习各种技能，让他们有能力做到以下这些事情：

- 顶住同辈压力；
- 改变与物质使用相关的态度、价值观和行为规范；

- 意识到来自成年人的影响并加以抵抗；
- 使用解决问题的策略，如自我控制、压力管理并建立适当的自信；
- 设定目标，提高自尊；
- 更有效的沟通。

与其在物质滥用问题已经出现之后才进行干预，不如提前预防。但是，要想让预防有效，就必须深入、全面和持续，重点关注高危社区的高危青少年，特别是改善高危青少年所在社区的社会和经济条件。

干预与教育

针对物质滥用而制订预防计划虽然是可取的做法，但它们对那些已经存在物质滥用的人几乎没有帮助。在治疗青少年物质滥用方面，我们已经采用了全面的干预方法和综合治疗措施，包括药物治疗和行为治疗。常见的其他疗法还包括团体治疗、家庭治疗（单个或多个家庭）、认知行为矫正和心理药物治疗等。无论采用什么方法，强调家庭参与、符合文化传统始终是预防和干预工作的关键特征。尽管我们的研究还很有限，但越来越多的证据表明，家庭治疗和认知行为治疗可能是治疗青少年物质依赖问题的希望。有些方案提供了全面的预防和干预，要求与干预相关的方方面面都动员起来，其中包括学校、同龄群体、家庭、媒体、社区、执法部门和商业部门。最重要的是，治疗要针对个案设计，并认真考虑住院治疗与门诊治疗。

在这里我们主要关注的是教育干预。学校可以采取的行动包括：（1）为教师和学生制定明确的政策，说明学校对使用或持有物质的行为会如何处置；（2）在各年级开展与物质滥用有关的基础性教育；（3）提高教师对当地物质滥用问题和社区服务机构的认识；（4）就青少年发展和物质滥用等话题进行小组讨论；（5）利用社区资源，如社区咨询中心和校内救助中心，进行一对一咨询和团体咨询；（6）采用互助小组模式，通过树立正向榜样来提供团体或个人支持。

许多有物质滥用问题的学生都深受其信念系统的影响，该系统要么会增加物质滥用的风险，要么会导致学生对干预措施做出反应的能力下降。最有可能出现物质滥用问题的学生往往深信不疑地认为，自己对那些物质没有什么抵抗力，也无法与同辈压力抗衡。对这些学生来说，仅仅向他们提供信息并告诫他们不要使用物质是没什么用的。我们要做的是提供支持性的环境，帮助他们重新解读环境线索，并逐渐建立更积极的信念系统，这个目标虽然很难实现，但显然是必要的。如果没有这样的支持，当这些学生在学习控制自己的行为时，可能会在信念系统的不良影响下，把一些微不足道的挫折和困难都解释为自己无力改变生活的又一证据，并因此自暴自弃和变本加厉。在大多数情况下，旨在影响个体信念系统的干预措施在学校和其他公共机构中都是罕见的。然而，在对物质滥用案例进行干预时，触目惊心的高复发率告诉我们，改变个人信念或许是对现有干预措施的一种很有益的补充，值得一试。

当学校出现疑似物质滥用的事件时，教师要懂得如何控制局面并处理那些疑似的中毒症状或戒断危机。他们的职责是对学生进行适当的管理和转介，而不是成为调查员或咨询师。虽然教育工作者必须了解物质滥用的相关迹象，但他们不应想当然地认为某些身体或心理症状是中毒或戒断的结果。将可疑学生转介给咨询师或医务人员来确定原因是明智之举。学校要制定政策，就教师在发现和管理物质滥用现象时应该如何行动做出明确的规定，这有助于教师和管理人员对可疑的物质滥用和危机情形做出正确的反应。当面临学生出现情绪－行为危机状况时，教师应该保持冷静，不要与学生做任何形式的对峙。我们早就知道，安全比展示纪律控制力更重要。

过早性行为与未成年生子

青少年的违法行为、物质滥用和性行为通常是相互关联的。对未成年人来说，性行为本身就可以被定义为一种身份犯罪，但也有些未成年人会犯强奸、猥亵这类指标罪行。大多数过早发生的性行为都令人担忧，因为它会大大提高未成年怀孕、过早承担父母责任、性病传播、出现各种心理和健康风险等不利情形出现的可能性。过去人们对青少年性行为的讨论很少，并认为性是成人生活特有的。但性行为不仅是成年人的问题，显然也是青少年行为的一部分。与 13 岁的人相比，18 岁的人有性行为本身可能不那么令人担忧。也就是说，我们对性行为的关注程度与儿童或青少年的年龄成反比。

如果有些青少年原本就有心理问题，他们通过偶然性接触感染艾滋病和其他性传播疾病的风险就会很高，而这种性接触往往与物质滥用有关。如果青少年社会适应能力不足并存在情绪问题，且父母养育方式不当，也有可能导致过早性行为。许多青少年对自己的高危行为有误解，以为性生活没有风险。EBD 学生对性行为往往有很多错误的观念，这使他们成为感染艾滋病病毒的高危人群。未成年怀孕和过早为人父母让年轻人面对着巨大的难题，而当其他风险因素（如贫困、反社会行为和物质滥用）出现时，简直就是雪上加霜。所以我们完全可以想象，当那些本就属于高危群体的少女怀孕生子时，她们会是多么不知所措。

除生理上的冲动外，诱使青少年发生性行为的因素还有很多。怂恿过早性行为的社会和心理条件有很多且很复杂，其中就包括我们前面讨论过的家庭和文化因素。来自年长者的性虐待可能会诱发一些青少年的性行为，他们可能会因此产生长期的心理压力或功能障碍。许多性活跃的青少年似乎是在寻求一种归属感、情感上的亲密感或被重视感，而这些是他们无法通过其他方式实现的。他们可能会把为人父母浪漫化，相信孩子会给他们从别处遍寻不得的爱。有些人似乎对性和爱上瘾。在一项对大约200名12～19岁青少年所做的调查中，盖瑞·多恩伯格（Geri Donenberg）、费雷德·B.布莱恩特（Fred B.Bryant）、艾琳·爱默生（Erin Emerson）、海伦·A.威尔逊（Helen W.Wilson）和帕施（Pasch）发现，有三个变量使研究人员能够预测哪些女孩在14岁或14岁之前就开始性行为：来自家长的恶意控制、同伴影响、外显性精神病性症状。不管是心理上还是生理上，这些青少年都处于高危状态。尚未成年就为人母让她们在现实层面和个人层面付出了惨重的代价，对青少年和她们所生的孩子来说都是如此。

青少年发生性行为的原因也存在差异，这与个人性别和所处的文化有关。斯蒂芬·L.艾尔（Stephen L.Eyre）和苏珊·G.米尔斯坦（Susan G.Millstein）询问了83名年龄在16～20岁的青少年，让他们列出他们喜欢的性伴侣的品质，以及愿意（或不愿意）发生性行为的原因。在愿意发生性行为的各种理由中，存在着一个核心信念，是参与研究的所有群体都有的。其中积极的因素包括对伴侣的熟悉程度、伴侣的性史、伴侣的整体智力水平以及沟通的方便程度。这些因素的存在与否与是否愿意发生性关系有关。这项研究还发现，在对待性的态度和实际的性行为上，男性和女性存在着差异。

无可否认的事实是，青少年会发生性行为，而且还有一些人年纪轻轻就为人父母了。人们往往会据此认为，我们的社会应该对青少年提供更多关于性、家庭生活和养育子女的教育。然而，在美国，人们对这个问题的讨论往往是从政治、道德或宗教的观点出发，而不是基于可靠的证据。老实说，可能正是由于这些争论，才让我们很难找到可信的数据。也许具有讽刺意味的是，美国的性传播疾病和青少年怀孕率比大多数国家都要高。在21世纪，这场争论的核心之一是学校性教育课程的内容，以及性教育到底是否应该进行的问题。许多宗教团体提倡"禁欲至上"（教导学生婚前和婚外都不应该发生性行为），而另一些人则认为，青少年需要了解所有与性行为有关的信息，包括避孕和"安全性行为"的概念。那些提倡"禁欲至上"的人会进一步辩称，提供避孕知识和途径只会鼓励更早的性行为。虽然还需要更多的研究，但已经有证据表明，推行全面性教育显然比没有性教育结果更好，也比禁欲方案更能降低未成年人的怀孕率，同时也不会导致青少年发生性行为或感染性传播疾病的概率增加。教育工作者将如何处理性教育问题还有待观察，但没有改变的事实是，过早和无保护的性行为对青少年的影响是毁灭性的，而且毫无疑问，对那些已经处于多种风险因素中的 EBD 学生更是如此。

向有犯罪行为的学生传授社交技能

对教师来说，不良少年在社交技能方面存在的哪些问题最具有挑战性

一个令人遗憾的事实是，不良少年最为教师所熟知的可能是他们的逃学行为，尤其是在青春期后期。在青春期早期（此时他们更有可能还在普通学校和教室里），不良少年或有违法行为风险的学生会表现出各种特点，这些特点就是教师们遇到的最大挑战。这些学生可能会和教师对着干、好战、爱捣乱，很可能被其他学生视为"恶霸"。他们最安分的表现可能是上课走神、注意力不集中、难以参与学习活动。简而言之，他们很可能与有品行障碍的学生非常相似，而且许多人事实上曾被诊断为品行障碍。确实，在大多数情况下，品行障碍是青少年犯罪的先兆。

什么是适当的干预目标

与有品行障碍的学生一样，教师在决定如何干预时，也会有很多问题行为可供选择。但在大多数情况下，不良少年的另一个主要特征就是逃学或干脆辍学（脱离家庭和社区也是许多不良少年的特点，但我们这里主要关注学校的问题）。不良少年往往在学习上一塌糊涂，部分原因是他们容易分心和冲动。因此，教育工作者最关心的是如何让那些对上学不感兴趣，而且可能缺乏在学校取得成功所需的许多基本技能的学生参与进来。

哪些类型的干预措施最有效

研究青少年犯罪行为发展的研究者们坚持认为，学生的违法行为和反社会行为一旦发展完全（特别是那些被认为"综合型"的学生，他们既表现出公开的反社会行为，也表现出隐蔽的反社会行为），他们迷途知返的可能性就很小了，干预措施也没什么作用了。所以，他们呼吁将努力更多地集中在预防方面，关注那些表现出危险迹象的更年幼的儿童，这样青少年犯罪就得不到完全的发展。洛伯等人提出，以防止犯罪行为发生为主要目标的干预措施是最有效的，这些干预措施可以分为以下几类。

- 课堂和行为管理方案
- 基于教室的多元素方案
- 社交能力提升课程
- 解决冲突和预防暴力的课程
- 防止霸凌
- 课后娱乐项目
- 辅导方案
- 学校组织方案
- 综合性社区干预

请注意，在最后列出的四个领域中，包括一些加强学生参与意识的项目。除此之外，我们还要补充一个概念：学生过早放弃学业的一个原因是学习糟糕，因此，预防方案还应该包括一些教学方面的元素，确保学生在上学伊始就在基本学术技能（阅读、写作、数学）上得到最好的教育。

范例：多方干预防止攻击行为

2002 年，美国大都会地区儿童研究小组以高危小学生为目标人群，制定了一个由多种元素构成的干预方案，旨在预防这些学生出现攻击行为。随后，为了确定增加干预水平（或层次）能否提高学生的学习成绩和减少攻击性，他们还对该干预方案的效果进行了评估。这个干预方案包括三个元素，不同小组分别接受一个、两个或全部三个元素的干预。一级干预被称为"课堂一般强化"，包括为期两年的双周研讨会，重点关注课堂管理、文化多样性、鼓励亲社会行为和管理冲突。此外，受过专门培训的教师助理为每位教师提供支持，所有教师都接受了《我可以》（Yes I Can）课程的培训，参与其中的教师特别注重教导学生理解自己和他人的感受，为问题制定解决方案和制订行动计划，并减少他们攻击或被攻击的行为。二级干预增加了每周举行的小组会议，重点是改变学生对攻击行为的看法，并在小组内建立亲社会的"规范"。这些会议的主题包括发起社交互动、维持社交互动、解决人际冲突、理解模糊信息、处理外来伤害以及发展友谊。最后，三级干预包括家庭参与。这一部分的目标是改善家庭的沟通和养育技能，以及与其他家庭建立联系。采用的方法包括与多个家庭举行小组会议、个别家庭会议、每周与家庭通电话、给家庭布置作业等，目的是传授和加强相关技能。

这一综合性干预方案的结果总体上是积极的，既防止了小学生的攻击行为，又提高了他们的学习成绩，但也有几个值得注意的地方。首先，该干预方案的效果视具体情况而定：（1）在小学阶段越早越好；（2）资源越充足的社区（与贫困的社区相比）效果越好。简而言之，他们的研究结果进一步支持了干预"越早越好"的观点，但同时也指出，对年龄较大、犯罪风险较高的儿童进行干预，尤其是在已经陷入困境的学校或社区，仍然是一个重大挑战。

本章小结

患有 EBD 的儿童和青少年经常会出现违法犯罪、物质滥用和过早发生性关系的行为。这些行为很少单独发生，相反，它们是一系列相互关联的行为问题。本章所讨论的行为与这些问题在儿童和青少年成年后的持续和恶化有关。

青少年犯罪是一个法律术语，指的是尚未成年的个体违反法律。只有由未成年人实施才算违法的行为是"身份犯罪"，不论年龄皆属犯罪的行为是"指标罪行"。有违法行为的儿童和青少年往往有其他情绪或行为障碍，特别是品行障碍。然而，并不是所有少年罪犯都会被鉴定为品行障碍，也不是所有有品行障碍的青少年都会成为犯罪分子。

在美国，每年约有 20% 的儿童和青少年留下正式的犯罪记录，其中约有 3% 被判有罪。在所有留下犯罪记录的人中，约有一半在成年前只犯过一次罪。在正式的犯罪记录中，惯犯占大多数。青少年犯罪的高峰年龄是 15 ~ 17 岁，大多数被定罪的是男性。

导致青少年犯罪的原因有很多，包括反社会行为、多动和冲动、智力和学习成绩低下、家庭不睦和犯罪、贫困和父母管教不严。犯罪似乎是由不利的环境因素、社会纽带（与家庭、学校和工作）的削弱以及青少年与社区关系破裂导致的。有效的预防必须解决所有增加犯罪风险的条件。

从逻辑上讲我们可以认为，几乎所有被监禁的少年罪犯都是需要接受特殊教育的EBD 患者。但由于他们自身的行为特征以及服务于他们的社会机构的特色，导致很难对他们的教育需求进行评估。

若要成功对违法行为进行干预，就必须让家庭、少年司法、学校和社区都参与进来。家长需要接受专门的培训，以便更有效地监督和管教他们的子女。少年司法可能涉及各种策略，包括转送惩戒机构、依法监禁等。研究人员通常会建议社区对暴力犯罪之外的违法行为进行干预。学校对破坏行为和违法行为的反应通常是加强惩罚，强调安全，但如果严格执行校规校纪，重视学生的适当行为，会更为成功。惩戒系统中的教育应该包括对学生需求的功能性评估、传授重要生活技能的课程、职业培训、帮助学生返回社区的过渡方案，以及合作机构提供的全方位的教育和相关服务。

街头帮派在很多城市都是一个日益严重的问题，但人们对这些帮派普遍存在误解。街头帮派是由一群年轻人组成的，他们把自己定义为一个团体，一般有犯罪倾向。大多数帮派并不以贩毒为主要目的，他们的大部分时间都在从事非犯罪和非暴力的活动。帮派成员通常有明显的个人缺陷：反社会、渴望地位和友谊、生活大多枯燥乏味。预防学生结成帮派的原因和方法与预防学生犯罪的原因和方法相似，许多干预策略可以通用，特别是解决贫困和失业问题。很多学校对帮派很忌惮，并以适得其反的方式处理帮派问题。在教育上，学校应该提供一种特殊的教育方式，为那些没有升学计划的青少年提供不同的课程。

要对"物质滥用"下一个定义并不容易。不过，当一种物质被故意用来诱发生理或心理效应（或两者兼而有之），而不是用于治疗目的，以及当这种物质的使用会导致个体的健康出现风险、心理功能受损和不良社会后果时，就可以被视为滥用。最普遍的物质滥用问题涉及酒精和烟草。物质滥用通常会经历几个阶段：从尝试性使用到社交或娱乐性使用，再到情境性使用，这些阶段可能会逐步恶化，并导致强迫性依赖。教师最有可能在从尝试性使用到社交或娱乐性使用，或者情境性使用的过渡过程中观察到物质使用的最初迹象。物质滥用的原因有很多，包括家庭、同伴、社区和生物因素。物质滥用通常伴有其他障碍。有效的预防计划需要从多方面着手，并且饱受争议。对物质滥用的干预必须针对个别情况而设计。以学校为基础的干预措施需要明确的有关物质滥用的学校政策、努力提供系统化信息、转介到其他机构以及家庭和同龄人的参与。此外，与物质滥用有关的干预措施可能需要针对个人的信念，让他或她相信自己的物质滥用模式实际上是可以改变的。

过早的性活动之所以令人关注，主要是由于有怀孕、性传播疾病以及心理和健康问题的风险。青少年的性行为可能是由多种因素引起的，但产生负面后果的风险很高。教师可以参与教育计划，但针对这个问题，目前基于学校的干预计划可能没什么效果。

个人反思

青少年的问题行为

　　米歇尔·M. 布里格姆（Michele M. Brigham），教育硕士，已有 30 多年的教学经验。她曾是高中特殊教育资源教师和音乐教师，并与普通教育教师合作。她还担任过学校的合唱总监，指导学校的音乐剧。她一直担任弗吉尼亚大学的兼职教师，并在弗吉尼亚的福尔斯彻奇负责特殊教育课程。

就您所教的大多数高中生而言，您认为他们在学习方面最需要的是什么

　　他们中的大多数人在学习上有三大难处。首先，他们的基本技能严重不足。学校不愿直接向这些学生提供基础补习课程，因为这意味着要采取一些特别的处理方式，给他们安排和其他学生不一样的环境，开设一些不同于标准教学计划的课程。第二，因为没有通过课程的考核，所以他们没有得到补习，而是被指定了专门的辅导。但即使有辅导，许多学生仍然很难通过课程和能力考试。因此，他们中有很多人无法获得标准文凭。第三，标准课程改革的一个结果是职业教育大幅减少。所以，除了拿不到标准的文凭，他们在离开学校时也没有学到可以谋生的技能或手艺。

　　他们的阅读和写作能力远远落后于同龄人。他们缺乏流利阅读所需的"解码"能力，所以理解能力很差；由于阅读能力严重不足，他们完全体会不到阅读的乐趣，也不认为阅读是获取信息的合理途径。不仅如此，他们对朗读也很抵触，但朗读是获得准确度的最好方式。早在这些孩子上高中之前，教师们就已经放弃让他们朗读了。所以，他们在流利度和理解力上一直无法取得太大的进步，所以也根本不可能理解普通课程的内容。

　　他们在语法、句法和语言应用方面也有困难，写作的时候连最基本的拼写和标点符号都会出错。他们需要学会写完整的句子，并把自己的想法组织成复杂的句子和段落。他们的作文缺乏详细的阐述，只能提供粗略的信息。对他们来说，写作是缓慢而费劲的苦差事，他们的字通常写得歪歪扭扭，用键盘打字也很笨拙。因此，很容易看出，处于这种水平的大多数学生都满足于停留在那些自动掌握的技能上，懒得花心思掌握撰写说明性和叙事性文章所需要的认知技能。

读写能力不足和整体语言能力之间存在着复杂的相互作用。我的学生对自己理解他人和表达自己的能力缺乏信心。因此，他们经常用外表的好斗或冷漠来掩盖内心的困惑。虽然有些行为具有破坏性，但他们中的许多人是用这些行为来掩饰内心的不安全感或在同龄人面前的自卑。在普通教育中，他们几乎得不到与现有水平相当的、符合他们需要的能力教育。因此，对那些在上高中前未能掌握这些技能的学生而言，普通课程对他们几乎没有什么实用价值。

这些不足之处相互作用，给我的学生带来了一个更大的问题，那就是背景知识储备不足。背景知识的缺乏导致他们听不懂普通课程的很多内容，因为这些内容对他们而言毫无意义。简而言之，他们就是不明白教师和同学究竟在说些什么。因此，很多学生对普通教育课程不屑一顾，认为它"愚蠢"或无关紧要。

我的教学主要集中在语言艺术方面，但我也观察到学生在数学、科学和社会研究方面存在类似的能力不足，导致他们无法与同龄人保持同步。很明显，他们在读写方面的能力不足也会在这些领域引发类似的问题。

这些青少年在多大程度上需要社交技能训练

他们中的大多数人都有严重的社交问题，但他们到底能从直接的社交技能培训中收获多少就不好说了。对许多教育工作者来说，社交技能培训意味着教给学生一些具体的沟通技巧，如眼神交流、握手和礼貌交谈。在高中阶段，对那些没有智力障碍的学生而言，在社交技能方面所做的干预可能更多的是在他们的信念上做文章，即让他们相信努力学会适当的行为是值得的。了解技能和使用技能是两回事。我的大多数学生都了解并拥有他们所需要的社交技能，但他们更愿意采取不良行为，这是因为他们发现这样做可以更便捷高效地实现当前的目标。他们以往的互动模式让他们相信，自己永远无法在学习方面有所建树，因此他们逃避学习，一心享乐。

许多心理学家和指导专家为我的学生制订了愤怒管理计划，允许他们在情绪出问题时离开教学环境。这些计划并没有教会学生如何应对难题。我不认为这是帮助学生实现其长期目标的最佳方式，因为这样做不但让他们在学习上得不到所需要的指导，还让他们无法学习到独立和就业所需要的应对能力。

您对高中教师有什么建议

有意思的是，有很多教师其实早就知道那些在我的学生身上最管用的教育措施。其中包括：（1）尽可能地让学生在作业上多花点时间；（2）让学生积极参与教学活动；（3）保证以适当的节奏推进教学；（4）明确制定目标并分清各目标之间的优先级；（5）以结构化的方式传递信息，包括树立教学目标、复习重要的知识点并加以重复、进行充分的练习、使用学科测验等方式从学生那里获得频繁而明确的教学反馈。教师应该对那些经过实证研究检验的良好的教学技巧善加利用。对我的学生来说，获得更频繁的反馈很重要，这样他们就能亲眼看到自己的进步。结构明确、稳定一致的教学方式对我的学生也很重要，这样他们才会安下心来，尝试学习那些对他们来说很难的课程内容。

为了帮助已经开始滥用物质的学生，教师能做的最重要的事情是什么

对大多数教师而言，处理物质滥用问题已经超出了他们的能力范围，因为我们接受的是如何处理教学 – 行为问题的培训。我们应该承认自己的能力有限。

首先，务必把学生转介给合适的专业人士。在我任教的学校，我们的专业指导人员、学校护士和学校心理专家是帮助有物质滥用问题的学生的首选。不过，想想我们可以在课堂上做那么多，实在很难想象那些可以帮助残疾学生的良好教学方法会对那些已经开始滥用物质的学生完全无效，所以我相信我们还是可以有所作为的。比如清晰而明确的反馈、关注学生取得的成就、频繁对取得好成绩的学生进行强化、帮助学生理解努力与结果之间的关系，这些都是教师可以利用的、对物质滥用学生有效的工具。

您必须解决的最常见的行为问题是什么

主要问题是学生拒绝学习、逃学、迟到。拒绝学习有多种形式，我认为，无论学生以哪种方式拒绝学习，我们应该处理的真正问题是学生完全不听课的行为。我负责的两门课——特殊教育课和实用英语——都不是主课，而且都是处于严格监控的教学环境中。尽管许多人更喜欢用"隔离"这个词，但这意味着非自愿的被特殊对待，我的大多数学生都是自愿的，他们很害怕自己会被迫回到普通教育的环境中，他们很清楚自己跟不上其他人的学习进度，这会让他们体验到个人羞辱。即使在这些同质化的环境中，我也感受到了许多学生对教学的强烈抵触。一些回避学习任务的行为，如拒绝上课、拒绝做作业、迟到、旷课，在普通教育和特殊教育中都无意间得到了奖励。

在普通教育中，不好好学习的学生总是会让教师陷于两难的境地：是对学生的旷课行为不闻不问，还是想办法进行应对？每当这个时候，庞大的班级规模和沉重的教学任务就会让教师们感到力不从心。教师们不可能把大量的教学时间花在少数学生身上，而牺牲其他学生。辅助人员、家长和个性化教育计划团队通常是任由学生不完成教学要求，而不是向他们提供必要的技能，让他们从教学中获益。到了高中，这些学生中的许多人已经被反反复复的失败击溃了，他们不愿再冒险，也不愿再为学习上的成功而努力。

您的学生的真实情况如何？请给我们举几个有代表性的例子

先说说凯莉吧。她已经该读高二了，但因为还没有修满足够的学分或通过能力考试，所以仍然被认为是一名高一学生。她和祖母住在一起，在学习上遇到了很多困难，还失去了一份她非常喜欢的工作，原因是她无法控制自己的脾气，无法与她不喜欢的人共事，而且爱撒谎。她有情绪或行为障碍，正在接受行为干预，虽然有关部门正在考虑将她安排到特殊学校，但由于相关的文件还没准备充分，所以还没有真正安排。

再说说凯特，她是一名高三学生，虽然有学习障碍，但在实践课上表现很好。她每天有一半的时间在学校上课，另一半时间被安排在她非常喜欢的工作岗位上实习。虽然她为自己的工作感到非常自豪，但由于她一直无法通过驾驶考试，目前这份工作岌岌可危。

拉里也是一名高三学生，他可能是这三个人中最成功地理解和适应自身残疾的人。在高三这一年，他将和普通学生一样，学习标准水平的课程。他积极参与社区活动，是一家剧团的积极分子。他是一个很有才华的艺术家。尽管拉里称自己以前是个"流氓"，但他已经掌握了在学校取得成功所需的社交技能。

需要进一步思考的问题

1. 作为一名教师，你可以做哪些事情帮助学生远离青春期最严重的问题？

2. 如果你意识到自己的学生（任何年龄段）正在滥用物质，你应该做什么？怎么做？

3. 作为一名教师，你会如何与一名向你讲述早期性经历的学生交谈？你会问什么？你会说什么及怎么说？

第四部分

评估

导读

当你阅读接下来的两章时，我们希望你的自我质疑转向那些与干预有关的实际问题。如果我们要想为 EBD 学生做些什么，首先得确定谁有 EBD。我们还必须确定在筛查、分类和教育 EBD 学生时，哪些信息是可靠的。在第四部分中，我们主要想解决以下两个问题：

- 如何将一个定义转化为实用的方法，帮助我们识别有障碍的学生并对他们的障碍进行合理分类？
- 如何获取和利用那些与学生相关的信息，帮助我们制订最有效的教学计划？

在第 14 章的开始部分，我们将简要介绍评估程序的信度和效度。这是两个基本概念，所有的评估程序都必须经过它们的检验。

在本书中，我们不会深入讨论有关信度和效度的计算细节，只是通过简单介绍让读者基本了解这些概念，并为如何解释测试结果或其他评估数据提供参考。我们试图解决以下问题：为什么需要评估？如何分辨评估程序的好坏？

然后我们会讨论关于筛查的问题。乍一看，筛查似乎是一个很容易解决的问题。毕竟，患有严重 EBD 的儿童和青少年通常很容易被识别出来，大多数观察者只需看一眼就能知道他们与众不同并深受困扰。对于哪些行为属于异常这个问题，理性的人通常较易达成共识，而且大多数人都认为，那些明显异常的行为需要某种干预。如果我们只对患有最严重障碍的儿童和青少年感兴趣的话，筛查工作将不费吹灰之力，但 EBD 并不一定会很严重，或者在所有情况下都很明显。所以，一些患有 EBD 的青少年并没有那么容易被识别出来。尽管如此，了解障碍的严重程度可能比了解精神障碍的分类或标签更重要。大多数被学校认定患有 EBD 的学生都有严重的障碍。根据我们对特殊教育类别情绪障碍的了解，EBD 不应该被认为是一种轻度残疾。

事实上，大多数情绪或行为障碍并没有严重到常人一眼就能看出的程度。它们确实严重到了至少能让某个成年人感到难过或担心的程度，但其症状不是很轻微就是很少出现，以至于有人可能会说，这个孩子的大多数行为都在正常范围内，而且几乎不需要帮助其问题就会自行得到解决。确实，当儿童或青少年表现出的障碍很轻微时，总是会让人们感到迷惑，不知道应将其划为正常还是异常，也不知道对某些特殊行为应该做出怎样的解读，就在这样的举棋不定中，一些轻微的障碍逐渐被习以为常。正如考夫曼等人指出的那样，EBD 的特点往往是在长时间的正常行为中，偶尔出现非常严重的不当行为，因此，如果有人没有看到这些不频繁的"地震"，可能会错误地认为一切正常。即使在专家之间，对于一个人是否应该被认定为 EBD 存在分歧也很普遍。因此，使用筛查程序对我们关注边缘病例通常是有帮助的。筛查程序旨在回答以下问题：

- 哪些学生是我们最应该关注的？
- 我们应该如何更深入地收集评估数据，更仔细地选择那些我们要研究的学生？
- 我们如何判定一个有问题的学生不需要接受特殊教育，但另一个有问题的学生需要接受特殊教育？

青少年各种令人困惑的行为让人眼花缭乱，即使是对那些与 EBD 患者打过多年交道的人来说也是如此。因此，说一个学生患有 EBD 并需要特殊教育，并没有什么参考价值。"这个学生得了什么病"是一个合理的问题，而答案必须是一个类别或分类。我们使用的分类方式应该告诉我们更多的信息，让我们大致可以推断学生会表现出什么样的行为（预期会出现的问题）。

当然，每一个儿童和青少年都是一个独立的个体，但我们不能把每个人在每个方面都当作一个特例来对待。我们必须找出个案的相似之处或关键特征，这样我们才有一定的基础沟通其到底是哪一种问题，并决定采取哪一种干预措施。分类不仅是所有科学的基础，也是进行有效沟通和干预的必要条件。那么，问题来了：对我们遇到的各种问题，最好的归类或分类方法是什么？与评估有关的重要问题有很多，评估信息与教学安排的关系就是其中之一：

- 在制订教育计划时，哪些信息最有用？
- 教师应该如何利用手中掌握的与学生有关的信息撰写教育计划、选择课程和评估进度？

近年来，对特殊儿童和青少年的评估发生了重大的变化。其中一个变化就是术语上的改变。心理学家和教育工作者依然偶尔使用"诊断"一词，精神病学家在提到 EBD 时通常使用的也是这个词。然而，在教育工作者的语言中，"诊断"在很大程度上已被"评定"或"评估"取代，因为诊断意味着疾病的分类。虽然研究人员最近在脑成像和遗传学方面取得了很大的进展，但在绝大多数情况下，我们并没有证据表明异常情绪或行为是一种生理意义上的疾病。评定或评估更适用于教育目的，因为它们意味着对与社会学习和社会适应有关的非生理和非医学因素的测量。

近年来，关于评估方式和评估技术的信息急剧增加，如果你准备成为一名教导 EBD 学生的教师，就需要更仔细地学习评估程序。

对学生的能力和问题做出评估不是一件容易的事，在以下两种情况下很容易弄巧成拙：一方面，评估结果很难做到精确——过于主观，过于依赖总体印象，以至于忽略了重要的细节，或者最终的决定根本不符合个案的客观事实；另一方面，我们很容易沉迷于精确的测量和量化的细节，反而忽略了大局，忽略了个案的情感和人性方面。评估之所以是一项具有挑战性的任务，或许就是因为它要求我们在客观数据和主观解释之间力求平衡。要成为熟练的评估人员，其难度不亚于成为敏感的科学家。我们希望你在完成最后一章的阅读时，能够体会到，要在那些可以客观记录的东西和那些只能感觉到的东西之间保持平衡有多难。

第 14 章

测量、筛查和鉴定

在前文中我们已经大致概括了评估的四个目的（筛查、资格评估、教学评估和分类），并将在接下来的内容中进行更详细的讨论，但对那些每天直接与 EBD 学生打交道的教育工作者和其他专业人员来说，其中有两个目的是他们日常工作的中心。一般来说，被怀疑有残疾的学生或被认定有残疾的学生都是由与他们一起工作的人评估的，目标主要有两个：一是确定学生是否有资格接受特殊教育，二是为学生制订教育计划。虽然这些目标可相容，但用于每个目标的工具和程序有时是不同的。通常情况下，对必须计划和实施教学的教师来说，与干预措施直接相关的评估是最有用的。话虽如此，在依法鉴定一组儿童是否有资格接受特殊待遇时，采用常模参照的评估方法似乎最有效。不过，目前在评估方法上我们已经有了很大的进展，不用再完全依赖常模参照工具，转而使用那些在某种程度上不那么正式但更有指导意义的程序，如课程本位评估或其他用于监测学习进度或行为改善的评估工具。虽然针对常模参照工具的批评不少，但我们确实可以从中了解到很多关于学生的信息。将它们从教育工作者和心理评估人员的工具箱中剔除还为时过早。

在本章中，我们将探讨通常用于评估患有（或疑似患有）EBD 的学生的评估程序。请注意，我们关注的是评估的不同目的，虽然我们对各大主题是按顺序一一讨论的，但在真正的工作中，这些主题并不一定按部就班进行。还有一点必须要指出的是，评估的目的应该推动各方早下决定，将具体的程序和工具付诸使用。例如，如果问题是"我们学校有多少学生表现出问题行为的早期迹象；是否已经成为一个需要处理的问题；如果确实成为问题，是否需要采取更深入的评估来确定问题的性质和程度"，此时筛查工具就会提供有价值的信息。但是，从这种筛查中获得的信息对那些班上只有一个 EBD 学生的任课教师来说，用处可能不大。此外，某些评估目的更适合常模参照的评估程序（如资格评估），而其他评估目的则更适合不那么正式的程序（对教学计划或教学进度的评估）。本章的主要内容包括：（1）筛查；（2）特殊教育服务资格评估；（3）教学评估；（4）分类。在深入讨论每一个主题之前，我们先概述针对残疾学生的评估有哪些法律和政策基础，并简要介绍合理的评估程序有哪些基本概念（如信度和效度）。

对残疾学生进行评估、鉴定和分类非常重要。事实上，根据芭芭拉·D.贝特曼（Barbara D.Bateman）和玛丽·安妮·林登（Mary Anne Linden）和迪克西·雪·赫弗纳（Dixie Snow Huefner）的观点，在制订个性化教育计划之前一定要进行全面的评估，其重要性怎么强调都不为过。贝特曼、林登和赫弗纳之所以如此强调评估的重要性，是因为他们认为，对孩子的优缺点和当前表现水平的准确评估是所有后续工作的基础。评估中还必须包括能识别出个案显著特征的程序。无论我们是对障碍进行分类、确定学生是否有资格接受特殊教育，还是计划和监控教学效果，对患有 EBD 的儿童和青少年的评估都必须基于我们所掌握的最健全的程序。

特殊教育评定的一般原则

以下是美国联邦法律在《残疾人教育法案》及其附属法规中规定的特殊教育评估的一般原则。

家长必须参与评估

在决定某位学生是否具有接受特殊教育的资格、为其撰写个性化教育计划、决定适当的安置方案时，家长必须是评估团队的成员。此外，学校必须让家长参与最初的评估过程，这主要是因为家长可以在许多方面提供宝贵的意见。例如，家长可以帮助评估团队确定哪些是学生特别关注或擅长的领域、哪些情境或事件容易让学生出现问题、哪些情境或事件能让学生表现出可接受的行为。家长也可以参与对学生的重新评估。一些家长可能会拒绝参与评估过程，但根据法律规定，评估团队必须向他们发出邀请。如果评估在没有家长参与的情况下进行，学校必须详细记录为让家长参与评估做了哪些真诚的努力。

必须涉及多个学科

为完成评定工作，需要对学生的教育需求进行个性化的评估，通常包括四个部分：医学、心理学、社会和教育。必须在完成所有的评估程序后，才能确定学生是否有资格接受特殊教育。评估必须由一组有资质的专业人员完成，其中必须有至少一位教师或专家具有教导残疾学生的资格，而且必须是被评估儿童可能患有的那种障碍。

必须准确公正地评估所有已知或疑似残疾

必须对学生已知或疑似残疾的各个方面进行评估。评估不得使用带种族或文化歧视的方法或测试，必须以学生的母语或通常的交流方式进行。采用的测试必须拥有充足的证据，证实其具有与使用目的相关的信度和效度。此外，不得以任何一种测试或评估方法作为决定学生是否有资格接受特殊教育的唯一标准。在获得家长的评估许可后，学校必须在 60 天内完成所有评估内容并确定资格。

评估结果必须保密

所有的测试结果和其他关于学生资格评估的记录都必须保密。除了教师和其他与学生一起工作的专业人员外，任何人都不得在未经家长允许的情况下查看这些记录。与任何不直接参与学生教育的人（包括其他专业人士）分享评估信息是不专业的，也是非法的。当然，根据法律规定，评估团队必须以家长能理解的语言向他们通报评估结果，如果家长提出要求，学校也必须允许他们查看孩子的记录。此外，《残疾人教育法案》规定，负责执行儿童个性化教育计划的每个人，包括普通教育和特殊教育的教师及特殊服务提供者，必须：（1）能够接触到儿童的个性化教育计划；（2）被告知自己在个性化教育计划中的具体责任，以及根据个性化教育计划应该为儿童提供的具体的便利、调整和支持。

家长有权要求调解或举行听证会

如果家长不同意学校的评估数据，他们有权让与学校无关的人对孩子进行评估，并将评估结果提交给学校。然后，如果家长和学校不能就评估的准确与否达成一致，根据法律，任何一方都可以要求举行听证会。我们鼓励对评估争议进行调解，但参与调解必须是自愿的，而且不能以调解为借口拖延或避免正当的听证程序。

需要定期重新评估

当一个学生被确定符合条件并获得特殊教育后，相关人员至少每年都要对他或她的进步进行评估。重新评估通常并不需要召集整个评估团队，教师和专家会提供符合教育相关目标或评估目标的服务。在年度评审中，一般会提出的问题包括："对个性化教育计划中列出的年度目标，学生是否取得了足够的进展？""提供的目标或服务是否需要调整、修改或更新？"除了年度评审外，至少每三年必须完成一次由跨学科团队参与的全面重新评估。这被称为"三年一评"，并且必须采用和特殊教育资格初始评估相同的过程和程序。在三年一次的评估中，评估小组要审查学生的最新评估数据，确定信息是否充分。他们可能需要考虑当前可收集到的所有信息，并将它们补充到以往的资料中，得出每个学生的最新数据。"三年一评"的重点是确定学生是否仍然需要特殊教育服务，此时提出的问题应该与最初评估时提出的问题相同："根据《残疾人教育法案》，这名学生是否患有某种障碍，是否需要特殊教育服务？"

16 岁以上学生必须有过渡计划

对于 16 岁及以上的学生，个性化教育计划中必须包括过渡计划——是升学还是参加工作。这需要对学生的教育和就业前景进行评估。此外，年长的学生应该积极参与过渡计划的制订，以确保自己的兴趣和喜好被纳入其中。

EBD 学生必须纳入常规教育进度评估

在美国，任何州或地区在举行标准或常规教学进度评估时，只要条件允许，必须把所有残疾学生（包括 EBD 学生）都纳入其中。在条件允许的情况下，为满足残疾学生的特殊要求，有关机构必须做出相应的调整和安排。关于是否参与及如何参与的问题，应由个性化教育计划团队来决定，并在学生的个性化教育计划中加以详细说明。

必须包括正向行为干预计划

如果学生的行为干扰了他们的学习（对 EBD 学生而言是必然的），为了解决和防止问题行为，个性化教育计划中就必须包括一个使用正向策略（即不能仅以惩罚方式来处理不良行为）的行为干预计划。行为干预计划必须以功能性行为评估为基础。当出现涉及停学、开除或改变安置的纪律性问题时，这些法律要求就变得尤为重要。但该法律的目的显然是在考虑采取此类惩戒行动之前，将功能性行为评估纳入个性化教育计划中。此外，功能性行为评估必须是有意义的。许多学区采用的方法是创建一份名为"功能性行为评估"的文件，但这些文件大多是复印的检查表，只需要在表格上打钩并上交，就达到了表面上符合州和联邦法规的目的。很多时候，这样的文件并没有考虑到孩子的教育计划或惩戒决定的结果。这种做法不太可能经得起法律的考验。

不管是为了资格评估还是为了干预，有两个因素很重要：要求进行评估的人和问题的最初表现。年幼的儿童几乎从来不会主动去寻求专业人士的评估，年纪稍长的青少年也很少这样做。通常是由他们父母、教师或其他成年人请求精神卫生工作者或特殊教育工作者加以关注。所以，最终促成评估的几乎都是成人对儿童和青少年行为的判断，而不是孩子对自己的看法。对儿童和青少年来说，提出对他们进行评估的那个成年人有两个直接的影响：

1. 评估必须包括至少一名成人（即要求对孩子做评估的成人）的意见和孩子本身的意见。带孩子来做评估的那位成年人的意见非常重要，首先，有助于确定异常行为带来的问题，其次，有助于查明成年人的反应对问题行为的影响。
2. 必须设法明确孩子对自身情况的看法。

在治疗 EBD 的时候，所有人性化、道德化的方法都不会无视或轻视孩子对其问题和治疗的意见。但有些青少年因为缺乏沟通能力而无法表达自己的意见，有些青少年的意见因为明显不符合自身最大利益而必须被否决。然而，儿童和青少年的权利必须得到保护，我们在做出鉴定和治疗的决定时，如果能够确定他们的意见，就应该认真加以考虑。情绪或行为问题不一定会像它们最初看起来的那样，有时很难找到原因，不是因为这种障碍深埋在个人的心灵深处，而是因为我们很难从具体情境中把一些最相关的事实提取出来。有时评估过于关注学生的行为，而忽略了一些关键的信息，而这些信息又往往很难获得。如果能把学生的行为放在其生活大背景中去理解，在做出与资格和干预相关的决定时，我们就更有把握。

可接受的一般评估标准

要使评估发挥作用，就必须满足一系列基本要求，其中包括：（1）评估的内容必须与目标一致；（2）评估领域必须反映出对目标行为的公认定义；（3）评估必须尽可能不出错；（4）当评估由不同的评估者完成或在合理的间隔时间内再次进行时，应产生类似的结果。

这四条标准是理想的测验应该具备的特征，当然光有这些还远远不够。美国教育研究协会（American Educational Research Association）、美国心理学协会（American Psychological Association）、美国教育测量委员会（National Council for Measurement in Education）发布了一份联合声明，对评估要求和专业评估人员的能力制定了一些标准。对这些标准的完整讨论超出了本章的范围。但是，要成为专业的评估人员，最好能深刻地理解这些专业标准诠释的原则是什么。

评估工具的心理测量特征可以大致归结为两个问题：信度和效度。像随机测量误差和测量结果在不同施测时间、不同评估者之间的稳定性这类问题主要与信度有关。一个测验对其目标内容测量到了什么程度、是否与该现象的公认定义一致、是否不偏不倚，则与该测验的效度有关。

信度和效度是相互关联的，但它们之间的关系有时会引起混淆。信度指的是一个测量方法表现出的一致性，而效度指的是我们在多大程度上真正测量到了我们想要测量的内容。假设一个温度计始终显示一个人的体温为 80 度，那这种温度计就具有很高的信度，能始终如一地产生相同或非常相似的结果。但它不一定具有效度——它真的能测出人的体温吗？这个例子强调了信度和效度在定义上存在的关系：如果一个测量没有一定的信度，就不可能被认为有好的效度。但请注意，反之则不然。一个测量可能几乎没有任何足以支持其效度的证据，却仍可能有很高的信度。再举一个例子，假设一个体重秤显示一个人某日的体重是 82 千克，次日是 72 千克，再次日又变成了 90 千克。鉴于一个人的体重几乎不可能有如此剧烈的波动，一个合乎逻辑的结论是，这个体重秤的信度很低——它不能产生一致的结果。再进一步我们就能得出一个肯定的结论：这个体重秤的效度也低——如果它的结果不能被认为是对它应该测量的内容合理准确的估计，它就不可能被认为是一种有效的体重测量方法。事实上，我们永远无法确定一个不可靠的仪器到底在测量什么。教育工作者在管理或解释教育或心理测试的结果时，应该牢记这两个概念——信度和效度。

评估的信度

简而言之，信度指的是一个测试在测量结果上的一致程度，无论测量的内容是什么。但我们知道，所有的测量都包含误差，因此，我们的目标不是完全消除误差（这是不可能完成的任务），而是确保评估及基于评估的决定尽可能地消除偏差和随机错误。如果评估出现了大量的错误或偏差，不但是在浪费时间和金钱，还有可能会给学生带来伤害，导致那些对 EBD 患者真正有帮助的评估工具也信誉受损。随机误差和偏差都是错误的形式，不过我们准备在有关效度的部分再讨论偏差，因为它通常是一种稳定的系统性错误，所以偏差和效度的关系比和信度的关系更密切。

针对某种具体的测量，可能需要考虑几种不同类型的信度，接下来我们简单地讨论三种对 EBD 评估特别重要的信度：重测信度、复本信度和评分者信度。

信度的类型

重测信度指的是在不同时间（通常间隔不超过一到两周）完成的两次相同评估所得出的结果的相似程度。它通过回答以下问题说明测试结果的可信度：如果我们在一到两周后用同样的工具再次对这个人进行评估，得到的结果是否基本相同？显然，只有对于那些不可能在短时间内发生巨大变化的特性，重测信度才是一个重要的考量因素。例如，智力测试和一般功能的测量就应该具备良好的信度。

有些测量工具有多种形式（如版本 A 和版本 B），这在需要对学生进行反复评估时很有用（例如，监测学生在一段时间内的进步）。在这种情况下，测验设计者应该提供复本信度的证据。复本信度是指同一测验的两种或两种以上的形式产生相同结果的程度，也就是说，无论我们采用哪种形式，都会得到基本相同的结果。然而，并非所有测验都有复本，这时就必须依靠重测来确定该测验的信度。

第三种形式的信度可能对 EBD 评估特别重要，被称为"评分者信度"。评分者信度指不同的人使用特定的测评工具对同一个人或事件进行评分时，获得相同结果的程度。在行为观察和其他涉及主观评价的评估（如作文评分）中，评分者信度尤为重要。

信度通常用相关系数来表示，其范围可能是 –1.0 ~ +1.0。系数为负时，表示某个测量的高分与另一个测量的低分相关，反之亦然；系数为正时，表示各测量之间存在一定程度的系统性一致（即一个测量的高分与另一个测量的高分相关，一个测量的低分与另一个测量的低分相关）；如果相关系数为零或接近零，说明测评工具之间几乎没有系统性相关。正相关或负相关都可以代表很高的信度，这具体取决于采用的测量工具是什么。需要记住的是，相关系数与零的差值越大，说明相关性越强，信度就越高。

评分者信度数据通常用测评者在不同的观察或评估机会中达成一致的百分比来表示。这些数据的范围从 0（表示完全不一致）到 100%（表示在所有情况下都完全一致）。显然，与重测信度一样，按照规则，一致性系数越高（越接近 100%），信度就越高。

解释信度数据

关于如何判断信度的高低，我们已经有了一些指导原则可参考，但请注意，我们从不说一个测试是"可靠的"，我们（或那些测试设计者）所能做的就是提供信度方面的证据。按照经验，如果是团体测试，信度系数至少需要达到 .80；如果是个人测试，信度系数最好能达到 .90。但是，在评定某个测量工具的信度时并没有绝对的规则，我们只能说信度指标越强（即与零的差异越大），测量工具的信度就越好。有一点千万要记住，如果需要利用数据做出高风险决策，信度就变得尤为重要。例如，在确定某个学生是否拥有接受特殊教育服务的资格时，专业人员应该使用信度最高的评估工具。在这里我们要指出的是，评估者应该对他们使用的测评工具的信度有所了解，并选择他们能找到的最可靠的测评工具，无论评估的目的是什么。

测量标准误

关于评估的信度，还有一个需要关注的问题，它对所有的测量都有影响。正如我们之前提到的，对于人类的各种特性，并不存在完美的测量工具，所有的测量都有误差。导致测试分数出现差异的可能因素有很多，比如被测评者的动机、施测情境、施测者、在施测和评分过程中产生的随机误差，等等。从理论上讲，如果存在一个完美的测量方法，人们会得到一个"真实"的分数，但我们最好承认误差的存在，并试着估计这个误差到底是多少。由于任何测量中都存在误差，所以当我们获得一个分数时，要对这个分数与真实分数之间的差距进行估计，这就是测量标准误（Standard Error of Measurement，SEM）。就连心理测量学家和统计学家都不得不承认，SEM 是一个非常复杂的话题，但我们在这里必须提到它，因为 SEM 的概念在许多用于儿童和青少年的 EBD 评估中扮演着重要的角色。SEM 通常表示为一个分数范围（从获得的分数中加或减某个数字），在这个范围内，个人可能得到一个新的分数。利用均值周围正态分布的概念，我们可以计算出获得分数的置信区间，从而使我们对误差的估计更有意义。例如，我们可以预测，如果多次施测，获得的分数有 68% 的概率会落在原始分数的一个 SEM 内，有 95% 的概率会落在两个 SEM 内。因此，如果一个学生在某个测量项目上获得了 70 分，而这个测量项目的 SEM 是 3，那么我们就可以据此估计，如果多次进行这个测量，他的分数有 68% 的概率会落在 67 ~ 73（70±3）之间，有 95% 的概率会落在 64 ~ 76（70±6）之间。

再次重申，SEM 是一个相当复杂的话题，我们在这里讨论它只是为了提醒从业人员注意 SEM 的含义。在需要划定一个分数线时，如在资格评估测试中，SEM 的概念可能特别重要。如果一个学生在某项评估中的分数与分数线的差距在一个甚至两个 SEM 之内（这意味着在使用这个工具或测试所做的重复评估中，他的分数可能会在分数线的另一边），团队在做出任何关键性的决定之前，最好能够仔细研究该学生的所有其他信息来源。

不幸的是，当我们面对不确定的情况时，就无法确定该采取什么行动。但在教育和心理评估中，如果不考虑某项测量的误差，就远远达不到教育和心理评估的专业实践标准。任何重要的教育决策（如接受特殊教育服务的资格、毕业、留级）都不应以学生在一次评估中得到的分数为依据，其中一个重要的原因就是评估中存在的误差的概念。

评估的效度

评估的效度指的是某测量工具在多大程度上测量了它想要测量的内容。具体到对 EBD 的评估，效度可能是一个特别复杂的话题，因为如果试图对 EBD 的某些方面进行测量，施测者必须对要测量的内容达成高度一致。但正如我们在第 2 章中所讨论的那样，EBD 的定义本身就因其含糊其词而饱受诟病，而且在历史上一直都没有得到广泛的认同。例如，在 20 世纪初期到中期，一些人被诊断为癔症性瘫痪。今天已经很少有从业者相信有这样的事情了。现在，对癔症性瘫痪的评估，大多数专业人士都会持怀疑或不相信的态度。相反，儿童抑郁等疾病，虽然在过去常常被忽视，但现在得到了实证研究的有力支持。现在，对儿童抑郁的评估已经出现在许多心理健康工作者和教育工作者的职权范围内。

另一个与评估的效度相关的问题是，该测量是否能将个体的某一（或某组）特定行为从此人的其他特征（如社会经济地位、种族、性别、教育机会、语言能力和差异）中独立出来。大多数专业人士认为，如果测量无法将目标技能（或行为）独立出来，那是因为受到了错误或偏差的影响，导致测量被"污染"。为了说明测量是如何被其他因素"污染"（因此基本上无效）的，我们举一个显而易见的例子。如果我们设计一个数学测验，考察学生在理解和解决数学应用题方面的能力，对于理解能力较强的学生，该测验主要考察的是他们对所描述的数学情境的构想能力，以及运用正确的运算解决问题的能力。然而，对于理解能力有限的学生，情况就复杂多了。在这种情况下，不能得出正确的答案可能与学生的理解能力不足、数学能力缺欠或这两种因素的相互作用有关。效度要求施测者在测量中没有偏见，排除一切可能带来不利影响的外来因素，专注于对目标变量的测量，同时不要忽略那些敏感的变量，并让测量尽量精确。

效度的类型

我们通常讨论的效度有四种：（1）结构效度，指测验要真正测量的内容；（2）同时效度，指在一个测验中的得分与同时进行的其他测验的得分之间相似的程度；（3）预测效度，指一个测验可以有效预测某人未来在另一评估中的表现的程度；（4）内容效度，指一个测验能够测量到预期内容的程度。

不同效度指标用于不同的目的。例如，如果试图识别那些目前行为问题不大，但在没有干预的情况下问题可能会变得严重的孩子，就需要较高的预测效度。如果需要一个标准化成绩测量来了解孩子在学校的进步情况，需要较高的内容效度。

研究人员在开发新的测试时往往需要用到同时效度，试图以此来证明其评估工具的充分性。如果新测试得出的分数与另一个被广泛接受的测试高度相似，那么开发人员就可以声称新测试至少与旧测试一样有用。最后，结构效度通常被用来证明测量内容的重要性。

解释效度数据

与信度一样，效度也没有什么明确的硬性规定。在鉴定哪些儿童需要特殊教育并提出恰当的治疗方案时，有良好效度的评估工具非常有用。对教育工作者或他们所服务的学生而言，缺乏足够效度的测量工具没有任何有建设性的价值。更糟糕的是，有一些测量工具实际上可能对儿童有害，因为它们助长了错误的分类，提供了误导性的结果，导致人们把注意力集中在毫无结果的教育或行为治疗上。在此我们建议，在对 EBD 儿童进行评估时，不管采用的是哪种测量工具，从业人员一定要留意其效度，特别是要根据评估目的，仔细斟酌该测量工具与此目的最有关系的效度类型（即结构效度、同时效度、预测效度、内容效度）。

信度与效度在 EBD 评估中的重要性

在被鉴定为残疾后，EBD 学生就能享受一些其他同龄人没有的权利，所以，评估工具是否具有充分的信度和效度至关重要。从技术上讲，用于评估 EBD 的测量工具需要满足多种要求，比如程序上的保障条款，包括：（1）在对学生进行初步评估和重新评估（在需要的情况下）时，要事先征得其父母的同意；（2）采用的评估工具必须有效度保证，评估时要使用被评估儿童的母语或常用交流方式，除非条件实在不允许；

（3）由训练有素的人员根据测试制作者提供的说明进行测试；（4）要对所有疑似残疾的方面都进行评估。此外，美国联邦法律要求，给出最终评估信息的机构必须与决定学生教育需求的团队直接挂钩。许多用于确定 EBD 学生资格的程序和工具可以让我们对学生的一般教育需求有更全面、更深入的了解。专业人员在对患有或疑似患有 EBD 的学生进行评估时，主要有四个主要目的：筛查、资格评估、教学评估和分类。我们将在本章接下来的内容中讨论筛查和资格评估，在第 15 章中再讨论教学评估和分类。

筛查

在理想情况下，对那些表现出行为问题迹象的学生，如果要对他们启用鉴定和评估程序，应该先从适用于大群体的简单化、一般化的测量——筛查——开始，再通过一系列更复杂详细、更聚焦重点的步骤，最终确定某个学生是否有资格接受特殊教育服务。沃克及其同事将这一系列逐渐向重点集中的步骤称为"多重门槛程序"，这在早期筛查工作中极为重要。但很多时候，学校对普通人群的 EBD 筛查工作做得十分不到位，宁愿等到学生的行为问题严重到再也无法忽视或容忍的地步才有所行动，也不愿及时开始评估程序。此外，当个体表现出极不寻常或让人完全无法容忍的行为时，学校工作人员可能会跳过最初的筛查工作。在本节中，我们将描述筛查的基本原理，以及对学前和学龄学生进行筛查的一些程序。

筛查程序很简单，就是在不同的技能或领域中抽取一些行为样本，目的是确定哪些学生的行为可能代表着严重的问题，并因此对他们进行进一步的评估。简而言之，筛查是用来确定是否需要对某些学生做额外的评估。但是，由于筛查没有对任何领域进行深入的抽样调查，因此得出的信息除了用于选出一些学生来做进一步研究外，并不适用于任何其他方面。根据定义，筛查是一种既经济又有效的方法，可以用最少的费用和时间对大量学生进行筛查，使学校能够很早就发现那些需要帮助的学生，而不必等到学生的行为变得离谱到连最迟钝的旁观者都开始侧目的地步。

早期识别和预防

筛查的理由通常是"早发现、早预防"。虽然这一观点很合理，也得到了研究的支持，但事实证明，要想真正将对预防的关注转化为有效的筛查有很多困难。其中最主要的困难就是如何界定那些需要预防的障碍，以及如何将那些严重的问题从琐碎的问题中区分出来。有效的筛查必须排除那些不会带来严重后果或不需要干预就能自行得到解决的常见问题，而是将注意力集中在那些预示着如果不采取进一步行动，就极有可能产生严重后果的行为迹象上。要成功预防问题的产生，需要我们用一种发展的眼光看问题，要考虑到与个体实际年龄、生活事件、不同环境和干预策略相关的发展标志。

预防可分为几种形式，包括初级预防、次级预防和三级预防，或者普遍性预防、选择性预防和特定性预防。EBD 筛查的目的通常是次级预防，而不是初级预防。初级预防的目的是让疾病根本无从发生，包括大面积推行可减少患病风险的安全措施和健康维护干预措施。如果初级预防成功了，就不需要二级预防了。一旦疾病出现（可检测到），对具体个人来说，初级预防就不再可能了，问题就变成次级预防了。次级预防旨在阻止疾病恶化，并在可能的情况下扭转或矫正它。三级预防是为那些已经发展到晚期并有可能产生严重副作用或并发症的疾病而设计的。三级预防是为了防止该疾病压倒个人及环境中的其他人而设计的干预措施。

对婴儿和学龄前儿童进行 EBD 筛查尤其容易出现问题。患有广泛性发展障碍（如自闭症）的儿童往往从出生或很小的时候就被父母认为是"与众不同"的。儿科医生通常会将这些"与众不同"的表现和其他一些极端麻烦的行为视为广泛性发展障碍的一部分。但是，试图选出那些因为病症相对较轻而需要接受特殊教育和相关服务的婴儿和学龄前儿童，则完全是另一回事了。下列几个因素会使这种选择变得极为困难。

首先，从婴儿期到童年中期的发展过程中，儿童会发生巨大且迅速的变化。婴儿和学龄前儿童尚未掌握语言技能，而语言技能是稍大一些的孩子进行社会交往的基础。

其次，儿童在婴儿期的行为风格或气质与父母的行为相互作用，并决定了他们将来的行为模式。例如，一个婴儿 10 个月大时的"困难"行为 X 并不一定预示着其 6 岁时会出现不当行为 Y。其他人对儿童行为的反应，以及从 10 个月到 6 岁期间父母和教师对儿童使用的行为管理技巧都需要考虑进去。

第 3，家长对儿童的情绪和行为的容忍程度有明显差异。在学龄前阶段，问题之所以会成为问题，完全取决于家长的定义，所以我们很难制定一套明确的标准判断什么是不正常行为。

最后，学校本身就是问题的潜在来源。学校是一个结构化的地方，在教给学生各种新技能的同时，会要求学生达到相应的要求，同时强调在校生要服从统一的规范，这些可能会使儿童在入学后出现之前没有表现出来的障碍。尽管在儿童年幼的时候发现其存在问题有上述诸多困难，但越来越多的证据表明，在小学阶段，甚至在学龄前阶段，就有可能识别出那些有反社会行为和其他严重行为问题的高危儿童。遗憾的是，尽管在及早识别EBD高危儿童方面，我们的能力已经有了很大的提高，但现有数据表明，学校并没有这么做。许多学者同意沃克及其同事提出的观点："大多数有行为风险的学生被发现时，早期干预已经无法对他们的问题产生实质性的积极影响了。"

格伦·邓拉普（Glen Dunlap）等人所做的总结代表了研究人员对幼儿EBD的共识。用我们的话说，邓拉普和同事们提出了三个与预防特别相关的共识：第一，如果没有及早迅速地发现那些有严重情绪和行为问题的儿童，也没有向他们提供适当的教育和治疗，他们的问题往往会持续很久，需要更多、更高强度的服务；第二，如果幼儿的不当行为没有得到快速有效的解决，他们在学校就会进步很慢，会遭到同龄人的排斥，成年后需要心理健康服务，对家庭和社区也会产生不良影响；第三，虽然有早期识别EBD儿童的系统和工具，但真正被发现的EBD儿童的数量很少，有关机构也很少提供适当的服务。由此可见，虽然研究人员一致认为筛查和早期识别至关重要，但却很少付诸实践。

我们注意到，EBD学生往往也有学习障碍，至少在专业学习和一般学习上都存在着严重的问题。我们也知道，专业人士和家长一般不愿意将学生——尤其是年龄很小的学生——鉴定为EBD患者，而且可能有很多人认为，相较之下LD是一个不那么被污名化的标签。也许正是由于这些原因，有证据表明，许多被认定为有资格接受特殊教育的学生本来可以从EBD服务中受益，但却被安排在为LD学生准备的项目中。这是一个非常令人痛心的情况，因为有可靠的证据表明，早期干预可以防止问题恶化。

选择和设计筛查程序的标准

有些筛查程序比其他程序更管用、更高效。显然，在考量筛查工具及程序的性质和目的时，我们必须在科学严谨、有效实用和简便易行三者之间取得平衡。尤其是对学校而言，教师们需要的是简单快捷、易于操作的筛查工具，方便在日常工作中使用，但同时又不能忽略心理测量的合理性，这是测量中极其重要的因素。幸运的是，一些研究人员已经解决了这个问题，在这两种要求之间取得了平衡，特别是在新兴的多层次支持系统的背景下。多层支持系统包括干预反应模式和积极行为干预及支持框架。在选择用于学校的程序时一定要谨慎，既要保证心理测量的合理性，还要符合实用标准。沃克等人提出了筛查和识别反社会行为的四个标准，同样的标准也适用于所有类型的EBD，这四个标准如下。

1. 这个程序应该是主动的，而不是被动的。学校应该主动寻找那些有可能出现障碍的高危学生，而不是被动地等待这些学生表现出严重的不适应行为后再做出反应。

2. 在条件允许的情况下，应以各种人物（如教师、家长、受过训练的观察者）为信息来源，并在各种场合（如教室、操场、午休室、家庭）评估学生的行为。这样做的目的是获得尽可能广泛的视角，了解学生所有问题的性质和程度。

3. 筛查应该在学生入学后尽早进行，最好在学龄前和幼儿园阶段。如果要想使筛查更好地发挥作用，应在孩子形成长期的不适应行为和学业失败之前就确定目标学生，并开始干预计划。

4. 在筛查过程刚开始的时候，教师提名、班级排名或行为评定都是恰当的做法，但如果条件允许，还应辅以直接观察、查看学校记录、让同学或家长完成行为评定量表等方式，同时参考其他可获得的信息来源。整个筛查过程应该按部就班、循序渐进，越往后越全面、越彻底，尽量减少错误鉴定的机会。

其他筛查工具

目前我们已经有数百种行为评定量表，几乎都可以用作筛查工具。还有很多其他程序，如自陈报告、社会测量、直接观察以及访谈，也可以用来评估儿童的社交－情绪行为。在使用这些工具和解释其测试结果时，施测者应该仔细研究测试材料和指导手册。

以测量个人能力为主的评估工具越来越受到各方的认可。在迈克尔·H.爱泼斯坦（Michael H.Epstein）及其同事开发的模型中，评估的重点就是儿童和青少年在社交、情绪和行为方面已经具备并得到了积极利用的能力，这些能力可以帮助他们：（1）完成学习任务；（2）与校内外的同龄人及成年人建立良好的社会关系；（3）应对在学校和以后的生活中可能遇到的困难和压力。

在被称为《行为和情绪评定量表》（*Behavioral and Emotional Rating Scale*，BERS-2）的测量工具中，爱泼斯坦正式采用了这种以评估能力为主的评估原则。BERS-2除了教师和家长评定量表外，还包括青少年评定量表（一种自陈报告）。该量表有52个项目，分成五个独立的子量表。

1. 人际交往能力：衡量个体在社会环境中控制情绪或行为的能力。
2. 家庭参与能力：衡量个体对家庭生活的参与度和家庭内部的融洽关系。

3. 自我认知能力：衡量个体对自身能力和成就的看法。

4. 学校表现能力：衡量个体在完成学校工作和学习任务方面的表现。

5. 情感表达能力：衡量个体接受他人情感和表达自身情感方面的能力。

有名的行为障碍系统筛查（Systematic Screening for Behavior Disorder，SSBD）测试首次发表于 1990 年，是一个特别值得关注的筛查工具。它是专为小学阶段的学生设计的评估工具，认为我们应该根据教师的判断来鉴定 EBD 学生，因为这是一种有效且成本低廉（尽管还未被充分利用）的方法。教师们往往会过度推荐那些表现出外显性行为问题的学生——那些行为异常或表现出品行障碍的学生，却低估那些有内化性行为问题的学生——那些以焦虑和社交退缩为特征的学生。为了确保学生在筛查过程中不会被忽略，同时将花费的时间和精力减少到最低，我们采用了分为三步或多重门槛的程序。

在 SSBD 的第一步（或第一道门槛）中，教师将有外显问题和内化问题的学生全部列出来并进行排序，再列出那些最符合外显问题和内化问题描述的学生，然后根据他们与描述的符合程度，按照从"最符合"到"最不符合"的顺序进行排序。

第二步，要求教师完成两张检查表，每张检查表上是列表中排名最高的三名学生（即通过第一道门槛的学生）的相关情况。其中一张检查表要求教师指出学生在过去的一个月里是否有特定的行为表现（如"偷窃""发脾气""使用下流的语言或谩骂他人"）。这些项目构成了行为的关键事件指数，即便它们发生的频率很低，也构成了被弗兰克·K.格雷沙姆（Frank M.Gresham）、唐纳德·L.麦克米伦（Donald L.Macmillan）和凯西·博西安（Kathy Bocian）形象地称为"行为地震"的行为，这些行为会使儿童有极大可能被鉴定为 EBD。另一张检查表要求教师判断每个学生表现出的某些行为特点（如"遵守既定的课堂规则""在集体活动或情境中与同伴合作"）的频率（如"从不""有时""经常"）。

第三步需要观察那些在检查表上的分数超过既定标准的学生，即通过了第二道"门槛"的学生。对学生在课堂上和操场上的观察则由学校专业人员（学校心理专家、辅导员或资源教师）进行，而不是通常的任课教师。课堂观察表明学生在多大程度上达到了学习标准；操场观察评估学生社交行为的质量和性质。这些直接观察，再加上教师评定，被用来决定学生的问题是否需要进行全面评估，进而确定该生是否需要接受特殊教育。

在目前用于学校环境的各种筛查工具中，沃克及其同事设计的程序是最完善的。事实上，凯瑟琳·L.莱恩（Kathleen L.Lane）等人通常将 SSBD 称为 EBD 系统化筛查工具中的"黄金标准"。

早期筛查计划（Early Screening Project，ESP）是 SSBD 的一个重要扩展版本，也是后续重要的早期干预项目"迈向成功第一步"工作的催化剂。ESP 是专为 3 ～ 5 岁的儿童设计的。正如费尔指出的，"我们可以在儿童年幼的时候就发现反社会行为模式的萌芽，也可以采取措施防止其升级为更严重和棘手的问题。"初步研究记录显示，在教师对学生的行为评定量表中，当涉及适应行为、不良行为、攻击行为以及观察到学生认真学习的时间时，可以明显看出 ESP 产生了积极的影响。然而，正如我们已经指出的，社会上有多方面强大的力量在反对采取预防措施，其中就有人坚决反对将幼儿鉴定为"有严重问题行为"。

由于人们越来越青睐那些简便、快捷的筛查工具，《学生风险筛查量表》（*Student Risk Screening Scale*，SRSS）成为第二个引起关注的筛查工具，这或许是该量表第二次激起人们的兴趣了。这是一份可供学校进行全校性筛查的量表。SRSS 非常简单，只有一页，而且可以免费使用。教师只需在 7 个项目上给班上的每个学生分别打分，即可完成筛查，每个项目相加后得出的总分被用于预测外显性行为问题。但要注意的是，SRSS 有其局限性，它对外显性行为问题的关注多于对内化性行为问题的关注。在对 SRSS 效用的一系列研究的基础上，莱恩及其同事认为 SRSS 具有可接受的心理测量特性（如内部一致性、重测信度），在预测外显性行为障碍方面与 SSBD 相当，尽管在预测内化性行为障碍方面稍有逊色。莱恩及其同事建议，学校应该仔细评估自己的筛查需求，并根据各校的特殊情况和需要，从可用的筛查工具中选择最合适的。

《学校档案记录检索》（*School Archival Records Search*，SARS）旨在对小学生的现有学校记录进行编码和量化。它包括从学生的学籍档案中收集信息并系统地对信息进行编码。它主要考察以下 11 个变量：人口统计学资料、出勤率、成绩测试信息、留级情况、惩戒纪律、校内转介、特殊教育认证、普通班以外的安置情况、接受第一章中提及的服务纪律、校外转介和负面评价。SARS 本来是 SSBD 筛查过程的第四个步骤，但它也可以服务于更多的目标。SARS 是一种可以找出学生求学生涯中各种重要数据的系统化方法，所以它可用于协助其他三项涉及决策的任务：发现有辍学风险的学生、验证学校评估、确定参与特殊项目的资格。

筛查中的整合与确认

在专业的评估工作中，有一个非常关键的规定，实际上也是《残疾人教育法案》中明确提出的一个要求，那就是在决定某个学生是否有资格接受特殊教育时，不得依据单一的程序或数据源来做出重要的决定。如果一个学生的情况由某个人单独做决定，得出不合理结论的风险就很大，不容忽视。当一个人持有先入为主但未经证实的观点时，在没有更多外在证据支持的情况下，让其重新分析证据并改变原有的结论，难度实在太大了。此外，正如我们之前讨论的，所有的测试和测量都有一定的误差，导致在特定时间或用特定工具所测得的分数产生了随机波动。因此，如果认为仅以某个人的意见、某种评定量表（或其他测量工具）得出的单一分数为依据就足以进行筛查，是绝对站不住脚的。

如果要将某个学生挑选出来做进一步评估（这也是筛查的目的），只有当几个观察者都怀疑他或她可能有某种障碍，并且他们的共同怀疑被从多个来源的结构化观察或评定中获得的数据所证实的情况下才可行，否则，该生极有可能受到不必要的评估，而且可能被认定为残疾（其实并不存在），并被错误地贴上标签，甚至可能被污名化。同时，这名学生的隐私权遭到了侵犯，资源也被浪费在了毫无意义的评估上。

筛查的目标应该是从各种来源获取信息，并选用合适的测量工具。因为我们的假设是，学生的行为、该行为发生的环境以及学生的个人看法是相互影响的，所以合适的测量工具必须有助于该假设的成立。这一目标与生态学方法和社会认知概念模型是一致的。

在进行筛查和鉴定时，一个需要特别关注的问题就是对文化多样性和个体差异的适应。在族裔或文化上属于少数群体的学生特别容易被认定患有残疾，需要接受特殊教育或其他特殊服务，而其他族裔的学生则有被低估的风险。一方面，如果做评估的人对文化或种族行为模式不敏感，可能会把行为差异误认为障碍（其实不是）；另一方面，对文化或种族行为模式的错觉或误解可能会导致某些严重的行为问题被忽视或低估。

由于对各种文化群体特征的偏见，评估人员在面对具有这些特征的学生时，可能会在鉴定上出现偏差，要么就是过度鉴定，要么就是鉴定不足。在如何评价文化对学生行为的影响这方面，教师往往需要得到指导。现有数据表明，非裔美国学生被鉴定为 EBD 的人数过多，与真实情况不符。然而，对造成这一现象的确切原因以及解决这一问题的办法，我们依然摸不着头脑。尽管如此，在为 EBD 学生提供的特殊教育项目中，没有一个种族群体，包括非裔美国学生，达到或超过了与估计的患病率相当的水平，而且我们并没有证据证明造成这种比例失调的主要原因是种族偏见。

筛查中的功能性行为评估

功能性行为评估（FBA）被认为是能及早发现 EBD 儿童的有用工具。FBA 是《残疾人教育法案》明确要求使用的一个程序，用来处理那些可能导致学生遭学校严厉纪律处分或开除的不良行为。不过，研究人员也一直在考虑将 FBA 程序应用于年幼儿童。请注意，关于如何使用 FBA 程序设计干预措施的研究有很多，这里我们考虑的是 FBA 用于筛查功能的潜力。

FBA 可以帮助工作人员回答关于儿童不当行为的一些基本问题：这种行为有什么用？儿童是否从中获益（有形的强化物，如食物；无形的强化物，如获得活动权利或博得关注）？儿童是否借此逃避或回避某些东西（如一项要求很高的任务）？如果这些问题有了答案，FBA 的工作人员就可以设计干预措施，改变或消除那些支持不良行为的因素。目前还没有一种首选的 FBA 程序，法律也没有明确规定施行 FBA 的具体策略，但我们可以确定大多数 FBA 程序共有的几个步骤：（1）明确且具体地定义目标行为；（2）确定能增加行为发生率的诸多环境事件和因素；（3）确定行为的前因后果；（4）就该行为具有的功能提出假设；（5）通过实验操作检验假设；（6）制定和实施行为干预措施，处理那些导致并维持了行为的因素。

莫林·康罗伊（Maureen Conroy）及其同事对功能性行为评估的模型进行了调整，创建了一个多门槛、多层次的评估系统，可用于识别患有 EBD 的儿童。他们的系统包含三个层次。第一层旨在对环境进行全面广泛的评估，并在课堂上实施对所有儿童都有益的干预措施。通过减少支持不良行为的环境因素（物理环境和教学环境），增加支持积极行为的环境因素，可以消除小问题，预防间接问题，并大大减少被错误鉴定为 EBD 的儿童的数量。第一层次评估的主要方式是访谈、填写检查表，有时还需要用几天的时间直接观察问题行为发生的环境。对环境中那些被认为可能会引发问题行为的各个方面进行处理，并密切观察目标儿童的行为。

对许多在学校表现出不良行为的孩子而言，第一层干预就足够了。在实施了第一层次的环境干预后，一些儿童仍然有不良行为，那么他们就成为第二层次评估的重点，第二层次的评估以那些高风险行为和干预为焦点。康罗伊等人建议使用标准化的筛查工具或非正式的技术，如教师提名，识别在这个水平上有发展出 EBD 风险的儿童。在这个阶段，鉴别的重点是对目标儿童的社交和沟通能力的考查，因为行为问题可能是技能缺陷的结果。对于那些被发现有缺陷的儿童，可以向他们提供社交和沟通技能的培训，还可以训练他们学会服从命令。

那些在第一、第二层次抗拒干预的儿童，以及那些继续表现出不良行为的儿童，可以在康罗伊等人的评估模型的第三层次接受进一步的评估和干预。在此模型的第三层筛查中，FBA 的作用是找出目标行为具体的前因后果，并为问题儿童制定、实施和监测行为干预措施。这一层的评估比第一层和第二层更密集、更耗时、更侧重个人。只有极少数儿童可能需要第三层次的评估，而且他们很可能属于被鉴定为 EBD 的群体。

资格评估

如果学生在经过了筛查（或迈过了"门槛"）之后，仍然是学校工作人员的重要关注对象，而且一般化的干预方式并没有让他们在学校的行为有所改善，在正式转介他们去做特殊教育资格评估之前，教育工作者还是有必要再一起努力一次，看看是否能解决问题。这一步被称为转介前干预，它与干预反应模式或 MTSS 多层次支持系统框架有关。

转介前干预与干预反应

在对学生进行特殊教育服务评估之前，教师必须设法满足他们在常规课堂上的需求，而且必须将这些努力一一记录下来，必须用事实证明学生对教师在课程方面的合理调整和常规课堂上使用的行为管理技术反应不佳。

2004 年版本的《残疾人教育法案》允许使用干预反应模式，但在实际工作中干预反应模式有可能被滥用。干预反应模式指在考虑将学生转介去接受特殊教育之前，教师必须证明学生没有对有实证基础的干预做出反应。也就是说，教师已经采取了科学证据证明有效的做法，但学生并没有做出预期的反应。虽然干预反应模式通常被用于文化课程的教学，但干预反应的概念同样适用于社会行为。在以问题行为为由将学生转介去接受特殊教育之前，教师必须确保已经在常规课堂上对这名学生提供了适当的正向行为支持。

转介前干预的成功与否取决于学校当局对此类活动提供的支持。从不同学校的报告来看，在那些提供了充分培训和支持的学校，转介前干预的效果远远好于许多其他学校。此外，转介前干预能取得积极的成果，各大学咨询团队的参与似乎也功不可没。

转介前干预的目的是减少假阳性的数量（即避免将那些实际上没有障碍的学生鉴定为 EBD），并避免将精力浪费在不必要的正式评估上。本章前面描述了用于 EBD 筛查的功能性行为方法，其中就包含了许多属于转介前工作的元素，它们都是筛查程序本身的一部分。

在有了筛查结果后，应该先尝试在普通教育领域为那些筛选出来的学生寻找解决办法，而不是立刻评估他们是否需要接受特殊教育。如果未能在合理的时间内找到解决办法，应立即转介进行评估，不要心存侥幸。此外，在未经家长同意的情况下，不应启动专门的转介程序，当转介程序没有成功时，让学生继续留在普通教育教室可能违反《残疾人教育法案》的规定。那么，在转介之前，教师怎样做才算尽职呢？这个问题值得每个人深思。下面是我们的一些建议。

转介前我应该做什么

在进行转介之前，把你为了满足学生的教育需求而在课堂上使用过的策略——记录下来。无论学生是否被鉴定为残疾，你的记录在如下方面都是有用的：（1）你的证据将对评估专业委员会有帮助，或者能够满足他们的要求；（2）你能更好地帮助学生的家长理解，有些方法适用于班上其他学生，但并不适合他们的孩子；（3）你把每种方法对学生的作用（不管成功与否）都记录在案，这对你自己和其他将与这些学生一起工作的教师都有用处。

记录这些资料可能需要大量的文案工作，但仔细保存这些记录一定会有收获。如果一个学生让人非常担心，最好把这些担心都记录下来。你的记录应该包括以下内容：

- 你担心的问题是什么；
- 你为什么担心这个问题；
- 你观察到这个问题的日期、地点和时间；
- 明确记录你为解决该问题所做的努力；
- 是谁（如果有的话）帮助你制订了正在使用的计划；
- 这些策略成功或失败的证据。

在普通教育课堂上，采取转介前干预有时可以成功地管理学生，不需要求助于特殊教育。及早发现问题会增加找到有效解决方案的可能性，而且不需要把学生从问题情境中送走。然而，即使有最好的转介前干预，有普通教育工作者和特殊教育工作者完美的团队合作，有些学生的需求还是无法在普通班级中得到满足。

确定资格的评估

在认真尝试了转介前干预或干预反应模式策略但收效甚微之后，就可以将学生正式转介，为他们做特殊教育资格评估了。美国联邦法规要求，资格评估必须包括多种数据来源，并由多学科团队进行。引导评估团队的重点之一就是他们必须使用的 EBD 的定义，当然，学校必须使用的定义可以在《残疾人教育法案》中找到。首先要确定哪些学生才有资格接受 EBD 特殊服务，依据的就是《残疾人教育法案》对 EBD 的定义中列出的五点（如我们在第 2 章所述）。评估程序一般应考虑学生在以下五个方面表现出来的严重程度：

（1）缺乏学习能力且不能用智力、感觉或健康因素加以解释；

（2）无法与同学和教师建立（或维持）令人满意的人际关系；

（3）在正常条件下有不当的行为或感觉；

（4）普遍存在的不快乐或抑郁情绪；

（5）容易出现与个人或学校问题相关的身体症状、疼痛或恐惧。

兰德勒姆指出，行为障碍领域还没有对我们要服务的学生群体做出恰当的定义。因此，在决定一个学生是否有资格获得 EBD 类别下的服务时，除了一些非常极端的例子外，通常都会引发争议且很难决断。

大家不妨认真思考一下 EBD 的官方定义中列出的每一个要点。对于学校来说，学习显然是一个重要的问题，如果将某个学生的学习问题归咎于情绪障碍，而实际上是由另一个问题引起的，那肯定是不专业。因此，对学业成绩的评估至关重要，因为大多数被怀疑或认定为 EBD 的学生都有严重的学业问题和社会适应问题。对身体状况和认知发展的评估也很重要，因为无论哪一个出了问题，都有可能是导致 EBD 的实质性原因。评估家庭的社会环境和学生对父母、教师和同龄人的情绪反应也很重要，可以帮助我们理解哪些社会影响可能会导致问题出现。

现在我们已经认识到，语言障碍和 EBD 通常是密切相关的。患有 EBD 的学生往往难以理解他人言行的含义，也难以恰当、有效地表达自己。

在理想情况下，多学科评估团队在决定学生是否有资格接受特殊教育之前，会仔细权衡所有领域的评估信息。但遗憾的是，多学科评估团队在实际操作中很少能以理想中那样谨慎可靠的方式进行。在实践中，决策往往是根据有限的信息来源做出的，而且决策过程往往不大可靠——单凭测试和观察得来的客观数据无法预测学生下一步会怎样。之所以缺乏可预测性，有以下三个原因。一是缺乏明确规定多学科评估团队必须如何工作的指导方针。也就是说，围绕着评估的专业和道德方法，官方的指导方针的确提出了各种保障措施和整体概念，但对于具体的、逐步的过程，多学科评估团队的成员到底该怎么做，则由各州和学区自行决定。二是缺乏明确定义障碍的标准。多学科评估团队的成员可能对 EBD 的部分定义有不同的解释。三是一些评估程序提供的往往是一些不相关或没有帮助的信息。例如，一些生理或心理测试可能对教育决策没有什么价值。通过严格定义标准和使用专家系统（计算机程序使用多种数据源建立复杂而完全客观的标准），可能会让决策在某些方面变得更加客观。遗憾的是，这些试图让决策过程客观化的努力并没有考虑到这样一个事实，即对异常行为的定义必然是主观的，正如我们在第 2 章中所讨论的那样。更客观可靠的工具和计算机程序可能会帮助人们做出更好的决策，但它们不能成为决策的唯一依据。

评估中的一个主要问题是，当根据标准化考试成绩和客观行为观察等标准来判断一个学生是否有资格接受特殊教育时，评估团队所做的决定往往不可靠（不确定或不一致）。不同群体和不同个体会根据不同的标准进行评估，可能会对性别、种族、社会经济地位不同的学生使用不同的标准。不一致是一个严重的问题，因为它表明在评估中可能存有偏见或歧视。但是，不管是只依据客观的心理测量标准（如测试分数或计算机程序中的量化值）来做判断，还是不再以做出更可靠、更确定或更一致的决定为目标，都不是解决问题的办法。最理想的对策是在评估人员做出相关决定时，强调他们应该承担的专业责任。要想成为一个负责任的评估人员，下列行动是关键：

- 接受在职培训，正确使用评估程序；
- 拒绝使用自己不具备资质的评估程序，拒绝接受无资质人员的评估数据；
- 担任多学科评估团队成员，确保不由一个人做出资格决定；
- 坚持向多学科评估团队提供多种来源的数据，并根据所有相关数据做出资格决定；
- 要求在资格评估前完成与转介前干预策略相关的记录；

- 让家长和学生（如果条件允许）参与到资格决定中来，以确保他们了解问题的性质和鉴定的含义；
- 将学生的异常行为、对该生教育的不利影响以及对特殊教育和相关服务的需求做好记录；
- 权衡受资格决定影响的各方（即学生、同龄人、家长和教师）的利益；
- 评估特殊教育资格评估的结果对学生有何利弊；
- 确保特殊教育方案可以给学生带来教育上的好处；
- 对程序使用和数据解释中可能存在的偏差保持敏感。

本章小结

不管评估的目的是什么（筛查、确定资格、教育评估和分类），都必须根据相应的标准谨慎选择施测工具。信度是指在不同时间、不同观察者和不同形式的工具的情况下，所测量特征的稳定性。效度指的是测量工具在多大程度上测量了它应该测量的东西。在为 EBD 患者或疑似患者选择评估工具时，一定要深刻理解信度和效度的概念。

筛查意味着将范围缩小到那些最有可能患有 EBD 的学生，这包括合理的怀疑，这样才能保证那些初发病例和不明显的病例也能得到鉴定。虽然《残疾人教育法案》要求对所有残疾儿童进行鉴定，但很少有学校使用系统筛查程序来识别患有 EBD 的学生，因为如果学校这样做，他们就会发现有很多这样的学生，其数目远远超过了特殊教育所能负担的程度。

筛查的基本原理是"早发现、早干预"。虽然该原理有证据支持，但要将社会的关注转化为实实在在的筛查程序很难。EBD 筛查在很大程度上涉及次级预防，即防止并发症的出现和现有问题的恶化。在教育工作者看来，对有轻微障碍的婴幼儿进行有效筛查特别困难，因为幼儿的行为非常容易受到父母管教方式的影响，而学龄前儿童的问题行为是由父母，而不是教师，来定义的。选择筛查工具的标准包括：程序必须具有主动性（而不是被动）；信息必须来自多个渠道；必须从低年级开始实施；必须配合使用多种评估方式，除教师的鉴定外，还包括直接观察结果、家长评定量表、同学评定量表等。

还有很多评定量表和其他工具可用于筛查。筛查不应只由某个人的判断构成，也不能只以某种工具所得的数据为依据。在做出最终的筛查决定时，应将建立在不同来源、经过多方确认的各种判断放在一起综合进行考量。为避免在筛查少数族裔或少数文化群体的儿童和青少年时出现偏见，有必要顾及文化多样性和个体差异。

转介前干预是筛查和转介评估之间的一个必要的中间步骤。在正式对学生进行特殊教育资格评估之前，学校工作人员必须做出各种努力来解决学生的问题，在常规课堂上提供适当的教育，包括干预反应模式，并将这些努力一一记录下来。功能性行为评估可以被认为是一种转介前干预。

当转介前采取的各种策略皆告失败时，教师不应再拖延，应尽快转介学生去接受评估。确定特殊教育服务资格的正式评估是由一个多学科团体实施的，而且必须在《残疾人教育法案》中规定的一套程序性保障措施的指导下进行。

第 15 章

教学评估

教学评估

美国联邦政府在《残疾人教育法案》中明确规定，在决定某个学生是否有资格接受特殊教育服务前，要进行专业的评估，在此评估过程中获得的信息应该用于为该生制订教育计划。在 14 章中，我们探讨了主要用于筛查目的或确定资格的评估工具，现在我们来谈谈专门用于制订教学计划和监测教学效果而进行的评估。请注意，在我们看来，"教学"一词不仅仅用于文化学习上，因为我们还必须制订行为干预计划并监控其执行。但大家别搞错了，正如我们在第一章所说，在文化学习上强有力的教学方法为 EBD 学生的教育和治疗提供了第一道防线，也是所有后续工作的基础。利用筛查和资格评估（以及分类评估，我们将在本章的后面部分进行讨论），我们要了解学生的行为与正常学生的行为有何不同，又在多大程度上与 EBD 患者相似。通过教学评估，我们要了解的是学生过去学了些什么，接下来需要学些什么。

为了有助于课堂教学，评估必须对行为的细微变化敏感，这样教师才能用它们指导教学安排。EBD 学生的教师需要经常收集学生在文化学习、社会行为或人际交往方面的信息。此外，他们还要经常填写各种检查表或以其他方式报告学生在课堂上的行为和学习表现，以此监测医疗干预（如医生或精神科医生开的处方药）和相关服务（如言语和语言治疗）的结果。市面上有许多正式的、商业化的测量方法，然而，非正式的、教师自创的测量方法对指导教学往往更有效。

教学评估的当前趋势

如果问目前最受关注的教育问题是什么，那应该就是各种考试了。大众很关心学生的文化学习能力和社会交往能力到底达到了何种水平，关于这方面的评估也是最受关注的焦点。有几种非常强大的教学技巧可以帮助 EBD 学生明显改善其成绩和行为。作为教师，在选择适当的教学工具之前，必须清楚地了解每个学生的教学需求。

大多数 EBD 学生都会给教师带来一些教学上的难题。有时候，发现一个学生的问题不难，难的是分清这些问题的轻重缓急，并确定先对哪个问题进行干预。判断轻重缓急之所以很难，原因之一就是，对教育计划的不同方面，不同的教师、学校和社区的侧重不同。

不同社区的学校差别很大，但它们无一例外需要得到社区成员的支持。例如，一些学校强调创造力和表达力，而另一些学校则看重基础能力或高要求的文化课程。面对来自不同学校的不同要求，提供考试服务的商家就需要采取相应的对策，这并不奇怪。因此，市面上可用的考试工具简直多如牛毛。更糟的是，它们的作用完全被夸大了。教师们经常被告知某种考试不仅可以确定学生具体的教育需求，而且可以帮助教师精准地确定应该对每个学生使用什么教学方法。我们在此郑重澄清：截至现在，这种说法根本不存在任何可信的证据。

在选择教学方法时，教师必须将其视为一项需要用科学的问题解决方法来完成的任务，而不是找一个测试工具，将其结果作为教学指南。通常情况下，在所有问题解决任务中，第一步都是确定具体的问题是什么。行为问题通常被定义为个体在某一技能或行为上存在过度或不足。学习成绩的问题主要在于学习技巧不足、不会合理使用技巧、个人知识储备有限等。

在确定问题的过程中，有一部分就是收集证据，来验证当前正在做的决定。我们需要就问题的性质、严重程度提出证据，需要找出导致问题的可能原因和使问题恶化的各种因素，需要设计足以改变问题的方法，还需要对最后的结果进行监测，在此过程中需要用到各种各样的程序，这些都被认为是评估。

测试是评估的一种形式，但对 EBD 患者的评估包括更多的工具。例如，应该包括对学生在不同环境和背景下的行为的直接观察。通常情况下，对目标学生、目标学生的同龄人、家人和教师的访谈会给我们带来其他方式无法获得的洞见。

对面向 EBD 学生的教育工作者来说，有许多评估技术都是可用的。为了完整地了解学生的教育需求，教师应该仔细权衡和考量他们需要的证据，然后选择各种合适的工具来收集数据，并对这些数据进行反复核对。这种类型的评估是一个持续的过程，是教学和干预的一个组成部分。

正如我们前面讨论的，对于特殊教育和相关服务来说，初始资格评估的重点显然只是一个"是"或"否"的决定，而持续进行的评估主要关注的是如何设计干预措施和衡量学生的进步。资格评估必须是多学科的，强调尽量排除那些与问题无关的原因。相比之下，以教学或其他干预为目的的评估更注重的是教师对学生的课堂行为和学校表现的评估，以及如何改进这些行为。

教学评估及其他干预评估

如果评估的目的是为了干预，我们需要注意的是各种可能对问题行为或学习缺陷的起源和矫正起着重要作用的因素。许多教育工作者认为，评估过程等同于测试。但测试通常只着重受控环境下被测试者在单一行为或技能上的表现，而评估则需要利用多种技术，为最终的决定收集支持证据。所有的测试都是评估，但因为评估可以包括诸如访谈、行为样本和对学生行为的观察等活动，所以并不是所有的评估都是测试。只要条件允许，所有评估信息都必须来自父母、教师、玩伴、同学和其他公正的观察者。

特殊教育干预评估还需要关注学生在学校表现出来的各种问题，这意味着评估必须关注学生在学校环境中取得成功所需的技能和行为。评估转介学生的程序至少应该包括智力和成绩的标准化测试、行为评定、同伴关系评估、访谈、自我报告和直接观察，我们将在后面的内容中简要地讨论每一种方法。其中在监测教学效果方面特别突出的评估方法叫"课程本位评估"。课程本位评估也可以应用于评估社交技能。

具体到问题行为，一个需要回答的批判性评价问题是，某个具体行为在学生的生活中有什么作用？功能性行为评估就是旨在为这个问题提供答案的评估方法。行为的功能是评估要解决的关键问题，在一个设计良好的功能性行为评估中我们可以观察到本节讨论的所有类型的评估信息。

最后，我们可以像评估学术能力一样评估行为。社交–情绪行为可以被当作一个教学问题来分析：我们怎样才能教给学生更好的行为方式？对教学的明确关注有助于教育者将评估直接与教学联系起来，防止不当行为的发生，并将重点放在积极的干预计划上。最终，评估的目标应该是预矫正——通过与评估直接挂钩的巧妙且精心策划的指导，引导学生远离不良行为，走向理想行为。

智力与成绩的标准化常模参照测试

在用于 EBD 学生的评估工具中，有一些是标准化的常模参照评估。在评估中，标准化的意思是指对每一个被评估者都使用同样的测量工具或评估程序。如果我们要比较两个学生的评估结果，或者比较不同施测者对同一个学生的评估结果，标准化是必要的。

常模参照是指给测试产生的分数赋予意义的方式。在常模参照测试中，学生的成绩是根据其与该测试中常模群体的平均分数的差异程度来评估的。智力测试和大多数商业上可用的成绩测试都是常模参照测试，在这些测试提供的手册中包含了各种数据表，说明了不同年龄、年级的测试者的常模是什么。比较好的评估工具一般还会提供关于常模群体的性别、种族和社会经济地位等详细信息。然而，对于许多课堂测试来说，一个全国性的常模可能不是特别重要，与其将某一教室中的一个人或一组学生与全国平均水平进行比较，不如与上一届学生、同一学校或地区的所有学生，甚至与同一组学生在该学年早些时候的分数进行比较，这可能更有参考意义。在某些情况下，根本不需要常模，因为教师想知道的唯一问题就是学生是否已经掌握了某一特定的内容或技能（例如，字母表中的所有字母、基本的乘法口诀或原子成分）。在这种情况下，教师可以使用标准参照测试，即将个人的成绩与预先设定的及格标准进行比较。在标准参照测试中，我们关注的重点是个体答对的题目数量或百分比（如 90%）。在常模参照测试中，个体答对的题目的数量固然重要，但我们更关心的是和对照组答对题目的数量的比较（例如，一个学生可能得分在第 50 个百分位，这意味着她的分数在常模样本或其他对照组中与 50% 的学生相同或更好）。有效的比较组或常模组对成员有严格的要求，这些人必须与应试者在某些重要的、和任务相关的方面有相似之处，比如在学术和智力测试中要重点考虑年龄和年级，还有一些测试则要重点考虑性别、语言或文化因素。

教师在每次使用常模参照的测量方法时，都应考虑被评估的学生与常模组是否匹配。如果将幼儿的阅读能力和更年长的孩子进行比较，可能不太公平。相反，那些因留级而重修课程的学生可能会从这额外一年的教学中受益，他们可能会比那些只学了一年的同学表现得更好。简而言之，为了将学生的阅读表现与其他组进行有意义的比较，对照组应该由同龄或同级的学生组成，并且在阅读上接受的教学量是相同的。无论在什么情况下，在常模参照测试中，要正确解释学生所得分数的意义，都必须指定正确的对照组或常模组。与此相关的最新发展观点认为，在评价一个人的行为或表现时，应该考虑不同种族群体的文化规范。此外，一些研究人员指出，在不同的教育阶段，男性和女性的认知发展存在差异。如果指定的常模组仅由来自某一种族或某一性别的成员组成，在某些情况下可能具有优势，但也可能让人们更加强烈地意识到这些表面特征（如性别、种族）所产生的差异。

常模组要满足的是可比性问题，标准化测试则可用来评估学生对所学知识的掌握情况，并将其成绩与同龄常模进行比较。它们可以提供对具体某个学生当前能力的描述，并指出该生在哪些领域需要指导。智力测试可以让我们了解学生的一般学习能力，并以此预测学生的学习成绩；而学术成就测试则可以挖掘出学生某些更具体的能力。然而，就某个学生该怎么教才最合理的问题，这两种考试提供的信息都不足为凭。

我们有充分的理由采用标准化智力和成绩测试。例如，要了解一个学生在学习能力方面的进步，将其与全国性样本中其他学生的进步相比是很有帮助的。但必须注意避免几个可能出现的严重错误，它们包括：（1）没有考虑到学生所得分数的误差范围；（2）有些测量方法不能有效检测出分数随时间的变化或教学前后的变化；（3）没有考虑到成绩测试与一些特殊班级（教学目的不同）的适配性；（4）分数对某些重要方面的预测性不足。

正如我们在本章前面提到的，任何测量结果至少都由两个部分组成：我们试图测量的真实能力（得出一个假设的真分数）和测量误差。我们用测量标准误（SEM）描述测量中的平均误差。当教育工作者在考虑分数是否代表有意义的进步时（如在年初和年底进行的测试），他们必须检查两次测试的分数差异超过 SEM 的程度。例如，假如某种测试的 SEM 为 ±3，那么在随后的测试中，如果一个学生的分数或一个组的平均分数只有 3 分的变化，那么这可能是由于测量误差，而不是学生实际成绩的进步或退步。

我们通常想了解学生的分数在教学前后以及过一段时间之后会有什么变化，在这一点上，各种用于评估学生成绩的测量工具表现不一。常模参照测试通常无法检测出学生行为上的微小变化，因为这类测试的目的是为了使其具有足够的普遍性，以便在全国范围内使用。因此，在具体课程、活动和教师背景上的差异往往在测试中被忽略了。此外，以常模为参照的、标准化的测量通常涵盖了一个非常大的年龄跨度，所以相对于这样的规模，几乎所有量表的项目都显得太少了（也就是说，针对某个年龄或年级可能只有几个项目），不足以准确、可靠地检测出一个学生在成绩上的细微变化。相比之下，由于随堂测验和课程本位测量方法包括了某一特定领域在某一特定水平上的更大样本，所以它们可以帮助指导教学，并向学生反馈他们的进步情况，这比标准化的、常模参照的测试要好得多，后者更适于检测行为在长时间内发生的较大变化。

如果不考虑成绩测试和特定班级教学目的之间的匹配性，对测试结果的解释就毫无意义。尽管在美国大多数州已经建立了通用的课程标准，但即使是相同科目、相同教学内容、相同年级水平，甚至相同学校，任课教师之间也存在很大的差异。如果教师想要衡量自己的教学水平，就应该使用基于课程的测量工具（也就是课程本位评估），而不是以常模为参照的标准化测试。在测量教学效果的时候，如果想让结果真正有意义，显然必须直接针对实际教学进行测量。

在关于教育的测量中，最大的问题就是无法用分数预测重要结果。例如，从标准化测试中获得的智商并不是对智力潜能的衡量，也不是固定不变的，它仅仅是对个体在特定领域的一般学习情况的衡量，而且只是与其他构成常模样本的同龄学生的学习情况的比较。智商只能勉强预测出一个学生在没有任何特殊干预的情况下未来的学习情况。还要注意的是，学生在某一天、某一次考试中的表现会受到许多因素的影响。即使在最好的情况下，分数也只是一个估计的范围，学生的真实分数很可能落在这个范围内。

在评估 EBD 学生时，了解标准化测试中可能存在的陷阱尤其重要。EBD 的相关障碍往往会在教学和测试中干扰学生的学习和表现。因此，有此类障碍的学生很可能在标准化测试中的得分很可能低于他们的真实能力。作为一个群体，他们在智力和成绩测试中的得分往往低于平均水平。因此，我们有必要对他们的能力进行更仔细的评估，以避免在为他们的表现设定期望时出现错误。

人们在对一些颇有声望的智力和成就测试及其他标准化测试提出反对意见时，针对的通常是对这些测试的不当使用和对测试分数的不当解释。请注意，这些批评的焦点是教育者对评估程序的不熟悉或施测时的不专业，而不是测试本身。当然，这种误用或误解会破坏任何评估程序的价值。至于标准化常模参照测试的好处和局限性，我们已经详细讨论过了。总而言之，尽管有一定的局限性，但若适当谨慎地使用智力和成就的标准化测试，可以有助于评估 EBD 学生在重要领域的优势、劣势和进步。

行为评定量表

行为评定量表（Behavior Rating Scales）通常被用来评估 EBD 和为 EBD 学生制订教育计划。有时会需要由不同的人（如家长和教师）完成评定量表，然后比较不同的人在评估学生行为时的一致程度。当把这些综合起来时，来自不同个体的评定也减少了偏见的可能性。事实上，我们应该尽量避免仅根据某个人的评价来做出判断，无论这个人是父母还是教师。正如罗格·皮安杰洛（Roger Pierangelo）和乔治·A.朱利亚尼（George A.Giuliani）所言，"总结各方的意见，就可以对儿童的日常表现做出更全面的评价。"我们可以将评定量表上的分数与常模进行比较，这有助于判断儿童的行为是否需要干预，也有助于对儿童或青少年表现出的问题进行描述或分类。在本章的末尾，我们会进一步讨论关于分类的问题。

除了有助于描述和分类，评定量表还可以反复使用，所得的分数也可以用来评估干预的进展情况。然而，行为评定量表并不足以帮助我们确定具体的行为目标，要想明确行为改变的具体目标，需要进行直接观察。

在信度、效度、不当应用和偏见等方面，评定量表与其他标准化评估工具一样，可能会出现使用不当、解释错误的情况。还有一种使用不当的情况是让教师或其他不太了解学生的人完成行为评定量表。

直接观察与直接测量

大量行为研究支持在学生发生行为问题的环境中直接对学生进行观察。直接观察指观察者（如教师、心理学家、家长）亲眼看见行为的发生，直接测量指立即记录行为的发生。因此，直接观察和直接测量得到的是行为发生的频率、程度、发生概率等信息，而不是评分。

行为观察的好处在于可以让观察者敏锐地觉察到行为中的细微变化。因此，用观察法比用评定量表能更早发现学生行为功能的进步或退步。

在进行直接观察和测量时，不仅要把学生的问题行为一一记录下来，还需要认真选择：（1）对行为进行测量的环境或情境；（2）观察和记录的系统化方法；（3）能保证观察具有可靠性的程序；（4）积累、展示和解释数据的方法。除了对行为本身的观察之外，在初步评估中，通常还要观察并记录直接的前因（之前发生的事）和后果（之后发生的事）。记录前因后果是因为这些条件或事件通常有助于解释行为发生的原因，如果改变这些条件或事件，就可能会使行为发生改变。

目前我们已经发展出了众多直接观察和直接测量的技术，其中有不少可以直接应用在教学上。但观察和测量系统可能非常复杂和昂贵，只能供少部分专家使用。所以，如何能让观察和记录系统保持操作简单且价格低廉，可以让教师在日常教学实践中随意使用，是发展的一个主要目标。这种非常方便教师使用的系统可以随时用于课堂干预。此外，在技术上，已经从计算机辅助观测系统发展到了平板电脑、智能手机或其他基于手持设备的观察工具，可以高度准确地记录和总结一些重要的事件，方便观察者理解学生在课堂环境中的行为。

目前有一种新兴的方法非常值得关注，该方法有时被形容为直接观察和评定量表的混合或组合，被称为"直接行为评定"。在该系统中，教师会对孩子在某一项上的表现进行评分，或者在短时间内对其在少数几项上的表现进行评分。例如，教师可以每天在卡片上标注 1 分、2 分或 3 分，以表示学生在数学课上的专心程度（或没有出现干扰行为）。

在评估涉及外显性问题的障碍时，直接观察是一个特别重要的方法，有这类障碍的学生通常存在攻击、骚扰他人的行为。不管涉及的行为属于哪种类型，我们都可以利用直接观察解决以下问题：

- 问题行为或行为缺陷是在什么环境下表现出来的（家里、学校、数学课堂还是操场）？
- 在不同的环境中，行为发生的频率、持续时间或强度如何？
- 行为发生之前会发生什么？是什么为此行为创造了条件？
- 行为发生后，紧随其后出现的什么情况会强化或削弱此行为？
- 是否观察到其他不恰当的反应？
- 可以教导或强化哪些适当的行为以减轻问题的严重程度？
- 该学生的行为向他人传递了什么信息？

在直接观察中，我们需要仔细定义可观察的目标行为，并经常（通常是每天）记录其发生的情况。有一些干预措施和评估程序依赖的就是这种方法。行为理论取向的教学方法更是将直接观察当作干预的中心特征。课程本位评估依赖的是对学习行为和社会行为的直接观察和记录，而直接观察是功能分析的必要组成部分。直接观察也是许多源自社会认知模型的干预措施的重要成分。因此，在所有可选的干预评估方法中，直接观察和直接测量行为可能是最重要的。

访谈法

访谈在结构和目的上有很大的不同。它们可以是随心所欲的对话，也可以按照规定的提问方式获取有关特定行为或发展历程的信息。访谈对象可以是能用言语表达自己的儿童，也可以是成年人，包括学校工作人员、家长和其他可能与目标学生接触的人。访谈法可以被用来评估各种各样的问题或特定类型的障碍，如抑郁、焦虑，也可以用来帮助了解儿童在技能方面存在的问题——是根本没有掌握，还是表现较差，抑或是熟练程度不够。正如我们在后面的内容中要讨论的，教师访谈（有时还包括与其他相关工作人员和家长的访谈，这取决于特定行为问题的性质和背景）是功能性行为评估过程的一个典型部分。

要有技巧的进行访谈不是一件简单的事情。如果访谈的焦点是那些闯祸的行为，被访谈者通常会变得具有防御性。由于访谈者和被访谈者的文化背景不同，可能会导致沟通不畅，如果访谈中的回答是半真半假、具有误导性的信息，甚至带着回避或误解，那么对评估并没有多大帮助。此外，如果需要让被访谈者回答一个与久远往事相关的问题，访谈者必须对答案的准确性保持合理的怀疑。仔细权衡被访谈者的主观意见也很重要，特别是当他们的回答带有情绪化或与其他主观报告或客观证据严重不符时。最后，要想从访谈中提取并准确记录最相关的信息，需要敏锐的判断力和出色的沟通技巧。

访谈应该帮助评估者了解学生和重要他人的互动模式以及彼此的感受，还应该帮助评估团队的成员决定他们需要哪些额外的信息。但只有在访谈者具有高超的人际交往技巧，具有做出准确临床判断的经验和敏感性，并且能够关注相关行为及其社会背景信息的情况下，访谈才能达到这些目的。

从访谈中我们可以了解到学生的行为、能力、环境条件和行为后果，这些描述可能有用，但往往不够准确，如果没有其他来源的验证，就不足为据。一定要注意从访谈中得到的信息与从直接观察中得到的信息之间的差异，因为有时候这些差异在设计干预方案时至关重要。例如，如果教师或家长报告说，他们经常表扬孩子的适当行为，忽视不当行为，但直接观察显示实际情况与此相反，那么在设计干预计划时就必须考虑到成年人的这种错觉。

同伴关系评估

在儿童和青少年正常的社会发展中，与同龄群体的互动及被同龄群体接纳是必要条件。EBD 学生往往不能发展正常的同伴关系。有些人孤僻低调，逃避与同龄人的交往。有些人则对同龄人有攻击性，在任何团体活动中都会产生破坏性的影响，在同学中行事高调、引人瞩目，但这种关注并不是正面的。他们经常遭到来自同龄人的排挤。

研究人员注意到，有行为问题的学生实际上可能是有朋友的，但与他们交往的同龄人往往是其他同样行为不当的学生。总之，有一部分 EBD 学生最后往往是形单影只，因为他们没有必要的社交技能来与他人进行礼尚往来的积极交流，而这种交流是友谊的特征。还有一种情况是，他们只能与其他具有负面影响的人发展友谊。

对同伴关系的评估是研究和实践的一个重要方面，包括识别各种障碍的亚型、确定社会地位、选择学生进行社会技能训练、判断干预的结果以及预测长期结果。我们可以通过多种方法评估儿童和青少年的同伴关系。有些筛查工具包括由同龄人完成的评定量表，还有一些由各种社会测量问题组成，这些问题主要用于评估同龄人之间的接纳程度或排斥程度，还可用于评估同伴关系的模式。有时我们还可以进行有关儿童和青少年社会关系的访谈。社会测量技术并不一定是筛选程序的一部分，但经常用于研究和评估，其中同伴关系是一个核心问题。直接观察有时被用来衡量学生主动与人交往或对同龄人的示好做出恰当反应的频率。威廉·H. 布朗（William H.Brown）、塞缪尔·L. 奥多姆（Samuel L.Odom）和维吉尼亚·布斯（Virginia Buysse）观察到，在评估同伴关系的时候，不同的方法往往会得出不同的结果。因此，他们建议在评估同伴关系时采用多种策略。

自陈报告

自陈报告通常要求学生对各式检查表、评分表或访谈做出回应，描述自己的行为或感受。学生如何看待自己以及他们对不同情境的情绪反应是评估的重要部分。在评估物质滥用、焦虑、恐惧和抑郁等障碍时，自陈报告尤其重要，因为这些障碍与情感高度相关，通常无法直接观察。然而，对于那些不善言辞或无法整合自身感受的青少年来说，自陈报告的价值有限。此外，由于多种原因，自陈报告很容易出现故意多报或少报的情况，学生可能倾向于告诉考官他们认为考官想知道的东西，或者希望以某种特定的方式展示自己。因此，自陈报告的数据必须得到其他数据来源的证实。

在一些行为评定量表中就包括自陈报告及教师和家长的评定，如《儿童行为评定量表》，并可能产生多个行为维度的分数。其他自陈报告量表被设计用来探索特定的自我认知、情感或行为领域的信息，比如自我概念、孤独、酗酒、抑郁等。和其他评估策略一样，对自陈报告必须谨慎解释其信度和效度，而且一定要和来自其他渠道的信息相对照。

课程本位评估

20 世纪 80 年代中期，出现了一种利用日常课程材料定期对学生的表现进行直接测量的评估方法。该方法有几种不同的叫法，如课程本位测量、课程本位评估、课程本位评价等。不过，更为常见的提法是进度监测，正如马克·R. 希恩（Mark R.Shinn）所言，不管把这种方法叫作什么，频繁的进度监测都是教师用来帮助 EBD 学生在学业上取得进步的强大工具之一。

课程本位评估和前面描述的传统常模参照测试之间有几个关键的区别。最重要的是，在课程本位评估中，是以与被评估学生相关的课程材料为样本，从中抽取一些题目对学生进行测试；而在传统测试中，教师在出题的时候尽量让测试题目能够代表整体课程。但大多数常模参照测试的目的是了解个体在某个群体中的排名情况。因此，在常模参照测试中，选择题目的标准是题目能否全面考查个体的能力，而不是为了达到实际的课程目标。相比之下，课程本位评估关注的是每个学生自身的进步，而不是学生与学生之间的差异。

"课程本位评估"是一个通用术语，任何以获取学生课程表现相关资料为目的的信息收集方法都属此类。课程本位测量是课程本位评估中的一套专门程序，用于测量学生在基本技能方面的进步。

课程本位测量通常是针对学生在单一任务（如数学、阅读、写作、拼写）上的表现而进行的简短、频繁的测量。由于测量是重复进行的，所以一定要选择适合重复测量的任务。需要长时间练习的任务通常是重复测量的最佳选择，如阅读的流利程度和算术运算。我们可以在课堂上考查学生掌握的与课程内容相关的词汇量，这已被证明是评估学生进步程度的有效而可靠的指标。每个学生的表现会与同一学校使用相同课程的其他学生的表现进行比较。例如，为了评估学生的阅读能力，可以要求他们大声朗读课文中的某篇文章，朗读时间为一分钟，大概每周三次，并记录相关数据（每分钟读对的单词、每分钟读错的单词或两者兼有）；为了评估学生的写作能力，可以要求他们在三分钟内完成一篇命题小作文；为了评估学生的计算能力，可以要求他们在两分钟内完成尽可能多的计算题，这些题都是从基础课本中摘取出来的，可以评估他们在数学这一科目的表现。将这些评估的结果用图表的形式记录下来，并将学生的进步情况与被称为"目标线"的预期基准线进行比较。图 15.1 就是一个用于课程本位测量的示意图。当学生的成绩在指定的观察次数（通常是 3 ~ 4 次）内低于目标线时，教师可以通过改变教育计划来进行干预。请注意，图 15.1 中的目标线（虚线）是由左向右上升的。在这种情况下，教师的目标是增加目标行为，低于目标线的数据点表示成绩不佳。如果教师的目标是减少目标行为，目标线就会下降，高于目标线的数据点则表示成绩不佳。

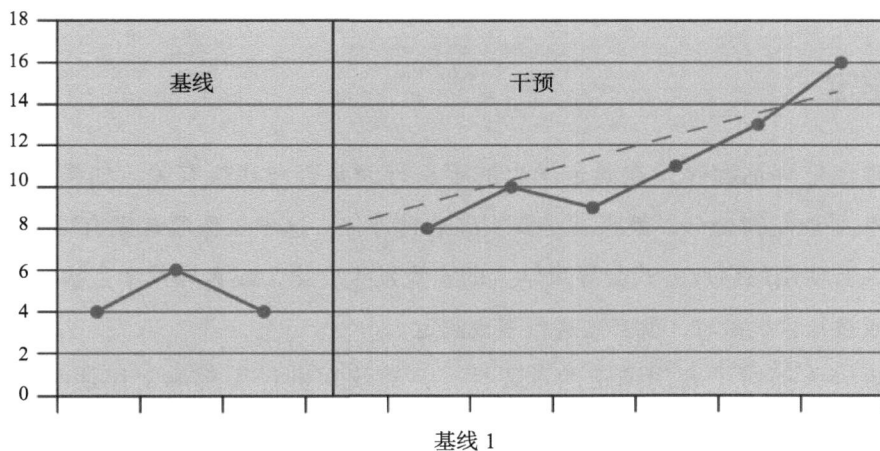

图 15.1　课程本位测量示意图

　　许多教师反对在课堂上使用课程本位测量。有时，教师之所以抵制，是因为他们认为，在衡量学生的进步时，只关注独立单元（如阅读的准确性）是一种不合理的测量方式。但有大量研究表明，这样的担忧是没有根据的。根据一项最全面的关于形成性评量进度监测的另一个术语的研究，频繁地监测学生的学习进度是教师对学生学业成功较有力的影响之一。这证实了福尼斯、卡威、伊拉娜·M. 布卢姆（Ilaina M.Blum）和约翰·威尔士·劳埃德（John Wills Lloyd）早前的分析。另一些教师表示，之所以不愿意使用课程本位测量，是因为它与他们熟悉的测量系统有很大的不同。这样的反对非常令人遗憾，因为根据课程本位测量数据而制订的个性化教育计划可能更合法合规，而且对它们旨在帮助的残疾学生更有利。

课程本位评估之所以如此重要，是因为大多数因罹患 EBD 而接受特殊教育的学生在学习上都存在问题。此外，课程本位的支持者们将社交技能也列为可测量的表现。学生及其同龄人的具体行为问题或社会技能（如殴打同学、自我贬低、主动与人结交、礼尚往来等）可以被系统地记录下来以供比较。如果某个学生的行为与其他学生有显著不同，那么他或她就可能被鉴定为需要接受某种特殊干预以改变某个不良行为，然后再将干预后该生的行为与其他同学进行比较，以评估干预的效果如何。

这种课程本位评估方法与直接观察的显著区别在于，课程本位取向的方法假定学校有一套完整全面的社交技能课程，也就是说，社交技能是以系统化的方式传授的。但遗憾的是，社交技能课程还没有得到很好的发展，虽然有这么一门课程存在，但许多学校并没有开设。

表现测定

表现测定评估程序旨在确定学生的不良行为是否与残疾有关，如果学校考虑对 EBD 学生采取纪律处分，就很有必要实施这种评估。这项工作通常极有难度。但当学校行政人员使用的惩戒方式会导致学生的安置发生变化，或者导致学生被勒令停学 10 天以上或被开除学籍时，就必须进行表现测定。

耶鲁等人探讨了表现测定的重要性，并建议在进行表现测定评估时，应包括：（1）学校的考试纪录以建立学生的教育档案；（2）与家长、教师、目标学生和其他学生的访谈记录；（3）观察学生在不同情境（如操场、不同教室或课堂活动、食堂）中的行为。家长可以向表现测定评估团队提交评估数据（如私人心理治疗师或医生的评估）。在收集相关数据之后，团队必须首先确定学生的个性化教育计划相对于问题行为是否合适。也就是说，他们必须确定，如果该行为已被确认为学生残疾的一个方面，那该生的个性化教育计划是否已解决该问题行为。如果个性化教育计划是合适的，那么团队必须确定有关方面是否正在按照个性化教育计划提供相应的服务。如果这些问题的答案都是否定的，评估团队就必须重新制订个性化教育计划，并提供相应服务来防止这种行为再次发生。在上述情况下，就不必再继续进行表现测定了，因为学生的行为和残疾被认为是由于缺乏适当的个性化教育计划或未得到应有服务而造成的。如果其中至少一个问题的答案是肯定的，评估团队就必须考虑这个学生的残疾是否影响了其以下两个方面的能力：（1）理解行为的后果；（2）控制问题行为。如果确定学生的问题行为与罹患的残疾有关，学校就需要制订个性化教育计划，通过这样的方式处理问题行为，而不是简单地对学生施以惩罚。

功能性行为评估

最晚从 20 世纪 90 年代初开始，相关研究的重点就放在了对学生行为所具有的功能的分析上。功能性行为评估是一个系统化的过程，通过获取和分析评估数据来更好地理解是什么导致了问题行为，以及是什么维持了这种行为。功能性行为评估的目的不仅仅是为了更好地理解问题行为的性质和原因，评估数据还能帮助教育工作者制定更有效、更积极的干预措施。功能性行为评估的目标是直接将干预与行为功能联系起来，提高对学生行为支持的效果和效率。马顿斯（Martens）和兰伯特（Lambert）将功能性行为评估描述为一套程序，它有助于发现：（1）让问题行为得以维持（强化）的原因是什么；（2）在目前的环境中有哪些导致问题行为的因素；（3）学生目前是否有能力采用其他更合适的行为来获得相同的强化物；（4）为了鼓励学生改变自己的行为，首选且效果显著的强化物有哪些。

在 1997 年的《残疾人教育法修正案》中，要求学校为有行为问题的残疾学生进行功能性行为评估，并制订正向行为干预计划。虽然行为功能分析的推广普遍受到欢迎，但有些人怀疑学校的专业能力是否能满足如此广泛的需求，尤其是功能性行为评估还具有复杂、费时的特点。

功能性行为评估的目的很简单，但针对学校，在具体实施中一直存在着争议。1997 年的《残疾人教育法修正案》要求学校为那些行为影响到自身或他人学习的残疾学生进行功能性行为评估，这受到了许多专业人士和倡导者的欢迎，但由于在实施过程中有很多要求，一些人质疑学校是否有足够的人手和培训能力来满足这些要求。进行功能评估的方式并不神秘，但耗时且费力，并且需要评估者掌握与各种评估策略相关的知识。它通常以结构化的教师访谈（或自我访谈）开始，目的是澄清问题行为的性质（包括其形式、频率、持续时间和强度）和可能发生问题行为的情境（如时间、场合）。评估其他人对学生行为的反应，包括同龄人、教师和家长的反应。对学生的行为全天候进行追踪，以了解该行为是如何、何时、何地发生的，以及它所产生的结果——给学生带来了什么，又让学生避免了什么。然后，根据所有的评估数据，教师会形成一个假设——为什么会出现这种问题行为，可以改变什么来解决该问题。

对于那些年龄较大、认知能力较强以及社交－情绪问题较为复杂的学生，进行功能性行为评估可能会更难一点。有时我们很难找到一个既让学生喜欢又符合项目目标的活动。不过，功能分析为如何安排课堂条件和教学程序提供了依据，使学生在解决其行为问题的同时获得了最大的自由和自我控制。了解某种行为的具体功能也可以增加教师对学生的同理心，但除非我们根据该行为的功能来制订行为干预计划，否则行为功能分析就无甚用处。

正向行为干预计划

根据美国《残疾人教育法案》，如果一个残疾学生的行为妨碍了其教育进程，个性化教育计划团队就必须为他制订一个正向的行为干预计划，并将其纳入该生的个性化教育计划，而且这个行为干预计划必须以针对该问题的功能性行为评估为依据。正向行为干预计划的重点很明确，它关注的是那些最有可能促使学生表现出理想、适当行为的条件，而不是消除行为问题。在这个过程中，行为问题当然会减少或消除，但这一理想结果是通过鼓励理想行为而间接实现的。

预矫正

教师们经常忘记一件事，其实在学术教学中那些最有效的策略同样也可以用来教导恰当的社交－情绪行为。无论教学问题是学术上的还是社交－情绪上的，认真记录下某一错误最有可能发生的场合或情境，是解决问题的第一步。在注意到一个典型错误可能发生的情境之后，教师可以对该情境做出相应的调整，以降低错误发生的可能性。其他减少学生犯错概率的方法包括帮助学生练习正确的反应、强化（奖励）正确的反应、必要时提示（提醒或协助）学生做出正确的反应、监督学生的进步。这种方法将评估与积极主动的教学策略结合起来，可以防止许多不当行为的发生。因此，科尔文等人提出了"预矫正"一词，指那些旨在避免需要矫正的行为发生的策略。预矫正通常至少包括以下几个步骤：（1）确认通常会导致问题行为的情境；（2）明确可以用哪些行为替代问题行为；（3）查看学生在遇到问题情境之前有哪些适当行为；（4）鼓励学生在问题情境中采用适当行为；（5）在适当行为出现时予以强化。

斯泰特尔描述了一个简单的例子，可以阐明预矫正的概念和程序。斯泰特尔发现，一些被认为行为可能会出问题的二年级学生在经过自助餐厅服务台时，经常忘记拿一些必要的物品（如餐具、餐巾纸）。所以他们经常会离开餐桌，回到服务台去拿这些东西。如果你对那些有高度失学风险的学生不够了解，在你看来这可能就是一件微不足道的事情。但有经验的教师知道，更严重的问题往往围绕着这些看似琐碎的寻常行为产生的。他们离开自己的餐桌回到（很可能是强行插队）服务台，然后再回到餐桌前，在这个过程中随时都有可能发生冲突（例如，推搡、指责、拌嘴或可能升级为更严重的反社会行为）。斯泰特尔的评估方法重点是"如何教导适当行为"，而不是"如何停止问题行为"。根据她的观察，学生在准备离开教室去吃午饭和进入食堂排队时，往往会忘记拿一些物品，因此她决定尽力教导学生在排队时记住带上所有必需品，这样他们就不需要再返回了。她的教学过程很简单，大致如下。

- 强调良好行为。在排队时记得带上所有需要的物品。
- 调整问题情境。在离开教室去吃午饭前，列出所有必需品（牛奶、叉子、餐巾、吸管等）。
- 提前进行演练。要求学生复述所需物品清单。
- 提供有力强化。如果学生记住了所有物品就给予奖励，比如小糖果、积分或额外的休息时间，让他们有动力记住所有的东西。
- 最后提醒学生。在进入餐厅之前提醒学生："务必拿好所有必需品。"
- 监督学生表现。统计学生返回服务台的次数。

在斯泰特尔发现问题所在并采取相应的教学方法（即预矫正计划）后，因丢三落四而返回服务台的学生的人数立即大幅减少。在她的预矫正计划实施之前的 10 天里，她观察到每天有六七个孩子返回教室或服务台拿东西；在执行该计划后的 10 天内，她观察到在第一天还有两个孩子这样，但之后就只有一个或没有了。此外，在实施预矫正计划后，她还看到学生表现出了一些亲社会行为，如适当地分享物品或互相提醒不要忘记带物品。这样做的好处是，她不需要对孩子们喋喋不休或纠正他们，也不需要连哄带吓让孩子们不要这样或不要那样。孩子们可以做出自己的选择，而且往往是"正确"的选择。这对教师和学生来说都是正向的体验。

适应普通教育评估标准

在 20 世纪 90 年代，美国联邦政府和各州当局对学生成绩普遍下降的现象非常关注，这种担忧一直持续到了 21 世纪。正是因为这一担忧，引发了有关方面非常强调标准本位改革，或者建立以标准化考试衡量学术成就的标准。改革者们认为，教师们对学生的期望值太低了，应该对所有学生的成绩提出更高的标准。尽管期望所有学生（无论残疾与否）都能达到同样的能力水平显然是荒谬的，但 2001 年的《不让一个孩子落后法案》却将这种无稽之谈写进了法律。

特殊教育是公共教育体系中不可或缺的一部分，而特殊教育工作者又非常强调对普通教育的参与，因此残疾学生也被纳入了需要追求更高标准的人群。既然有人认为我们对特殊教育的学生期望值太低了，改革者就据此得出结论认为，我们不仅应该期望残疾学生与普通学生一样学习普通课程，而且还应该期望他们在学习进度评估中表现出与非残疾学生相当的水平。此外，改革者们还认为，任何学校或州政府，都有责任让残疾学生在普通教育课程中取得令人满意的进步。如果不向残疾学生传授与普通教育相同的内容，就会被解释为对这些学生的期望值较低，导致他们的成绩较低，甚至因此而无法顺利过渡到成年生活。

实际上，与一般标准相比，我们对残疾学生的进步情况知之甚少，对教育改革可能对他们产生的影响同样无甚了解。标准本位的改革运动也引发了如下争议：

- 标准是什么？
- 标准要设定多高？
- 哪些课程领域应设定标准？
- 应由谁来制定标准？
- 如何衡量达到标准的进度？
- 如果没有达到标准，学生、学校会有什么后果？

对于残疾学生，还会有一些其他问题：

- 所有标准都应适用于所有学生（无论其是否有残疾）吗？
- 各地区的适龄学科教育应该优先于补习教育、职业教育或自考教育吗？
- 如果学生有残疾，达不到给定的标准会有什么后果？
- 在什么情况下适合应用其他标准？
- 在评估进度时，在什么情况下应该做出特殊的调整？

在回答上述问题时，在个别情况下需要做出专业判断。

每个学生的个性化教育计划必须包括可衡量的年度目标，包括与以下内容相关的基准点或短期目标：

- 1.满足儿童因残疾而产生的需求，使儿童能够参与普通课程并取得进步；
- 2.满足儿童因残疾而产生的其他教育需求。

因此，为每个残疾儿童制订个性化教育计划的专业团队，必须就该儿童如何参与普通课程做出个性化决定，个性化教育计划应解决普通课程无法满足的那些教育需求（如果有的话）。这包括那些在特殊班级或特殊学校接受教育的儿童。

评估程序也要根据学生的特殊要求做出一定的调整，包括改变作答时间、改变评估环境、改变题目呈现方式或作答方式。尽管这种调整可能会对某些残疾学生在标准化测试中的表现产生重大影响，但具体的调整方式通常很难选择，有时甚至对学生毫无帮助。例如，让一个在专注方面有问题的学生长时间答题，对这样的学生而言，延长完成考试的时间实际上可能是有害的。一个更好的方法可能是把考试分成几个部分，在不同的时间进行。在进行适当的考试调整时，必须始终以个别学生的特点以及考试的性质和要求为依据。

评估与社会验证

负责对学生进行评估的人必须关心这份工作的科学性或技术质量，以及评估结果的社会效度。社会效度是指那些表面上被帮助的对象（学生、家长和教师）以及干预者达成了以下共识：（1）一个重大问题正在得到解决；（2）干预过程是可接受的；（3）干预结果是令人满意的。社会验证是评估干预的临床重要性及其对于个人或社会的意义的过程。社会验证包括社会比较（如与没有表现出障碍的同龄人进行比较）和主观评价。它需要参考专业或非专业人士对个体行为的主观判断。

如果某个学生的行为在干预前与对照组有显著差异，而在干预后与对照组没有区别，那么社会效度就是通过社会比较形成的（这与课程本位的方法是一致的）。而如果学生和经验丰富的观察者都认为，在干预前学生的行为令人无法接受，在干预后则有了显著改善或令人满意，则社会效度是通过主观评价形成的。对于特殊教育工作者来说，社会验证是一个特别重要的问题，因为现在普通教育和特殊教育之间的界限越来越模糊了，越来越多残疾学生在普通班级接受教育，而且主要由普通教育教师授课。

评估数据用于个性化教育计划

对特殊教育的评估不仅具有法律意义，还具有专业意义。在最后对学生做出合理合法的鉴定、教学和安置时，都必须以评估数据为依据。《残疾人教育法案》的核心要求是，对每一个罹患残疾并因此需要特殊教育的学生，都必须制订一份书面的个性化教育计划，具体阐述每个学生将接受哪些适当的教育。

在制订和执行个性化教育计划的过程中，一直存在很多误解，但我们无法在此提供所有相关信息。在编写个性化教育计划时，不仅需要了解它是什么，还需要了解一些具体的要求，如应由谁来编写、负责团队的具体工作模式等。接下来我们将回答一些关于个性化教育计划的基本问题。

个性化教育计划注意事项

个性化教育计划是家长和学校之间的一份书面协议，主要是关于学生需要什么及如何满足这些需要。实际上，它是一份旨在明确要为学生提供哪些服务的契约，而不是一份旨在达到某个目标的契约。在美国，根据相关法律，个性化教育计划中必须包括以下内容：

- 学生目前的学习成绩和功能表现水平；
- 为学生制定可衡量的年度目标（请注意，在 2004 年修订的《残疾人教育法案》中，删除了对更具体的短期教学目标或年度目标基准的要求，尽管有些州可能仍然要求这样做）；
- 将提供哪些特殊教育和相关服务；
- 学生需要参加哪些由州或地区举行的教育进度评估；
- 学生不需要参加哪些普通学生要参加的班级教学和学校活动；
- 一份根据功能性行为评估制订的正向行为干预计划，当学生的行为阻碍了自己或他人的学习并需要考虑对其进行纪律处分时，必须参考该计划；
- 对于年龄较大的学生，要为其制定顺利过渡到工作或继续教育的具体计划；
- 规定开始提供服务的时间及预期的服务期限；
- 制订评估目标是否实现的适当计划，至少每年评估一次。

那么，应该由谁编写个性化教育计划呢？在美国，法律规定，在初次为学生制定个性化教育计划时，必须包括以下人员：

- 学生的父母或法定监护人；
- 学生的特殊教育教师；
- 学生的普通教育教师；
- 公共机构或学校的代表——除学生的教师外，有资格提供特殊教育或监督其执行的人；
- 至少一名具备解释评估数据所需技能和知识的人员；
- 学生本人，如果条件允许。

对于学生是否达到了个性化教育计划中制定的目标，教师并不负法律责任。也就是说，美国联邦法律并不要求这些目标必须达到。但教师和其他学校人员要保证：（1）个性化教育计划中包含了所有必需元素；（2）家长有机会审查和参与个性化教育计划的制订；（3）在对学生另行安置前要得到家长的同意；（4）个性化教育计划中规定的服务得到落实。教师和其他学校人员有责任为实现个性化教育计划中规定的目标做出真诚的努力。

不管是哪种类型的评估方法，都可以得出有关学生教育的相关信息。然而，在为 EBD 学生制订个性化教育计划时，有几个步骤特别重要。虽然并不是每一个合理的个性化教育计划都包括这些步骤，但直接观察、课程本位评估、社会验证等方法提供了丰富的信息来源，应该成为教学计划的基础。直接观察的数据使教师能够选择具体行为目标进行干预，并为行为改变设定可量化的短期目标和长期目标。课程本位的方法使教师能够准确地为学生设定日常课程学习中的近期目标和远期目标。课程本位方法还鼓励教师选择或设计社交技能课程，这是 EBD 学生的一个重要学习领域。直接行为观察和课程本位评估都鼓励进行适当的社会比较，为社会验证提供了依据。按照美国联邦法律规定，在决定学生是否有资格接受特殊教育时，需要一个多学科团队的参与，同时鼓励家长参与个性化教育计划的制订，满足这一规定需要最低限度的社会验证。

在格式、详细程度和概念方向上，个性化教育计划存在很大差异。这是可以理解的，因为学校可以自由选择自己的教学模式，但各方在很多方面迟迟无法达成共识——如何编写所谓标准本位的个性化教育计划、EBD 领域概念模型的范围、学生个体需求的差异、家长的意愿和需求等。但根据耶鲁等人的观点，一个合法且有用的个性化教育计划至少应该回答以下问题：

- 学生的独特教育需求是什么？
- 要让学生获得有意义的教育，应制定哪些可衡量的目标？
- 为了满足所有教育需求，应向学生提供哪些特殊教育服务？
- 如何监控学生在教学计划中的进展？

教师们通常会发现，在设定个性化教育计划的目标时，针对学习表现的目标更容易或更直截了当。一般来说，课程本位测量，甚至标准化评估，能让人清楚地了解学生当前的表现水平，使得教师更容易为学生建立明确的目标（例如，针对四年级的课本，让学生每分钟朗读 60 个正确的单词，以 90% 的准确率解决两位数的乘法问题）。相比之下，为学生设定行为表现的当前标准并建立有意义的目标可能更具挑战性。

有许多资料可以帮助我们编写个性化教育计划。在我们看来，贝特曼和林登提供的指导或许是最可靠、最有帮助的。在他们的文章中，针对那些持续表现出挑战性行为的学生，贝特曼和林登给出了具体如何制订个性化教育计划的例子。例如，在他们的文章中，有一项个性化教育计划是为一名叫库尔特（Curt）的学生量身定制的，这个学生目前在社会行为领域的表现包括每天有 10 ~ 30 次关于极端暴力行为、场景的不当言论或涂鸦。针对这一问题，要提供的服务包括制订一份行为契约、每周一小时有针对性的社交技能培训、为库尔特提供一个在教室里展示得体艺术作品的空间，等等。在这个例子中，库尔特要实现的长期目标是不涉及任何关于武器、暴力或流血的不当言论或绘画，中期目标是在 10 天内不当行为每天不超过 2 次，在 30 天内每周不超过 1 次。需要注意的是，由于该行为最初的发生率很高，所以中期目标是将该行为减少到更容易控制的水平，即使最终目标是发生率为零。

贝特曼和林登为库尔特和其他学生提供了完整的个性化教育计划样本，包括学生在学习和行为方面各种常见问题的特点及相应的教学策略，虽然这些例子并不完美，但对教师来说是很好的资源。它们提供的个性化教育计划样本解决了法律要求的所有关键问题，很好地说明了行为问题和干预计划应如何以在法律上合法、教育上有用的方式呈现。

个性化教育计划与安置

对残疾（特别是 EBD）学生的安置是特殊教育中最具争议的问题。根据耶鲁及其同事的说法，在决定学生该如何安置时，个性化教育计划小组经常因程序性或实质性的错误而引发诉讼，EBD 学生的安置过程有多混乱由此可见一斑。关于安置的问题实在过于复杂，我们不能在这里一一加以探讨。不过，学校行政人员和教师很有必要了解在美国联邦法律（《残疾人教育法案》）和法规中提出的以下要求。

1. 学校必须提供全面完整的安置选项，能满足需要的普通教育、疗养院、医院等都包括在内。无论学生是否有残疾，按照法律，不得将所有学生安置在单一类型的环境中（如让所有 EBD 学生都待在独立教育教室，或者让所有 EBD 学生都在统一的环境中接受特殊教育），也不得拒绝提供学生需要的特殊需求（如设置独立班级）。

2. 必须将学生安置在能为其提供适当教育的限制性最小的环境中。在做出安置决定时，必须考虑这种安置对学生本人和普通班级同学的潜在负面影响。

3. 安置决定必须是个性化的，以学生的个性化教育计划为依据，且必须首先保证个性化教育计划中描述的教育是适当的。必须根据学生的个人教育需求选择安置方式，而不是根据标签或类别选择。

分类

在前几节中，我们概述了学校在筛查行为问题、决定个别学生是否有资格接受 EBD 特殊教育服务、为制订教学及干预计划而进行评估等方面所采取的步骤。评估的另一个目的是对障碍进行分类——将具有共同行为特征的个体归在一起，以便我们能更好地了解这些障碍的起源、性质、过程和治疗。我们强调 EBD 学生是独特的个体，而且，根据法律，他们的教育计划必须是个性化的。但分类系统是任何科学的基础，一个有效的分类系统为专业人士提供了一个有用的工具和通用语言来交流 EBD，其目标是更好地理解 EBD 并最终进行更好的干预。

分类的依据是我们以可靠的方式所观察到的所有现象，对某种障碍的分类应与它的性质、起源、过程和治疗有明确的关系。理想的情况是，分类系统应该包括操作性定义分类，即以一种可对行为进行测量的方式定义的分类。该分类系统应该具有信度，针对同一个体，不同的观察者对其所做的分类应该是一致的，在一段合理的时间内对其所做的分类应该是不变的。该分类系统同样应该具有效度，若要将某一个体分到某一个类别，应该以多种不同的方式来确定（通过各种观察系统或评定量表），而且应该对某些特定行为具有高度预测性（回顾我们关于信度和效度的讨论）。

接下来我们将简要讨论两种主要的分类方式：精神病学分类和行为维度分类。在可供选择的系统中，精神病学分类通常具有最大的法律权威性，但对教育工作者而言，行为维度分类和他们的关系更密切，并且是最接近理想系统的选择。

精神病学分类

精神病学效仿生理医学对疾病的实证分类方式，根据已证实或假定的精神疾病建立了分类系统。从历史上看，许多精神病学的分类都是不可靠的，对于治疗几乎没有任何意义，对教育干预就更是如此了。但精神病学的分类被广泛使用，教育工作者在与 EBD 学生一起工作时会遇到精神病学的标签（如强迫障碍），而教师必须理解其含义。但这样的诊断不是由学校工作人员做出的。只有当校方团队确定学生符合联邦定义中的资格标准时，他们才有资格接受情绪障碍类别下的特殊教育服务（该术语在与《残疾人教育法案》相关的联邦法规中使用，我们在第 2 章中曾详细讨论过）。许多被学校鉴定为 EBD 的学生也被诊断为精神障碍，大概是因为他们在校外与精神病专业人士有过广泛接触，但很多人并没有。近几十年来，我们在精神病学分类方面取得了很大的进展。现在的分类比 25 年前更为客观和可靠。不过，精神疾病的分类与特殊教育的资格标准并不一致。同样，学生也不是通过精神病学诊断来确定其是否应接受特殊教育的。

最为大众接受的精神病学分类系统是由美国精神医学会（American Psychiatric Association）设计的。标准的精神病学诊断包括美国精神医学会最新版的《精神疾病诊断与统计手册》，现在已经是第五版了，通常被称为 DSM-5。第五版与 1980 年以前的版本中使用的多轴分类系统有很大的不同。在第五版之前采用的轴向分类意味着障碍被分门别类地归为轴Ⅰ、轴Ⅱ、轴Ⅲ，而轴Ⅳ则用来表示任何可能影响障碍的诊断、治疗或预后的心理社会和环境问题或因素（生活环境），如个人的主要支持群体或经济状况。轴Ⅴ是临床医生对个体在日常生活中的整体功能水平的估计。除了对精神障碍进行分类，DSM-5 还可以帮助精神病学和其他学科的专业人士制定治疗计划和预测治疗结果。

在 DSM-5 中，临床障碍、人格障碍和可能影响精神问题的一般医学状况或神经系统疾病（以前分别为轴Ⅰ、轴Ⅱ和轴Ⅲ）现在仅被列为个别诊断，在治疗中需要优先考虑。专业机构鼓励使用 DSM 的临床医生对以前属于轴 Ⅳ 和轴 Ⅴ 的因素进行单独标记。临床障碍包括品行障碍、焦虑障碍、ADHD 和重性抑郁障碍等。人格障碍包括反社会人格障碍和强迫障碍等。医学状况或神经问题包括创伤性脑损伤或一些可能影响个人功能的障碍。

在 DSM-5 中，大多数影响儿童和青少年的诊断类别都被放在名为"神经发育障碍"的部分。在之前的 DSM 版本中，这些障碍大都被列为"初次诊断通常在婴儿期、童年期、青春期的障碍"。DSM-5 中的神经发育障碍可分为以下几类。

- 智力障碍
- 交流障碍
- 自闭症谱系障碍
- 注意缺陷 / 多动障碍
- 特定学习障碍
- 运动障碍
- 其他神经发育障碍

儿童和青少年当然也可能被诊断为其他类别的障碍，被列在神经发育障碍下的只是那些通常在儿童时期发病的障碍。这些障碍确实可能伴随着其他类型的情绪或行为障碍，但通常只能在专门讨论它们的书籍或章节中找到详细的内容。

在前几版的 DSM 中，有一些被归入初次诊断通常在婴儿期、童年期、青春期的障碍，现在已经被移入单独的类别中，部分原因是新版 DSM 的重点在于生命周期的发展，而不是仅仅以年龄相关的标准来区分障碍。这些障碍包括一些较为严重的精神疾病，如异食癖和反刍障碍，被划归为一个更广泛的类别，即喂食及进食障碍，还有分离焦虑和选择性缄默症，被划归为焦虑障碍。其中与 EBD 领域专业人士最有干系的变化可能是，对立违抗障碍、品行障碍已经被移入破坏性、冲动控制及品行障碍这一新类别，此类别中还包括间歇性暴怒障碍、反社会型人格障碍、纵火狂"（与火和纵火相关的行为）、偷窃狂（与盗窃相关的行为）。对于许多诊断来说，发病年龄仍然是一个重要的诊断依据（例如，品行障碍会被分别诊断为童年期发病、青春期发病或不明时间发病）。

以往版本中采用的传统类别和分类系统基本上多年不变，DSM-5 是经过十多年修订工作的结果，代表了对传统多轴分类系统的根本改变。由于这些原因，DSM-5 的使用是否会影响对儿童和青少年情绪和行为障碍的实际诊断，以及如何影响，目前仍是未知数。对诊断可靠性的担忧由来已久，新的 DSM 将在多大程度上解决这个问题呢？这是特别值得关注的地方。以往版本的 DSM 提供的诊断指南被认为普遍提高了精神病诊断的可靠性，但目前尚不清楚的是，在 DSM-5 脱离多轴系统后，到底会对这一问题产生什么影响。

儿童或青少年并不会因为有 DSM-5 诊断就有资格接受特殊教育。尽管许多带有精神病标签的人确实有资格接受特殊教育，但一定要记住，对特殊教育资格的鉴定是独立于 DSM 分类系统的，而且使用的标准与任何 DSM 分类系统的标准都不相同。

行为维度分类

精神病学分类主要侧重于对各类障碍的区分，行为维度分类则代表个体在表现出某种行为时，在程度上有多大的不同。行为维度是对行为集群（高度相互关联的行为）的描述。人们通常利用统计程序（如因素分析）并根据行为评定量表的结果，得出行为维度。统计分析揭示了哪些行为问题会同时发生并形成一个维度。在早期的研究中，行为特征是从儿童的病史报告中获得的。研究人员将这些行为罗列出来，对数据进行一一检视并进行归类。目前使用的统计分析远比这种方法精确。

在研究行为维度（或类型）时，一般将其分为两大类或称"宽频问题"。一类通常被称为外显性问题（有时也称为缺乏控制），它的特征是具有侵略性、攻击他人、行事冲动、不服管教、违法犯罪，等等。另一类通常被称为内化性问题（有时也称为过度控制），其特征是易焦虑、社交退缩和抑郁。至于那些更具体的问题，如多动、违法、抑郁、品行障碍等，通常被称为"窄频问题"。

在许多早期研究中，我们经常看到宽频问题被分为外显性和内化性，但其实它们并不相互排斥。也就是说，一个特定的个体可能存在多种问题，有时包括一些更狭义的障碍，有些是外显性，有些是内化性。个体可能同时或交替表现出一种以上的障碍。例如，某个学生可能既有品行障碍（外显性），同时又有抑郁现象（内化性）。当然，在确定行为问题的类型时，我们不单可以在个体之间进行比较，也可以在群体之间进行比较。新兴研究大多以对双胞胎的研究为基础，这种研究初步支持了一种模型，在该模型中，遗传影响可能会给个体带来罹患精神障碍的一般风险，而环境影响则决定了儿童可能出现的障碍类型是外显性还是内化性。

研究人员已经开发出了大量的工具，并且都具有良好的信度和效度，可以检测出患有（或有患病风险）外显性和内化性障碍的学生。人们认为，大部分评估方法可能更容易识别出那些表现出外显性障碍的学生，因为对任何与他们相处的成年人来说，他们的问题行为都是显而易见的，但实际上很多评估程序采用的是行为维度分类的方式。其中包括行为和情绪筛查系统（Behavioral and Emotional Screening System），一般称为 BASC-3 BESS；行为障碍系统筛查（SSBD）；社会技能改进系统（Social Skills Improvement System，SSIS），以及学生风险筛查量表。

学生风险筛查量表是一种免费的筛查工具，它包括 7 个项目，由教师用 4 个分值来进行评分，其中 0 = 从不，1= 偶尔，2= 有时，3= 经常。

这 7 个项目是：

1. 偷窃；
2. 撒谎、作弊、偷偷摸摸；
3. 行为问题；
4. 被同龄人排斥；
5. 学习成绩差；
6. 态度消极；
7. 攻击行为。

虽然这个量表最初是为了检测反社会行为的风险而设计的，但从项目的性质来看，显然是以外显性障碍为重点。尽管如此，研究人员已经表明，使用该量表可以检测出同时存在外显性和内化性行为风险的学生。在莱恩及其同事的努力下，该量表上最近增加了一些项目，以提高对那些主要是内化性问题的学生的检测能力。在他们最近的研究中，新加入学生风险筛查量表的项目包括：

1. 情感淡漠；
2. 害羞、孤僻；
3. 悲伤、沮丧；
4. 焦虑；
5. 孤独。

行为维度分类背后的一个重要概念是，所有个体都会表现出所有维度的特征，只是程度不同而已。正如我们前面讨论行为评定量表时提到的，一个人可能在不止一个维度上得分高。许多患有 EBD 的学生存在多种问题，可能在几个维度上得分都很高。根据评定量表上某些项目的统计集群，学生的行为被分成不同的类别，但不会对学生进行分类。尽管在一些精神病学分类中也采用了同样的观点（也就是说，障碍被分类，人不分类），但行为维度分类的优势是更可靠、更有实证基础。

有了这些了解后，我们再来看与 EBD 定义相关的基本概念，就会明白 EBD 并不是一种要么全有要么全无的现象。一个人的行为必须与其他人的行为存在多大的不同，我们才会给他贴上"异常"的标签呢？这是一个关乎个人判断的问题，是一个基于明确或隐含的价值体系的主观决定。同样的概念也适用于各障碍类别下的子类别。一个人在某一特定因素或行为维度上的评分必须达到多高，他或她的行为才会被认为是有问题的，这也是一个关乎个人判断的问题。这种判断可能是以统计分析为指导，但统计数据本身的说服力并不充分。和精神病学分类一样，用行为维度系统做的分类本身并不足以让儿童或青少年获得特殊教育资格。

多元分类与共病问题

不管使用的是精神病学分类系统还是行为维度分类系统，研究人员和临床医生经常发现，儿童和青少年表现出了不止一种类型的问题或障碍。事实上，现在人们普遍认为，共病现象是一种常态而非例外。多元分类可能比单一分类更常见。例如，一个表现出品行障碍的青少年也可能有抑郁问题；一个有精神分裂症的青少年可能同时有品行障碍；一个儿童可能在出现广泛性发展障碍的同时还伴随着排泄障碍；一个孩子可能既有外显性行为问题，也有内化性行为问题，因为他或她的行为会迅速地从一个极端滑向另一个极端。在描述多种障碍同时发生的现象时，最常用的词就是"共病"。如果行为问题和学习问题"共病"，想要在其中一个问题没得到处理的情况下就解决另外一个，几乎是不可能的。

严重障碍的分类

不同维度的行为问题有程度之分，可以从轻微甚至微不足道到极端严重。事实上，很多（或大多数）被认为患有 EBD 的学生，无论他们被诊断为什么类别，都有非常严重的问题。他们的问题并不轻微，打个比方，其严重程度更像是肺炎，而不是伤风或轻微感冒。在大多数情况下，他们被鉴定为 EBD 学生并不是因为一些小问题，而是因为他们的问题实在是太严重了。

不过，一些青少年的行为在质量和数量上都有差异。这些孩子经常被描述为他人无法接近、不谙世事或脱离现实，或者有智力障碍。他们往往对他人反应迟钝，语言和言语模式怪异，根本无法正常交流，表现出极度不得体的行为，缺乏日常生活技能，或者表现出刻板的、仪式化的行为。对于儿童是否会表现出一般情况下常被称为"精神病"的严重障碍，并没有太多争议。普廖尔（Prior）和韦里（Werry）对精神病性行为提供了一个非技术性的定义："对自己、外在世界以及自我定位的解释与实际情况严重不符，已经到了影响日常生活、让旁观者无法理解的地步。"许多被归类为广泛性发展障碍的孩子都符合这样的描述。

该如何以可靠且有利的方式对严重疾病进行细分呢？这是一个非常具有争议性的话题。不过，由于在《残疾人教育法案》中，自闭症谱系障碍已被列为一个单独的类别，本书就不做进一步讨论了。在第 13 章中，我们重点讨论了严重的精神分裂症和EBD 的其他极端情况。

关于诊断分类的混淆和分歧一直都存在。不过，当精神分裂症的症状出现在童年期或青春期时，孩子的病情可能与发生在成人身上的精神分裂症相似，尽管我们在前面说过，在 18 岁之前发病的情况并不常见，13 岁之前发病的情况更是凤毛麟角。尽管如此，幼儿精神分裂症的早期症状有时与自闭症谱系障碍大同小异，有时候，一些在童年时期患有自闭症或其他障碍的人会在青春期或成年时被诊断为精神分裂症。此外，其他一些严重的致残性障碍也可能会被误认为是精神分裂症。

精神分裂症从根本上说是一种思维和感知障碍。患有精神分裂症的儿童或青少年可能会表现出怪异的行为、妄想和扭曲的感知，有时还会出现幻觉，而且他们的情感表现在许多社交场合通常是不恰当的。他们可能会认为自己被外在力量控制了。幻觉和妄想在青春期之前很少见，但有时也是精神分裂症等严重疾病的一部分。

分类的必要性

我们仍在继续寻找可靠、有效且与干预相关的分类方法。虽然对异常行为进行分类有可能使个体因与众不同而被贴上污名化标签，但若因此就放弃对人们的问题进行分类，显然是愚蠢之举。如果放弃对分类的利用，就等于放弃了对社会问题和行为问题的科学研究。事实上，我们有必要给各种问题贴上标签，以便就问题与各方进行沟通并采取预防措施。不过，我们必须努力减少社会对那些描述行为差异的术语的污名化。

复杂性和模糊性

分类是一项复杂的工作，就特定行为特征如何分类的问题，学者们经常意见不一。而且任何一种分类方法都无法做到将所有行为都恰如其分地进行归类。所有综合分类系统都会专门留一个类别来收容那些疑难杂症，或者将某些行为按照主观判断分到某个貌似同质实则存疑的类别中。正如我们在第二部分和第三部分中看到的，行为障碍及其原因通常有多个维度。生活很少会把各种障碍或障碍的原因提炼成纯粹、明确的形式给我们看。教师或研究人员很少在青少年身上看到不受其他因素影响的单一障碍，也几乎从未发现哪种障碍是由单一因素造成的。多动症、品行障碍和青少年犯罪之间的相互关系就是一个例子。多动是许多品行障碍儿童的一个显著行为特征。品行障碍和青少年犯罪是两个有所重叠的类别，因为品行障碍的特征就是公开的攻击行为或隐蔽的反社会行为，如偷窃、说谎、纵火等。青少年犯罪通常也以这种行为为特征，但同时还涉及违法行为。引发品行障碍和青少年犯罪的因素也可能导致多动症。因此，对具体类型的障碍进行分类必然具有一定的主观性，而且分类总是包含一定程度的模糊性。

本章小结

教学评估一般应包括智力和成就的标准化测试、行为评定量表、同伴关系评估、访谈、自陈报告和直接行为观察。对教育工作者来说，实用性较强的一种方法是课程本位评估，即经常利用学生所学的课程的教材来衡量学生的成绩。课程本位方法不仅适用于传统的课程，也适用于社交技能。

当一个学生因其行为而受到纪律处分，很可能导致其被学校开除或改变安置时，必须由专门的团队做出表现测定，判断学生的行为是否由残疾造成，有关方面是否为该生制订了恰当的个性化教育计划，以及该生是否得到了应有的服务。

功能性行为评估可以让教师了解该如何安排课堂条件和教学方法，才能使学生在解决行为问题的同时获得最大的自由和自我控制。被称为"预矫正"的教学方法有助于将评估和教学过程结合起来，帮助教师预防许多行为问题。正向行为干预计划与预矫正的理念是一致的。

在以地区为单位实施的教育进展性总体评估中，必须将残疾学生也纳入评估范围，并做出适度调整以满足这些学生的需求。在选择有效、适当的调整方案时，必须考虑个别学生的特点和具体测试的要求。

社会验证是一种评估策略，包括两种类型的社会比较，一是将有行为问题的学生与他们的同龄人进行比较，二是将目标学生在干预前后的行为进行比较。它强调在以下几个方面获得客观证据并让有关各方达成共识：（1）问题很重要；（2）干预是适当的；（3）结果令人满意。

如果学生需要接受特殊教育，在为其制订个性化教育计划时，应该让评估数据发挥最大的作用。在制订个性化教育计划时，直接观察、课程本位评估和社会验证等程序具有特殊的意义。个性化教育计划在格式和内容上差别很大，但都必须包含一些要素：独有的特点或要求；特殊教育、相关服务或调整；服务的开始日期和持续时间；学生目前的表现水平和可衡量的年度目标。对学生的安置问题，学校必须提供全面完整的选择。必须将学生安置在可以提供适当教育的且限制性最小的环境中。安置决定必须是个性化的，且必须首先保证个性化教育计划中描述的教育是适当的。

分类是任何科学的基础，包括人类行为科学。分类应该帮助我们理解被分类的事物的性质、起源和过程。精神病学分类系统对教育者并不是特别有用，因为对教学目标而言它们的信度和效度都不高。教师们可能需要了解接受度最为广泛的精神病学分类系统，即美国精神医学会提出的分类系统。

在教育领域，行为维度分类的信度、效度和实用程度更接近理想系统。行为维度方法的基本假设是，所有个体表现出的行为都是可分类的，只是程度不同。因此，我们可以对行为，而不是个体，进行分类。按照量化的行为维度分类方法，问题行为最广泛的类别是内化性（内隐）和外显性（外显）。在这些范围广泛的维度中还有一些更具体的分类。与其他特殊教育类别的学生相比，EBD 学生通常在所有或大部分问题维度上获得更高的评分。男生的问题得分通常比女生高。在品行障碍这个维度上，不同类别学生之间的差异最大。

最严重的残疾尤其难以分类。精神分裂症是一种常见的严重残疾，但在儿童时期就发病的情况很少。精神分裂症包括思维模式紊乱、幻觉、妄想等。

分类是不可避免的，因为人类要就疾病进行各种交流，而分类和标签就是交流的必要条件。所有的分类系统都包括一些杂项和歧义。许多患有 EBD 的儿童和青少年表现出不止一种类型或维度的障碍。大多数 EBD 学生都有严重的问题。同时出现的障碍通常被称为"共病"。

一个特殊的挑战

——罗杰（Roger）

罗杰又在忧心忡忡了。他通常会在这种忧心之后表现出过激行为和暴怒情绪。这个时候他似乎还处于这种典型模式的早期阶段。今天，像往常一样，在这所为残疾儿童开设的特殊中学里，每个人都在猜测将会发生什么，不知道罗杰是会待在学校还是会被送回家。每个人都在瑟瑟发抖，意识到今天很可能又有一个成年人最终会与罗杰发生肢体冲突，也许会有人受伤或东西被毁坏。与罗杰这样的七年级学生发生肢体搏斗显然不是明智之举，绝不会让人自我感觉良好，只会让那些负责教导罗杰和其他学生的成年人感到挫败，觉得愚不可及。罗杰似乎也知道这一点，所以他很喜欢和别人打架。

罗杰的愤怒似乎是一个无底洞。大人们费尽心思地寻找他发怒的原因。有时候好像是学习让他生气，有时又像是别的东西。工作人员试图把他留在学校的首要目的就是防止他在频繁的爆发中伤害自己或他人。学校的工作人员要时刻做好心理准备，当罗杰大发脾气的时候，他们就会无法避免地面对他的拳打脚踢、蛮力推搡以及飞过来的椅子。罗杰在发脾气的时候会大喊"你们都见鬼去吧""你休想拦着我""我要打掉你的牙，我说到做到"。他会撕书本、扔椅子（而且真的用椅子砸碎了一扇窗户上的玻璃）。所有人都希望在阻拦罗杰的过程中没有人受伤，都想找到一种方法减少罗杰发脾气的频率和严重程度。

有人把罗杰的行为称为"挑战性行为"。当然，这的确是一个挑战，但这种委婉的说法无助于解决这个问题。的确，罗杰的行为对教职员工来说是一个挑战，他们必须想办法改变它。指导罗杰的学习或社交技巧都充满了挑战。不管教师给他布置什么学习任务，无论教师对他的学习或行为设定什么样的期望，罗杰似乎都遵循着同样的模式：忧心忡忡，变得越来越焦躁不安，最终与教师或其他教职员工发生全面的肢体冲突。教师们试着调整给他布置的作业，降低对他的期望，只要求他完成最低限度的学习任务。但到目前为止，罗杰一直是"赢家"，因为他根本没有按照任何教师的期望去做作业。教师们心灰意冷，完全不想再管罗杰了，就让他自己一个人安静地坐着吧（如果他愿意的话），什么也不让他做。

与本案例相关的问题

1. 如果你是罗杰的教师，你会对他采用什么样的评估策略？

2. 假设你要根据从这个案例中获得的信息，为罗杰制订一份个性化教育计划。你会怎么完成这份计划？（可以参考我们对个性化教育计划的描述和库尔特的例子。）

3. 假设你正在采访罗杰的父母和教师。你需要问他们一些什么问题，才能帮助你找到更好的方法来评估罗杰的问题并给他更好的教育？

致　谢

因作者水平所限，本书难免疏忽错漏，但各方人士的慷慨援手赋予了它更多的价值。在此特别感谢教育编辑安（Ann）、凯文·戴维斯（Kevin Davis）、琳达·毕肖普（Linda Bishop），以及培生教育（Pearson Education）为这次修订提供指导和技术服务的其他工作人员。感谢本书第 10 版的审稿人，他们为第 11 版提供了宝贵的意见。感谢来自佛罗里达海湾海岸大学的道格·卡罗瑟斯（Doug Carothers）、纽约州立大学奥尔巴尼分校的朱利安·库奇奥 – 斯利奇科（Julienne Cuccio-Slichko）、北卡罗来纳大学威尔明顿分校的路易斯·兰齐亚塔（Louis Lanunziata）、加利福尼亚州州立大学洛杉矶分校的霍莉·孟席斯（Holly Menzies）以及爱荷华州州立大学的卡尔·史密斯（Carl R. Smith）等人独到、深刻的见解，使这部作品有了实质性的改进。在此还要感谢在本书第二部分中贡献“个人反思”的各位专业人士，感谢他们慷慨分享与各种 EBD 学生打交道时积累的经验，这些都是针对各种重要问题的知识和观点。有许多学生和教师在使用这本书，多年来他们提出了很多有用的反馈。

詹姆士·M. 考夫曼　于弗吉尼亚州夏洛茨维尔
蒂莫西·J. 兰德勒姆　于肯塔基州路易斯维尔

参考文献

　　考虑到环保的因素，也为了节省纸张、降低图书定价，本书编辑制作了电子版参考文献。扫描下方二维码，即可下载全书所有参考文献列表。

版 权 声 明